"十二五"普通高等教育本科国家级规划教材

普通高等教育"十一五"国家级规划教材

化工设计

第四版

U0149611

梁志武　陈声宗　主　编

任艳群　尹　疆　副主编

化学工业出版社

·北京·

《化工设计》以车间（装置）工艺设计为重点，介绍化工设计的原则、方法、设计程序和技巧、化工设备图和各种化工工艺图的绘制及阅读方法，以及常用计算机软件（Aspen Plus、Pdmax等流程模拟和三维工厂设计软件）在化工设计中的应用等。全书共十一章：化工厂设计的内容与程序；工艺流程设计；物料衡算与能量衡算；设备的工艺设计及化工设备图；车间布置设计；管道布置设计；非工艺专业；工程设计概算及技术经济；毕业设计；毕业设计实例；大学生化工设计竞赛与实例等内容。本书采用"国际通用设计体制和方法"的有关最新设计标准及规范，反映国内设计单位运用计算机的最新成果。

《化工设计》为高等学校化学工程与工艺及相关专业本科生的教材和毕业设计指导参考书，也可供石油与化工、制药及轻工等行业从事科研开发、生产技术管理和工程设计的人员及研究生参考。

图书在版编目（CIP）数据

化工设计/梁志武，陈声宗主编．—4版．—北京：化学工业出版社，2015.9（2025.1重印）
"十二五"普通高等教育本科国家级规划教材
普通高等教育"十一五"国家级规划教材
ISBN 978-7-122-24439-0

Ⅰ．①化…　Ⅱ．①梁…②陈…　Ⅲ．①化工设计-高等学校-教材　Ⅳ．①TQ02

中国版本图书馆 CIP 数据核字（2015）第 140677 号

责任编辑：何　丽　徐雅妮　　　　　　　　装帧设计：关　飞
责任校对：边　涛

出版发行：化学工业出版社（北京市东城区青年湖南街 13 号　邮政编码 100011）
印　　装：大厂回族自治县聚鑫印刷有限责任公司
787mm×1092mm　1/16　印张 21¾　字数 564 千字　2025 年 1 月北京第 4 版第 12 次印刷

购书咨询：010-64518888　　　　　　售后服务：010-64518899
网　　址：http://www.cip.com.cn
凡购买本书，如有缺损质量问题，本社销售中心负责调换。

定　　价：59.00 元

《化工设计》编写人员

主　编　梁志武　陈声宗

副主编　任艳群　尹　疆

参　编　（按姓氏笔画排序）

　　　　马新起　王保东　史世中

　　　　那艳清　杜　军　邹建国

　　　　杨泽慧　姚志湘　粟　晖

序　言

教育部在实施"卓越工程师教育培养计划"中强调：高等学校应按通用标准和行业标准培养工程人才，强化培养学生的工程能力和创新能力。化工设计课程是培养学生工程能力和创新能力的核心课程之一，本教材是为化工设计课程配套而编写。

第四版教材在第三版教材基础上修订，重新编写了第四章和第十章。其中第四章增加了设备的具体选型过程和运用计算机软件进行工艺计算的演算实例，同时在教学资料网站上提供运用计算机软件对设备进行详细工艺计算的过程；第十章提供了一个完整的毕业设计实例。实例严格按照行业规范和毕业设计相关要求，利用 Aspen Plus 等软件对工艺流程进行模拟和优化，对工艺过程进行物料衡算和能量衡算，对全厂换热网络进行优化设计，对主要设备进行详细的选型和工艺计算，并对整个项目作了经济分析、安全评价与环境评价，采用AutoCad 等软件绘制工艺流程图、主要设备图、设备布置图等。完整的实例会展示在网站上。

第四版仍保持了第三版教材的特色，将化工设计、化工制图及计算机在化工设计中的应用这三门课程科学地融合成一门化工设计新课程体系，以化工工艺为主线，以车间（装置）工艺设计为重点，计算机辅助设计贯彻全书。

本书内容和图形符号等采用最新的国家标准和行业标准，突出工程观念和着重培养学生的实际工程设计能力和创新能力，在各章中通过实例介绍国内外广泛应用的 Aspen Plus、ProMax 和 Pdmax 等流程模拟和三维工厂设计软件在化工设计中的使用方法和操作步骤，使学生毕业后能尽快适应实际的化工设计工作。为了满足全国大学生化工设计竞赛的需要，使参赛学生对化工设计竞赛有深入的理解，专门编写了第十一章"大学生化工设计竞赛与实例"，介绍竞赛的目的、规则及竞赛指导大纲，并提供了一个竞赛作品作为参考。本书除作"化工设计"课程教学的教材外，还可作为毕业设计和化工设计竞赛的指导用书。

本书共十一章，第一章、第二章由河南大学马新起编写；第三章由湖南师范大学尹疆编写；第四章由湖南大学梁志武和那艳清编写；第五章由湖南大学任艳群和宁波工程学院杨泽慧编写；第六章由郑州大学王保东编写；第七章、第八章由南昌大学杜军、史世中、邹建国编写；第九章由湖南大学陈声宗编写；第十章由湖南大学任艳群和梁志武编写；第十一章由宁波工程学院杨泽慧编写，全书由梁志武、陈声宗拟定大纲、组织编写并统稿。本书在编写过程中还得到了湖南大学马英杰、李在政和崔定的帮助，在此表示感谢。

本书有配套电子教学参考资料，包括《化工设计》（第四版）课程教学大纲（含教学进程安排、教材中重点难点分析）和习题及参考答案，多媒体课件等（见网站 http：//kczx. hnu. cn/G2S/Template/View. aspx？action＝view＆courseType＝0＆courseId＝1623）。使用本教材的授课教师，也可发电子邮件至 zwliang@hnu. edu. cn 索取，或与化学工业出版社教材推广服务部联系。

梁志武　陈声宗

2015 年 5 月于长沙

第一版序言

化工设计是高等学校化学工程与工艺专业的一门专业必修课，通过本课程学习并结合进行毕业设计，有利于培养学生的独立工作、独立思考和运用所学知识解决实际工程技术问题的能力，是提高学生综合素质，使大学生向工程师转化的一个重要的教学环节。

根据21世纪化学工程与工艺课程体系设置的要求，结合作者多年教授《化工设计》课程的体会和指导毕业设计的经验，在七所院校的《化工设计》讲义的基础上编写了本教材。在内容上注重讲述化工车间（装置）的工艺设计，适当介绍非工艺专业的有关内容，并在相应章节中融入了化工制图的内容。本教材力求实用性和系统性，并介绍了计算机辅助化工过程设计等新知识。

参加本书编写的有河南大学马新起（第一章），湖南邵阳高等工业专科学校姚志钢（第二章），湖北荆州江汉石油学院肖稳发（第三章），广西工学院姚志湘（第四章），湘潭工学院陈安国（第五章），郑州大学王保东、广东五邑大学马晓鸥（第六章），南昌大学史世中（第七、八章），湖南大学陈声宗及湘潭大学吴剑（第九章），第十章摘自麻德贤教授主编的《高等学校毕业设计（论文）指导手册·化工卷》中有关毕业设计指导方面的内容。全书由陈声宗修改定稿。

本书在编写过程中，得到北京化工大学麻德贤教授和中国成都化工工程公司易徽天高级工程师的帮助和指教，湖南大学化工系李文生、陈四海参加了第九章的部分编写，张竞参加了书稿的文字录入和全书稿的校对工作，在此特表谢意。

陈声宗

2000 年 8 月于长沙

第二版序言

本书第一版自 2001 年出版以来，受到众多院校的欢迎，并被选用为教材，也受到许多化工技术人员的欢迎。第二版采纳了一些使用院校教师的宝贵意见，并根据我国化工设计的新进展和发展趋势，依照"国际通用设计体制和方法"，采用最新的国家标准和行业标准，对原书的内容、图形符号等进行了全面修改，并在各章中介绍了国内外相关最新的设计、绘图软件在化工设计中的应用情况和实例。为了使学生融会贯通本书的内容，掌握用模拟软件进行化工流程模拟的方法和步骤，特提供一个毕业设计实例，供学生参考。

《化工设计》第二版教材仍保持了第一版的特色，将化工设计、化工制图、计算机在化工设计中的应用三门课程科学地融合成一门化工设计新课程体系，以化工工艺设计为主线，以车间（装置）工艺设计为重点，计算机辅助设计贯彻全书。

本书第一章、第二章由河南大学马新起编写；第三章由上海工程技术大学肖稳发编写；第四章由广西工学院粟晖、姚志湘编写；第五章由湖南大学任艳群编写；第六章由郑州大学王保东编写；第七章、第八章由南昌大学史世中编写；第九章由陈声宗编写；第十章由姚志湘、粟晖编写。全书由陈声宗修改定稿。

本书有配套电子教学参考资料，主要包括《化工设计》（第二版）课程教学大纲及教学进程安排，教材中重点难点分析及各章的习题解和参考答案，各章计算机应用实例演示等。采用本书作为教材授课的学校，如有需要请发电子邮件至 szongchen@hnu.edu.cn 索取，也可与化学工业出版社教材推广服务部联系。

陈声宗
2008 年元月于长沙

第三版序言

2010 年 6 月教育部开始实施"卓越工程师教育培养计划",强调高等学校应按通用标准和行业标准培养工程人才,强化培养学生的工程能力和创新能力。化工设计课程是培养学生工程能力和创新能力的核心课程之一,本教材是为化工设计课程配套而编写。

第三版教材在第二版教材基础上修订,重新编写了第三章;第五章、第六章重点修订了设备布置方案和管路布置方案;第八章增加了技术经济的内容;新增加第十一章。本书采用最新的国家标准和行业标准对原书的内容、图形符号等进行了全面修改,突出工程观念和着重培养学生的实际工程设计能力和创新能力,并在各章中通过实例介绍国内外最为广泛应用的 AspenPlus、pdmax 等流程模拟和三维工厂设计软件在化工设计中的使用方法和操作步骤,使学生毕业后能尽快适应实际的化工设计工作。

"卓越工程师教育培养计划"的实施,引发了学生对"化工设计"课程学习的浓厚兴趣,许多在校学生自动组队参加全国性大学生化工设计竞赛,2011 年参赛的院校已达 106 所,参赛队伍 456 支。为了使参赛的学生对化工设计竞赛有深入的理解,第三版各章中增加了竞赛需要的内容,还专门编写了第十一章"大学生化工设计竞赛与实例",介绍竞赛的目的、规则及竞赛指导大纲,并提供了一个竞赛作品供参赛学生参考。

第三版仍保持了本教材的特色,将化工设计、化工制图及计算机在化工设计中的应用三门课程科学地融合成一门化工设计新课程体系,以化工工艺为主线,以车间(装置)工艺设计为重点,计算机辅助设计贯彻全书。

本书除作"化工设计"课程教学的教材外,还能作为毕业设计和化工设计竞赛的指导用书。

本书第一章、第二章由河南大学马新起编写;第三章由湖南师范大学尹疆编写;第四章、第十章由广西工学院姚志湘、粟晖编写;第五章由湖南大学任艳群和宁波工程学院杨泽慧编写;第六章由郑州大学王保东编写;第七章、第八章由南昌大学杜军、史世中、邹建国编写;第九章由湖南大学陈声宗编写;第十一章由宁波工程学院杨泽慧编写。全书由陈声宗拟定大纲、组织编写,并审定书稿。

本书有配套电子教学参考资料,主要包括"化工设计"(第三版)课程教学大纲(含教学进程安排、教材中重点难点分析)和习题及参考答案,多媒体课件,以及各章中计算机应用的详细讲解(ppt)等。使用本教材的授课教师,可发电子邮件至 szongchen @ hnu. edu. cn 索取,也可与化学工业出版社教材推广服务部联系。

陈声宗
2012 年 3 月于长沙

目　录

第一章 化工厂设计的内容与程序

化工厂设计是一种创造性活动，它包括工艺设计和非工艺设计。工艺设计是化工厂设计的核心，决定了整个化工设计的概貌。非工艺设计是以工艺设计为依据，按照各专业的要求进行的设计，它包括总图运输、公用工程、土建、仪表及其控制等。本章主要介绍化工厂设计的种类及工作程序，工艺设计的内容及设计文件。

第一节 化工设计的种类

化工设计可以根据项目性质分类，也可以根据化工过程开发的程序分类。

一、根据项目性质分类

1. 新建项目设计

新建项目设计包括新产品设计和采用新工艺或新技术的产品设计。这类设计往往由开发研究单位提供基础设计，然后由工程研究部门根据建厂地区的实际情况进行工程设计。

2. 重复建设项目设计

由于市场需要或者设备老化，有些产品需要再建生产装置，由于新建厂的具体条件与原厂不同，即使产品的规模、规格及工艺完全相同，还是需要由工程设计部门进行设计。

3. 已有装置的改造设计

化工厂旧的生产装置，由于其产品质量或产量不能满足客户要求，或者因技术原因，原材料和能量消耗过高而缺乏市场竞争能力，或者因环保要求的提高、为了实现清洁生产，而必须对已有装置进行改造。已有装置的改造包括去掉影响产品产量和质量的"瓶颈"，优化生产过程操作控制，提高能量的综合利用率和局部的工艺或设备改造更新等。这类设计通常由生产企业的设计部门进行设计，对于生产工艺过程复杂的大型装置可以委托工程设计部门进行设计。

二、根据化工过程开发程序分类

化工新技术开发的工作框图见图 1-1。从图中可以看出，化工新技术开发过程是在基础研究（即实验室研究）的基础上，通过过程研究、工程研究和工程设计，最终完成化工新技术的开发。其中包括四种设计类型：概念设计、中试设计、基础设计和工程设计。

（一）概念设计

概念设计是以过程研究中间结果（或最终结果）为基础，从工程角度出发按照未来生产规模所进行的一种假想设计。其内容包括：过程合成、分析和优化，得到最佳工艺流程，给出物料流程图；进行全系统的物料衡算、热量衡算和设备工艺计算，确定工艺操作条件及主要设备的形式和材

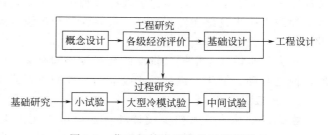

图 1-1 化工新技术开发的工作框图

质；进行参数的灵敏度和生产安全性分析，确定"三废"处理方案；估算装置投资与产品成本等主要技术经济指标。

概念设计的作用是暴露和提出过程研究中存在的问题，如工艺流程、主要单元操作、设备结构及材质、过程控制方案及环保安全等方面的问题，并为解决这些问题提供途径或方案；为多级技术经济评价提供较为可靠的依据，并得出开发的新产品或新技术是否有工业化价值的结论。若出现不利前景，则应即时终止开发。

（二）中试设计

按照现代新技术开发的观点，中试的主要目的是检验和修改小试与大型冷模试验结果所形成的综合模型，考察基础研究结果在工业规模下实现的技术、经济方面的可行性；考察工业因素对过程和设备的影响；消除不确定性，为工业装置设计提供可靠数据。因此，中试可以不是全流程试验，规模也不是越大越好。中试要进行哪些试验项目，规模多大为益，均要由概念设计来确定。中试设计的内容基本上与工程设计相同。由于中试装置较小，一般可不画出管道、仪表、管架等安装图纸。

（三）基础设计

基础设计是过程开发的成果形式，是工程设计的依据。基础设计类似于以前我国的技术设计，但又有很大的差别。与技术设计不同的是，基础设计除了一般的工艺条件外，还包括了大量的化学工程方面的数据，特别是反应工程方面的数据以及利用这些数据进行设计计算的结果。基础设计中还要运用系统工程的理论和计算机模拟技术对工艺流程和工艺参数进行优化，力求降低消耗定额和产品成本及项目投资，提高项目的经济效益。基础设计中对关键技术有详尽的数据和技术说明，工程设计单位根据基础设计，结合建厂地区的具体条件即可作出完整的工程设计。

（四）工程设计

工程设计可以根据工程的重要性、技术的复杂性和技术的成熟程度以及计划任务书的规定，分为三段设计、两段设计和一段设计。对于重大项目和使用比较复杂技术的项目，为了保证设计质量，可以按初步设计、扩大初步设计及施工图设计三个阶段进行设计。一般技术比较成熟的大中型工厂或车间的设计，可按扩大初步设计和施工图设计两个阶段的设计。技术上比较简单、规模较小的工厂或车间的设计，可直接进行施工图设计，即一个阶段的设计。

1. 初步设计

初步设计主要是根据设计任务书和行业标准《化工厂初步设计文件内容深度规定》HG/T 20688—2000，对设计对象进行全面的研究，寻求在技术上可能、经济上合理的最符合要求的设计方案。其主要任务是根据批准的设计任务书（或可行性研究报告），确定总体性设计原则、设计标准、设计方案和重大技术问题，如总工艺流程、生产方法、工厂组成、总图布置、水电汽（气）的供应方式和用量、关键设备及仪表选型、全厂贮运方案、消防、劳动安全与工业卫生、环境保护及综合利用以及车间或单项工程工艺流程和各专业设计方案等，编制出初步设计文件与概算。最终编制初步设计说明书，其内容和深度应能使对方了解设计方案、投资和基本出处为准。

扩大初步设计是根据已批准的初步设计和有关行业规范，解决初步设计中的主要技术问题，使之明确、细化。编制准确度能满足控制投资或报价使用的工程概算。

2. 施工图设计

根据已批准的扩大初步设计和行业标准《化工工艺设计施工图内容和深度统一规定》HG/T 20519—2009，结合建厂条件，在满足安全、进度及控制投资等前提下开展施工图设计，其成品是详细的施工图纸和必要的文字说明及工程预算书。

三、国际通用的设计阶段划分

由于科学技术和经济的发展的需要，出现了国际通用设计体制，这种新体制有利于工程公司的工程建设项目总承包，有利于对项目实施进度、质量和费用"三大控制"，也是工程公司参与国际合作和进入国际市场竞标的必要条件。

国际通用设计体制把全部设计过程划分为由专利商提供的工艺包和工程公司承担的工程设计两大阶段。有关工艺包的内容见 SHSG-052—2003《石油化工装置工艺设计包（成套技术工艺包）内容规定》。工程设计分为工艺设计（Process Design）、基础工程设计（Basic Engineering Design）和详细工程设计（Detailed Engineering Design）三个阶段，三个设计阶段设计的主要设计内容及成品见表 1-1。

表 1-1 国外各设计阶段的主要设计内容及成品

工 艺 设 计	基 础 工 程 设 计	详 细 工 程 设 计
1. 工艺流程图（PFD）	1. 管道仪表流程图（PID）	1. 详细配管图
2. 工艺控制图（PCD）	2. 设备计算及分析草图	2. 管段图（空视图）
3. 工艺说明书	3. 设计规格说明书	3. 基础图
4. 物料平衡表	4. 材料选择	4. 结构图、建筑图
5. 工艺设备表	5. 请购文件	5. 仪表设计图
6. 工艺数据表	6. 设备布置图（分区）	6. 电气设计图
7. 安全备忘录	7. 管道平面图（分区）	7. 设备制造图
8. 概略布置图	8. 地下管网图	8. 其他为施工所需的各专业全部设计图纸、文件
9. 主要专业设计条件	9. 电气单线图	9. 各专业施工安装说明
	10. 各专业设计条件	

第二节 化工厂设计的工作程序

一、国内化工厂设计程序

化工厂设计的工作程序，国内通常是以现有生产技术或新产品开发的基础设计为依据提出项目建议书；经业主或上级主管部门认可后写出可行性研究报告；经业主或上级主管部门批准后，编写设计任务书，进行扩大初步设计；经业主和上级主管部门认可后，进行施工图设计。化工厂设计的工作程序见图 1-2。

（一）项目建议书

项目建议书是进行可行性研究和编制设计任务书的依据，根据原化学工业部化计发（1992）995 号《化工建设项目建议书内容和深度的规定》（修订本）中的有关规定，项目建议书应包括下列内容。

① 项目建设目的和意义，包括项目提出的背景和依据，投资的必要性及经济意义。

② 市场初步预测分析。

③ 产品方案和生产规模。

④ 工艺技术初步方案，包括原料路线、生产方法和技术来源。

⑤ 原材料、燃料和动力的供应。

⑥ 建厂条件和厂址初步方案。

⑦ 公用工程和辅助设施初步方案。

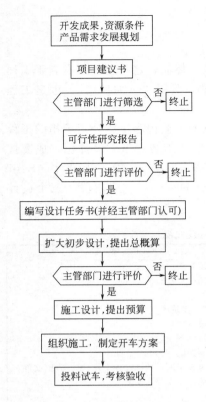

图 1-2 化工厂设计的工作程序

流程图中的文字：

开发成果,资源条件产品需求发展规划

项目建议书

主管部门进行筛选 —否→ 终止

是

可行性研究报告

主管部门进行评价 —否→ 终止

是

编写设计任务书(并经主管部门认可)

扩大初步设计,提出总概算

主管部门进行评价 —否→ 终止

是

施工设计,提出预算

组织施工,制定开车方案

投料试车,考核验收

⑧ 环境保护。

⑨ 工厂组织和劳动定员估算。

⑩ 项目实施初步规划。

⑪ 投资估算和资金筹措方案。

⑫ 经济效益和社会效益的初步评价。

⑬ 结论与建议。

（二）可行性研究

可行性研究是对拟建项目进行全面分析及多方面比较，对其是否应该建设及如何建设作出论证和评价，为企业和上级机关投资决策和编制、审批设计任务书提供可靠的依据。

根据中石化协产发〔2006〕76 号《化工投资项目可行性研究报告编制办法》和中石化〔2005〕154 号《石油化工项目可行性研究报告编制规定》中的有关规定，可行性研究报告的内容如下。

（1）总论　包括概述和研究结论。概述包括项目名称，承办单位名称、性质及责任人，建设项目性质及类型，经营机制及管理体制；主办单位基本情况；项目提出的背景，投资的目的、意义和必要性；可行性研究报告编制的依据、指导思想和原则；研究范围。研究结论包括研究的简要综合结论，存在的主要问题和建议。并附上主要技术经济指标数据表。

（2）市场预测分析　包括产品市场分析，产品的竞争力分析，营销策略，价格预测，市场风险分析。

（3）生产规模和产品方案　论述生产规模和产品方案确定的依据和合理性，并进行多种规模和产品方案比选。改、扩建和技术改造项目要描述企业目前规模和各装置生产能力以及配套条件，结合企业现状确定合理改造规模并对产品方案和生产规模作说明和方案比较，进行优选。对改造前后的生产规模和产品方案列表对比。

（4）工艺技术方案　包括工艺技术方案的选择，工艺流程和消耗定额，主要设备选择，自动控制，装置界区内公用工程设施，工艺装置"三废"排放与预处理，装置占地与建（构）筑物面积及定员，工艺技术及设备风险分析。

（5）原材料、辅助材料、燃料和动力供应　包括主要原材料、辅助材料、燃料的种类、规格、年需用量，主要原辅材料市场分析，矿产资源的品位、成分、储量等初步情况，水、电、汽和其他动力供应，供应方案选择，资源利用合理性分析。

（6）建厂条件和厂址选择　包括建厂条件、厂（场）址选择、所在区域的土地利用规划情况和土地主管部门的意见。其中建厂条件包括建厂地点的自然条件，建厂地点的社会经济条件，外部交通运输状况，公用工程条件，用地条件，环境保护条件；厂（场）址选择包括厂（场）址选择的原则及依据，厂（场）址方案比选，厂（场）址推荐方案意见。

（7）总图运输、储运、土建、界区内外管网　总图运输包括全厂总图和全厂运输；储运包括储运介质及储运量，储运方案，储运系统工程量，储运系统消耗定额，占地、建筑面积及定员；土建包括工程地质条件，土建工程方案，土建工程量，"三材"用量。

（8）公用工程方案和辅助生产设施　公用工程方案包括给水排水，供电，电信，供热，氨氧站及空压站，冷冻站，采暖、通风和空气调节；辅助生产设施包括维修设施，仓库及堆场，中心化验室，其他辅助生产设施。

（9）服务性工程与生活福利设施以及厂外工程　厂外工程包括水源与供水，码头，道路（公路、铁路），供电，渣场（或填埋场），其它。

（10）节能、节水　节能包括项目节能技术应用与节能措施，能耗指标及分析；节水包括项目节水技术应用与节水措施，节水指标及分析。

（11）消防　包括编制依据，依托条件，工程概述，根据火灾类别所采用的防火措施及配置消防设施，消防设施费用及比例。

（12）环境保护　包括环境质量现状，执行的环境标准与规范，投资项目污染物排放，环境保护治理措施及方案，环境管理及监测，环境保护主要工程量，环境保护消耗定额，占地、建筑面积及定员，环境保护投资，环境影响分析，存在的问题及建议。

（13）劳动安全卫生　包括劳动安全卫生执行的标准、规范，环境因素分析，生产过程职业安全与有害因素分析，安全卫生主要措施，安全卫生监督与管理，专用投资估算，预期效果分析。

（14）组织机构与人力资源配置　包括企业管理体制及组织机构设置，生产班制与人力资源配置，人员培训与安置。

（15）项目实施计划　包括项目组织与管理，实施进度计划，项目招标内容，主要问题及建议。

（16）投资估算　包括投资估算编制说明，投资估算编制依据和说明，建设投资估算，建设期利息估算，流动资金估算，总投资估算，利用原有固定资产价值。

（17）资金筹措　包括资金来源，中外合资经营项目资金筹措，资金使用计划，融资成本分析，融资风险分析，融资渠道分析。

（18）财务分析　包括产品成本和费用估算，销售收入和税金估算，财务分析，改、扩建和技术改造项目财务分析特点，外商投资项目财务分析特点，境外投资项目财务分析特点，非工业类项目评价特点。

（19）资本运作及项目的特点　包括资本运作项目的特点和资本运作类项目的财务分析。其中资本运作项目的特点包括股票上市类项目，兼并收购类项目，BOT 类项目，风险投资项目；资本运作类项目的财务分析包括联合兼并收购项目的财务分析，BOT 类项目的财务分析，风险投资项目的财务分析。

（20）经济分析。

（21）社会效益分析。

（22）风险分析　风险分析作为可行性研究的一项重要内容，包括风险因素的识别、风险程度的估计、研究提出风险对策、风险分析结果的反馈、编制风险与对策汇总表。

（23）研究结论　包括综合评价，研究报告的结论，存在的问题，建议及实施条件。

（三）编制设计任务书

可行性研究呈报给上级主管部门，当被上级主管部门认可后，便可根据《化工厂初步设计文件内容深度规定》HG/T 20688—2000 编写设计任务书，以作为设计项目的依据。设计任务书的内容主要包括以下几点。

① 项目设计的目的和依据。

② 建设规模、产品方案、生产方法或工艺原则。

③ 矿产资源、水文地质、原材料、燃料、动力、供水、运输等协作条件。

④ 资源综合利用和环境保护，"三废"治理的要求。

⑤ 建设地区或地点，占地面积的估算。

⑥ 防空、防震等的要求。

⑦ 建设工期与进度计划。

⑧ 投资控制数。

⑨ 劳动定员控制数。

⑩ 经济效益、资金来源、投资回收年限。

（四）扩大初步设计

根据 HG/T 20688—2000《化工厂初步设计文件内容深度规定》，扩大初步设计的工作程序和内容如图 1-3 所示。图中，左边的方框流程表示工作程序，右边方框中的内容为设计成品。

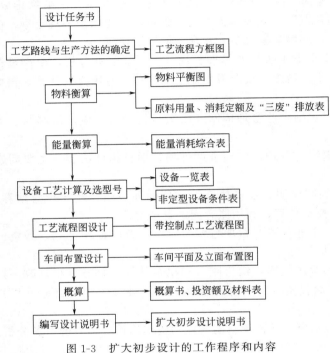

图 1-3 扩大初步设计的工作程序和内容

（五）施工图设计

施工图设计的任务是根据扩大初步设计审批意见，解决扩大初步设计阶段待定的各项问题，并以它作为施工单位编制施工组织设计、编制施工预算和进行施工的依据。

施工图设计的主要工作内容是在扩大初步设计的基础上，根据行业标准《化工工艺设计施工图内容和深度统一规定》HG/T 20519—2009，完善流程图设计和车间布置设计，进而完成管道配置设计和设备、管路的保温及防腐设计。

工艺专业施工图设计的主要内容包括：

（1）设计说明书 包括工艺修改说明，设备和管道安装说明及施工技术说明。

（2）附图 初步设计阶段的带控制点的工艺流程图和施工图设计阶段的管道仪表流程图，工艺设备布置图，工艺设备安装图，管口方位图，工艺管道布置图，辅助管道系统图，全部管路阀门管件图，管道轴测图，设备修改图，设备标准图和复用图，管架和非标准管件图等。

（3）附表 工艺管路一览表，管段表，管架表，工艺设备一览表，综合材料表，管道安装材料汇总表，管架安装材料汇总表，设备和管道防腐保温保冷材料汇总表等。

（六）设计代表工作

各专业设计代表的任务就是参加基本建设的现场施工和安装（必要时修正设计），建成化工装置后要参加试车运转工作，使装置达到设计所规定的各项指标要求。

（1）设计交底 主要是详细介绍施工图设计及施工的各种具体要求，回答用户和施工单位的各种质询。

（2）参与现场建设指挥和及时修正设计 如设备订货、设备制造及安装中需要修改设计或进行协调，协助甲方进行设备及原材料验收和安装工程验收等。

（3）参加装置的试运转　对试车提出计划方案和建议，并参与指挥。

（4）竣工、验收和总结　装置试运转达到设计基本要求时即宣告工程竣工；将施工中出现的设计修改重新确认，并完成竣工验收图纸和资料汇总存档；召集由设计、施工单位参加，聘请有关专家对工程设计进行总结和评审，写出工程设计总结。

二、国外通用设计程序

国外通用的设计程序分为工艺设计（Process Design）、基础工程设计（Basic Engineering Design）和详细工程设计（Detailed Engineering Design）三个阶段，是以工程公司模式为目标的设计体制。这种设计体制提高了设计水平和质量，同时还提高了设计效率，扩大了工程设计的能力。

1. 工艺设计

工艺设计的主要内容是把专利商提供的工艺包或把本公司开发的专利技术进行工程化，并转化为设计文件，提交用户审查，发给有关各设计专业作为开展工程设计的依据。

工艺设计的内容和深度：工艺设计的文件包括文字说明（工艺说明）、图纸、表格三大内容。

（1）文字说明（工艺说明）

① 工艺设计的范围。

② 设计基础。生产规模，产品方案，原料、催化剂、化学品，公用工程，燃料规格，产品及副产品规格。

③ 工艺流程说明。生产方法、化学原理、工艺流程叙述。

④ 原料、催化剂、化学品及燃料消耗定额及消耗量。

⑤ 公用工程（包括水、电、汽、脱盐水、冷冻、工艺空气、仪表空气、氮气）消耗定额及消耗量。

⑥ "三废"排放。包括排放点、排放量、排放组成及建议处理方法。

⑦ 装置定员。

⑧ 安全备忘录（另行成册）。

⑨ 技术风险备忘录（通常为对内使用，另行成册）。

⑩ 操作指南（通常为对内使用，另行成册。供工艺系统、配管等专业使用）。

（2）图纸

① 工艺流程图（PFD）。是 PID 的设计依据，供基础设计使用（通常分版次逐版深化）。图纸内容应包括全部工艺设备、主要物料管道（表示出流向、物料号）、主要控制回路联锁方案、加热和冷却介质以及工艺空气进出位置。

② 建议设备布置图。是总图布置、装置布置的依据，供基础设计使用（通常为平面布置图）。应根据工艺流程的特点和要求进行布置设计。

③ 工艺控制图（PCD）。通常由自控专业完成，是设计院内部设计过程文件、最终体现在终版 PFD 中。

（3）表格

① 物料平衡表。内容包括物流组成、温度、压力、状态、流量、密度、焓值、黏度等理化常数（热负荷表示在此表中或 PFD 图上）。

② 工艺设备数据表。根据设备型式不同、作用不同以及介质不同可分为容器、塔器、换热器、工业炉、机泵、搅拌器等分别列表。工艺设备数据表需表示出设备位号、介质名称、操作压力、设计压力、操作温度、设计温度、材质、传动机构、外形尺寸、特征尺寸及

特殊要求。

③ 工艺设备表。

④ 取样点汇总表。

⑤ 装置界区条件表。包括原材料、公用工程、产品、副产品进出界区的条件等。

2. 基础工程设计

基础工程设计是与工艺设计衔接最为紧密的，也是工程设计中最为关键的设计阶段。国外有的工程公司还将基础工程设计细分为分析设计和平面设计两个阶段。

分析设计的主要工作是根据提供的设计条件和数据，开发和编制管道仪表流程图（PID）Ⅰ版、工艺控制图（PCD）和装置布置图，编写设计规格说明书和设备请购单，开展设备订货及大口径合金钢管前期订货等。

平面设计的主要工作内容为：①进行管道研究，开展管道应力分析，编制管道平面布置图；②审查和确认各供应商的图纸；③统计各种散装材料数量，进行首批材料订货；④完成供详细工程设计使用的管道仪表流程图Ⅱ版和装置布置图；各专业完成布置图等设计。

基础工程设计是以"装置"为单位编制的。国内的基础工程设计内容见 SHSG—033—2008《石油化工装置基础工程设计内容规定》。

基础工程设计的深度应能满足业主审查、工程物资采购准备和施工准备、开展详细工程设计三个方面的要求，并提供能满足政府行政主管部门审查需要的消防设计、环境保护、安全设施、职业卫生、节能及抗震设防等专篇。

基础工程设计比初步设计的内容更为深广。为了适应中国工程建设管理体制的特点，国内的"基础工程设计"，需要在国外基础工程设计的基础上覆盖我国"初步设计"中的有关内容。具体地说，就是在国际通行的"用户审查版"的基础上，除在文字内容基本上覆盖了初步设计的要求外，还要加上我国"初步设计"中供政府行政主管部门审查所需的内容，使其具备原来"初步设计"的报批功能。具有一定的可操作性。

3. 详细工程设计

详细工程设计是在基础工程设计的基础上进行的，其内容和深度应达到满足通用材料采购、设备制造、工程施工及装置投产运行的要求。

详细工程设计内容与国内的施工图设计相类似，即全面完成全套项目的施工图，确认供货商图纸，进行材料统计汇总，完成材料订货等工作。

国内的详细工程设计内容见 SHSG—053—2003《石油化工装置详细工程设计内容规定》。

目前，为了与国际接轨，国内许多石油化工设计院也按国际惯例依照上述三个设计阶段进行工程设计。

第三节　化工车间工艺设计的程序及内容

化工厂通常由化工生产车间、辅助生产装置、公用工程及罐区、服务性工程、生活福利设施、"三废"处理设施和厂外工程等构成。化工生产车间（即工艺界区装置）是指直接将原料转变为产品的生产区域内的所有设备；辅助生产装置是指机械修理、电器和仪表修理、中心实验室、设备和材料仓库等；公用工程及罐区，指全厂的水、电、气供给和专门的罐区；服务性工程，指工厂办公室、食堂、车队、消防站和招待所等；生活福利设施，指职工住宅、医院、托儿所、幼儿园、子弟学校等；"三废"处理，指界区外全厂的二级"三废"处理设施；厂外工程，指厂外供水管线、输电线路、原料管线、短距离的铁路和公路等。

化工车间设计是化工厂设计的核心部分，而车间设计的主体是工艺设计。因此，要求初学者必须重点掌握车间的工艺设计。本节主要介绍化工车间工艺设计的内容和程序。

一、设计准备工作

（1）熟悉设计任务书 对设计任务书提出的工艺条件、技术指标、设计要求、进度计划等，进行全面深入地分析、理解，正确领会设计依据及设计意图，以便贯彻实施。

（2）制定设计工作计划 了解化工设计以及工艺设计包括哪些内容，其方法步骤如何。参照设计进度，制订出整体及个人的设计工作计划。

（3）查阅文献资料 按照设计要求，主要查阅与工艺路线、工艺流程和重点设备有关的文献资料，并摘录笔记。此外，还应对资料数据进行加工处理，对文献资料数据的适用范围和精确程度应有足够的估计。

（4）收集第一手资料 深入生产与试验现场调查研究，尽可能广泛地收集齐全可靠的原始数据并进行整理，这对搞好整个设计来说是一项很重要的基础工作。

二、方案设计

方案设计的任务是确定生产方法和工艺流程，是整个工艺设计的基础。要求运用所掌握的各种信息，根据有关的基本理论进行不同生产方法和生产流程的对比分析。方案设计阶段的工作可以培养设计人员分析、归纳总结和理论联系实际的能力。

一个新的化工过程设计，可以采用不同的原料和不同的生产方法。在设计时，首要工作是对可供选择的方案进行定量的技术经济比较和筛选，着重评价总投资和生产成本，最终筛选出一条技术上先进、经济上合理、安全上可靠、符合环保要求、易于实施的工艺路线。

生产流程的设计，包括对构成流程的操作单元的选择、设备选择、操作条件确定、"三废"处理方案选择等；从规划轮廓到完善定型，要经过物料衡算、热量衡算、设备设计和车间布置设计等。由于流程设计的周期长，涉及面广，需要做细致的分析、计算和比较工作。流程设计可分为计算机法和手工计算法两种：计算机法是运用化工系统工程学理论进行最优化设计，运用时需先凭设计者的经验，拟定几种流程方案，而后再用最优化设计的方法进行计算和筛选。由于这种方法的计算工作量非常大，必须借助计算机完成，因此该方法的用途有一定限制。手工计算法是一种传统流程设计方法，它是凭设计者的经验和有关信息，先设计出几种流程方案，然后进行计算和比较筛选。

三、化工计算

化工计算包括工艺设计中的物料衡算、能量衡算、设备选型与计算三个内容，其任务是在这三项计算的基础上绘制物料流程图、主要设备图和带控制点工艺流程图。

物料衡算的作用：①确定主要原材料及辅助材料的用量，主产品、副产品、中间产物的生成量，并以此确定储备、运输规模、储运及处理规模；②确定设备的规格、负荷、热交换以及公用工程等细节；③确定过程中各股物流的组成和流量，为能量衡算作准备；④确定"三废"产生量及性质；⑤为管路设计提供依据。

能量衡算的作用：①确定单个设备需要供给或移出的热量，从而确定过程加热介质的消耗以及传热设备的换热面积及相关尺寸等；②确定输送过程中的机械能衡算；③为资源配置、设备设计及全厂能量的综合利用，节能降耗等提供依据。

因此，化工计算的结果关系到整体设计的成败。化工计算阶段会用到大量的基本理论、基本概念和基本技能（数据处理、计算技能、绘图能力等），是理论联系实际，学会发现问题、分析问题和解决问题，进一步锻炼独立思考和独立工作能力的重要过程。当计算过程比较复杂时，应尽量采用流程模拟软件进行工艺计算。对计算结果进行核算是非常重要的，设计工作中，除了计算者自校之外，还需校核者核算所有的假设数据和结果是否正确。

标准的工艺设备如压缩机、泵等，可以根据设备计算的结果进行选型；对于非标工艺设备如反应器等，由设备设计人员根据设备计算结果及工艺要求自行设计。

四、车间布置设计

车间布置设计应遵循《化工装置设备布置设计规定》HG 20546—2009 和《石油化工企业总体布置设计规范》SH/T 3032—2002 的有关规定，并满足施工、操作和检修的要求。其主要任务是确定整个工艺流程中的全部设备在平面上和空间中的正确的具体位置，相应地确定厂房或框架的结构形式。车间布置对生产的正常进行和项目的经济指标都有重要影响，并且它是土建、电气、自控、给排水、外管等专业开展设计的重要依据。因此，车间布置设计要反复全面考虑，多征求意见，并与非工艺设计人员大力协作，以做好这项工作。

当化工计算结束后，根据工艺流程图和设备一览表及设备设计条件图，即可着手进行车间布置设计。车间布置设计完成后，绘制设备平剖面布置草图。在土建设计和配管设计完成后，才能绘制供施工用的车间布置图。

装置平面布置图应示出装置界区的范围、方位、尺寸和坐标，界区内各建（构）筑物的位置和外形，表示出主要的露天设备（不注位号和定位尺寸）和管道廊架、消防通道；设备布置图应绘出有关的建（构）筑物，标注轴线与尺寸，绘出全部设备外形和转动设备基础的外形，并注明设备位号和定位尺寸（不表示安装方位）。必要时，应绘制剖视图并注明重要标高。

五、配管工程设计

配管工程设计是化工设计最重要的内容之一，其任务是确定生产流程中全部管线、阀门及各种管架的位置、规格尺寸和材料。配管工程设计，应遵循《化工装置管道布置设计规定》HG/T 20549—1998 和《石油化工管道布置设计通则》SH 3012—2000 的有关规定，配管工程设计中应注意节约管材，便于操作、检查和安装检修，而且做到整齐美观。配管工程设计完成后，应绘制管道布置图、管道轴测图、管架图及管件图，编制管道、阀门、管件及材料汇总表。

配管工程设计是在工艺流程设计与车间布置设计都完成的基础上进行的，是施工图设计中最重要的设计内容。工作量非常大，需要绘制大量图纸，汇编大量表格，而且这一阶段工艺专业与非工艺专业的工作交叉较多，设计条件往返频繁，工作中需要密切协调、细致周到。

六、提供设计条件

工艺专业设计人员应根据该项目设计全局性的总体要求，向非工艺专业设计人员提供设计条件。设计条件的内容包括：总图、土建、外管、非定型设备、自控、电气、电讯、电加热、采暖通风、空调、给排水、工业炉等。

设计条件是各专业据以进行具体设计工作的依据，因此提供好的设计条件是确保设计质量的重要一环。为了正确贯彻执行各项方针政策和已经确定的设计方案，保证设计质量，工艺专业设计人员应认真负责地编制各专业的设计条件，并确保设计条件的完整性和正确性。

七、编制概算书及编制设计文件

工程概算书应根据中国石化总公司 2008 年以文件中国石化建（2008）82 号发布的《石

油化工工程建设设计概算编制办法》（2007 版）进行编制，它是初步设计阶段编制的车间投资的初步估算结果，可以作为业主或上级主管部门决策和银行对基本建设单位贷款的依据。概算编制办法包括如下十项内容：总则，概算文件组成，总概算，单项工程综合概算，固定资产其他费用、无形资产投资、其他资产投资和预备费，固定资产投资方向调节税、建设期借款利息及铺底流动资金，进口部分概算编制及费用计算，设备与材料划分，表格。工程概算主要提供了车间建筑、设备及安装工程费用。经济是否合理是衡量一项工程设计质量的重要标志。编制概算可以帮助判断和促进设计的经济合理性。通常，在编制概算之前，经济考核工作已经开始，例如编制设计任务书和选择厂址阶段就进行了大量的经济考察。进入初步设计阶段之后，不论是选定的生产方法，还是设计的生产流程，都要反复进行技术经济指标的比较，进行设备设计和车间布置设计时也都要仔细考虑经济合理性。设计者应当明确，技术上的先进性是由经济合理性来体现的，只有在设计的每一步都重视经济因素，力求经济上合理，到最后才能作出既经济节约又合理可行的概算来。

编制设计文件，是分别在初步设计阶段与施工图设计阶段的设计工作完成后进行的，它是设计成果的汇总，是进行下一步工作的依据。设计文件的内容包括：设计说明书、附图（流程图、布置图、设备图等）和附表（设备一览表、材料汇总表等）。对设计文件和图纸要进行认真的自校和复校。对文字说明部分，要求做到内容正确、严谨，重点突出，概念清楚，条理性强，完整易懂；对设计图纸则要求消灭错误、整洁清楚、图面安排合理，考虑了施工、安装、生产和维修的需要，能够满足工艺生产要求。

以上仅是车间工艺设计的大体内容，叙述的顺序就是一般的设计工作程序。实际车间工艺设计过程中，这些工作内容通常是交叉进行的。

第四节　设计文件

设计文件是化工厂设计最终结果的体现。工艺专业人员在初步设计阶段和施工图设计阶段应编制说明书和说明书的附图、附表等设计文件，其中车间工艺设计文件是最基本的和最常遇到的，因此，本节着重介绍化工厂设计时工艺专业设计文件的内容和格式。

一、初步设计文件

初步设计文件应包括以下两部分内容：设计说明书和说明书的附图、附表。化工厂初步设计说明书内容和编写要求，依据 HG/T 20688—2000《化工厂初步设计文件内容深度规定》和设计范围（整个工厂，一个车间，或一套装置）、规模的大小和主管部门的要求而不同。初步设计说明书应包括如下内容。

（一）总论

（1）筹建概况简述。

（2）设计依据。

（3）设计指导思想。

（4）设计范围与设计分工。

（5）建设规模及产品方案。

（6）主要原材料、燃料的规格及其消耗量和来源。

（7）生产方法及全厂总流程。

（8）厂址概况。

（9）公用工程及辅助工程。

（10）环境保护及综合利用。

（11）工厂的机械化、自动化水平。

（12）劳动安全卫生。

（13）消防。

（14）工程、水文地质条件和气象资料。

（15）管理体制及全厂定员（见表1-2）。

表1-2　全厂定员

序号	部门	总定员/人	生产人员/人		非生产人员/人		备注
			生产工人	技术人员	行政人员	技术管理人员	
1	厂部 ……						
2	生产车间 ……						
3	辅助车间						
4	其他 ……						
	总计						

（16）全厂综合技术经济指标（见表1-3）。

表1-3　全厂综合技术经济指标

序号	指标名称	单位	数量	备注
1	设计规模	万吨/年		
2	年操作日	h/年		
3	原料及辅助材料消耗 ……	t/年		
4	动力消耗 ……			
5	"三废"排放量			
6	工厂用地面积	m²		
7	工厂建筑面积	m²		
8	设备台数	台		
	生产装置设备	台		
	辅助、公用工程装置设备	台		
9	能耗指标			
10	总定员	人		
11	总投资	万元		
	其中外汇	万美元		
12	建设投资指标	元/（年·t）		
13	全厂总产值	万元/年		
14	产品单位成本	元/t		
15	产品年总成本	万元/年		
16	投资回收期	年		
17	全投资内部收益率（税前、后）	%		
18	全投资净现值	万元		
19	自有资金内部收益率	%		
20	自有资金净现值	万元		
21	投资利润率	%		
22	投资利税率	%		

（17）存在问题及解决意见。

（18）图纸。包括全厂工艺总流程图、全厂物料平衡图、工厂鸟瞰图（必要时）等。

（二）技术经济

初步设计财务（经济）评价的编制应说明与已批准的可行性研究报告的关系。主要经济数据见表1-4。技术经济表格包括：年总成本费用估算、销售收入、流动资金估算、投资计划与资金筹措、借款还本付息计算。

表 1-4 主要经济数据

序 号	指 标 名 称	单 位	数 量	备 注
1	生产规模及产品方案			
2	固定资产投资			
3	流动资金			
4	年均总成本费用			
5	年均经营成本			
6	年均销售收入			
7	全投资内部收益率(税前、后)			
8	自有资金内部收益率			

（三）总图运输

（1）设计依据　与总图运输有关的文件，采用的法规和标准、规范，设计基础资料。

（2）设计范围与分工。

（3）厂址概况　厂址位置，厂区四周及其与居民区、城市、农村、重点经济文化设施的关系；当地交通运输现状及规划；厂区地形、地貌，场地类型，最高最低海拔标高、坡度和坡向；厂区占用土地面积及占用农田（其中高产田、旱田）、山林、湖塘等面积，当地人均耕地面积；现有居民房舍及其它设施的拆迁数量；工程地质及水文地质特征概述。

（4）总平面布置　总平面布置的确定：总平面布置应进行多方案的比选；按本工程的组成和各建（构）筑物的性质，扼要说明总图分区、主要生产流程、施工安装（包括大件运输）及人、货流组织和界（街）区建筑线间距等的设计意图；说明贯彻节约用地、减免拆迁、减少场地工程量和分期建设、一体化的措施、预留发展等做法；说明对环境保护，建（构）筑物朝向，主导风向的影响及其相对关系与间距的考虑；总平面布置对主要建（构）筑物适应工程地质、水文地质特征的说明，对其它自然灾害的防治措施；施工场地及其它临时性建（构）筑物等的用地规划。总平面布置的主要技术经济指标，见表1-5。

表 1-5 总图平面布置主要技术经济指标

序 号	指 标 名 称	单 位	数 量	备 注
1	厂区(街区、装置)用地面积	m²		
2	建(构)筑物用地面积	m²		
3	露天堆场及作业场用地面积	m²		
4	道路及广场用地面积	m²		
5	铁路线长度	km		
6	地下管线及地上管架估计用地	m²		
7	建筑系数	%		
8	场地利用系数	%		
9	绿地面积	m²		
10	绿地率	%		

（5）竖向设计　说明设计原则；竖向设计方式（平坡式、阶梯式）的确定及其依据；场地竖向设计的图示方法；土方计算及调配；说明洪水及周围高地对场地的影响，对山洪、急

流的防护措施。

（6）工厂运输　全厂货物运输量及运输方式的确定，铁路运输，道路运输，水路运输，窄轨运输系统和线路设计，集装箱运输，全厂运输定员。

（7）工厂防护设施及其他。

（8）排渣场。

（9）总图运输主要工程表。

（10）存在的问题及解决的意见。

（11）主要图表　设备一览表，材料估算表；厂区位置图，总平面布置图，土方估算图。

（四）化工工艺及系统

（1）概述。装置设计规模，装置组成与各工序名称；生产方法、流程特点；本装置的"三废"治理及环境保护的措施与实际效果；生产制度，包括年操作日、生产班数等。

（2）原材料或产品（包括中间产品）及催化剂、吸附剂、化学品的主要技术规格，见表1-6和表1-7。

表1-6　原材料（或产品）技术规格

序　号	名　　称	规　格	标　准	备　注

表1-7　催化剂、吸附剂、化学品的主要技术规格

序　号	名　称	规格（型号、尺寸）	控制组分名称	标　准	备　注

（3）装置危险性物料主要物性详见表1-8。危险性物料系指决定装置区域或厂房防爆、防火等级以及操作环境中有害物质的浓度超过国家安全、卫生标准而需采取隔离、防护、置换（空气）等措施的物料。

表1-8　装置危险性物料主要物性

序号	名称	分子量	熔点/℃	沸点/℃	闪点/℃	燃点/℃	爆炸极限（体积分数）/%		毒性[1]程度	火险分类[2]	爆炸级组[3]	国家卫生标准	备注
							上限	下限					

① 按《职业性接触毒物危害程度分级》GB 5044 的规定填写。
② 按《石油化工企业设计防火规范》GB 50160 和《建筑防火规范》GBJ 16 的规定填写。
③ 按《爆炸和火灾危险环境电力装置设计规范》GB 50058 的规定填写。

（4）生产流程简述　按生产工序叙述物料所流经工艺设备的顺序和去向，写出主、副反应的反应方程式，主要操作控制指标（如温度、压力、流量、配比）等。如系间歇操作需说明操作周期一次加料量及各阶段的控制指标。说明产品及原料的储存、运输方式及有关安全措施和注意事项。

（5）主要设备的选定说明　说明对装置有决定性影响的设备（包括反应设备、传质设备和主要机泵等）的形式、能力、备用情况，论述其技术可靠性和经济合理性、对专用设备推荐制造厂等。

（6）原材料、动力（水、电、汽、气）、催化剂、吸附剂和化学品消耗定额及消耗量。详见表1-9～表1-11。

表 1-9　原材料消耗定额及消耗量

序　号	名　称	规　格	单　位	消耗定额①	消耗量		备　注
					每小时	每年	

① 消耗定额以每吨产品计。

表 1-10　动力（水、电、汽、气）消耗定额及消耗量

序　号	名　称	规　格	使用情况①	单　位	消耗定额②	小时消耗量		备　注
						正常	最大	

① 使用情况系指连续、间歇、开停车频率和使用量等情况。
② 消耗定额以每吨产品计。

表 1-11　催化剂、吸附剂和化学品消耗定额及消耗量

序　号	规格①	加入设备名称	位号	首次填装量	备用量	消耗定额②	消耗量		备　用
							正常	最大	

① 规格包括型号、尺寸等。
② 消耗定额以每吨主要产品计。

（7）定员，见表 1-12。

表 1-12　定员

序　号	工序名称	每班定员		管理人员	操作班次	轮休人员	合计	备　注
		生产工人	辅助工人					

（8）"三废"排放量，见表 1-13。

表 1-13　"三废"排放量

序　号	排放物名称	排放点	排放物性状①	排放情况		排放量			组成及含量②	国家或地方排放标准	备注
				连续	间断	单位	正常	最大			

① 按气、液、固或混合相填写。
② 应说明有害物质名称。

（9）主要节能措施。论述能源选择和利用的合理性，采用节能新工艺、新技术、新材料、新设备的情况及其节能效益。

（10）技术风险备忘录。说明造成技术风险的原因，对所采用技术（或专利）的合理性和可靠性或导致对设计性能保证指标、原材料及公用工程消耗指标产生不利影响的情况，说明存在的技术问题，预计其后果。

（11）存在的问题及解决的意见。

（12）主要图表。包括设备一览表，管道命名表，装置界区条件表，流程图图例符号、缩写字母和说明（或首页），工艺流程图和物料平衡表，工艺管道仪表流程图和公用物料分配图。

（五）布置与配管

（1）设计依据、设计范围和设计分工。

（2）采用的法规和标准、规范。

（3）装置、设备布置原则。说明装置、设备布置执行露天化、一体化的程度，公用管廊、消防通道、地下管（通）道的考虑，大型设备吊装、维修方案，工序间的连接关系以及扩建的可能等。

（4）说明管道输送介质及其分类。按《职业性接触毒物危害程序分级》GB 5044、《石油化工企业设计防火规范》GB 50160、《建筑设计防火规范》GBJ 16 和国家质量技术监督局颁发的《压力管道设计单位认证与管理办法》规定中的分类分别注明。

（5）分期建设的装置，其管道和管架的设计能力和预留措施。

（6）阐述管道的敷设原则。如地上、地下管的分类原则，地下管的管沟和直埋的确定原则等。

（7）管道等级索引。其内容包括：等级代号、输送的介质、压力和温度的额定值范围、法兰材质和形式等。

（8）管道等级表。范围应包括：管子、管件、阀门、法兰、紧固件、密封件以及特殊件等。管道等级表由表头和管道元件特征要求两部分构成（见表1-14）。

表 1-14　管道等级

液体介质							分支表	等级号
腐蚀裕量		温度-压力额定值	温度/℃					
焊后热处理			压力/MPa					

名　称	公称直径	材　料	制　造	端　部	壁　厚	标准号	备　注
管子							
弯头							
异径管							
三通							
管帽							
管接头							
螺纹三通							
半管接头							
丝堵							
短管							

名　称	公称直径	材　料	等　级	类型-密封面	厚　度	标准号	备　注
法兰							
法兰盖							
垫片							
螺栓/螺母							

名　称	公称直径	阀体/阀芯材料	等　级	端　部	类　型	阀　号	标准号	备　注
闸阀								
球阀								
……								
止回阀								

表头的内容应包括等级代号、压力和温度的额定值范围、输送的介质、腐蚀裕量、分支表及热处理要求等。

各管道元件的特征要求包括：公称直径、材料、标准号，管子和管件的制造方法及其端部形式、壁厚、法兰、垫片、螺栓/螺母的类型、等级，阀门的型号、阀体/阀芯的材料、阀门类型、等级和端部形式等。

（9）绝热方式确定的原则。

（10）保温和保冷的材料和规格。

（11）涂料的材料和规格。

（12）存在的问题及解决的意见。

（13）主要图表。大宗管道材料和特殊元件（材料）估算表；装置平面布置图；设备布置图（必要时分层绘制）。

（六）空压站、氮氧站、冷冻站

各装置的负荷及特点，选型及其主要参数，工艺流程说明等。设备一览表，管道材料估算表；管道和仪表流程图，设备布置图，用气（冷）分配图等。

（七）厂区外管

（1）概述　外管设计依据的文件、设计范围和设计分工，设计采用的法规、规范、标准，管道输送的介质及其分类，工厂主要产品近期和远期的生产规模以及管道、管架的能力和发展远景规划、预留措施等。

（2）管道的敷设　敷设原则及敷设方式，技术方案的选定。

（3）管道设计　管道系统的叙述，计量仪表及主要阀件的选择，管道材质的选择，管道的特殊要求，管道保温（冷）及防腐。

（4）厂区外管一览表，见表1-15。

表 1-15　厂区外管一览表

序号	介质		管道类别①	管道					操作条件						保温情况	防腐情况	备注
	代号	名称		自何处	至何处	长度/m	公称直径/mm	管道等级	温度/℃	压力/MPa	状态	密度/(kg/m³)	流量/(t/h)	流速/(m/s)			

① 按《压力管道设计单位资格认证与管理办法》的规定填写。

（5）存在的问题及解决的意见。

（6）主要图表。材料估算表；厂区外管系统图，管架（沟）平面布置图。

（八）分析化验

分析项目表，分析仪器设备表；中央化验室平面布置图，装置（车间）分析化验室的平面布置图。

（九）设备（含机泵、工业炉）

设备、机泵、工业炉概况包括设备分类和台数、设备总台数、总重量以及制造、安装、运输上的特殊要求，设计原则以及设备材料选择等。

非标设备设计数据表，机泵设计数据表，工业炉设计数据表；主要设备工程图。

（十）自动控制及仪表

设计依据，设计采用的标准、规范，设计范围及分工，引进特殊仪表的特点及引进理由的详细说明，全厂自动化水平，生产安全保护，环境特征及仪表选型，复杂控制系统，动力供应，存在的问题及解决的意见。

主要图表有：仪表索引，仪表数据表，DCS 和 PLC-1/0 表，材料估算表；联锁系统逻辑图，复杂控制系统图，仪表盘布置图，控制室布置图，DCS、PLC 系统配置图，管道仪表流程图（与工艺系统专业合出此图），可燃气体和有毒气体检测报警器平面布置图。

（十一）供配电

主要设备表，主要材料表；全厂高压系统图，全厂高低压供电总平面图，总变（配）电所平面布置图，爆炸危险区域划分图。

（十二）电信

电信用户表，设备表，材料估算表；全厂电信组织系统图，电信站平面布置图（容量200 门以上绘此图），中继方式图（容量 1000 门以上绘此图），全厂电信网络总平面布置图，火灾报警系统图（大型生产装置绘制此图）。

（十三）土建

建筑物和构筑物一览表，材料估算表；除最简单的建（构）筑物外，应绘制全部建（构）筑物平面图、剖面图、立面图；对新型、重要的建筑物和构筑物，业主要求时可增绘透视图。

（十四）给水排水

设备一览表，管道材料估算表；全厂水平衡图，给水水源取水管道仪表流程图，给水处理管道仪表流程图，循环冷却水及水质稳定处理管道仪表流程图，化学水处理管道仪表流程图，污水处理管道仪表流程图，水源地平面图，给水处理场平面布置图，循环冷却水场平面布置图，化学水处理平面布置图，污水处理场平面布置图，厂区给排水管道布置图，厂外给排水管道布置图。全厂生产用水排水情况见表 1-16。

表 1-16　全厂生产用水、排水情况

序号	装置代号	车间或工段名称	设备名称	水的用途	用水量及其要求								排水量及其要求								备注
					用水量 /(m³/h)		水质要求			需水情况			排水量 /(m³/h)		排水性质			排水情况			
					正常	最大	水温 /℃	悬浮物 /(mg/L)	化学成分	进水口水压 /Pa	连续及间断情况	给水系统	正常	最大	水温 /℃	化学及物理成分		余压 /Pa	连续及间断情况	排水系统	
																名称	含量 /(mg/L)				
1	2	3	4	5	6	7	8	9	10	11	12	13	14	15	16	17	18	19	20	21	22

（十五）供热系统（略）

（十六）采暖通风及空气调节（略）

（十七）维修（略）

（十八）液体原料与产品储运

物料储存温度、压力表，储罐的容量、数量表，物料主要性质表，动力消耗表，辅助材料消耗表，原料、燃料及产品物化特性表等。物料主要性质表（见表 1-17），动力消耗表（见表 1-18）。

表 1-17 物料主要性质

序号	物料名称	分子量	沸点/℃	熔点/℃	闪点/℃	燃点/℃	相对密度	比热容/[kJ/(kg·℃)]	黏度/(mPa·s)	毒性程度	火险分类	爆炸级组	车间最高容许浓度	爆炸极限/% 上限	爆炸极限/% 下限	蒸发潜热/(kJ/kg)	熔融热/(kJ/kg)	备注

表 1-18 动力消耗

项　　目			用　户								
			栈台	泵房	罐区	包装	洗桶	沉槽	小计	备注
水	循环水	消耗量/(m³/h) 用途 使用情况								
	新鲜水	消耗量/(m³/h) 用途 使用情况								
电		装机容量/kW 使用负荷/kW 使用情况								
蒸汽		压力/MPa 消耗量/(t/h) 用途 使用情况								
氮气		压力/MPa 消耗量/(m³/h) 用途 使用情况								
压缩空气		压力/MPa 消耗量/(m³/h) 用途 使用情况								
冷量		温度/℃ 消耗量/kW 用途 使用情况								

（十九）固体原料、产品储运（略）

（二十）全厂设备、材料仓库（略）

（二十一）消防专篇

设计依据，工程概况，火灾危险性及防火措施，消防系统，定员表，消防设施专项投资概算，存在的问题及解决的意见。

消防水系统管道仪表流程图，消防水泵房平面布置图，消防设施平面布置图，爆炸危险区域划分图，可燃性气体浓度检测报警系统布置图，火灾报警系统图。

（二十二）环境保护专篇

编制依据，设计所执行的环保法规和标准，工程概况，主要污染源及主要污染物，设计中采取的综合利用与处理措施及预计效果，绿化方案，污染物总量控制，环境监测及管理机构，环境保护机构及定员，环境保护投资估算，存在的问题及解决的意见。

（二十三）劳动安全卫生专篇

设计依据，工程概况，建筑及场地布置，生产过程中职业危险、危害因素的分析，劳动安全卫生设计中采用的主要防范措施，劳动安全卫生机构设置及人员配备情况，专用投资概算，建设项目劳动安全卫生预评价的主要结论，设备一览表，预期效果及存在的问题与建议。

（二十四）节能

（1）主要耗能装置（按生产、辅助、公用工程的顺序）能耗状况，每吨产品能耗比较表，万元产值综合能耗。

（2）主要节能措施。能源选择的合理性，能源利用的合理性。

（3）节能效益。

（4）存在的问题及解决的意见。

（二十五）行政管理设施与居住区（略）

（二十六）概算

（1）总概算。包括工程概况，资金来源及投资方式，编制依据，投资分析及其它说明。

（2）综合概算。综合概算是计算一个单项工程或一个装置投资额的文件，可按一个独立的生产装置（车间）或一个独立的建（构）筑物进行编制。

（3）单位工程概算。单位工程是单项工程的组成部分，是指具有单独设计，可以独立组织施工，但不能独立发挥生产能力或作用的工程。单位工程概算应按建筑和安装两种表格形式分别编制。

一个建设项目同时由若干设计单位共同设计时，主体设计单位负责编制总概算，各参加设计单位负责编制相应的概算。

二、施工图设计文件

设计施工图是工艺设计的最终成品，应依据《化工工艺设计施工图内容和深度统一规定》HG 20519—2009 的规定，在初步设计的基础上进行编制。它由文字说明、表格和图纸三部分组成。编制每个独立的装置或主项施工图的内容深度及设计规定参见如表 1-19 所示的施工图主要文件及其标准。编制化工工艺设计施工图应遵循的图例、符号、代号等设计规定见表 1-20。

化工工艺设计施工图设计说明由工艺设计、管道设计、隔热隔声及防腐设计说明构成。

1. 工艺设计说明

（1）设计依据　说明施工图设计的任务来源和设计要求，即施工图设计的委托书、任务书、合同书、协议书等有关文件；初步设计的审批文件和修改文件；其他有关设计依据。

（2）工艺及系统说明　依据初步设计审批文件和修改文件所作的化工工艺修改和补充部分的说明；施工图设计中对初步设计作的改进和调整部分的工艺说明；与工艺有关的施工说明和装置开、停车的原则说明。

（3）设计范围　负责设计的范围；装置设计的组成及单元或工程名称及代号。

2. 设备布置设计说明

（1）分区或图号规定。

（2）设备安装的注意事项　大型设备吊装需说明的问题；设备进入厂房或框架的特殊安装要求；设备附件；设备支架。

（3）设备维修空间设置及固定式维修设备的说明。

（4）采用的国家及行业标准。

表 1-19　施工图主要文件及其标准

序号	名　称	标　准　号	序号	名　称	标　准　号
1	图纸目录	HG/T 20519.1—2009	14	管段表及管道特性表	HG/T 20519.4—2009
2	设计说明	HG/T 20519.1—2009	15	特殊管架图	HG/T 20519.5—2009
3	首页图	HG/T 20519.2—2009	16	管架图索引	HG/T 20519.5—2009
4	管道及仪表流程图	HG/T 20519.2—2009	17	管架表	HG/T 20519.4—2009
5	分区索引图	HG/T 20519.3—2009	18	弹簧汇总表	HG/T 20519.5—2009
6	设备布置图	HG/T 20519.3—2009	19	特殊管件图	HG/T 20519.4—2009
7	设备一览表	HG/T 20519.3—2009	20	特殊阀门和管道附件表	HG/T 20519.2—2009
8	设备安装图	HG/T 20519.3—2009	21	绝热材料表	HG/T 20519.6—2009
9	设备地脚螺栓表	HG/T 20519.3—2009	22	防腐材料表	HG/T 20519.6—2009
10	管道布置图	HG/T 20519.4—2009	23	伴热管图和伴热管表	HG/T 20519.4—2009
11	软管站布置图	HG/T 20519.4—2009	24	综合材料表	HG/T 20519.6—2009
12	管道轴测图	HG/T 20519.4—2009	25	设备管口方位图	HG/T 20519.4—2009
13	管道轴测图和管段表索引	HG/T 20519.4—2009			

表 1-20　编制施工图应遵循的图例、符号、代号

序号	名　称	标　准　号	序号	名　称	标　准　号
1	管道通用的缩写词	HG/T 20519.1—2009	7	管道布置图和轴测图上管子、管件、阀门及管道特殊件图例	HG/T 20519.4—2009
2	流程图、设备、管道布置图；管道轴测图；管件图；设备安装图的图线宽度及字体规定	HG/T 20519.1—2009	8	设备、管道布置图上用的图例	HG/T 20519.4—2009
3	管架编号和管道布置图中管架表示法	HG/T 20519.4—2009	9	设备名称和位号	HG/T 20519.2—2009
			10	物料代号	HG/T 20519.2—2009
4	绝热及隔声代号	HG/T 20519.2—2009	11	管道的标注	HG/T 20519.2—2009
5	管道及仪表流程图中设备、机器图例	HG/T 20519.2—2009	12	管道等级号及管道材料等级表	HG/T 20519.6—2009
			13	垫片代号	HG/T 20519.6—2009
6	管道及仪表流程图中管道、管件、阀门及管道附件图例	HG/T 20519.2—2009	14	垫片密封代号	HG/T 20519.6—2009

3. 管道布置设计说明

（1）材料供应情况　如为引进装置，应说明买卖双方材料供应的范围；国内外采购的划分；管子的标准；设计范围内材料供应的技术文件号；材料供应的特殊要求。

（2）管道预制及安装要求　管道施工规范的标准号、管道等级与分类；管道焊接的附加要求；管道安装的特殊要求；伴热系统的安装；特殊件的安装要求；试压要求；埋地管线要求；非金属管道安装要求。

（3）管架　采用的管架标准；工厂预制件；小管道管架安装注意事项。

（4）静电接地　管道静电接地范围；静电接地连接方式；静电接地连接要求。

（5）管道脱脂、吹扫、清洗　管道脱脂、吹扫、清洗范围；管道脱脂、吹扫、清洗介质的组成及温度压力参数；临时设备及管线的设置要求。

（6）采用的国家及行业标准。列出标准名称及标准号，说明标准应由施工单位自备。

4. 绝热、隔声设计说明

（1）选用的绝热材料　主绝热材料名称及相关要求；外保护层；隔声材料。

（2）工程中遇到的绝热等级。

（3）采用的绝热、隔声结构及标准。

（4）施工要求。

（5）采用的国家及行业标准。

5. 防腐设计说明

涂漆的范围；采用的涂料名称（底漆和面漆）；施工要求；涂漆的颜色；埋地管道的外防腐；管道的内防腐；采用的国家及行业标准。

第二章　工艺流程设计

在化工设计中，工艺流程设计是整个设计过程中非常重要的环节，它通过工艺流程图的形式，形象地反映了化工生产从原料进入到产品输出的过程，其中包括物料和能量的变化，物料的流向以及生产中所经历的工艺过程和使用的设备仪表。工艺流程图集中地概括了整个生产过程的全貌。工艺流程设计涉及各个方面，而各个方面的变化又反过来影响工艺流程设计，甚至使最终的工艺流程发生较大变化。

本章主要介绍化工设计过程中的生产方法与工艺流程的选择，工艺流程设计，工艺流程图，典型设备的自控方案和工艺流程图计算机绘图软件（PIDCAD）等内容。

第一节　生产方法和工艺流程的选择

化工厂生产同一种产品，可以采用不同的原料，经过不同生产路线而制得；即使采用同一原料，也可以采用不同生产路线；而同一生产路线，又可以采用不同的工艺流程。

在工艺设计中，首先应该选择合理的生产路线，也就是选择合理的生产方法，它决定了最终设计质量的优劣，要求设计人员必须认真对待。如果某产品只有一种生产方法，就无须选择；如果有几种不同的生产方法，就应该逐个进行分析、比较，从中筛选出一个最优的生产方法，作为下一步工艺流程设计的依据。本节主要介绍已有生产路线的工艺流程设计。

一、生产方法和工艺流程选择的原则

在选择生产方法和工艺流程时，应该着重考虑以下三项原则。

（1）先进性　先进性是指在化工设计过程中技术上的先进程度和经济上的合理可行。判断一种生产路线是否可行，不仅要看它采用的技术先进与否，同时要看它在建成投产后是否能够创造利润和创造多大的利润。如果技术上非常先进而经济上无利润，或者经济上有利润但技术非常落后即将被淘汰，都是不可取的。先进性的评价包括基建投资、生产成本、消耗定额以及劳动生产率等方面。实际设计过程中，选择的生产方法应达到物料损耗较小、物料循环量较少并易于回收利用、能量消耗较少和有利于环境保护等要求。

（2）可靠性　可靠性主要是指所选择的生产方法和工艺流程是否成熟可靠。如果采用的技术不成熟，将会导致装置不能正常运行，达不到预期技术指标，甚至无法投产，从而造成极大的浪费。因此，对于尚处在试验阶段的新技术、新工艺、新方法，应该慎重对待；同时要防止只考虑先进性的一面，而忽视不成熟、不稳妥的一面。应当坚持一切经过试验的原则，不允许把未来的生产工厂当作试验工厂来进行设计。另外，要考虑原料供给的可靠性，对于一个建设项目，必须保证在其服务期限内有足够的、稳定的原料来源。

（3）合理性　合理性是指在进行化工厂设计时，应该结合我国的国情，从实际情况出发，考虑各种问题，即宏观上的合理性。由于中国目前还是一个发展中国家，应该认真考虑国家资源的合理利用、建厂地区的发展规划、"三废"处理是否可行等，而不能单纯从技术、经济观点考虑问题。根据以往设计工作的经验，在工艺流程设计中，应该着重从以下几个方面进行考虑。

① 国内人民的消费水平及各种化工产品的消费趋势。

② 国内化工生产所用的化工原材料及设备制造所需各种材料的供应情况。

③ 国内化工机械设备、电气仪表与自控设备的技术水平和制造能力。

④ 国家（或建厂地区）环境保护、清洁生产的有关规定和化工生产中"三废"排放情况。

⑤ 劳动就业与化工生产自动化水平的关系。

⑥ 资金筹措和外汇储备情况。

在化工设计过程中选择技术路线和工艺流程时，必须综合考虑上述三项原则，即遵从"技术上先进、经济上合理"全局性考虑问题的原则。无论哪一种技术，在实际应用过程中都会存在一定的优缺点。设计人员应该采取全面分析对比的方法，根据建设项目的具体要求，选择的工艺技术不仅对现在有利，而且对将来也有利；同时应竭力发挥其有利的一面，设法减少其不利的因素。在进行对比选择时，要仔细领会设计任务书提出的各项原则要求，对收集到的资料进行系统的加工整理，提炼出能够反映本质、突出主要优缺点的数据材料，作为比较的依据。必要时应运用流程模拟软件对各种生产方法或工艺流程进行详细的技术经济分析，对工艺流程进行全面优化。经过全面分析、反复对比后选出优点较多、符合国情、切实可行的技术路线和工艺流程。

二、生产方法和工艺流程确定的步骤

确定生产方法和工艺流程时，通常要经过下列几个阶段。

（1）资料搜集与项目调研　搜集资料与市场调研是确定生产方法和选择工艺流程的准备阶段。在此阶段，要根据建设项目的产品方案及生产规模，有计划、有目的地搜集国内外同类型生产厂的有关资料，包括技术路线特点、工艺参数，原材料和产品技术指标，公用工程单耗、"三废"治理方法，各种技术路线的发展情况与动向等技术经济资料。搜集的方法包括设计人员自己通过工具书和网络搜集、到技术信息部门查询、向咨询部门咨询等方法。

资料搜集与整理的内容主要包括以下几个方面。

① 国内外各种生产方法及工艺流程，生产现状与发展规划。

② 原料来源、产品特点及应用情况。

③ 试验研究技术报告。

④ 综合利用及"三废"处理情况。

⑤ 生产技术的先进程度（水平），生产连续化、自动化程度。

⑥ 安全技术、劳动保护与卫生措施。

⑦ 生产设备的大型化及制造、运输情况。

⑧ 基本建设投资和产品生产成本，车间（装置）占地面积。

⑨ 水、电、汽、燃料的用量及供应，主要基建材料的用量及供应。

⑩ 厂址、地质、水文、气象等资料，工厂环境与周围的情况。

（2）生产设备类型与制造厂商调研　化工设备是完成生产过程的重要条件，是确定技术路线和工艺流程时必然要涉及的因素。在项目调研过程中，必须对生产设备的有关情况予以足够重视。对各种生产方法中所用的设备，应该分清国内已有的定型设备、需要进口的设备及国内需重新设计制造的设备三种类型，同时应了解和掌握设计制造单位的技术力量、加工条件、材料供应与设计、制造的进度等情况。

（3）对调研结果进行全面分析对比　对调研结果进行全面分析对比的内容很多，主要包括如下内容。

① 各种技术路线在国内外采用的情况及发展趋势。

② 产品的质量指标及产品规格情况。

③ 生产能力和工艺技术条件情况。

④ 主要原材料以及能量消耗情况。

⑤ 建设费用及产品生产成本情况。

⑥ "三废"的产生及治理情况。

⑦ 安全生产与劳动保护措施。

⑧ 其他特殊情况。

第二节　工艺流程设计

工艺流程设计是在确定原料路线和工艺技术路线的基础上进行的，它和车间布置设计是决定整个车间（装置）基本面貌的关键性的步骤，对设备设计和管路设计等单项设计也起着决定性的作用。由于在化工设计中工艺计算、设备选型、设备布置等工作都与工艺流程有直接关系，所以，工艺流程设计是工艺设计的核心，只有在工艺流程确定后，其他各项工作才能陆续开展。因此，工艺流程设计往往是开始的最早，而结束的最晚。本节主要介绍工艺流程设计的任务和方法。

一、工艺流程设计的任务

工艺流程设计的任务主要包括两个方面：一是确定生产流程中各个生产过程的具体内容、顺序和组合方式，达到由原料制得所需产品的目的；二是绘制工艺流程图，要求以图解的形式表示生产过程中当原料经过各个单元操作过程制得产品时，物料和能量发生的变化和其流向以及采用了哪些化工过程和设备，再进一步通过图解形式表示出化工管道流程和计量控制流程。

由于工艺流程设计在整个设计中起着至关重要的作用，因此，为了使设计出来的工艺流程能够实现优质、高产、低消耗和安全生产，应该按下列步骤逐步进行设计。

（1）确定整个流程的组成　工艺流程反映了由原料制得产品的全过程，应确定采用多少生产过程或工序来构成全过程，确定每个单元过程的具体任务（即物料通过时要发生什么物理变化、化学变化和能量变化）以及每个生产过程或工序之间的连接方式。

（2）确定每个过程或工序的组成　应采用多少和由哪些设备来完成这一生产过程以及各种设备之间应如何连接，并明确每台设备的主要工艺参数和作用。

（3）确定工艺操作条件　为了确保每个过程、每台设备正确地起到预定作用，应当确定整个生产工序或每台设备的各个不同部位要达到和保持的工艺操作条件。

（4）控制方案的确定　为了正确实现并保持各生产工序和每台设备本身的操作条件，实现各生产过程之间、各设备之间的正确联系，需要选用合适的控制仪表，确定正确的控制方案。

（5）原料与能量的合理利用　生产成本中原料费用占有相当大的比例，因此，应当计算出整个装置的技术经济指标，合理地确定各个生产过程的效率，得出全装置的最佳总收率；同时要合理地做好能量回收与综合利用，降低总能耗。据此确定水、电、蒸汽和燃料的消耗。

（6）制定"三废"处理方案　对全流程中除了产品和副产品外所排出的"三废"，要尽量进行综合利用。如果有些副产品暂时无法回收利用，必须采用适当的方法进行处理（例如掩埋、焚烧等）。

（7）制定安全生产措施 对设计出来的化工装置，在开车、停车、长期运转以及检修过程中可能存在的不安全因素进行认真分析，结合以往的经验教训，并遵照国家的各项有关规定制订出切实可靠的安全措施（例如设置阻火器、安全阀、防爆膜等）。

二、工艺流程设计的方法

工艺流程设计的方法，首先要看所确定的生产方法是正在生产或曾经运行过的成熟工艺，还是待开发的新工艺。前者是可以参考借鉴但需要局部改进或局部采用新技术、新工艺的问题；后者需针对新技术开发进行概念设计。不论哪种情况，一般都可将一个工艺流程分为四大部分，即原料预处理过程、反应过程、产物的后处理（分离净化）过程和"三废"的处理过程。

工艺流程设计主要应考虑如下几个方面的问题。

（1）反应过程 反应过程是工艺流程设计的核心，应根据物料特性、反应过程的特点、产品要求、基本工艺操作条件来确定采用反应器类型以及决定是采用连续操作还是间歇性操作。有些产品不适合连续化操作，如同一生产装置生产多品种或多牌号产品时，用间歇操作更为方便。另外，物料反应过程是否需外供能量或移出热量，都要在反应装置上增加相应的适当措施。如果反应需要在催化剂存在下进行，需考虑催化反应的方式和催化剂的选择。一般来说，确定主反应过程的装置，往往都有文献、资料可供参考，或有中试结果，或现有工业化装置可供借鉴。

（2）原料预处理过程 在确定主反应装置后，根据反应特点，必然对原料提出要求，如纯度、温度、压力以及加料方式等。这就应根据需要采取预热（冷）、汽化、干燥、粉碎筛分、提纯精制、混合、配制、压缩等措施。这些操作过程通常不是一台两台设备或简单过程可以完成的，需要把相应的化工单元操作设备进行组合才能完成原料预处理的任务，因而设计出不同的流程。

（3）产物的分离净化 根据反应过程的特点、原料的特性和产品的质量要求，从反应过程出来的产物可能会出现以下几种情况。

① 除了得到目的产物外，由于副反应生成了一些副产物，例如，烃类热裂解制取乙烯时，裂解炉出口的产物除了乙烯，还有氢气、甲烷、乙烷、碳三、碳四等副产物，因此需要通过进一步净化、深冷分离，最终得到目的产品乙烯。

② 由于受化学反应平衡或反应时间等条件的限制，原料转化率较低，因而产物中必然存在剩余的未反应的原料。例如，利用氢气和氮气为原料合成氨时，通过合成塔后，会有80%以上的原料气未参与反应，这就要求分离出氨后，把未参与反应的原料气重新返回合成塔继续进行反应。

③ 在原料的预处理中有些杂质并未彻底除净，进而经过反应装置后带入产物中，或者杂质参与反应而生成无用且有害的物质，需要清除有害物质。例如，以煤为原料的合成氨造气工段，由于煤中含有硫化物，致使合成气中有硫化氢等有害气体产生，因此在送入合成工段之前必须进行脱硫。

④ 由于产物复杂的集聚状态，增加了后处理过程的流程。实际的化工生产中，有些反应过程是多相的，而最终产物却是固相的。例如，尿素生产过程中，从尿素合成塔出来的产物是"尿素-氨基甲酸铵-水"的混合溶液，需要经过一系列的分解、蒸发浓缩和结晶等过程，才能得到目的产品固体尿素。

反应产物是一个复杂的混合物，产物后处理相应地要采用各种不同措施进行。因此用于产物的净化、分离的化工单元操作过程，往往是整个工艺过程中最复杂、最关键的部分，有时是制约整个工艺生产能否顺利进行的关键环节，是保证产品质量的极为重要的步骤。因此，如何安排每一个分离净化的设备或装置以及操作步骤，它们之间如何连接，是否达到预期的净化效果和能力等，都是必须认真考虑的。

（4）产品的后处理 产物经过前述分离净化后达到合格的目的产品，有些产品可作为下一个工序的原料，加工成其他产品；有些产品可直接作为商品。但往往还需要进行一定的后处理工序，如筛选、包装、灌装、计量、输送、储存等过程。这些过程都需要有一定的操作工艺、工艺设备和装置来完成。例如，气体产品的储藏、装瓶和气柜设置；液体产品的罐区设置、装桶，甚至包括槽车的配备；固体产品的输送、包装和堆放装置等。

（5）未反应原料的循环与利用 因为原料在化学反应中不是全部转化为产品，剩余的原料组分在产物处理中被分离出来，一般应循环回到反应设备中继续参与反应。例如，合成甲醇生产中，有大量未反应原料气都通过冷却分离，加压循环返回到合成塔。因此循环方式就必须精心设计。

有些生产中未反应的原料气，也可以引出加工成其他产物；或者在反应器中因副反应而产生的副产物，也要在产物的后处理中被分离出来。为此，根据产品的特点和质量要求，分别或同时设计出相应的化工单元操作过程，当然也应包括副产品的包装、储运等处理过程。例如，乙烯生产过程中，同时可生产许多重要的副产品或者称为联产品，都需要在产物处理中同时考虑，如丙烯、丁二烯、裂解汽油等。

（6）确定"三废"排出物的处理措施 在化工生产过程中，有时必须排放出各种废气、废液和废渣，应尽量加以回收，综合利用，变废为宝，无法回收的应妥善处理。"三废"中如含有有害物质，在排放前应该达到排放标准。因此在化工开发和工程设计中必须研究和设计"三废"治理方案和流程，要做到"三废"治理与环境保护工程、"三废"治理工艺与主产品工艺同时设计、同时施工，而且同时投产运行。按照国家有关规定，如果污染问题不解决，就不允许开工生产。

（7）确定公用工程的配套措施 在生产工艺流程中，必须使用的工艺用水（包括作为原料的软水、冷却水、溶剂用水以及洗涤用水等）、蒸汽（原料用汽、加热用汽、动力用汽及其他用汽等）、压缩空气、氮气等以及冷冻、真空，都是工艺中需要考虑的配套设施。至于生产用电、上下水、空调、采暖通风等，都应该与其他专业密切配合进行设计。

（8）确定操作条件和制定控制方案 对于一个完整的工艺设计，根据设计要求还应把投产后的工艺操作条件确定下来。工艺操作条件包括整个流程中各个单元设备的物料流量（投料量）、组成、温度、压力等；同时应该制定出合理的控制方案（与仪表控制专业密切配合），以确保能稳定地生产出合格产品。

（9）制定切实可靠的安全生产措施 化工生产的特点是易燃易爆，因此，在工艺设计中，首先要制定切实可靠的安全生产措施，以保证安全生产。化工装置在开停车、长期运转以及检修过程中，可能存在许多不安全因素，为了保证安全生产，应根据生产过程中物料性质和生产特点，在工艺流程和生产装置中考虑使用合适的设备材质和采取保证结构安全的措施；同时应在流程中适宜部位设置放空管、事故槽、安全阀、阻火栓、安全水封、防爆膜等。

（10）保温、防腐的设计 很多化工生产装置通常是露天布置的，而且存在腐蚀性物质，设备、管道很容易遭到腐蚀，而且有些高温或低温设备、管道能量损失较大。因此，在工艺流程设计的最后应该进行保温、防腐的设计。流程中应根据介质的温度、特性、状态以及周围环境状况，决定管道和设备是否需要保温和防腐。

设备容器和管道的保温处理。根据设备容器或管道内的温度决定是否需要保温，通常需要保温的场合有以下类型：凡设备或管道表面的温度超过 50℃，需要减少热损失；设备内或输送管道内的介质要求不结晶、不凝结；制冷系统的设备和管道中介质输送要求保冷；介质的温度低于周围空气露点温度，要求保冷；季节变化大，有些常温湿气或液体冬季易冻结，有些介质在夏季易引起蒸发、汽化。

保温设计的任务就是选择合适的保温材料，确定一个经济合理的保温层厚度，即最佳经济厚度，同时根据所选保温材料确定保温结构。

化工设备和管道一般是由金属制造的，表面很容易产生腐蚀，并且化工生产中所用的物料介质大多数都具有或轻或重的腐蚀性。因此，在工艺流程设计时，设备和管道材质的选择，应该根据物料介质的特性和它们所处的环境，同时考虑经济合理性，选择适宜的耐腐蚀材料；除此之外，还可以采用防腐衬里和表面防腐涂层等防腐措施。

在工艺流程设计中，可能会产生若干种方案，常用方案比较的方法来确定哪种方案最优。一个优秀的工程设计只有在多种方案的比较中才能产生。进行方案比较首先要明确判据，工程上常用的判据有产物收率、原材料单耗、能量单耗、产品成本、工程投资等。此外，也要考虑环保、安全、占地面积等因素。进行方案比较的基本前提是保持原始信息不变，原始信息是指过程的操作参数，如温度、压力、流速、流量等。设计者只能采用各种工程手段和方法，保证实现工艺规定的操作参数，而不能随意变更。

在化工生产过程中，一个过程往往可以有多种方法来实现，例如液固混合物的分离，可以采用离心分离、沉降分离、真空过滤和加压过滤等方法；含湿固体的干燥，可以用气流干燥、滚筒干燥、沸腾干燥、箱式干燥等方法。要想从这些方案中选择一种因地制宜的最优方案，都需要进行方案比较。

方案比较其实是一种过程优化，可以采用人工比较法和计算机比较法。人工比较法适用于不太复杂过程，而对于比较复杂的过程，借助于计算机进行比较可以节约大量的人力、物力和时间。

第三节　工艺流程图

工艺流程图是把各个生产单元按照一定的目的要求有机地组合在一起，形成一个完整的生产工艺过程，并用图形描绘出来。工艺流程图可以采用手工绘制或计算机绘制。本节着重介绍工艺流程图的种类、管道仪表流程图。

一、工艺流程图的种类

在常见的化工工艺图中，属于工艺流程图性质的图样有若干种，它们都用来表达工艺生产流程，由于它们的要求各不相同，所以在内容、重点和深度方面也不一致，但这些图样之间是有密切联系的。在化工设计过程中要绘制的工艺流程图有工艺流程草图、工艺物料流程图、带控制点的工艺流程图及工艺管道仪表流程图等。

1. 工艺流程草图

工艺流程草图又称方案流程图或流程示意图，是用来表达整个工厂或车间生产流程的图样。它是设计开始时供工艺方案讨论常用的流程图，是工艺流程图设计的依据。当生产方法确定以后，就可以开始设计绘制流程草图。在绘制流程草图时尚未进行定量计算，因而它只是定性地示出由原料转化成产品的变化、流向顺序以及生产中采用的各种化工单元及设备。生产工艺流程草图一般由物料流程、图例和设备一览表三个部分组成。

其中物料流程包括：

（1）设备示意图　设备可按大致几何形状画出，设备位置的相对高低不要求准确，但要标出设备名称及位号；

（2）物流管线及流向箭头　画出全部物料管线和部分辅助管线，在管线上用箭头表示物料的流向；

（3）必要的文字注释　包括设备编号和名称、物料名称、物料流向等。

图例只要标出管线图例，阀门、仪表等不必标出；设备一览表包括图名、图号、设计阶段等内容，有时可省略设备一览表。工艺流程草图一般由左至右展开，设备轮廓线用细实线，物料管线用粗实线，辅助管线用中实线画出（如图2-1）。

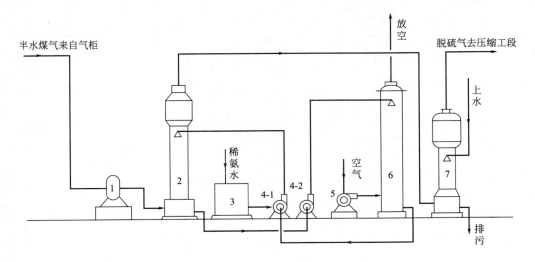

图 2-1　脱硫系统工艺方案流程图
1—罗茨鼓风机；2—脱硫塔；3—氨水槽；4-1,4-2—氨水泵；
5—空气鼓风机；6—再生塔；7—除尘塔

2. 工艺物料流程图

工艺物料流程图是在物料衡算和热量衡算完成后绘制的，以图形与表格相结合的形式来反映物料衡算和热量衡算的结果。它是初步设计阶段的设计成品，提交设计主管部门和投资者审查，并用作投产后的操作与技术改造的重要资料。

工艺物料流程图中的设备外形不必精确，常按大体比例用简化的设备图形绘出设备。

工艺物料流程图一般包括：

（1）图形　包括设备示意图形、各种仪表示意图形及各种管线示意图形。

（2）标注内容　主要标注设备的位号、名称及特性数据，流程中物料的组分、流量等。

（3）设备一览表　包括名称、图号、设计阶段等。

（4）物料表　在流程下方用物料表的形式分别列出物料的名称、质量流量、质量分数以及摩尔流量、摩尔分数等。

一般在设备附近列出热量衡算的结果，例如在换热器旁注出其热负荷。图2-2是M/DBT工艺物料流程图。

3. 带控制点的工艺流程图

初步设计阶段，工艺设计人员除了进行工艺计算、确定工艺流程外，还应确定工艺参数的控制方案，并绘制带控制点的工艺流程图。带控制点的工艺流程图是一个工程项目设计的一个指导性文件，也是各专业开展设计的依据之一。

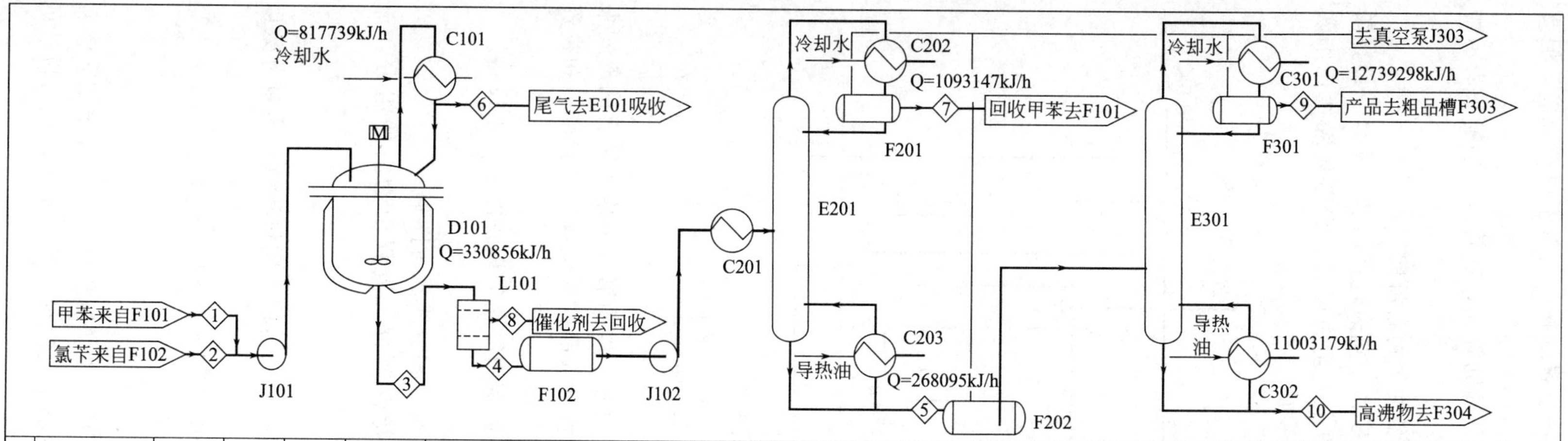

图 2-2　M/DBT 工艺物料流程图

流程图主要设备及物流标注

- 甲苯来自F101　①
- 氯苄来自F102　②
- J101
- Q=817739kJ/h　冷却水
- C101
- 尾气去E101吸收　⑥
- D101　Q=330856kJ/h
- L101
- 催化剂去回收　⑧
- F102
- J102
- ④　③
- C201
- E201
- C202　Q=1093147kJ/h　冷却水
- F201
- 回收甲苯去F101　⑦
- C203　Q=268095kJ/h　导热油
- ⑤　F202
- E301
- C301　Q=1273929kJ/h　冷却水
- 去真空泵J303
- 产品去粗品槽F303　⑨
- F301
- 导热油　11003179kJ/h
- C302　⑩
- 高沸物去F304

物性数据表

序号	组分	分子式	分子量	沸点/℃	密度/(kg/m³)
1	苯	C_6H_6	78	80.1	879.00
2	甲苯	C_7H_8	92	110.7	866.00
3	二甲苯	C_8H_{10}	106	140	860.00
4	氯苄	C_7H_7Cl	126.5	179.4	1100.00
5	MBT（一苯基甲苯）	$C_{14}H_{14}$	182	280	994.00
6	DBT（二苯基甲苯）	$C_{21}H_{20}$	272	391	1042.00
7	TBT（三苯基甲苯）	$C_{28}H_{26}$	362	479.5	1053.40
8	合计				

物料流股数据（各流股列依次为：摩尔流量/(kmol/h)、摩尔分数/%、质量流量/(kg/h)、质量分数/%）

组分	① 摩尔流量	① 摩尔分数	① 质量流量	① 质量分数	② 摩尔流量	② 摩尔分数	② 质量流量	② 质量分数	③ 摩尔流量	③ 摩尔分数	③ 质量流量	③ 质量分数
苯	0.121	0.80	9.50	0.70	—	—	—	—	—	—	—	—
甲苯	15.00	98.50	1380	98.50	0.102	2.00	9.39	1.46	11.12	73.49	1023.2	55.64
二甲苯	0.107	0.70	11.30	0.80	—	—	—	—	0.106	0.70	11.27	0.61
氯苄	—	—	—	—	5.000	98.00	632.50	98.54	0.050	0.33	6.31	0.34
MBT	—	—	—	—	—	—	—	—	2.838	18.81	516.51	28.17
DBT	—	—	—	—	—	—	—	—	0.944	6.25	256.68	14.00
TBT	—	—	—	—	—	—	—	—	0.063	0.42	22.78	1.24
合计	15.228	100.00	1400.8	100.00	5.102	100.00	641.89	100.00	15.135	100.00	1839.18	100.00
温度/℃		25				25				110		
压力/MPa		常压				常压				常压		
状态		L				L				L		

组分	④ 摩尔流量	④ 摩尔分数	④ 质量流量	④ 质量分数	⑩ 摩尔流量	⑩ 摩尔分数	⑩ 质量流量	⑩ 质量分数
苯	—	—	—	—	—	—	—	—
甲苯	11.11	73.49	1020.27	55.64	0.020	0.5	1.77	0.22
二甲苯	0.106	0.70	11.27	0.61	—	—	—	—
氯苄	0.050	0.33	6.33	0.34	—	—	—	—
MBT	2.846	18.81	518.02	28.17	2.826	73.3	514.24	64.64
DBT	0.946	6.25	257.43	14.00	0.944	24.51	256.69	32.27
TBT	0.063	0.42	22.85	1.24	0.063	1.63	22.79	2.87
合计	15.091	100.00	1833.82	100.00	3.851	100.00	795.49	100.00
温度/℃		60				180		
压力/MPa		常压				0.085		
状态		L				L		

带控制点的工艺流程图应画出所有工艺设备、工艺物料管线、辅助物料管线、主要阀门以及工艺参数(温度、压力、流量、液位、物料组成、浓度等)的测量点,并表示出自动控制的方案。

4. 工艺管道及仪表流程图

工艺管道及仪表流程图(PI 图)过去又称为施工流程图。管道仪表流程图是借助统一规定的图形符号和文字代号,用图示的方法把建立化工工艺装置所需的全部设备、仪表、管道及主要管件,按其各自的功能,为满足工艺要求和安全、经济目的而组合起来,以起到描述工艺装置结构和功能的作用。它是施工设计阶段的主要成品之一,它是工艺流程设计、设备设计、管道布置设计和自控仪表设计的综合成果。它不仅是设计、施工的依据,而且也是企业管理、试运转、操作、维修和开停车等各方面所需的完整技术资料的一部分。

工艺管道及仪表流程图要求画出全部设备,全部物料管线和主要公用工程管线以及开车、停车、事故、维修、取样、备用、催化剂再生所设置的管线和全部阀门、管件,标注所有测量、调节仪表和控制器的安装位置和功能代号,并符合 HG/T 20519.2—2009 的规定(见图 2-3)。

二、管道仪表流程图

一般在基础工程设计阶段应绘制 A 版 PI 图(初版)、B 版 PI 图(内审版)、C 版 PI 图(用户版)及 D 版 PI 图(确认版);在详细工程设计阶段应绘制 E 版 PI 图(详 1 版)、F 版 PI 图(详 2 版)、G 版 PI 图(施工版)。实际工程设计中,要根据工程项目的复杂和难易程度,确定出几版图及各版图的内容、深度和出图时间。对大中型石油化工项目的工程设计,可按上述七版的设计阶段深度出图;对于成熟的、有设计经验的工程项目,可根据实际情况减少版次。

图 2-3 是一张管道仪表流程图。从图中可以看出,工艺管道仪表流程图图样包含如下内容:①图形 将各设备的简单形状按工艺流程次序,展示在同一平面上,配以连接的主辅管线及管件、阀门、仪表控制点符号等;②标注 注写设备位号及名称、管段编号、控制点代号、必要的尺寸、数据等;③图例 代号、符号及其他标注的注明,有时还有设备位号的索引等;④标题栏 用来注写图名、图号、设计阶段、设计单位等。

管道仪表流程图(PI 图)应依据《化工工艺设计施工图内容和深度统一规定》HG/T 20519—2009 和《管道仪表流程图设计规定》HG 20559—93 的有关规定进行绘制。下面扼要地介绍有关规定的内容。

(一)通用设计规定

(1)图纸规格与图幅 管道仪表流程图的图纸应采用标准规格,并带有设计单位名称的统一标题栏。管道仪表流程图的图幅,一般应采用 0 号(A0)标准尺寸图纸,也可用 1 号(A1)标准尺寸图纸。对同一装置只能使用一种规格的图纸,不允许加长、缩短(特殊情况除外)。

(2)线条与比例 管道仪表流程图上的所有线条要清晰、光洁、均匀,线与线间要有充分的间隔,平行线之间的最小间隔不小于最宽线条宽度的两倍,且不得小于 1.5mm,最好为 10mm。在同一张图上,同一类的线条宽度应一致,一根线条的宽度在任何情况下,都不应小于 0.25mm。管道仪表流程图上的线条宽度推荐值见表 2-1。

(3)文字与字母的标注 管道仪表流程图纸上的各种文字字体,要求匀称、工整,并尽可能采用工程字。字或字母之间要留适当间隙,使之清晰可见。汉字高度不宜小于 2.5mm(2.5 号字),0 号(A0)和 1 号(A1)标准尺寸图纸的汉字高度应大于 5mm。指数、分数、注脚尺寸的数字一般采用小一号字体。分数数字最小高度为 3mm,且和分数线之间至少应有 1.5mm 的空隙。推荐的字体适用对象如下。

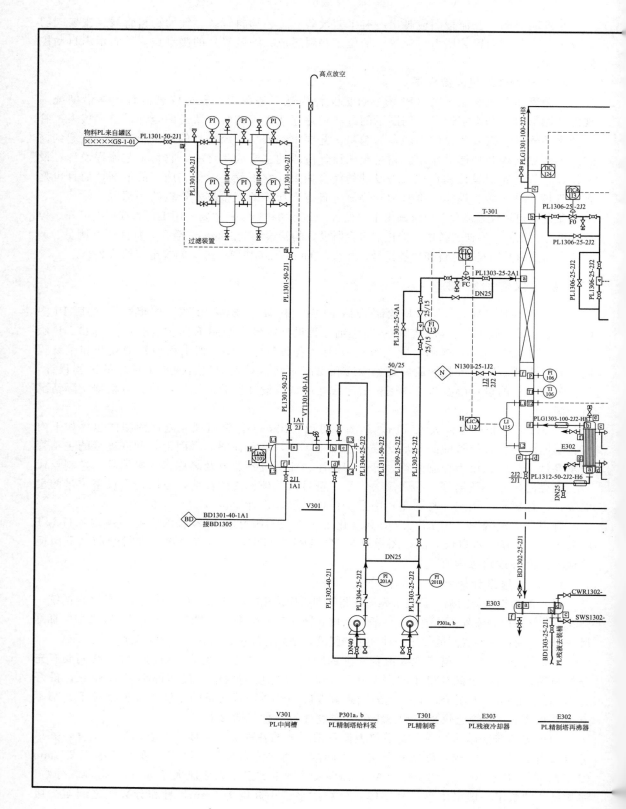

V301	P301a, b	T301	E303	E302
PL中间槽	PL精制塔给料泵	PL精制塔	PL残液冷却器	PL精制塔再沸器

图 2-3　工艺管

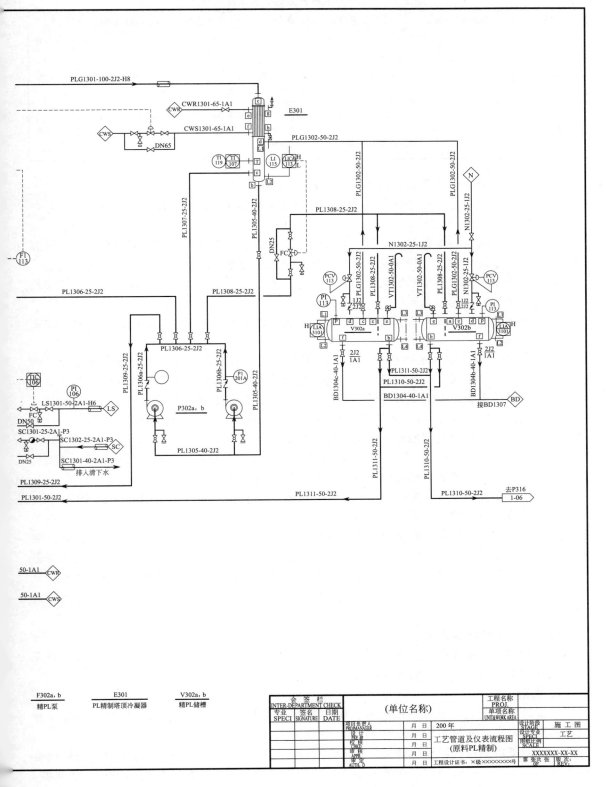

流程图

表 2-1 管道仪表流程图上的线条宽度推荐值

线条类别	线条宽度/mm	工艺管道仪表流程图	辅助物料、公用物料管道仪表流程图
粗线条	0.6~0.9	主要工艺物料管道、主产品管道和设备位号线	该类别的主辅助物料、主公用物料管道和设备位号线
中线条	0.3~0.5	次要物料、产品管道和其他辅助物料管道，设备、机械图形符号，代表设备、公用工程站等长方框，管道的图纸接续标志，管道的界区标志	
细线条	0.15~0.25	其他图形和线条。如阀门、管件等图形符号和仪表图形符号线，仪表管线、尺寸线。各种标志线、引出线、范围线、表格线、分界线、保温、绝热层线、伴管、夹套管线，特殊件编号框及其他辅助线	

① 7 号和 5 号字体用于设备名称、备注栏、详图的题首字。

② 5 号和 3.5 号字体用于其他具体设计内容的文字标注、说明、注释等。

③ 文字、字母、数字的大小在同类标注中应相同。

(4) 工艺管道仪表流程图 一般按装置的工序（主项、工号、车间）来分别绘制，只有当工艺过程比较简单时才按装置绘制。当流程是由几个完全相同的系统组成时，需要绘制一张总流程图表示该流程各个系统间的关系；当整个流程由几个不相同的系统组成时，需要绘制一张各个系统在一起的总流程图。

(5) 备注栏、详图和表格 工艺管道仪表流程图的右侧，一般为本页图的备注栏、详图和表格的区域。

① 备注栏 用文字对某些事项进一步说明，以便使图的设计意图更为明确和完全。例如，对设计要求共性问题、待定事项、某些局部尺寸和安装部位及需要在深化设计和其他专业设计中注意的事项，图上要表达的订货、安装、生产中应注意事项等。

② 详图 用以详细表示某些局部。例如，某些节点图，仪表、管道带尺寸的详图，吹气、置换系统、加热炉烧嘴的详细管道和仪表控制图。

③ 表格 例如，用表格列出几个相同系统的各类仪表、特殊阀（管）件的编号一览表；需要时，可用列表方式表示设备、机械驱动机的技术特性数据。

(6) 图面布置 设备一般是顺流程从左至右排布，但同时也要顺应管道连接走向；塔、反应器、储罐、换热器、加热炉一般从图面水平中线往上布置，泵、压缩机、鼓风机、振动机械、离心机、运输设备、称量设备布置在图面 1/4 线以下，中线以下 1/4 高度供走管道使用；对于没有安装高度（或位差）要求的设备在图面上的位置，要符合流程流向，便于管道连接；对于有安装高度（或位差）要求的设备及关键的操作台，要在图面适宜位置表示出这个设备（平台）与地面或其他设备（平台）的相对位置，注示尺寸或标高，但不需按实际比例画图。

（二）设备的表示方法

工艺管道仪表流程图上应绘出全部和工艺生产有关的设备、机械和驱动机（包括新设备、原有设备以及需要就位的备用设备）。

1. 图形

化工设备在图上一般可不按比例、用中线条、按 HG/T 20519.2—2009 规定的设备和机器的图例画出能够显示设备形状特征的主要轮廓（如图 2-3 中的储槽、塔、换热器等），并表示出设备类别特征以及内部、外部构件（内、外构件亦用中线条）。内部构件是指设备的内部基本形式和特征构件，如塔板形式、塔的进料板、回流液板、侧线出料板、捕沫器、降液管、内部床层、反应列管、内部换热器（管）、插入管、防冲板、刮板、隔板、套管、搅拌器、防涡流板、过滤板（网）、升气管、喷淋管等；外部构件是指外部加热器（板）、夹套、伴热管、搅拌电机、视镜（观察孔）、大气腿等。常用设备、机器的图例可参见表 2-2，其他设备可参照画出。并用单实线画出机器设备上所有的接口（包括人孔、手孔、卸料口及排液口、放空口和仪表接口等）。

表 2-2　管道及仪表流程图中设备、机器图例（参照 HG/T 20519.2—2009）

类　别	代　号	图　　例
压缩机	C	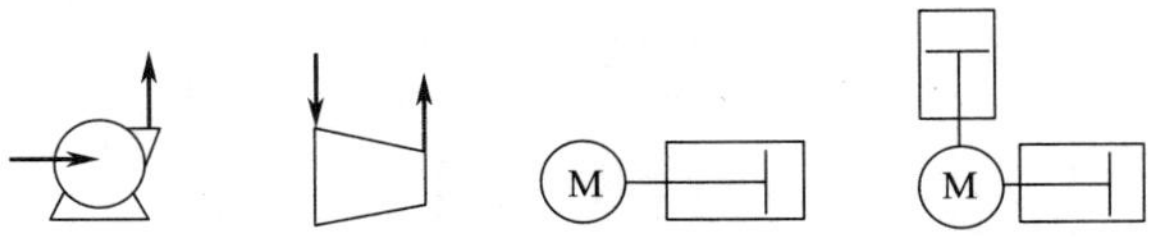 鼓风机　离心式压缩机　往复式压缩机　二段往复式压缩机(L型)
换热器	E	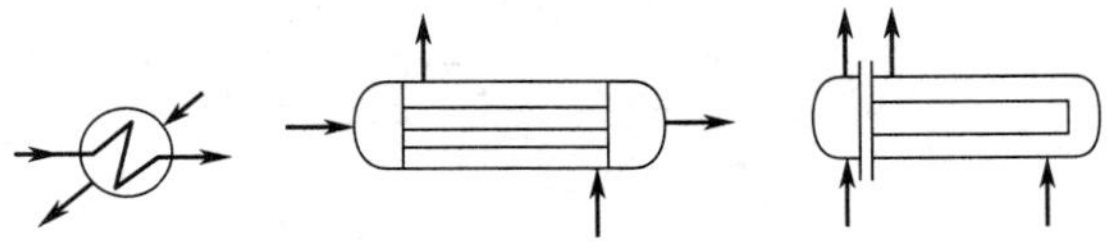 换热器(简图)　固定管板式列管换热器　U形管式换热器 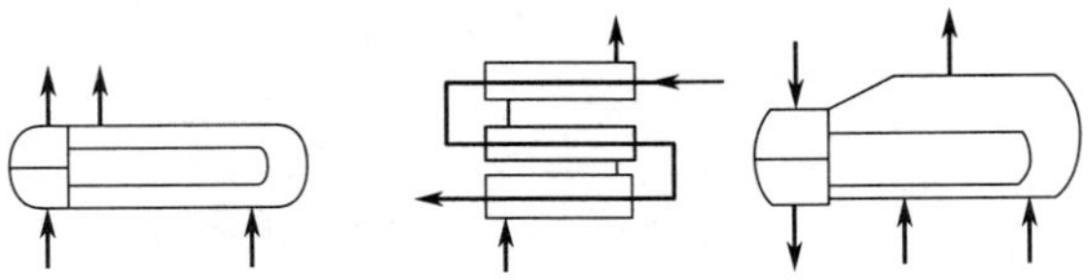 浮头式列管换热器　套管式换热器　釜式换热器 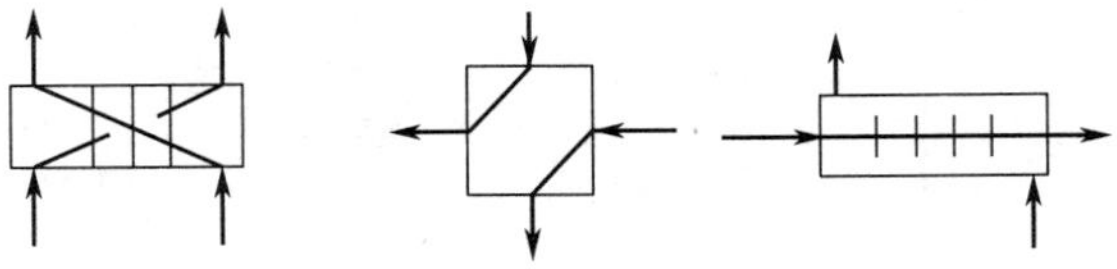 板式换热器　螺旋板式换热器　翅片管换热器 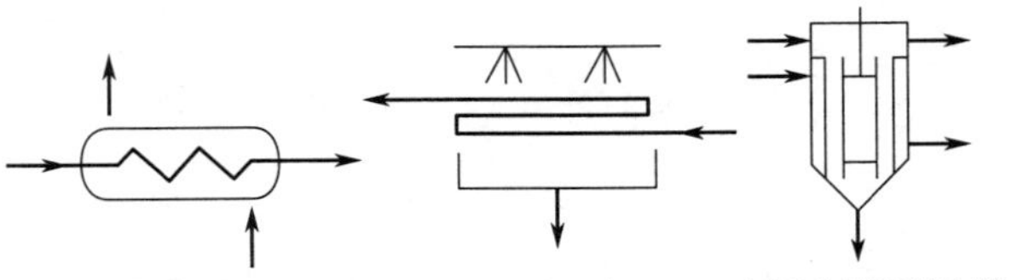 蛇管式(盘管式)换热器　喷淋式冷却器　刮板式薄膜蒸发器 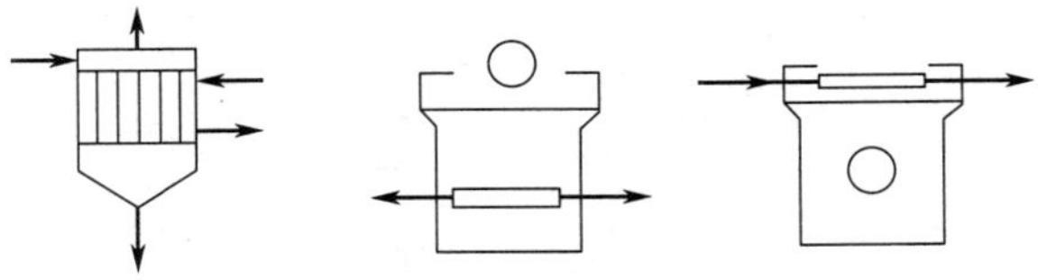 列管式(薄膜)蒸发器　抽风式空冷器　送风式空冷器

续表

类　别	代　号	图　　例
工业炉	F	箱式炉　　圆筒炉　　圆筒炉
起重运输机械	L	带式输送机　刮板输送机　斗式提升机　手推车
其它机械	M	压滤机　转鼓式(转盘式)过滤机　有孔壳体离心机　无孔壳体离心机　螺杆压滤机　混合机
动力机	M E S D	M 电动机　E 燃气机内燃机　S 汽轮机　D 其它动力机　离心式膨胀机、透平机　活塞式膨胀机
泵	P	离心泵　水环式真空泵　旋转泵、齿轮泵　螺杆泵　液下泵　隔膜泵　喷射泵　漩涡泵

续表

类　别	代　号	图　　例
反应器	R	固定床反应器　　　　列管式反应器　　　　流化床反应器 反应釜(闭式、 带搅拌、夹套)　　反应釜(开式、 带搅拌、夹套)　　反应釜(开式、带搅拌、 夹套、内盘管)
火炬烟囱	S	烟囱　　　　　　　　火炬
塔	T	填料塔　　　　板式塔　　　　喷洒塔
塔内件		降液管　　　　受液盘　　　浮阀塔塔板 泡罩塔塔板　　　格栅板　　　升气管

续表

类　别	代　号	图　　例
塔内件		 湍球塔　　　　　　分配(分布)器、喷淋器 筛板塔塔板　　(丝网)除沫层　　填料除沫层
容器	V	 锥顶罐　　　　浮顶罐　　　　圆顶锥底容器 蝶形封头容器　平顶容器　干式气柜　湿式气柜 卧式容器　卧式容器　填料除沫分离器　丝网除沫分离器 旋风分离器　　固定床过滤器　带滤筒的过滤器

续表

类　别	代　号	图　　例
设备内件附件		防涡流器　　　　防冲板　　　　加热或冷却部件　　　搅拌器
称重机械	W	带式定量给料秤　　　　　　　　　　地上衡

2. 设备的标注

（1）标注内容　工艺管道仪表流程图上应标注设备位号及名称。设备位号在整个车间（装置）内不得重复，施工图设计与初步设计中的编号应该一致。如果施工图设计中设备有增减，则位号应按顺序补充或取消（即保留空号）。设备的名称也应前后一致。

（2）设备位号　每台设备均有相应的位号。设备位号由两部分组成，前部分用大写英文字母表示设备类别，后部分用阿拉伯数字表示设备所在位置（工序）及同类设备的顺序，一般数字为3～4位。

设备的类别代号，不同设备类别不同，代号不同，国内目前采用的设备类别代号有两种类型，分别参照 HG/T 20519.2—2009、HG/T 20559.2—93 进行编制，设备类别代号见表2-3 和表2-4。

表 2-3　设备类别代号（参照 HG/T 20519.2—2009）

设备类别	代　号	设备类别	代　号
压缩机、风机	C	反应器	R
换热器	E	火炬、烟囱	S
工业炉	F	塔	T
起重运输设备	L	容器（槽、罐）	V
其他机械	M	计量设备	W
泵	P	其他设备	X

表 2-4　设备类别代号（参照 HG/T 20559.2—93）

设备类别	代　号	设备类别	代　号
混凝土、砖石设备和地坑(沟)轮廓线	A	容器、容器内件	F
工业炉	B	压缩机、鼓风机、泵	J
换热器、冷却器、蒸发器	C	特殊设备	L
反应器	D	机运设备	V
塔、塔内件	E	其他设备	Y

例如，图2-3 中的设备位号"P301A"由三部分组成：P 为设备类别代号；第一个数字

3 为工序（或主项）的编号，可用 1 位或 2 位数字顺序表示；01 为设备在该工序同类设备中的顺序号，由两位数字顺序表示；A（B，C，D，…）为相同设备的数量尾号。

（3）标注方式 PI 图上通常要表示两处设备位号，第一处设备位号表示在设备旁，在设备位号线上部注写设备位号，不注设备名称；第二处位号表示在设备相对应位置的图纸上方或下方，在位号线上部注写设备位号，在位号线下部注写设备名称。若有需要，可在设备名称下面标注该设备、机械、驱动机的主要技术特征数据和结构材料。如果图面简单，能清晰、直观，并不会造成误解，也可省去上述第一处表示的设备位号。在水平方向上各设备位号和名称应标注成一行，如图 2-3 所示。在图纸同一高度方向出现两个设备图形时，将偏在上方的设备位号标注在图纸上方，另一个设备的位号标注在图纸的下方。

（三）管道的表示方法

装置内工艺管道仪表流程图要表示出全部工艺管道、阀门和主要管件，表示出与设备、机械、工艺管道相连接的全部辅助物料和公用物料的连接管道。这些辅助物料和公用物料的连接管道，只绘出与设备、机械或工艺管道相连接的一小段，在这一小段管道上，要包括对工艺参数起调节、控制、指示作用的阀门（控制阀）、仪表和相应的管件，并用管道接续标志表明与该管道接续的公用物料分配图图号。

1. 管道画法

管道应按《管道仪表流程图管道和管件图形符号》HG/T 20559.3—93 规定的图形符号绘制。现就管道仪表流程图上的具体画法作如下介绍。

（1）线形规定 工艺物料管道、主产品管道用粗线条（1.0mm）绘制；次要物料、产品管道和其他辅助物料管道，用中线条（0.5mm）绘制；仪表管线、伴管、夹套管线及其他辅助线用细线条（0.25mm）绘制。各种常用管道的线形可参见表 2-1。

（2）管道的交叉与转弯 绘制管道时，应尽量注意避免穿过设备或使管道交叉，不能避免时，应将其中一根管道断开一段，断开处的间隙应为线粗的 5 倍左右。管道要尽量画成水平和垂直，不用斜线。若斜线不可避免时，应只画出一小段，以保持图画整齐。

（3）放气、排液及液封 管道上的取样口、放气口、排液管、液封管等应全部画出。放气口应画在管道的上边，排液管则绘于管道下侧，U 形液封管尽可能按实际比例长度表示。

（4）管道仪表流程图中的工艺物料管道一般采用左进右出的方式。在工艺管道仪表流程图上的辅助物料、公用物料连接管不受左进右出的限制，而以就近、整齐安排为宜。放空或去泄压系统的管道，在图纸上（下）方或左（右）方离开本图。工艺管道的图纸接续标志内注明与该管道接续的工艺 PI 图图号，辅助物料、公用物料管道的图纸接续标志内注明该辅助物料、公用物料类别的公用物料分配图图号。图号只填工程的工序（主项）编号、文件类别号和文件顺序号（或图纸张号）。接续标志用中线条表示。在管道的图纸接续标志旁的连接管线上（下）方，注明所来自（或去）的设备位号或管道号（管道号只标注基本管道号）（如图 2-4 所示）。

2. 管道标注

管道及仪表流程图的管道应标注的内容有四个部分，即管段号（由三个单元组成）、管

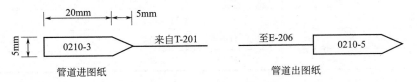

图 2-4 管道图纸连接的画法

径、管道等级和绝热（或隔声）代号，总称为管道组合号。水平管道宜平行标注在管道的上方，竖直管道宜平行标注在管道的左侧。在管道密集、无处标注的地方，可用细实线引至图纸空白处水平（竖直）标注。标注内容如图 2-5 所示：

```
PG-13  10 -300 - A1A - H
第    第    第    第      第    第
1     2    3    4      5     6
单    单    单    单      单    单
元    元    元    元      元    元
```

图 2-5　管道标注示例

（1）第 1 单元（PG）为物料代号。按 HG/T 20519.2—2009 行业标准规定，物料代号通常按物料的名称和状态取其英文名词的字头组成。一般采用 2～3 个大写英文字母表示。常用（部分）物料代号见表 2-5。

（2）第 2 单元（13）为工程工序（主项）编号。按工程规定的主项编号填写，采用两位数字，从 01 开始，至 99 为止。

（3）第 3 单元（10）为管道顺序号。相同类别的物料在同一主项内以流向先后为序，顺序编号。采用两位数字，从 01 开始，至 99 为止。

以上三个单元组成管道号（管段号）。

表 2-5　常用（部分）物料代号

物料代号	物料名称	物料代号	物料名称	物料代号	物料名称	物料代号	物料名称
AR	空气	FO	燃料油	MS	中压蒸汽	SC	蒸汽冷凝水
AG	气氨	FSL	熔盐	NG	天然气	SL	泥浆
AL	液氨	FV	火炬排放气	N	氮	SO	密封油
AW	氨水	GO	填料油	O	氧	SW	软水
BW	锅炉给水	H	氢	PA	工艺空气	TS	伴热蒸汽
CA	压缩空气	HO	导热油	PG	工艺气体	TG	尾气
CWR	循环冷却水回水	HS	高压蒸汽	PL	工艺液体	VE	真空排放气
DR	排液、导淋	HWR	热水回水	PW	工艺水	VT	放空
DW	生活用水	IA	仪表空气	RO	原油	WG	废气
ERG	气体乙烯或乙烷	LO	润滑油	RW	原水、新鲜水	WO	废油
FG	燃料气	LS	低压蒸汽	RWR	冷冻盐水回水	WW	生产废水

（4）第 4 单元（300）为管道规格，一般标注公称通径，以 mm 为单位，只注数字，不注单位。如 DN2006 的公制管道，只需标注"200"；2 英寸的英制管道，则表示为"2"。

（5）第 5 单元（A1A）为管道等级。管道等级代号由有关部门按管道压力、介质腐蚀等情况，预先设计各种不同壁厚及阀门等附件的规格，作出各种等级，规定详见 HG/T 20519.6—2009 规定。标注方式如图 2-5 中"A1A"，图中第一个"A"表示公称压力等级代号，用大写英文字母表示。A～G 用于 ASME 标准压力等级代号，H～Z 用于国内标准压力等级代号（其中 I、J、O、X 不用）。

ASME 标准的公称压力等级代号

A —— 150LB （2MPa）　　　E —— 900LB （15MPa）

B —— 300LB （5MPa）　　　F —— 1500LB （26MPa）

C —— 400LB　　　　　　　G —— 2500LB （42MPa）

D —— 600LB （11MPa）

国内标准的公称压力等级代号

H	——	0.25MPa	R —— 10.0MPa	
K	——	0.6MPa	S —— 16.0MPa	
L	——	1.0MPa	T —— 20.0MPa	
M	——	1.6MPa	U —— 22.0MPa	
N	——	2.5MPa	V —— 25.0MPa	
P	——	4.0MPa	W —— 32.0MPa	
Q	——	6.4MPa		

A 后面的 1 表示管道材料等级顺序号，由阿拉伯数字表示，由 1~9 组成。在压力等级和管道材质类别代号相同的情况下，可以有九个不同系列的管道材料等级。

第二个"A"表示管道材质类别代号"铸铁"，用大写英文字母表示。HG/T 20519.6—2009 规定的常用材质类别代号为：A—铸铁、B—碳钢、C—普通低合金钢、D—合金钢、E—不锈钢、F—有色金属、G—非金属、H—衬里及内防腐。

（6）第 6 单元（如 H）为绝热或隔声代号。根据 HG/T 20519.2—2009，按绝热及隔声功能类型的不同，以大写英文字母作为代号，见表 2-6。

表 2-6　绝热及隔声代号

代号	功能类型	备　注	代号	功能类型	备　注
H	保温	采用保温材料	S	蒸汽伴热	采用蒸汽伴管和保温材料
C	保冷	采用保冷材料	W	热水伴热	采用热水伴管和保温材料
P	人身防护	采用保温材料	O	热油伴热	采用热油伴管和保温材料
D	防结露	采用保冷材料	J	夹套伴热	采用夹套管和保温材料
E	电伴热	采用电热带和保温材料	N	隔声	采用隔声材料

在每根管道的适当位置上标绘物料的流向箭头，箭头一般标绘在管道改变走向、分支和进入设备接管处；所有靠重力流动的管道应标明流向箭头，并注明"重力流"字样。但也有些图样是以较细的箭头画在有关标注之后。

当工艺流程简单、管道品种规格不多时，则管道组合号中的第 5、6 两单元可省略；在满足设计、施工和生产方面的要求，并不会产生混淆和错误的前提下，管道号的数量应尽可能减少；同一根管道在进入不同主项时，其管道组合号中的主项编号和顺序号均要变更，在图纸上要注明变更处的分界标志；一个设备管口到另一个设备管口之间的管道，无论其规格或尺寸改变与否，要编一个号；一个设备管口与一个管道之间的连接管道也要编一个号，两个管道之间的连接管道也要编一个号。

（四）阀门与管件的表示方法

在管道上需要采用 HG/T 20519.2—2009 管道及仪表流程图中管道、管件阀门及管道附件图例，用细实线画出全部阀门和部分管件（如视镜、阻火器、异径接头、盲板、下水漏斗等），如图 2-3 中所示。部分阀门和管件的图形符号，可参阅表 2-7 和表 2-8。竖管上的阀门在图上的高低位置应大致符合实际高度。

（五）仪表控制点的表示方法

管道仪表流程图上要以规定的图形符号和文字代号，表示出在设备、机械、管道和仪表站上的全部仪表。表示内容为：代表各类仪表（检测、显示、控制等）功能的细线条圆圈（直径为 12mm 或 10mm），测量点，从设备、阀门、管件轮廓线或管道引到仪表圆圈的各类连接线，仪表间的各种信号线，各类执行机构的图形符号，调节机构，信号灯，冲洗、吹气或隔离装置，按钮和联锁等。仪表图形符号和文字代号应符合《过程测量与控制仪表的功能标志及图形符号》HG/T 20505—2000 的统一规定。图形符号和字母代号组合起来，可以表示工业仪表所处理的被测变量和功能；字母代号和阿拉伯数字编号组合起来，就组成了仪表的位号。

表 2-7 管道仪表流程图中管道、管件、阀门及管道附件图例

名　称	图　例	名　称	图　例
主物料管道		蒸汽伴热管道	
次要物料管道，辅助物料管道		电伴热管道	
引线、设备、管件、阀门、仪表图形符号和仪表管线等		柔性管	
原有管道		翅片管	
夹套管	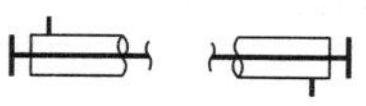	管道绝热层	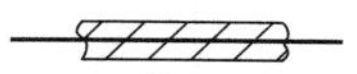
消声器		Y 形过滤器	
喷淋管		T 形过滤器	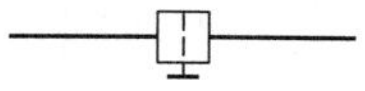
放空管（帽）	（帽）（管）	锥形过滤器	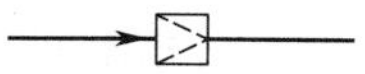
漏斗	 （敞口）（封闭）	阻火器	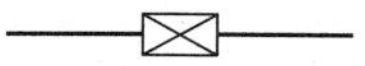
同心异径管	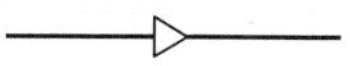	喷射器	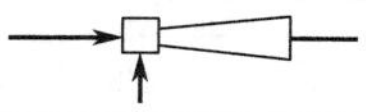
文氏管	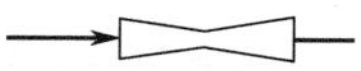	视镜、视钟	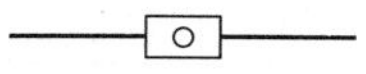

表 2-8 管道仪表流程图中常用阀门图例

名　称	符　号	名　称	符　号	名　称	符　号
截止阀		隔膜阀		减压阀	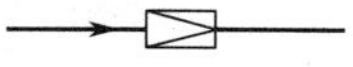
闸阀		旋塞阀		疏水阀	
节流阀		角式截止阀	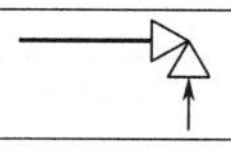	角式节流阀	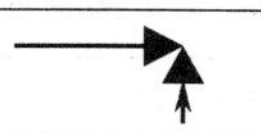
球阀		三通截止阀	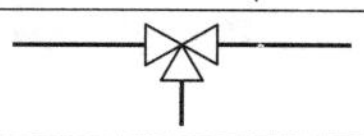	角式球阀	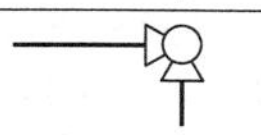
碟阀		四通截止阀	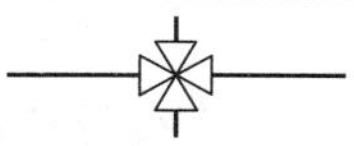	三通球阀	

1. 仪表的功能标志

仪表的功能标志由 1 个首位字母和 1～3 个后继字母组成，第一个字母表示被测变量，后继字母表示读出功能、输出功能。仪表的字母代号见表 2-9，仪表功能标志的常用组合字母见表 2-10。

表 2-9　字母代号

字母	首位字母		后继字母		
	被测变量或引发变量	修饰词	读出功能	输出功能	修饰词
A	分析		报警		
B	烧嘴、火焰		供选用	供选用	供选用
C	电导率			控制	
D	密度	差			
E	电压(电动势)		检测元件		
F	流量	比率(比值)			
G	毒性气体或可燃气体		视镜、观察		
H	手动				高
I	电流		指示		
J	功率	扫描			
K	时间、时间程序	变化速率		操作器	
L	物位		灯		低
M	水分或湿度	瞬动			中、中间
N	供选用		供选用	供选用	供选用
O	供选用		节流孔		
P	压力、真空		连接或测试点		
Q	数量	积算、累计			
R	核辐射		记录、DCS(分散控制系统)趋势记录		
S	速度、频率	安全		开关、联锁	
T	温度			传送(变送)	
U	多变量		多功能	多功能	多功能
V	振动、机械监视			阀、风门、百叶窗	
W	重量、力		套管		
X	未分类	X轴	未分类	未分类	未分类
Y	事件、状态	Y轴		继动器(继电器)、计算器、转换器	
Z	位置、尺寸	Z轴		驱动器、执行元件	

注："首位字母"指单个表示被测变量或引发变量的字母；"后继字母"可以为一个字母（读出功能），或两个字母（读出功能＋输出功能），或三个字母（读出功能＋输出功能＋读出功能）；"供选用"与"未分类"指未规定其含义，可以根据情况规定其含义。

2. 仪表位号

仪表位号由仪表功能标志和仪表回路编号两部分组成，仪表回路编号可以用工序号加顺序号组成。在检测控制系统中，一个回路中的每一个仪表（或元件）都应标注仪表位号。仪表位号标注见图 2-6。

表 2-10　常用组合字母

首位字母 被测变量或引发变量	检测元件 E	指示 I	记录 R	报警A(修饰) 高 AH	报警A(修饰) 低 AL	报警A(修饰) 高低 AHL	变送器 T	控制器C 指示 IC	控制器C 记录 RC	控制器C 无指示 C	控制器C 自力式 CV	继动器计算器 Y	最终执行元件 V/Z	开关S(修饰) 高 SH	开关S(修饰) 低 SL	开关S(修饰) 高低 SHL
A 分析	AE	AI	AR	AAH	AAL	AAHL	AT	AIC	ARC	AC		AY	AV	ASH	ASL	ASHL
B 烧嘴、火焰	BE	BI	BR	BAH	BAL	BAHL	BT	BIC	BRC	BC		BY	BZ	BSH	BSL	BSHL
C 电导率	CE	CI	CR	CAH	CAL	CAHL	CT	CIC	CRC			CY	CV	CSH	CSL	CSHL
D 密度	DE	EI	DR	DAH	DAL	DAHL	DT	DIC	DRC			DY	DV	DSH	DSL	DSHL
E 电压	EE	EI	ER	EAH	EAL	EAHL	ET	EIC	ERC	EC		EY	EZ	ESH	ESL	ESHL
F 流量	FE	FI	FR	FAH	FAL	FAHL	FT	FIC	FRC	FC	FCV	FY	FV	FSH	FSL	FSHL
FF 流量比	FE	FFI	FFR	FFAH	FFAL	FFAHL	FFT	FFIC	FFRC			FFY	FFV	FFSH	FFSL	FFSHL
FQ 流量累计	FE	FQI	FQR	FQAH	FQAL		FQT	FQIC	FQRC			FQY	FQV	FQSH	FQSL	
G 毒性气体或可燃气体	GE	GI	GR	GAH			GT							GSH		
H 手动								HIC		HC			HV			(HS)
I 电流	IE	II	IR	IAH	IAL	IAHL	IT	IIC	IRC			IY	IZ	ISH	ISL	ISHL
J 功率	JE	JI	JR	JAH	JAL	JAHL	JT	JIC	JRC			JY	JV	JSH	JSL	JSHL
K 时间、时间程序	KE	KI	KR	KAH			KT	KIC	KRC	KC		KY	KV	KSH		
L 物位	LE	LI	LR	LAH	LAL	LAHL	LT	LIC	LRC	LC	LCV	LY	LV	LSH	LSL	LSHL
M 水分	ME	MI	MR	MAH	MAL	MAHL	MT	MIC	MIR				MV	MSH	MSL	MSHL
N 供选用																
O 供选用																
P 压力、真空	PE	PI	PR	PAH	PAL	PAHL	PT	PIC	PRC	PC	PCV	PY	PV	PSH	PSL	PSHL
PD 压力差	PE	PDI	PDR	PDAH	PDAL	PDAHL	PDT	PDIC	PDRC	PDC	PDCV	PDY	PDV	PDSH	PDSL	PDSHL
Q 数量	QE	QI	QR	QAH	QAL	QAHL	QT	QIC	QRC				QZ	QSH	QSL	QSHL
R 核辐射	RE	RI	RR	RAH	RAL	RAHL	RT	RIC	RRC	RC		RY	RZ			
S 速度、频率	SE	SI	SR	SAH	SAL	SAHL	ST	SIC	SRC	SC	SCV	SY	SV	SSH	SSL	SSHL
T 温度	TE	TI	TR	TAH	TAL	TAHL	TT	TIC	TRC	TC	TCV	TY	TV	TSH	TSL	TSHL
TD 温度差	TE	TDI	TDR	TDAH	TDAL	TDAHL	TDT	TDIC	TDRC	TDC	TDCV	TDY	TDV	TDSH	TDSL	TDSHL
U 多变量		UI	UR									UY	UV			
V 振动、机械监视	VE	VI	VR	VAH			VT					VY	VZ	VSH		
W 重量、力	WE	WI	WR	WAH	WAL	WAHL	WT	WIC	WRC	WC	WCV	WY	WZ	WSH	WSL	WSHL
X 未分类																
Y 事件、状态	YE	YI	YR	YAH	YAL		YT	YIC		YC		YY	YZ	YSH	YSL	
Z 位置、尺寸	ZE	ZI	ZR	ZAH	ZAL	ZAHL	ZT	ZIC	ZRC	ZC	ZCV	ZY	ZV			

被测变量与后继字母 P、W、G 的组合：
　P 检测点　　如：AP、FP、PP、TP
　W 套管或探头　如：AW、BW、LW、MW、RW、TW
　G 视镜、观察　如：BG、FG、LG 等
　就地指示仪表　如：TG、PG、LG 等

其他字母组合：
　FO　限流孔板
　LCT　液位控制、变送
　KQI　时间或时间程序控制
　TJI　温度扫描指示

3. 仪表图形符号

（1）监控仪表（包括检测、显示、控制等）的图形符号　监控仪表的图形符号在管道仪表流程图上用规定图形和细实线画出，如常规仪表图形为圆圈，DCS 图形为正方形与内切

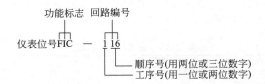

图 2-6　仪表位号标注

圆组成，控制计算机图形为正六边形等。

（2）仪表安装位置的图形符号　见表 2-11。

表 2-11　仪表安装位置的图形符号

项　　目	现 场 安 装	控 制 室 安 装	现 场 盘 装
单台常规仪表	○	⊖	⊖
DCS	⊡	⊡	⊡
计算机功能	⬡	⬡	⬡
可编程逻辑控制	◇	◇	◇

管道及仪表流程图中，仪表位号的标注方法是将字母代号填写在圆圈的上半部分，数字编号填写在圆圈的下半部分，常规测量仪表图形符号见表 2-12。

表 2-12　常规测量仪表图形符号

序号	被测变量	检测方式	示例	序号	被测变量	检测方式	示例
1	流量	双波纹管压差计	FI 206	3	压力	压力表	PI 401
		转子流量计	FI 103			压差计	设备 / PDI 205
2	液位	玻璃板	设备 — LC 102	4	温度	双金属温度计	TR 412
		浮子（浮球）	LI 201 / 设备			温包	TI 106

（六）首页图

每个单独装置（装置包括若干个工序）编制一份首页图，适用于该装置的工艺管道仪表流程图和辅助物料、公用物料管道仪表流程图。首页图的主要内容如下。

（1）装置中所采用的全部工艺物料、辅助物料和公用物料的物料代号、缩写字母。

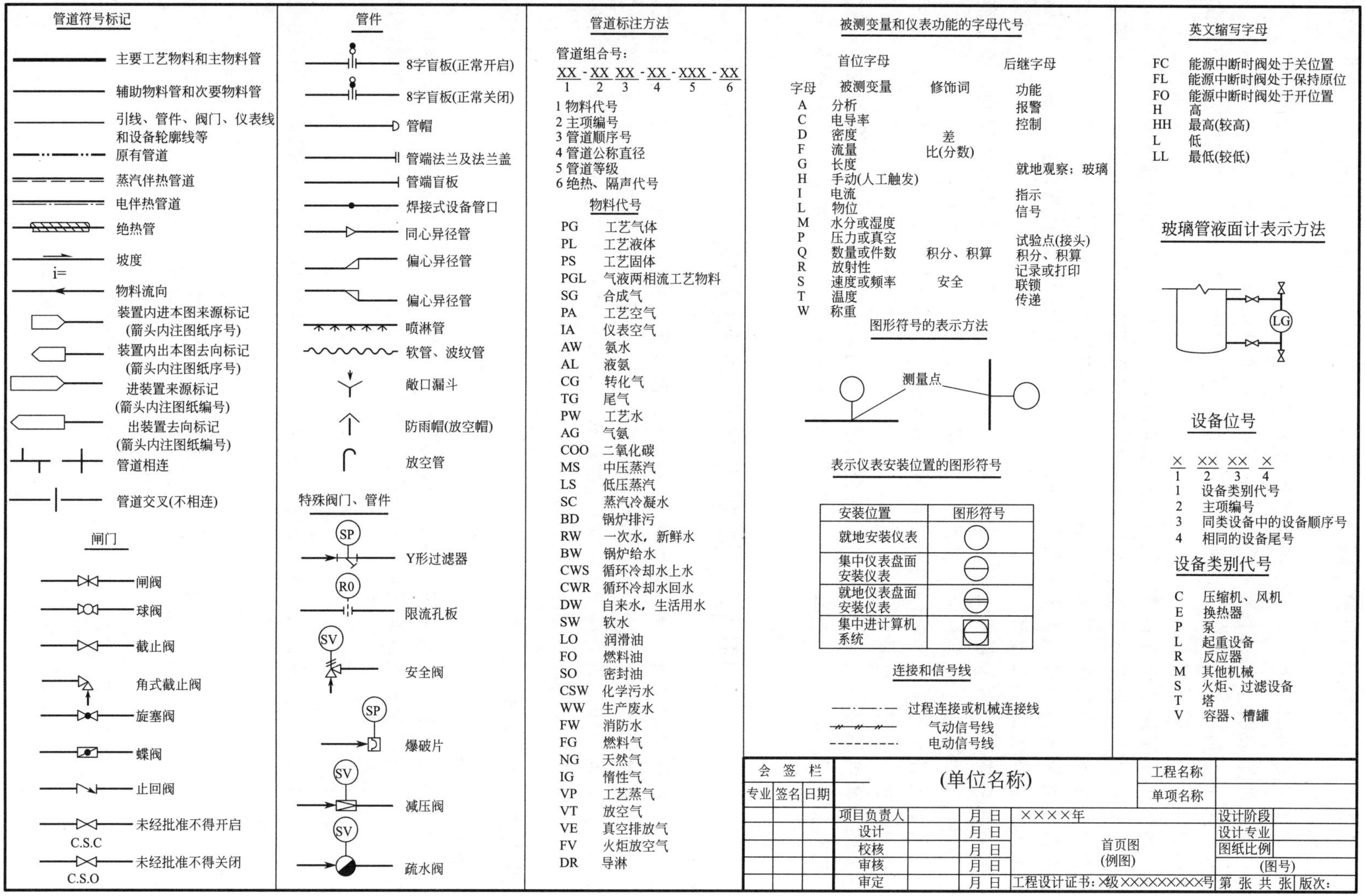

管道符号标记

主要工艺物料和主物料管
辅助物料管和次要物料管
引线、管件、阀门、仪表线和设备轮廓线等
原有管道
蒸汽伴热管道
电伴热管道
绝热管
坡度
物料流向
装置内进本图来源标记（箭头内注图纸序号）
装置内出本图去向标记（箭头内注图纸序号）
进装置来源标记（箭头内注图纸编号）
出装置去向标记（箭头内注图纸编号）
管道交叉（不相连）
管道相连

闸门

闸阀
球阀
截止阀
角式截止阀
旋塞阀
蝶阀
止回阀
未经批准不得开启　C.S.C
未经批准不得关闭　C.S.O

管件

8字盲板（正常开启）
8字盲板（正常关闭）
管帽
管道法兰及法兰盖
管道盲板
焊接式设备管口
同心异径管
偏心异径管
喷淋管
软管、波纹管
敞口漏斗
防雨帽（放空帽）
放空管

特殊阀门、管件

SP　Y形过滤器
RO　限流孔板
SV　安全阀
　　爆破片
SP　减压阀
SV　疏水阀

管道标注方法

管道组合号：

$$\underset{1}{XX} - \underset{2}{XX}\ \underset{3}{XX} - \underset{4}{XX} - \underset{5}{XXX} - \underset{6}{XX}$$

1 物料代号
2 主项编号
3 管道顺序号
4 管道公称直径
5 管道等级
6 绝热、隔声代号

物料代号

PG 工艺气体
PL 工艺液体
PS 工艺固体
PGL 气液两相流工艺物料
SG 合成气
PA 工艺空气
IA 仪表空气
AW 废气
AL 氨液
CG 转化气
TG 尾气
PW 工艺水
AG 氨气
COO 二氧化碳
MS 中压蒸汽
LS 低压蒸汽
SC 蒸汽冷凝水
BD 锅炉排污
RW 一次水、新鲜水
BW 锅炉给水
CWS 循环冷却水上水
CWR 循环冷却水回水
DW 自来水、生活用水
SW 软水
LO 润滑油
FO 燃料油
SO 封油
CSW 化学污水
WW 生产废水
FW 消防水
FG 燃料气
NG 天然气
IG 惰性气
VP 工艺蒸汽
VT 放空气
VE 真空排放气
FV 火柜放空气
DR 导淋

被测变量和仪表功能的字母代号

字母	首位字母 被测变量	修饰词	后继字母 功能
A	分析		报警
C	电导率		控制
D	密度	差	
F	流量	比（分数）	
G	长度		就地观察；玻璃
H	手动（人工触发）		
I	电流		指示
L	物位		信号
M	水分或湿度		
P	压力或真空		试验点（接头）
Q	数量或件数	积分、积算	积分、积算 记录或打印
R	放射性		记录或打印 联锁
S	速度或频率	安全	传速
T	温度		
W	称重		

图形符号的表示方法

测量点

表示仪表安装位置的图形符号

安装位置	图形符号
就地安装仪表	○
集中仪表盘面安装仪表	⊖
就地仪表盘面安装仪表	⊖
集中进计算机系统	▭

连接和信号线

过程连接或机械连接线
气动信号线
电动信号线

英文缩写字母

FC 能源中断时阀处于关位置
FL 能源中断时阀处于保持原位置
FO 能源中断时阀处于开位置
H 高（较高）
HH 最高（较高）
L 低
LL 最低（较低）

玻璃管液面计表示方法

（LG）

设备位号

$$\underset{1}{X}\ \underset{2}{XX}\ \underset{3}{XX}\ \underset{4}{X}$$

1 设备类别代号
2 主项编号
3 同类设备中的设备顺序号
4 相同的设备尾号

设备类别代号

C 压缩机、风机
E 换热器
L 起重设备
M 其他机械
P 泵
R 反应器
S 火炬、过滤器
T 塔
V 容器、槽罐

工程名称
单项名称
设计阶段
设计专业
图纸比例　（图号）
首页图（例图）
（数）×××××××××号　第　共　张　版次

（单位名称）

项目负责人		月 日	×××× 年
设计		月 日	
校核		月 日	
审核		月 日	
审定		月 日	工程设计证书：数××××××××××号

会签栏

专业	签名	日期

图 2-7　首页图

（2）装置中所采用的全部管道、阀门、主要管件、取样器、特殊管（阀）件等图形、类别符号和标注说明。

（3）管道编号说明。举一个实例说明管道号中各个单元表示方法及各个单元的含义。

（4）设备编号说明。举一个实例说明设备位号中各个单元表示方法及各个单元的含义。

（5）公用工程站（蒸汽分配管、凝液收集管等）编号说明。举一个实例说明编号中各个单元表示方法及各个单元的含义。

（6）装置中所采用的全部仪表（包括自控专业阀门、控制阀）的图形符号和文字代号。

（7）在装置的界区处，所有工艺物料、辅助物料和公用物料管道的交接点图，在表格上列出各管道的流体介质名称、来去装置名称、在交接点内外的管道编号和接续图号，并表示流向和交接点处界区内一段总管上的所有的阀门、仪表、主要管件，按规定要求编号，根据设计要求表示必要的尺寸和注解。

（8）备注栏内容。对装置内管道仪表流程图的共性问题，首页图上内容的说明，度量衡（公制、英制、各单位）、基准标高、设计统一规定的表示方法、待定问题的说明。

（9）装置内各工艺工序和辅助物料、公用物料发生工序以及与各类物料介质管道有关工序的工程（主项）编号一览表。

首页图的图纸编号方法与装置内管道仪表流程图相同，位于图号首位；图纸规格应与装置内管道仪表流程图一致，张数不限。根据标准 HG/T 20519.2—2009，首页图见 2-7 所示。

第四节　典型设备的自控方案

随着计算机技术的飞速发展，各种化工设备常常借助于计算机实现自动化控制，因此，现代化学工业的最大特点之一是自动化程度较高。这就要求在工艺设计中，为了确保装置安全稳定运行，必须设计出符合生产要求的自控流程。本节主要介绍常用的化工典型设备如泵、换热器、反应釜、蒸馏塔等的自控流程。

一、泵类的自控方案

1. 离心泵

离心泵的流量调节一般是采用泵的出口阀门开度控制方案，如图 2-8（a）所示，也可以使用泵的出口旁路控制方案，如图 2-8（b）所示，旁路调节耗费能量，其优点是调节阀的尺寸比直接节流的小。

2. 容积式泵

容积式泵主要指往复泵、齿轮泵、螺杆泵和旋涡泵等，当流量减小时容积式泵的压力急

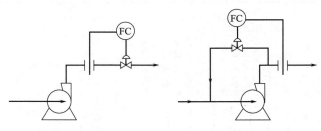

(a) 泵的出口阀门开度控制方案　　(b) 泵的出口旁路控制方案

图 2-8　离心泵的控制方案

剧上升，因此不能在容积式泵的出口管道上直接安装节流装置来调节流量，工程上通常采用旁路调节或改变转速、改变冲程大小来调节流量。图 2-9 是往复泵的控制方案，此方案亦适用于其他容积式泵。

二、压缩机的自控方案

压缩机的控制方案与泵的控制方案有相似之处，常采用如图 2-10 所示的分程控制方案，即出口流量控制器操纵两个控制阀，吸入阀只能关至一定开度，若需要更小流量，则打开旁路调节阀，这样可以避免直接调节进口流量而导致入口端负压严重的缺陷。也可以采用图 2-11 所示的旁路控制方案。但对压缩比很大的多段压缩机，这种从出口直接旁路回到入口的方式，会造成控制阀前后压差太大，功率损耗很大。此时，可在中间某一段安装控制阀，使其回到入口端。另外，还可调节原动机的转速来控制压缩机的流量。

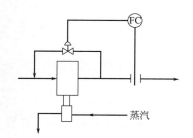 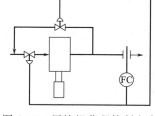 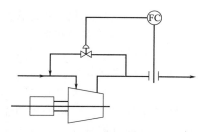

图 2-9 往复泵的控制方案　　　图 2-10 压缩机分程控制方案　　　图 2-11 压缩机旁路控制方案

三、换热器的自控方案

（一）无相变时换热器的自控方案

1. 控制载热体的流量

这是一种用载热体的流量作为操作变量的控制方案。当载热体的流量发生变化对物料出口温度影响较明显，载热体入口的压力平稳，且负荷变化不大时，常采用图 2-12(a) 的单回路控制方案。若载热体入口压力波动较大，可以采用以被控物料的温度为主变量，以载热体的流量（或压力）为副变量的串级控制［见图 2-12(b)］。当载热体也是一种换热物料时，其流量是不允许调节的。此时，如图 2-12(c) 所示可用一个三通分流调节阀取代图 2-12(a) 中的调节阀，用三通调节阀调节进入换热器的载热体流量与旁路流量比例，实现换热器出口温度的控制。

2. 控制被控物料的流量

这是将被控物料的流量作为系统操纵变量的控制方案［见图 2-13(a)］。若被控物料的流

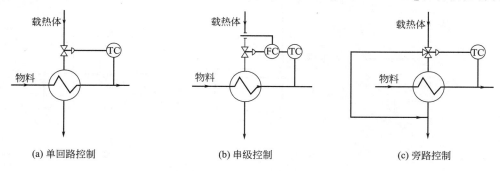

　　(a) 单回路控制　　　　　　　　(b) 串级控制　　　　　　　　(c) 旁路控制

图 2-12 控制载热体的流量方案

量不允许控制时，则可将一小部分物料直接通过旁路流到换热器出口与热物料混合，达到控制出口温度的目的［见图 2-13(b)］。

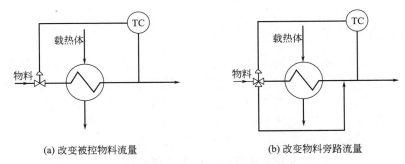

(a) 改变被控物料流量　　　　　(b) 改变物料旁路流量

图 2-13　控制被控物料的流量方案

(二) 有相变时的换热器控制方案

1. 加热器的温度控制方案

化工过程中常用蒸汽冷凝来加热物料，当被加热物料的出口温度作为被控变量时，常采用以下两种控制方案。

(1) 直接控制蒸汽流量　当蒸汽流量和其他工艺条件比较稳定时，可采用改变入口蒸汽流量来控制被加热物料的出口温度［见图 2-14(a)］。当加热蒸汽压力有波动时可对蒸汽总管增设压力定值控制系统或者采用温度与蒸汽压力的串级控制方案［见图 2-14(b)］。

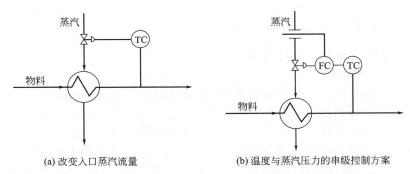

(a) 改变入口蒸汽流量　　　　　(b) 温度与蒸汽压力的串级控制方案

图 2-14　直接控制蒸汽流量方案

(2) 控制换热器的有效换热面积　在传热系数和传热温差基本保持不变的情况下，改变换热器的有效换热面积，也可以达到控制出口温度的目的。例如，如图 2-15(a) 所示那样，将调节阀安装在冷凝液的排出口上，当调节阀的开度发生变化时，冷凝液的排出量也跟着发

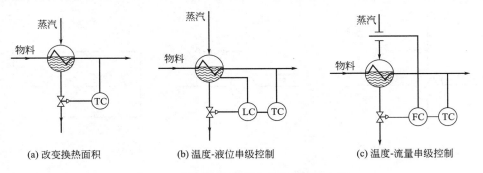

(a) 改变换热面积　　　　(b) 温度-液位串级控制　　　　(c) 温度-流量串级控制

图 2-15　控制换热器的有效换热面积方案

生变化，导致加热器内部液位发生变化，从而使加热器的实际传热面积发生改变。为了克服控制系统的滞后性，有效的办法是采用串级控制。其中，图 2-15(b) 所示为温度与冷凝液液位之间的串级控制，图 2-15(c) 所示为温度与蒸汽流量之间的串级控制。

2. 冷却器的温度控制方案

下面以液氨为冷却剂为例，介绍有相变时冷却器常用的控制方案。

(1) 控制冷却剂的流量　如图 2-16(a) 所示，通过改变液氨的流量调节液氨汽化带走的热量从而达到控制物料温度的目的。

(2) 用温度-液位串级控制　如图 2-16(b) 所示，以液氨流量为操纵变量、以被控物料出口温度作为主变量、以冷却器的液位为副变量，进行串级控制，使引起液位变化的一些干扰（如液氨压力等）包含在副回路中，从而提高了控制质量。

(3) 控制冷却剂的汽化压力　如图 2-16(c) 所示，在控制冷却器液位的同时，再根据被控物料的温度，改变液氨的汽化压力，即调节汽化温度，从而达到控制的目的。例如物料出口温度升高时，加大气氨出口调节阀的开度，使液氨汽化压力降低，导致蒸发温度下降，使物料与冷却剂间的温差加大，随之传热量亦加大，使物料出口温度下降，从而达到控制的目的。

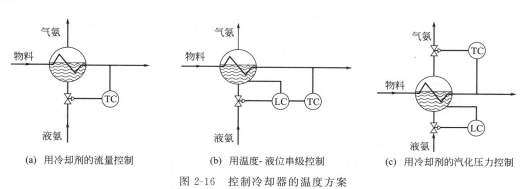

(a) 用冷却剂的流量控制　　　(b) 用温度-液位串级控制　　　(c) 用冷却剂的汽化压力控制

图 2-16　控制冷却器的温度方案

四、反应器的自控方案

1. 釜式反应器的温度自动控制

(1) 控制进料温度　物料经过预热器（或冷却器）后进入反应釜，通过改变进入预热器（或冷却器）的热剂量（或冷剂量）改变进入反应釜的物料温度，从而达到控制釜内物料温度的目的 [见图 2-17(a)]。

(2) 控制传热量　如图 2-17(b) 所示，用改变载热体流量来调节反应釜内物料温度。

(3) 串级控制　当反应釜滞后现象较严重时或控温要求较高时，应改单回路控制为串级控制。图 2-17(c)～(e) 分别为用载热体流量-釜温串级控制、用夹套温度-釜温串级控制和用釜压-釜温串级控制。

2. 固定床反应器的温度控制

(1) 改变进料浓度　如在氨氧化制硝酸的过程中，用一个变比值控制系统来调节氨气和空气的比例，即调节氨的浓度，从而达到控制床层反应温度的目的 [见图 2-18(a)]。

(2) 改变进料温度　通过改变进料加热器的热载体流量，即改变进料温度，来控制床层的反应温度 [见图 2-18(b)]；当用部分反应气体作热载体时，可如图 2-18(c) 所示的方法控制床层反应温度。

(3) 改变段间冷料量　在硫酸生产中，SO_2 氧化成 SO_3 的反应器是采用部分冷进料进

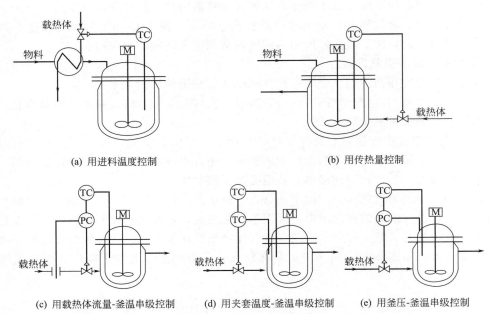

(a) 用进料温度控制　　　　　　　　　　　　(b) 用传热量控制

(c) 用载热体流量-釜温串级控制　　(d) 用夹套温度-釜温串级控制　　(e) 用釜压-釜温串级控制

图 2-17　釜式反应器的温度自动控制方案

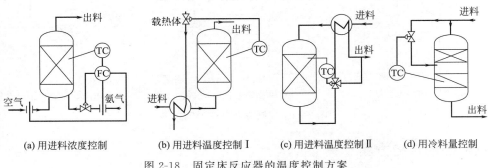

(a) 用进料浓度控制　　(b) 用进料温度控制 Ⅰ　　(c) 用进料温度控制 Ⅱ　　(d) 用冷料量控制

图 2-18　固定床反应器的温度控制方案

入段间来降低进入下一段的进料温度，从而达到控制床层反应温度的目的［见图 2-18(d)］。

五、蒸馏塔的控制方案

1. 按提馏段指标控制

适合于釜液的纯度要求较之馏出液为高的情况，即塔底为主要产品时，常用此方案；而当是液相进料，对塔顶和塔底产品的质量要求相近，也往往采用此方案。此方案是以提馏段温度为衡量质量的间接指标，以改变再沸器加热量为控制手段。用提馏段塔板温度控制加热蒸汽量，从而控制塔内蒸汽量 V_s，并保持回流量 L_R 恒定，馏出液量 D 和釜液量 W 都按物料平衡关系，由液位调节器控制，如图 2-19(a) 所示。这是目前应用最多的蒸馏塔控制方案。它比较简单，调节迅速，一般情况下可靠性较好。

2. 按精馏段指标控制

此方案是以精馏段温度为衡量质量的间接指标，以改变回流量为控制手段，见图 2-19(b)。取精馏段某点成分或温度为被调参数，而以 L_R、D 或 V_s 作为调节参数。它适合于馏出液的纯度要求较之釜液为高时，例如，乙烯-乙烷的分离，主产品为馏出液乙烯。采用按

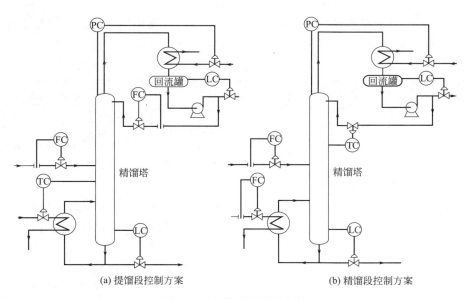

(a) 提馏段控制方案　　　　(b) 精馏段控制方案

图 2-19　蒸馏塔的控制方案

精馏段指标控制方案时，必须在 L_R、D、V_s 和 W 这四个参数中，选择一个作为控制成分的手段，选择另一个保持流量恒定，其余两个则按回流罐和再沸器的物料平衡，由液位调节器进行调节。用精馏段塔板温度控制回流量 L_R，并保持蒸气量 V_s 流量恒定，这是精馏段控制中最常用的方案。

上述蒸馏塔的控制方案只是原则性的控制方案，具体的控制方案可按塔顶、塔底及进料系统分别考虑。塔顶控制方案的基本要求是：把绝大部分的出塔蒸气冷凝下来，把不凝性气体排走；调节回流量 L_R 与馏出液量 D 的流量，保持塔内压力稳定。

3. 蒸馏塔的双温差控制

上面两种方案都是以温度为被控变量。当产品纯度要求很高，而且塔顶、塔底产品的沸点差较小时，不能采用温度控制方案，而应采用温差控制才能达到产品质量要求。采取温差作为质量指标的间接变量，可以消除塔压波动对产品质量的影响。双温差控制就是分别在加料板附近的精馏段和提馏段上选取温差信号 ΔT_1 和 ΔT_2，然后将两个温差信号相减后的信号作为控制器的测量信号，这样就可以消除因为压降引起的温差的影响（见图 2-20）。

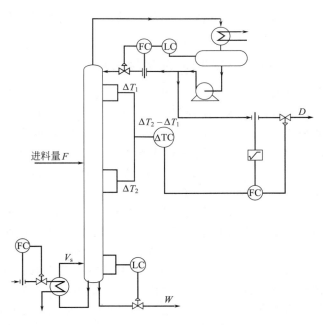

六、自控设计条件

自控设计条件在物料衡算已经修订、流程图和设备布置图基本完成后

图 2-20　双温差控制方案

提交。在提交条件以前，工艺和自控设计人员应根据工艺特点，确定控制方案和一般检测仪表，然后由工艺设计人员根据确定的方案提出控制参数等具体条件。自控设计条件内容为：管道仪表流程草图、设备布置图和自控设计条件表（见表 2-13）。

表 2-13 自控设计条件表

序号	仪表计器名称	物料名称及组分	物料或混合物密度/(kg/m³)	自动分析			温度/℃	压力(表压)/MPa	流量/(m³/h)或液面/m			指示、遥控、记录、调节或累计	控制情况			管道或设备规格	备注
				黏度	密度/(kg/m³)	pH值			最大	正常	最小		就地集中	控制室	就地		

自控设计条件表填写说明如下。

（1）计器用途 如填写"T——×××温度指示"，"P——×××压力指示"等；当计器用途为自动调节或遥控时，需注明调节依据，如"按塔底液体温度调节进塔底的蒸汽量"，同时在"温度"栏内填上允许的温度调节范围，如"85～90℃"。

（2）物料名称及组分 当需要进行温度、压力、流量、液面、成分分析控制时填写。介质进行成分分析时，介质的化学成分要注明体积比，被分析介质范围填写在流量栏内。

（3）物料或混合物密度 需要进行流量或液面测量时填写。

（4）黏度 需要测量流量时填写介质在工作状态下的黏度。

（5）温度、压力 需要进行温度、压力、流量调节时填写介质温度和操作压力；当需要调节温度时在此栏内填写调节温度的范围。

（6）指示、记录、遥控、调节、累计 可以根据实际情况和要求，有选择地填写。联锁及信号报警在备注栏内注明。

（7）管道或设备规格 当计器仪表安装在管道或设备上时，应注明管道或设备的规格。

第五节 工艺流程图计算机绘制软件

一、计算机在绘制工艺流程图中的应用

随着计算机及其应用技术的迅猛发展，计算机绘图技术发展很快，出现了很多工艺流程绘图软件，一般的流程图绘制软件为 AutoCAD。AutoCAD 作为通用基础软件，在工程制图领域用途广泛。为了进一步提高 AutoCAD 绘图的速度以及工作效率，科技工作者在 Auto-CAD 的基础上，利用其本身强大的开发功能进行了 AutoCAD 的二次开发，出现了很多专业软件。例如 AspenTech 公司 Aspen Plus、SimSci 公司开发的 PRO/Ⅱ、加拿大 VMG 集团（Virtual Materials Group）开发的 VMGSim、Chemstations 公司的 ChemCAD、青岛伊科思技术工程有限公司开发的 ECSS 化工之星等很多流程模拟软件，均可绘制工艺流程图。但是要绘制管道仪表流程图还必须使用专门的软件，例如，上海尤里卡数据系统中心的 PEDS 三维配管工程设计系统、美国 InterGraph 公司开发的 PDS、SmartPlant3D 工厂设计软件系统、AVEVA 公司开发的 PDMS 工厂三维设计管理系统、中科辅龙的 PDSOFT 三维工厂设计软件以及 AutoCAD Plant3D、AutoCAD P&ID、CADWORX 等软件都有绘制管道仪表流程图的功能，深圳维远泰克科技有限公司还推出一款专门用于绘制工艺流程图的软件 PIDCAD。

二、用 PIDCAD 绘制工艺流程图

PIDCAD 软件是设计人员基于 AutoCAD 平台，集多年的工程设计经验，融合国内外著名石化工程设计公司的绘图标准以及工程设计人员的绘图习惯而设计、开发的，一种专用于化工及相关工程设计、管道和仪表、物料流程图绘制的专业工具软件。按行业标准，建有国家标准图幅库、设备符号库、阀门库、仪表库。利用 PIDCAD 软件绘制的工艺物料及管道和仪表流程图，使工厂的工艺、设备设计与管理变得更加简单、实用、高效。PIDCAD 软件操作简单、方便易学，适合于工程技术、设计人员及高校师生从事化工工程设计、流程图绘制时使用；结合工艺设备管理软件，可实现工厂工艺、设备信息化管理。

（一）PIDCAD 的工作界面

PIDCAD 是在 AutoCAD 的基础上开发出来的专业软件，其图形界面与 AutoCAD 相同，除了具有 AutoCAD 的菜单和工具条外，还有下列专用工具条。

（1）主工具条　可随时打开、关闭其他工具条，使 AutoCAD 绘图区域面积扩展到最大。

（2）设备工具条　可任意添加反应器（釜）、塔、罐、各类换热器、泵、压缩机等，可随意设置设备的外形尺寸。

（3）设备内件工具条　可随意添加反应器内件、各类塔盘、换热器内件等。

（4）管线工具条　实线、虚线可分层放置，可标注管段号、流向标示等；可任意选择图幅的大小。

（5）阀门工具条　图库存有闸阀、截止阀、球阀、碟阀、止回阀、疏水阀、角阀、安全阀及各类调节阀等；所有阀门大小均含有默认值，也可随意设置。

（6）仪表工具条　图库存有一次仪表、二次仪表、进控制室仪表、进 DCS 仪表等图形符号；管线可自动断开、生成仪表连接线；可任意输入仪表功能代号、序号。

（7）管件工具条　图库存有异径管、8 字盲板、各类过滤器、管帽、活接头、盲法兰等。

（8）小型设备工具条　添加各类泵、压缩机、过滤机、分离器等小型设备。

（9）PFD 绘制工具条　物流号标注，管线、设备工艺操作参数标注，物料表在图纸左下角自动生成等。

（10）轴测设备工具条　可以自由设置设备的倾斜角度，使设备具有立体美感。

（11）轴测图工具条　可以自由设置设备的倾斜角度，使设备具有立体感。

（12）自定义功能　自定义图幅、标题栏、设备外形、内插件、管线颜色、设备属性。

（13）统计功能　自动统计各种材料，生成导出报表。

（二）用 PIDCAD 绘制工艺流程图

下面以绘制一个简单的工艺流程图为例，简要介绍 PIDCAD 软件的使用方法。

运行 PIDCAD，可以看到 PIDCAD 界面上部的工具条中，在窗口和帮助之间增加了三个新的工具条，即 PIDCAD(P)、PIDPIPE(G) 和 PIDMIS(S)（需本公司开发的 Pidmis 软件支持），见图 2-21；打开 PIDCAD 菜单的相关工具条；开始用 PIDCAD 软件进行目的图的绘制。绘图过程中，可以随时调用 PIDCAD(P) 主工具条中的图模参数，包括图纸设置、管线工具条、设备工具条、阀门工具条、管件工具条、仪表工具条等；配管图 PIDPIPE(G) 工具条中的图模参数，包括配管图、图纸管理等有关信息；管理信息库 PIDMIS(S) 中的图模参数，包括运行记录、设备巡检、设备维修、设备保养、设备润滑、防腐保温、设备信息等。

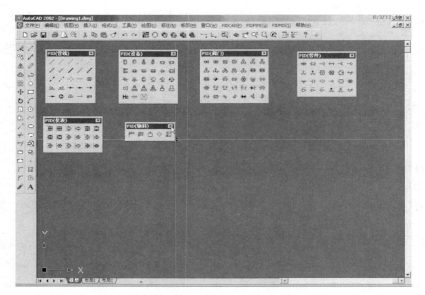

图 2-21　PIDCAD 界面

（1）设置图幅　从 PIDCAD(P) 工具条中找到"图纸设置"下的"图幅设置"，可选择 0～5 号图纸、横排或竖排方式，设置出一幅带标题栏的图纸（如 1 号图纸），见图 2-22。

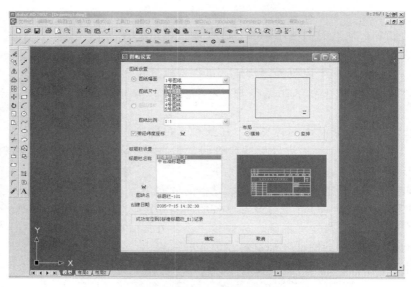

图 2-22　PIDCAD 图纸设置

（2）设备的画法　图幅确定后即可进行设备的定位与选型。根据 PID（设备）工具条中的设计模板，选择设备位号，设备长、高和设备径、宽，点击"确定"，设备即可放在指定的流程位置，见图 2-23；然后，可以从 PID（设备内件）工具条中选择合适的设备内件填入设备，见图 2-24。

（3）管线的画法与标注　从 PID（管线）工具条中可选择所需管道的线型及其宽度。按照流程顺序和物料走向，可以一笔画出从一个设备到另一个设备的管线（拐弯时左键点一下再继续画），见图 2-25；交叉管线的断开、管线标注、管线保温和物料的流向，可利用工具

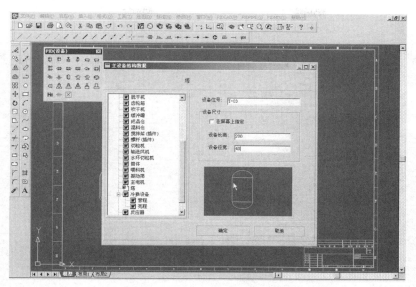

图 2-23 PIDCAD 设备的画法

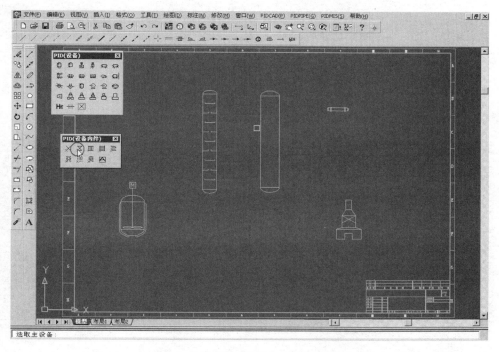

图 2-24 PIDCAD 设备内件的画法

条中的有关模板，画在指定位置，见图 2-26。

（4）阀门、管件、仪表等的画法 从 PID（阀门）工具条中可选择所需阀门的类型，确定公称直径、位号和管道等级后，即可放在指定管线上规定的位置，见图 2-27；从 PID（仪表）工具条中调出所需仪表，确定其功能代号、位号、比例，放在指定设备或管线的相应位置，见图 2-28；同理，可以从 PID（物料）工具条中调出操作数据、物流表、物流号等，放在指定管线位置。

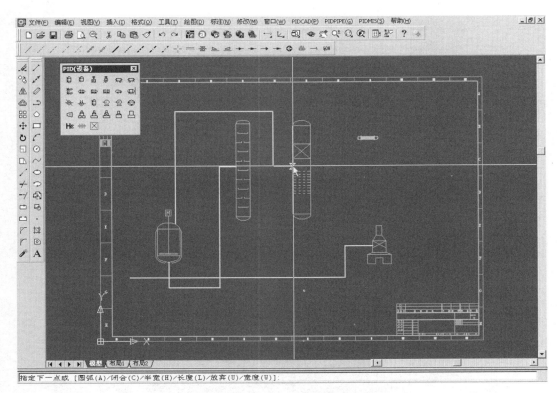

图 2-25　PIDCAD 管线的画法

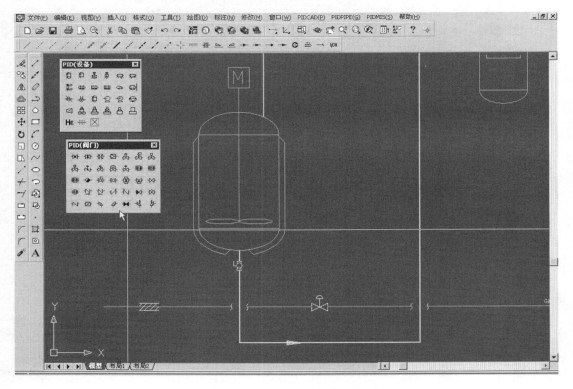

图 2-26　管线交叉、管线保温等的画法

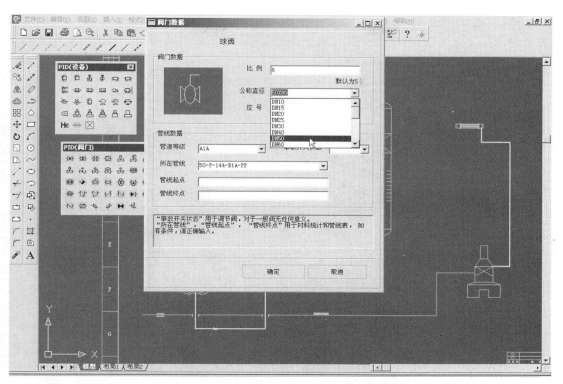

图 2-27 PIDCAD 阀门的画法

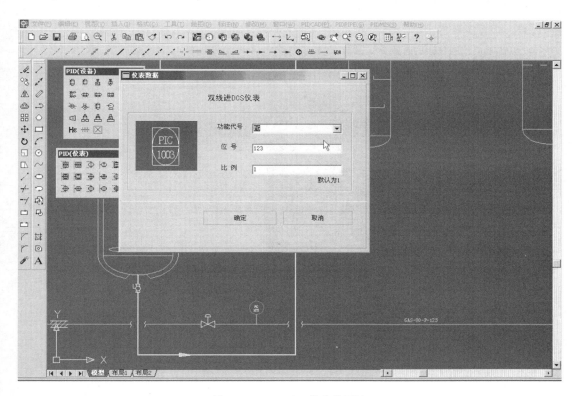

图 2-28 PIDCAD 仪表的画法

（5）设备标注与标题栏　选定设备，在对话框内输入设备位号、设备名称、字体高度、Y 轴坐标等，完成设备标注，见图 2-29；选定图纸设置下的填写标题栏，即可对标题栏中的文字、颜色、比例等进行编辑，见图 2-30。

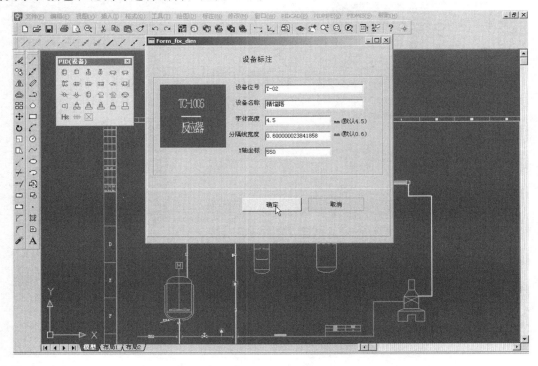

图 2-29　PIDCAD 设备标注

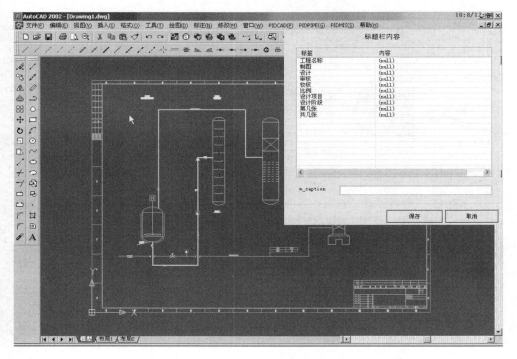

图 2-30　PIDCAD 标题栏填写

（6）统计与管理 从 PIDCAD(P) 工具条中找到"工具"下的"统计"，可显示主设备和控制点的名称、位号、数量等有关信息，并可以 Excel 形式输出，便于修改或打印（见图 2-31）。选择 PIDCAD(S) 工具条中"登录"后，进入"设备信息"的"单台设备信息"，可查阅或修该台设备的有关信息，见图 2-32。

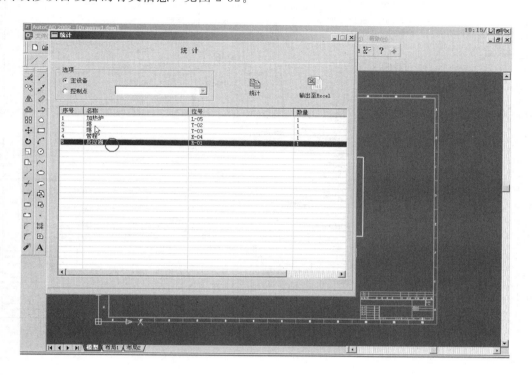

图 2-31 PIDCAD 主设备统计

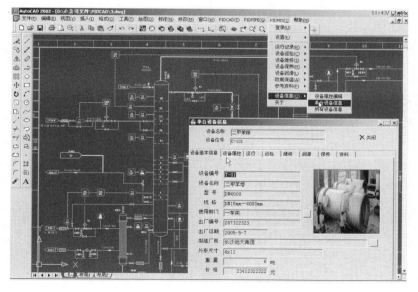

图 2-32 PIDCAD 单台设备管理

利用 PIDCAD 软件中的各种模板可以在很短时间内绘出化工工艺流程图，见图 2-33。

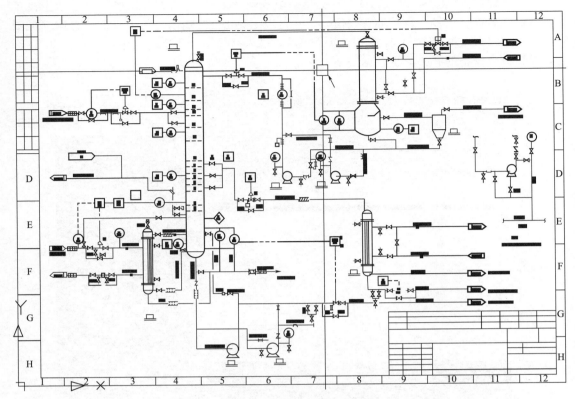

图 2-33　PIDCAD 绘制的化工工艺流程图

第三章 物料衡算与能量衡算

化工过程的物料衡算和能量衡算，是利用物理与化学的基本定律，对化工过程单元及化工过程单元系统的物料平衡与能量平衡进行定量的计算。通过计算，从中找出主副产品的生成量，废物的排出量，确定原材料的消耗与定额，确定各物流的流量、组成、和状态，确定每一设备内物质转换与能量传递的参数。从而为确定操作方式、设备选型以及设备尺寸的确定、管路设施与公用工程的设计提供依据。

第一节 物料衡算的基本方法

一、物料衡算的质量守恒

物料平衡方程是根据质量守恒原理建立起来的。用文字表达如下：

进入系统的质量流量－排出系统的质量流量＝系统内质量的累积

对稳态过程，系统内质量的累积为零。此时有

进入系统的质量流量＝排出系统的质量流量

二、物料衡算基准

在物料、能量衡算过程中，恰当地选择计算基准可以使计算简化，同时也可以减少计算误差。在一般的化工工艺计算中，选择基准大致有以下几种。

(1) 时间基准 对于连续生产过程，以秒、小时、天等的一段时间间隔的投料量或产品量作为计算基准。对于间歇操作过程，一般可以以一釜、一批料的生产周期作为基准。

(2) 质量基准 对液体或固体介质，可取某一基准物流的质量为 100kg，然后计算其他物流的质量。基准物质可以是产品，也可以是原料，也可以是任何一个中间物流。一般情况下，取某一已知变量最多（或未知变量最少）的物流作为基准最为合适。对于有化学反应的过程，由于化学反应是按物质的量（mol）进行的，因此用物质的量作为基准更为方便。

(3) 体积基准 对于气体物料，可采用标准体积基准，这时应将实际情况下的体积换算为标准状态下的体积，用 $V^{\ominus}$ 表示。在标准状态下，1mol 气体相当于 $22.4 \times 10^{-3} m^3$ 标准体积的气体。气体混合物中组分的体积分数与摩尔分数在数值上是相同的。

三、物料衡算的基本步骤

进行物料衡算时，为了避免错误，便于检查核对，必须采取正确的计算步骤。一般按以下程序进行。

(1) 确定衡算的对象和范围，如一个单元设备，一套装置或一个系统，并画出计算对象的草图。对于整个生产流程，要画出物料流程示意图（或流程方框图）。绘制物料流程图时，要着重考虑物料的种类和走向，输入和输出要明确。

(2) 确定计算任务，明确哪些是已知项，哪些是待求项，选择适当的数学公式，力求计算方法简便。

（3）确定过程所涉及的组分，并对所有组分依次编号。

（4）对物流流股进行编号，并标注物流变量。

（5）收集数据资料，包括两类：一类为设计任务所规定的已知条件；另一类为与过程有关的物理化学参数。具体包括以下内容：

① 生产规模和生产时间；

② 有关定额的技术指标；

③ 原辅材料、产品、中间产品的规格，包括原料的有效成分和杂质含量，气体或液体混合物的组成等；

④ 与过程有关的物理化学参数。如临界参数、密度或比体积、状态方程参数、蒸气压、气液平衡常数或平衡关系，黏度、扩散系数等；

在收集有关数据时，应注意其可靠性、准确性和适用范围。一些特殊物质的物化数据难以获得或查找不全时，可根据物理化学的基本定律进行计算。

（6）列出过程的全部独立物料平衡方程式及其他相关公式。

第二节 反应过程的物料衡算

一、基本概念

在工业上的化学反应过程中，各种反应物的实际用量，极少等于化学反应方程式的理论量。一般为了使所需的化学反应顺利进行，并尽可能提高产物的量，往往将其中较为昂贵的或某些有毒物质的原料消耗完全，而过量一些价廉或易回收的反应物。为此，工业上为评价及计算，常采用一些工业指标，以衡量生产情况。

（1）转化率 x 是指某种原料参加化学反应的量占进入反应器的总量的百分数。

（2）收率 η 是指主产物的实际收得量与按投入原料计算的理论产量之比值。

$$\eta = 产物的实际产量/按原料计算的理论产量$$

或

$$\eta = 产物的实际产量折算成相应原料量/投入反应器的原料量$$

（3）选择性 Φ 是指生成主产物所消耗的原料量占原料总耗量的分率

$$\Phi = 主产物生成量折成原料量/反应消耗掉的原料量$$

（4）限制反应物 在反应中首先消耗完全的那一种反应物，称为该反应中的限制反应物。

（5）过量反应物 在参与反应的反应物中，超过化学计量的反应物为过量反应物。

二、直接推算法

对于一般的反应过程，根据反应的转化率和选择性（或收率）利用化学计量系数进行计算，可使计算较为方便。

【例 3-1】 一台生产苯乙烯的反应器，年生产能力为 10000t，年工作时间为 8000h，苯乙烯收率为 40%，以反应物乙苯计的苯乙烯选择性为 90%，苯选择性为 3%，甲苯选择性为 5%，焦油选择性为 2%。原料乙苯中含甲苯 2%（质量分数），反应时通入水蒸气提供部分热量并降低乙苯分压，乙苯原料和水蒸气比为 1:1.5（质量比）。试求对该反应器进行物料衡算，即计算进出反应器各物料的流量。

解 由题意，物料流程如图 3-1 所示。

$$C_6H_5C_2H_5 \quad\longrightarrow\quad [反应器] \quad\longrightarrow\quad C_6H_5C_2H_5、C_6C_6、C_6H_5CH_3$$
$$C_6H_5CH_3、H_2O \qquad\qquad\qquad\qquad H_2O、CH_4、C_2H_4、C、H_2$$

图 3-1　例 3-1 附图

分析　本题出现了四个选择性，在这里选择性的概念得到了延伸，即它表示了反应物在各个反应式中的消耗量的分配比例。如主反应的选择性为 90%，说明乙苯反应掉的总量中有 90% 用在了第一个反应即主反应，其他选择性的数据都可以如此理解。

本题虽然反应式较多，但反应确定，且已知条件多，所以仍适用直接计算法。

由苯乙烯的生产工艺可知，反应器中发生以下化学反应：

$$C_6H_5C_2H_5 \longrightarrow C_6H_5C_2H_3 + H_2 \tag{1}$$

$$C_6H_5C_2H_5 + H_2 \longrightarrow C_6H_5CH_3 + CH_4 \tag{2}$$

$$C_6H_5C_2H_5 \longrightarrow C_2H_4 + C_6H_6 \tag{3}$$

$$C_6H_5C_2H_5 \longrightarrow 7C + 3H_2 + CH_4 \tag{4}$$

其中式（1）为主反应，即生成目的产物的反应，其他三个反应皆为副反应。各物料的摩尔质量汇总列于表 3-1。

表 3-1　各物料的摩尔质量

物料	$C_6H_5C_2H_5$	$C_6H_5C_2H_3$	C_6H_6	$C_6H_5CH_3$	H_2O	CH_4	C_2H_4	C	H_2
摩尔质量/(g/mol)	106	104	78	92	18	16	28	12	2

基准：选 1000kg/h 乙苯原料为计算基准。

原料乙苯纯度 98%，所以进反应器纯乙苯量 1000kg/h×98% ＝980kg/h，即为 9.245kmol/h

原料中甲苯量 1000kg/h×2% ＝20kg/h，即为 0.217kmol/h

水蒸气量 980kg/h×1.5＝1470kg/h，即为 81.667kmol/h

由转化率、收率和选择性三者的关系，有乙苯的转化率为 0.4/0.9＝0.4444

参加反应的总乙苯量 980kg/h×0.4444＝435.11kg/h，即为 4.109kmol/h

产物中各组分情况如下：

未反应的乙苯量 （980－435.11）kg/h＝544.89kg/h，即为 5.140kmol/h

由苯乙烯选择性，生成苯乙烯量 4.109 kmol/h×90%＝3.698 kmol/h，即为 384.60kg/h

由各物质的选择性，有

输出的甲苯量 4.109kmol/h×5%＋0.217kmol/h＝0.423kmol/h，即为 38.92kg/h

生成的苯量 4.109kmol/h×3% ＝0.123kmol/h，即为 9.60kg/h

生成的乙烯量 4.109kmol/h×3%＝0.123kmol/h，即为 3.44kg/h

生成的碳量 4.109kmol/h×2%×7＝0.575kmol/h，即为 6.9kg/h

生成的甲烷量 4.109kmol/h×（5%＋2%）＝0.288kmol/h，即为 4.61kg/h

输出的氢量 4.109kmol/h×（90%－5%＋2%×3）＝3.739kmol/h，即为 7.48kg/h

输出水量＝输入水量（不参与反应）1470kg/h，即为 81.667kmol/h

实际每小时要求苯乙烯的产量 10000×1000kg/8000h＝1250kg/h

比例系数 1250/384.60＝3.25

将上述各物料的计算值乘以比例系数，汇总列入表 3-2。

表 3-2   乙苯脱氢反应器物料衡算数据

组分	输　入		输　出	
	摩尔流量/(kmol/h)	质量流量/(kg/h)	摩尔流量/(kmol/h)	质量流量/(kg/h)
$C_6H_5C_2H_5$	30.046	3185	16.705	1770.89
$C_6H_5CH_3$	0.705	65	1.375	126.49
H_2O	265.418	4777.5	265.418	4777.5
$C_6H_5C_2H_3$	—	—	12.019	1249.95
C_6H_6	—	—	0.004	31.20
C_2H_4	—	—	0.004	11.18
CH_4	—	—	0.936	14.98
C	—	—	1.869	22.43
H_2	—	—	12.152	24.31
合计	296.169	8027.5	310.482	8028.93

注：表中输入总质量和输出总质量结果不一致为计算误差，因为换算系数采取了近似值及在计算过程中皆采用一些近似值。

三、原子平衡法

石油化学工业在裂解、燃烧、聚合和制氢过程中化学反应复杂，生成物组分多，无法列出过程中所有的化学反应方程式，即无法采用直接推算法进行物料衡算。

虽然反应前后物质的量（mol）往往不相同，但其进出反应器的原子总数以及各种元素的原子种类和数目总保持守恒。据此，我们利用反应前后原子的种类和数目保持不变的原理，列出原子平衡方程式，对反应过程进行物料衡算。

【例 3-2】 将碳酸钠溶液加入石灰进行苛化，已知碳酸钠溶液组成（质量分数）为 $NaOH\ 0.59\%$，$Na_2CO_3\ 14.88\%$，$H_2O\ 84.53\%$，反应后的苛化液含 $CaCO_3\ 13.48\%$，$Ca(OH)_2\ 0.28\%$，$Na_2CO_3\ 0.61\%$，$NaOH\ 10.36\%$，$H_2O\ 75.27\%$。计算：（1）每 100kg 苛化液需加石灰的质量及石灰的组成；（2）每 100kg 苛化液需用碳酸钠溶液的质量。

解 （1）设碳酸钠溶液的质量为 F（kg），石灰的质量为 W（kg）。

石灰中 $CaCO_3$、$CaCO_3$ 及 $Ca(OH)_2$ 的质量分别设为 x、y 和 z，则石灰中各物质的组成表示为：x/W，y/W，z/W

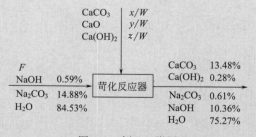

图 3-2   例 3-2 附图

基准：100kg 苛化液。画出物料流程示意图 3-2。表 3-3 中列出了各种物料的质量和物质的量计算结果。

表 3-3　各种物料质量和物质的量计算结果

Na₂CO₃ 溶液中				苛化钠溶液中			
物料	摩尔质量 /(g/mol)	质量 /kg	物质的量 /kmol	物料	摩尔质量 /(g/mol)	质量 /kg	物质的量 /kmol
NaOH	40	0.59% F	0.000148F	NaOH	40	10.36	0.2590
Na₂CO₃	106	14.88% F	0.001404 F	Na₂CO₃	106	0.61	0.00575
H₂O	18	84.53% F	0.04696F	H₂O	18	75.27	4.18
				Ca(OH)₂	74	0.28	0.00377
				CaCO₃	100	13.48	0.1347

（2）列出元素平衡式

Na 平衡：

$$0.000148F + 0.001404F \times 2 = (0.00575 \times 2 + 0.2590) \text{kmol} \tag{1}$$

C 平衡：

$$0.001404F + \frac{x}{100\text{g/mol}} = (0.1348 + 0.00575)\text{kmol} \tag{2}$$

Ca 平衡：

$$\frac{x}{100\text{g/mol}} + \frac{y}{56\text{g/mol}} + \frac{z}{74\text{g/mol}} = (0.1348 + 0.00378)\text{kmol} \tag{3}$$

总物料平衡：
$$F + W = 100\text{kg/mol} \tag{4}$$

石灰总量等于各物质质量之和　　$$W = x + y + z \tag{5}$$

由式（1）解得 $F = 91.51\text{kg}$

将数据代入式（4）解得 $W = (100 - 91.51) = 8.49\text{kg}$

数据代入式（2）得 $x = 1.197\text{kg}$

将数据代入式（3）、式（5）后得到

$$\frac{y}{56\text{g/mol}} + \frac{z}{74\text{g/mol}} = 0.1265\text{kmol} \tag{6}$$

$$y + z = 7.293\text{kg} \tag{7}$$

联立求式（6）、式（7）得：$y = 6.435\text{kg}$　$z = 0.858\text{kg}$

计算结果汇总列入表 3-4。

表 3-4　计算结果汇总

组分	输　入		输　出	
	物质的量/kmol	质量/kg	物质的量/kmol	质量/kg
NaOH	0.0135	0.54	0.2590	10.35
Na₂CO₃	0.1285	13.62	0.00575	0.61
H₂O	4.2973	77.35	4.182	75.27
CaCO₃	0.012	1.2	0.137	13.48
CaO	0.015	6.44	—	—
Ca(OH)₂	0.0116	0.86	0.00377	0.28
合计	296.169	100	4.5875	100

所以，每 100kg 苛化液需加入石灰 8.49kg 到 91.51kg 碳酸钠溶液中，石灰组成见表 3-4；每 100kg 苛化液需原碱液 91.51kg。

四、平衡常数法

化学反应中，各种初始物料的化学反应（正反应）总伴随有各种反应产物的化学反应（逆反应）。最终，当正反应与逆反应的反应速率相等时，即达到化学平衡，在定温、定压、且反应物的浓度不变时，平衡将保持稳定。

对反应 $$aA + bB \Longleftrightarrow cC + dD$$

平衡时，其平衡常数为：

$$K = \frac{[C]^c[D]^d}{[A]^a[B]^b} \tag{3-1}$$

式中，K 为化学反应的平衡常数，其也可以表示为 K_0（浓度以 $mol \cdot L^{-1}$ 表示），K_p（浓度以分压 p 表示），K_n（浓度以摩尔分数表示）。

【例 3-3】 试计算合成甲醇过程中反应混合物的平衡组成。设原料气中 H_2 与 CO 摩尔比为 4.5：1.0，惰性组分（I）含量为 13.8%，压力为 30MPa，温度为 365℃，平衡常数 $K_p = 2.505 \times 10^{-3} MPa^{-2}$。

解 写出化学反应平衡方程式：$CO + 2H_2 \Longrightarrow CH_3OH$

设进料为 1mol，其组成为：I = 0.138mol；$H_2 = (1 - 0.138)4.5/5.5 = 0.7053mol$；$CO = (1 - 0.138)/5.5 = 0.1567mol$。

基准：1mol 原料气

设转化率为 x，则出口气体组成为：

CO: $\quad 0.1567(1 - x)$；

H_2: $\quad 0.7053 - 2 \times 0.1567x$；

CH_3OH: $\quad 0.1567x$；

I: $\quad 0.138$；

$\sum \quad 1 - 0.3134x$

计算出口气体各组分的分压：

$$p(CH_3OH) = \frac{0.1567x}{1 - 0.3134x} \times 30$$

$$p(CO) = \frac{0.1567(1 - x)}{1 - 0.3134x} \times 30$$

$$p(H_2) = \frac{0.7053 - 2 \times 0.1567x}{1 - 0.3134x} \times 30$$

将以上代入平衡常数分压表达式：

$$K_p = \frac{p(CH_3OH)}{p(CO)p^2(H_2)} = \frac{\left[\frac{0.1567x}{1 - 0.3134x} \times 30\right]}{\left[\frac{0.1567(1-x)}{1 - 0.3134x} \times 30\right]\left[\frac{0.7053 - 2 \times 0.1567x}{1 - 0.3134x} \times 30\right]^2} = 2.505 \times 10^{-3}$$

解得 $x = 0.4876$，代入出口气体各组分表达式中，则有

CO：0.0803mol，H_2：0.5525mol，CH_3OH：0.0764mol，I：0.138mol；

平衡时出口气体中各组成的摩尔分数为：

CO：0.0948，H_2：0.6521，CH_3OH：0.0902，I：0.1629；

五、带有循环、放空及旁路的物料平衡

在反应过程中，由于反应物的转化率低于 100%，为了充分利用原料，降低原料消耗，

工业生产中一般将未反应的原料与产品先进行分离，然后返回到原料进口处，与新鲜原料一起再进入反应器反应，称之为循环。在生产中，物料不经过某些单元而直接分流至后续工序中，称之为旁路。如果有循环物流，由于循环返回的流量尚未计算，因此循环量并不知道。所以，在循环流量未知的情况下，一般可采用以下两种解法。

（1）试差法 估计循环流量，继续计算至循环回流的节点。将估计值与计算值进行比较，再重新假定一个估计值，再计算，直至估计值与计算值之差在一定误差范围内。

（2）代数解法 循环存在时，列出物料平衡方程式，并求解。一般方程式中以循环流量作为未知数，应用联立方程的方法进行求解。此方法对于简单过程比较适用，对于复杂过程需借助计算机求解。

【例 3-4】 苯乙烯制取过程如图 3-3 所示，先由乙烯与苯反应生成乙苯 $C_2H_4 + C_6H_6 \longrightarrow C_6H_5C_2H_5$，然后将乙苯脱氢制得苯乙烯 $C_6H_5C_2H_5 \longrightarrow C_6H_5C_2H_3 + H_2$。

乙苯反应是在 560K、600kPa，在催化剂作用下，乙烯与苯的摩尔比为 1:5 进行气相合成。副反应生成的多乙基苯在乙苯精馏塔中分离出来。乙烯的转化率为 100%。

乙苯脱氢反应在 850K，乙苯的单程转化率为 60%，苯乙烯的选择性为 90%。

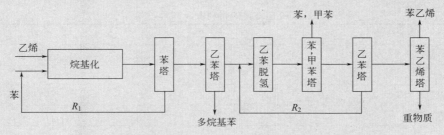

图 3-3 例 3-4 附图

反应中，副反应生成的物质与苯乙烯质量之比：苯与甲苯为 7%，胶状物质为 2%，废气为 7%。乙苯脱氢反应为吸热反应，为提供反应过程中的反应热，同时抑制副反应，在反应中直接加入过热蒸汽。反应后，未反应的乙苯经分离后循环返回乙苯脱氢装置。假定进料的乙烯量为 100kmol，试计算：（1）从苯塔回收循环至烷基化反应器的苯量（kmol）；（2）从乙苯塔回收循环至乙苯脱氢装置的乙苯量（kmol）；（3）乙苯塔塔顶和塔底的馏出量（kg）；（4）年产 50000t 苯乙烯，乙苯脱氢装置的物料衡算。

解 基准：100kmol 乙烯

（1）烷基化反应，乙烯转化率为 100% 时，进料 100kmol 乙烯，同时必须进料 100kmol 苯；设苯的循环量为 R_1，则有

$$\frac{\text{乙烯}}{\text{苯}} = \frac{100}{100 + R_1} = \frac{1}{5}$$

$$R_1 = 400\text{kmol}$$

（2）烷基化反应生成乙苯 100kmol，但是乙苯脱氢装置进料 100kmol 乙苯时，其乙苯的转化率为 60%，假定乙苯塔循环返回的乙苯纯度为 100%。

设乙苯的循环量为 R_2，则有

$$(100 + R_2) \times 0.6 = 100$$

$$R_2 = 66.67\text{kmol}$$

（3）生成苯乙烯（S）

$$S = (100 + 66.67) \times 0.6 \times 0.9 = 90\text{kmol} = 9378\text{kg}$$

苯和甲苯量：9378×0.07＝656.5kg

废气量：9378×0.07＝656.5kg

胶状物质量：9378×0.02＝187.6kg

未反应的乙苯量：(100＋66.67)×(1－0.6)＝66.67kmol＝7080.4kg

馏出液（乙苯）量：7080.4kg

釜底液（苯乙烯＋胶状物质）量：9378.0＋187.6＝9565.6kg

（4）进料乙苯：50000×100×106.2/9378.0＝56621t

　　　　　未反应的乙苯＝循环乙苯，50000×(7080.4/9378.0)＝37750t

苯和甲苯：50000×(656.5/9378.0)＝3500t

废气：3500t

胶状物质：50000×(187.6/9378.0)＝1000t

供给反应器的过热水蒸气量：

$$50000＋37750＋3500＋3500＋1000－56621－37750＝1379t$$

计算结果列于表3-5中。

表 3-5　乙苯脱氢装置的物料衡算（苯乙烯 50000t）

输	入	输	出
原料	量/t	生成物	量/t
乙苯	56621	苯乙烯	50000
循环乙苯	37750	未反应乙苯	37750
过热水蒸气	1379	苯,甲苯	3500
		废气	3500
		胶状物质	1000
Σ	95750	Σ	95750

在带有循环物流的工艺过程中，有些惰性组分或某些杂质由于没有分离掉，在循环中积累起来，因而在循环气中惰性组分的量越来越大，影响正常的生产操作。就需要将一部分循环气排放出去，这种排放称为放空过程。

【例 3-5】　由氢和氮生产合成氨时，原料气中总含有一定量的惰性气体，如氩和甲烷。为了防止循环氢、氮气中惰性气体的积累，因而需设置放空装置，如图3-4所示。

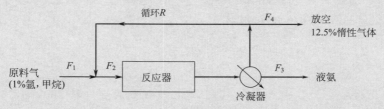

图 3-4　例 3-5 附图

假定原料气的组成（摩尔分数）为：N_2 24.75%，H_2 74.25%，惰性气体 1.00%。N_2 的单程转化率为25%；循环物流中惰性气体为 12.5%，NH_3 3.75%（摩尔分数）。

试计算：（1）N_2 的总转化率；（2）放空气与原料气的摩尔比；（3）循环物流量与原料气的摩尔比。

解 基准：100mol 原料气

循环物流组成：I 摩尔分数 = 0.125，NH_3 摩尔分数 = 0.0375，N_2 摩尔分数 = (1 − 0.125 − 0.0375)/4 = 0.2094，H_2 摩尔分数 = 0.2094 × 3 = 0.6281。

列方程：100 × 0.01 = 0.125F_4，解得 F_4 = 8mol

N_2 组分衡算

$$(0.2475F_1 + 0.2094R)(1 − 0.25) = (R + F_4) × 0.2094$$

将 F_1 = 100mol，F_4 = 8mol 代入上式，得

$$(0.2475 × 100 + 0.2094R) × 0.75 = (R + 8) × 0.2094$$

解得 R = 322.58mol

N_2 的总转化率为：

$$(100 × 0.2475 + 322.58 × 0.2094)/100 = 0.923 = 92.3\%$$

放空气与原料气的摩尔比 8/100 = 0.08

循环物流量与原料气的摩尔比 322.58/100 = 3.23

六、联系组分法

联系物是指系统中的特定组分，如生产过程中不参加反应的惰性物质，由于它的数量在反应过程的进出料中不发生变化，因而可以利用它与其他物料在组成中的比例关系来计算其他物料的量。如果过程中有多个惰性物质，可利用其总量作为联系组分。联系组分的数量较大时，计量误差就小。

应用联系物作衡算时，可以简化物料衡算。

【**例 3-6**】 试计算年产 15000 吨福尔马林（甲醛溶液）所需的工业甲醇原料消耗量，并求甲醇转化率和甲醛收率。已知条件：① 氧化剂为空气，用银催化剂固定床气相氧化；② 过程损失为甲醛总量的 2%（质量分数），年开工 8000 小时；③ 有关数据：工业甲醇组成（质量分数）：CH_3OH 98%，H_2O 2%；反应尾气组成（体积分数）：CH_4 0.8%，O_2 0.5%，N_2 73.7%，CO_2 4.0%，H_2 21%；福尔马林组成（质量分数）：HCHO 36.22%，CH_3OH 7.9%，H_2O 55.82%。

解 流程如图 3-5，物料衡算范围包括反应器和吸收塔。

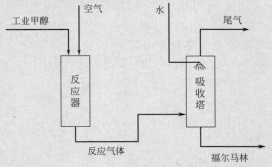

图 3-5 例 3-6 附图

主、副反应如下：

主反应

$$CH_3OH + 1/2O_2 \longrightarrow HCHO + H_2O \qquad (1)$$

$$CH_3OH \longrightarrow HCHO + H_2 \qquad (2)$$

副反应 $$CH_3OH + 3/2O_2 \longrightarrow CO_2 + 2H_2O \tag{3}$$

$$CH_3OH + H_2 \longrightarrow CH_4 + 2H_2O \tag{4}$$

主、副反应的比例未知，但尾气中所含的 CH_4 和 CO_2 可以认为是由副反应生成，H_2 是反应式（2）及式（4）的结果，由此推算主、副反应的比例。

（1）反应消耗氧量 取尾气（标准状态）$100m^3$ 为计算基准，氮作为联系物，尾气中氮气量（标准状态）为 $73.7m^3$，则进料空气量（标准状态）：$V_{空气}^{\ominus} = \dfrac{73.7}{0.79} = 93.3m^3$

其中氧量： $V^{\ominus}(O_2) = 93.3 - 73.7 = 19.6m^3$

换算为物质的量（mol） $n(O_2) = \dfrac{19.6 \times 10^3}{22.4} = 875mol$

$$n(N_2) = \dfrac{73.7 \times 10^3}{22.4} = 3290mol$$

$$n_{空气} = 875 + 3290 = 4165mol$$

反应耗氧量为：$875 - \dfrac{0.5 \times 10^3}{22.4} = 852.7mol$

（2）甲醇消耗量

反应（3）消耗甲醇量为： $\dfrac{4 \times 10^3}{22.4} = 178.6mol$

反应（4）消耗甲醇量为： $\dfrac{0.8 \times 10^3}{22.4} = 35.7mol$

反应（2）生成的氢部分消耗于反应（4），现尾气中 H_2 量为 21%，H_2 物质的量（mol）为：$\dfrac{21 \times 10^3}{22.4} = 973.2mol$。

则反应（2）消耗甲醇量为：$973.5 + 35.7 = 1009.2mol$

从氧消耗量计算反应（1）的甲醇消耗量。

因反应（3）消耗氧量为 $178.6 \times 1.5 = 267.9mol$，反应（1）消耗氧量为 $852.7 - 267.9 = 584.8mol$，则反应（1）消耗甲醇量为 $\dfrac{584.8}{0.5} = 1169.6mol$

每生成 $100m^3$ 尾气（标准状态）时消耗甲醇量为：$178.6 + 35.7 + 1009.2 + 1169.6 = 2393.1mol$ $2393.1mol \times 32 = 76.6kg$

（3）甲醇总消耗量

每消耗 $2393.1mol$ 甲醇生成甲醛的量为：

$$1169.6 + 1009.2 = 2178.8mol, \quad 2178.8 \times 30 = 65.36kg$$

甲醛机械损失为 2%，得 $65.36 \times 0.98 = 64.1kg$

工业福尔马林量为：$\dfrac{64.1}{0.3622} = 177kg$

其中含未反应的甲醇量为：$177 \times 7.9\% = 13.98kg$

每生成 $177kg$ 福尔马林需消耗工业甲醇为：$\dfrac{76.6 + 13.98}{0.98} = 92kg$

由此得，甲醇转化率为 $\dfrac{76.6}{76.6 + 13.98} \times 100\% = 91.4\%$

甲醛的质量收率为 $\dfrac{64.1}{76.6 + 13.98} \times 100\% = 91.3\%$

（4）工业甲醇年消耗量

每小时福尔马林产量 $\dfrac{15000}{8000}=1.875\text{t/h}$

考虑到设计裕量，设福尔马林产量为 2t/h，则

消耗工业甲醇量为 $\dfrac{2000}{177}\times92=1039\text{kg/h}=8312\text{t/a}$

所需空气（标准状态）量为 $\dfrac{2000}{177}\times93.3=1054\text{m}^3/\text{h}$

（5）用水量计算

工业福尔马林含水量 $177\times0.558=98.8\text{kg}$

工业甲醇含水量 $92\times0.02=1.84\text{kg}$

由反应生成的水为：

按反应（1）　生成水 1169.6mol

按反应（3）　生成水 $178.6\times2=357\text{mol}$

按反应（4）　生成水 35.7mol

共计生成水 $1169.6+357+35.7=1562.1\text{mol}=\dfrac{1562.1\times18}{1000}=28.1\text{kg}$

因此，为制取 177kg 福尔马林须补充水 $98.8-1.84-28.1=68.86\text{kg}$

按福尔马林产量为 2t/h 计算，须补充水量为 $2000/177\times68.86=778\text{kg/h}$

注意：在吸收塔操作条件下，尾气要带走一部分水蒸气，在决定吸收塔进水量时，应把这部分水蒸气考虑进去。

通过计算得出物料衡算结果，并示于物料平衡流程图 3-6 中。

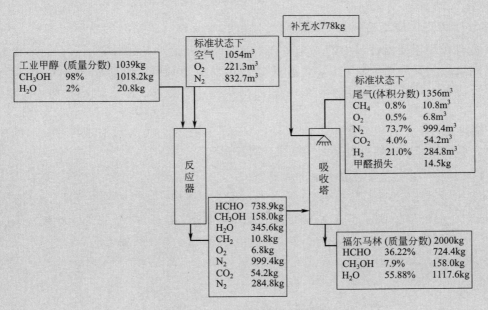

图 3-6　例 3-6 物料平衡流程图

所需的原料工业甲醇原料消耗量为 1039kg/h。

甲醇的转化率为 91.4%；甲醛的质量收率为 91.3%。

第三节 反应过程的能量衡算

能量衡算是化工设计中极其重要的设计计算，通过能量衡算可以确定过程中供给或移走的热量，为换热器的设计提供依据。另外，通过能量衡算可了解设备的传热效率和热损失情况，进而采取节能措施，合理有效地利用能量。

一、反应过程能量衡算方程

根据热力学第一定律，能量衡算方程式的一般形式可写为

$$\Delta E = Q + W \tag{3-2}$$

$$\Delta E = \Delta E_k + \Delta E_p + \Delta U \tag{3-3}$$

式中，ΔE 为体系总能量的变化；Q 为体系从环境中吸收的能量；W 为环境对体系所做的功。

（一）以标准反应热为基础进行衡算

对于简单反应过程，假定位能与动能忽略不计，系统不做功，即不考虑能量的转换而只考虑热量变化时，则反应过程的能量衡算就是计算反应过程的焓变。此时计算反应过程的焓变的方程式为：

$$\Delta H = \Delta H_1 + \sum \Delta H_{r,298K}^{\ominus} + \Delta H_2 \tag{3-4}$$

$$\Delta H_1 = \int_{T_1}^{298} \sum_{i=1}^{n} n_i C_{pi} \, \mathrm{d}T + \sum_{i=1}^{n} n_i \Delta H_i \tag{3-5}$$

$$\Delta H_2 = \int_{298}^{T_2} \sum_{i=1}^{m} n_i' C_{pi}' \, \mathrm{d}T + \sum_{i=1}^{m} n_i' \Delta H_i' \tag{3-6}$$

式中，ΔH_1 为进反应器物料在等压变温过程中的焓变和有相变时的焓变之和；ΔH_2 为出反应器物料在等压变温过程中的焓变和有相变时的焓变之和；$\sum \Delta H_{r,298K}^{\ominus}$ 为标准状态下所有主、副反应的反应热的总和；n_i、n_i' 为进、出反应器物料 i 的量，kmol/h；C_{pi}、C_{pi}' 为进、出反应器物料 i 的等压热容，kJ/mol；ΔH_i、$\Delta H_i'$ 为进、出反应器物料 i 的相变热，kJ/mol。

在标准条件下，纯组分在压力为 0.1013MPa、温度为 25℃，反应进行时放出的热量为标准反应热。标准反应热可以查阅文献或计算获得。

【例 3-7】 氨氧化反应器的能量衡算

氨氧化反应：$4NH_3(气) + 5O_2(气) \longrightarrow 4NO(气) + 6H_2O(气)$

此反应在 25℃、101.3kPa 的反应热 $\Delta H_r^{\ominus} = -904.6$kJ。现有 25℃、氨气 100mol/h 和氧气 200mol/h 连续进入反应器，氨在反应器内全部反应，产物在 300℃ 呈气态离开反应器。操作压力为 101.3kPa，计算反应器应输入或输出的热量。

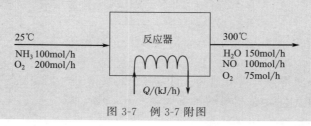

图 3-7 例 3-7 附图

解　由已知条件和物料衡算得到的各组分的摩尔流量示于图 3-7 中。

计算焓时的基准态：25℃，101.3kPa，NH_3（气），O_2（气），NO（气），H_2O（气）。因此，进口两股物料的焓均为零。

计算出口物料的焓：

由手册查得 300℃时 O_2 与 H_2O 的 $\overline{C}_p$ 值：

$$\overline{C}_p(O_2)=30.80\ \text{J/(mol · ℃)}$$

$$\overline{C}_p(H_2O)=34.80\text{J/(mol · ℃)}$$

$$C_p(NO)=29.50+0.8188\times10^{-2}T-0.2925\times10^{-5}T^2+0.3652\times10^{-9}T^3$$

$$\Delta H(O_2)=n\overline{C}_p(300-25)=75\times30.80\times275=635.25\text{kJ/h}$$

$$\Delta H(NO)=n\int_{25}^{300}C_p\text{d}T$$

$$=100\int_{25}^{300}(29.50+0.8188\times10^{-2}T-0.2925\times10^{-5}T^2+0.3652\times10^{-9}T^3)\text{d}T$$

$$=845.2\text{kJ/h}$$

$$\Delta H(H_2O,气)=n\overline{C}_p(300-25)=150\times34.80\times275=1435.5\text{kJ/h}$$

计算出的进、出口焓值见表 3-6。

表 3-6　氨氧化反应器的能量衡算

物料	$n_进$	$H_进$	$n_出$	$H_出$	物料	$n_进$	$H_进$	$n_出$	$H_出$
NH_3	100	0	—	—	NO	—		100	845.3
O_2	200	0	75	635.25	H_2O(气)			150	1435.5

注：n 的单位为 mol/h，H 的单位为 kJ/h。

已知氨的消耗量为 100mol/h，反应的标准反应热 $\Delta H_r^{\ominus}=-904.6$kJ/mol

反应放出的热量：

$$\frac{n_{AR}\Delta H_r^{\ominus}}{\mu_A}=\frac{100\times(-904.6)}{4}=-22615\text{kJ/h}$$

由此计算出反应过程的 ΔH 为

$$\Delta H=\Delta H_r^{\ominus}+\sum_{输出}n_iH_i-\sum_{输入}n_iH_i$$

$$=-22615+(635.25+845.3+1435.5)-0=-19700\text{kJ/h}$$

即为了维持产物温度为 300℃，每小时应从反应器移走 19700kJ 的热量。

（二）以组分的标准生成热为基础进行热量衡算

根据反应过程的能量衡算就是计算反应过程的焓变的结论，则反应过程的焓变也可以下列方程式表达：

$$Q=\Delta H=\sum(n_iH_i)_出-\sum(n_iH_i)_进 \tag{3-7}$$

进入反应器物料的热焓：

$$\sum(n_iH_i)_进=\sum_{i=1}^n n_i\Delta H_{f,298K}^{\ominus}+\int_{T_1}^{298K}n_iC_{pi}\text{d}T+\sum_{i=1}^n\Delta H_{i,298K} \tag{3-8}$$

出反应器物料的热焓：

$$\sum(n_iH_i)_出=\sum_{i=1}^n n_i\Delta H_{f,298K}^{\ominus}+\int_{298K}^{T_2}n_iC_{pi}\text{d}T+\sum_{i=1}^n\Delta H_{i,298K}' \tag{3-9}$$

式中，n_i 是组分 i 的摩尔流量，kmol/h；$\Delta H^{\ominus}_{f,298K}$ 是组分 i 的标准生成热，kJ/mol；C_{pi} 是组分 i 的等压热容，kJ/(mol·K)；$\Delta H_{i,298K}$ 是进料组分 i 在基准温度下从进料相态变为基准相态时的相变热，kJ/mol；$\Delta H'_{i,298K}$ 是出料组分 i 在基准温度下从基准相态变为出料相态时的相变热，kJ/mol。

【例 3-8】 甲烷在连续式反应器中以空气氧化生产甲醛，副反应是甲烷完全氧化生成 CO_2 和 H_2O。反应式如下：

$$CH_4(气) + O_2 \longrightarrow HCHO(气) + H_2O(气)$$
$$CH_4(气) + 2O_2 \longrightarrow CO_2 + 2H_2O(气)$$

以 100mol 进反应器的甲烷为基准，物料衡算结果如图 3-8 所示。

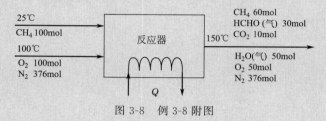

图 3-8 例 3-8 附图

假定反应在足够低的压力下进行，气体可以看作理想气体。甲烷于 25℃ 进反应器，空气于 100℃ 进反应器，如要保持出口产物为 150℃，需从反应器取走多少热量？

解 已知条件和物料衡算结果示于图 3-8 中。

以 101.3kPa、25℃ 时生成各个反应物和产物的各种单质（即 C、O_2、H_2）为基准，非反应物质 N_2 也取 101.3kPa 及 25℃ 为基准（25℃ 是气体平均摩尔热容的参考温度）。

现将各个焓值计算如下。

(1) 进料焓值 $\sum (n_i H_i)_{进}$

O_2(100℃)：由手册查得 $\overline{C}_p(O_2, 100℃) = 29.8 J/(K·mol)$

$$H(O_2, 100℃) = \overline{C}_p(O_2, 100℃)(100-25) = 2235 J/mol = 2.235 kJ/mol$$

$$\Delta H(O_2) = n(O_2)H(O_2) = 0 + n(O_2)\overline{C}_p(O_2)(100-25) + 0 = 100 \times 2.235 = 223.5 kJ/mol$$

N_2(100℃)：由手册查得 $\overline{C}_p(N_2, 100℃) = 29.16 J/(K·mol)$

$$H(N_2, 100℃) = \overline{C}_p(N_2, 100℃)(100-25) = 2.187 kJ/mol$$

$$\Delta H(N_2) = n(N_2)H(N_2) = 0 + n(N_2)\overline{C}_p(N_2)(100-25) + 0 = 376 \times 2.187 = 822.3 kJ/mol$$

CH_4(25℃)：CH_4 由元素在 25℃ 组成，查手册生成热 $\Delta H^{\ominus}_f(CH_4) = -74.85 J/mol$，因此 $H(CH_4, 25℃) = \Delta H^{\ominus}_f(CH_4) = -74.85 J/mol$

$$\Delta H(CH_4) = n(CH_4)H(CH_4) = n(CH_4)\Delta H^{\ominus}_f(CH_4) = 100 \times (-74.85) = -7485 kJ/mol$$

$$\sum (n_i H_i)_{进} = 223.5 + 822.3 - 7485 = -6439.2 kJ$$

(2) 出料热焓 $\sum (n_i H_i)_{出}$

O_2(150℃)：由手册查得 $\overline{C}_p(O_2, 150℃) = 30.06 J/(K·mol)$

$$H(O_2, 150℃) = \overline{C}_p(O_2, 150℃)(100-25) = 3.758 kJ/mol$$

$$\Delta H(O_2) = n(O_2)H(O_2) = 50 \times 3.758 = 187.9 kJ/mol$$

N_2(150℃)：由手册查得 $\overline{C}_p(N_2, 150℃) = 29.24 J/(K·mol)$

$$H(N_2, 150℃) = \overline{C}_p(N_2, 150℃)(100-25) = 3.655 kJ/mol$$

$$\Delta H(N_2) = n(N_2)H(N_2) = 376 \times 3.655 = 1374.3 \text{kJ/mol}$$

$CH_4(150℃)$：由手册查得 $\overline{C}_p(CH_4, 150℃) = 39.2 \text{J/(K·mol)}$

$$H(CH_4, 150℃) = \Delta H_f^{\ominus}(CH_4) + \int_{25}^{150} C_p(CH_4)dT = -74.85 + 4.90 = -69.95 \text{kJ/mol}$$

$$\Delta H(CH_4) = n(CH_4)H(CH_4)$$

$$= n(CH_4)\Delta H_f^{\ominus}(CH_4) + n(CH_4)\int_{25}^{150} C_p(CH_4)dT$$

$$= 60 \times (-69.95) = -4197 \text{kJ/mol}$$

$HCHO$（气，$150℃$）查手册生成热 $\Delta H_f^{\ominus}(HCHO) = -115.9 \text{J/mol}$

$$\overline{C}_p(HCHO, 150℃) = 9.12 \text{J/(K·mol)}$$

$$H(HCHO, 150℃) = \Delta H_f^{\ominus}(HCHO, 气) + \int_{25}^{150} \overline{C}_p(HCHO)dT$$

$$= -115.9 + 1.14 = -114.76 \text{kJ/mol}$$

$$\Delta H(HCHO) = n(HCHO)H(HCHO)$$

$$= n(HCHO)\Delta H_f^{\ominus}(HCHO) + n(HCHO)\int_{25}^{150} \overline{C}_p(HCHO)dT$$

$$= 30 \times -114.76 = -3442.8 \text{kJ/mol}$$

$CO_2(150℃)$ 查手册生成热 $\Delta H_f^{\ominus}(CO_2) = -393.5 \text{J/mol}$

$$\overline{C}_p(CO_2, 150℃) = 39.52 \text{J/(K·mol)}$$

$$H(CO_2, 150℃) = \Delta H_f^{\ominus}(CO_2, 气) + \int_{25}^{150} \overline{C}_p(CO_2)dT = -393.5 + 4.94 = -388.4 \text{kJ/mol}$$

$$\Delta H(CO_2) = n(CO_2)H(CO_2)$$

$$= n(CO_2)\Delta H_f^{\ominus}(CO_2) + n(CO_2)\int_{25}^{150} \overline{C}_p(CO_2)dT$$

$$= 10 \times -388.4 = -3884 \text{kJ/mol}$$

H_2O（$150℃$，气）：查手册生成热 $\Delta H_f^{\ominus}(H_2O) = -241.83 \text{J/mol}$

$$\overline{C}_p(H_2O, 150℃) = 34.0 \text{J/(K·mol)}$$

$$H(H_2O, 150℃) = \Delta H_f^{\ominus}(H_2O, 气) + \int_{25}^{150} \overline{C}_p(H_2O)dT$$

$$= -241.83 + 4.27 = -237.56 \text{kJ/mol}$$

$$\Delta H(H_2O) = n(CO_2)H(CO_2)$$

$$= n(CO_2)\Delta H_f^{\ominus}(H_2O, 气) + n(CO_2)\int_{25}^{150} \overline{C}_p(H_2O)dT$$

$$= 50 \times -237.56 = -11880 \text{kJ/mol}$$

$$\sum(n_iH_i)_{出} = 187.9 + 1374.3 - 4197 - 3442.8 - 3884 - 11880 = -21840.8 \text{kJ/mol}$$

以上计算进出口焓结果见表 3-7。

表 3-7　甲烷反应器的进、出能量衡算

物料	$n_{进}$	$H_{进}$	$n_{出}$	$H_{出}$	物料	$n_{进}$	$H_{进}$	$n_{出}$	$H_{出}$
CH_4	100	−74.85	60	−69.95	HCHO	—	—	30	−114.74
O_2	100	2.235	50	3.785	CO_2	—	—	10	−388.4
N_2	376	2.187	376	3.655	H_2O	—	—	50	−237.56

注：1. n 的单位为 mol/h，H 的单位为 kJ/h；2. 物料参考态：C，N_2，O_2，H_2，$25℃$，气态。

$$Q = \Delta H = \sum(n_i H_i)_{\text{出}} - \sum(n_i H_i)_{\text{进}} = -21840.8 - (-6439.2) \approx -15401\text{kJ/mol}$$

总能量衡算结果列表 3-8。

表 3-8　甲烷反应器总能量衡算

物质	$\Delta H_f^{\ominus}$	输入 CH_4 25℃；N_2、O_2 100℃					输出（皆为 150℃）				
		n /mol	$n\Delta H_f^{\ominus}$ /kJ	$\overline{C}_p$ /[kJ/ (mol·℃)]	$n\overline{C}_p$ /(kJ/℃)	$n\overline{C}_p\Delta T$ /kJ	n /mol	$n\Delta H_f^{\ominus}$ /kJ	$\overline{C}_p$ /[kJ/ (mol·℃)]	$n\overline{C}_p$ /(kJ/℃)	$n\overline{C}_p\Delta T$ /kJ
CH_4	−74.85	100	−7485	—	—	—	60	−4491	—	—	(294)
O_2	—	100	—	0.0298	2.980	223.5	50	—	0.03006	15.03	187.9
N_2	—	376	—	0.02916	10.964	822.3	376	—	0.02924	10.994	1374
$HCHO$	−115.90						30	−3477			(34.2)
CO_2	−393.5						10	−3935	0.03952	0.395	49.4
H_2O	−241.83						50	−12091.5	0.0340	1.700	212.5
总输入 = −7485+223.5+822.3=6439.2kJ							总输出 = −(4491+3477+3935+12091.5)+ (294+187.9+1374+34.2+49.4+212.5) = −21842.5kJ				
总焓变 = Q = −21842.5−(−6439.2) = −15401kJ											

二、等温反应过程的热量衡算

在等温过程中，物料在反应器内的温度不随时间和空间的改变而发生变化。生产中为使化学反应达到尽可能高的转化率，许多反应过程是在等温或接近等温的条件下进行的。

对于等温反应器，$T_{\text{进}} = T_{\text{出}} = T_E$，若忽略动能、势能的变化，则普遍能量平衡式可写成：

$$Q = \Delta H_{\text{输入}} - \Delta H_{\text{输出}} \tag{3-10}$$

如果反应器内的化学反应是放热反应，为保持反应器体系的温度恒定，必须设法使体系移出部分热量，则 Q 值为负；如果进行的化学反应是吸热反应，则 Q 值为正。可见，等温反应器总是与外界存在着热量交换。对等温反应器作能量衡算的目的是为了确定必须供给或排出反应器的热量。

【例 3-9】　某连续等温反应器在 400℃进行下列反应：

$$CO(\text{气}) + H_2O \longrightarrow CO_2(\text{气}) + H_2(\text{气})$$

假定原料在温度为 400℃时按照化学计量比送入反应器。要求 CO 的转化率为 90%，试计算反应器内的温度稳定在 400℃时所需传递的热量。

物料衡算结果见图 3-9。

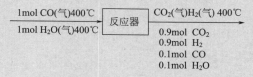

图 3-9　例 3-9 附图

解　已知进、出反应器的物料组成，不必作物料衡算。查得各物质的标准生成热：$\Delta H_f^{\ominus}(CO, \text{气}) = -110.54\text{kJ/mol}$；$\Delta H_f^{\ominus}(H_2O, \text{气}) = -241.85\text{kJ/mol}$；$\Delta H_f^{\ominus}(CO_2, \text{气}) = -393.13\text{kJ/mol}$；

计算物料进、出反应器的焓，并记入表 3-9。

$$CO(400℃,气):\Delta H(CO,气)=\int_{25}^{400}C_p dT=29.6\times(400-25)=11.06kJ/mol$$

$$H_2O(400℃,气):\Delta H(H_2O,气)=\int_{25}^{400}C_p dT=34.4\times(400-25)=12.9kJ/mol$$

$$CO_2(400℃,气):\Delta H(CO_2,气)=\int_{25}^{400}C_p dT=42.3\times(400-25)=15.86kJ/mol$$

$$H_2(400℃,气):\Delta H(H_2,气)=\int_{25}^{400}C_p dT=29.2\times(400-25)=10.94kJ/mol$$

表 3-9　例 3-9 物料输入、输出衡算结果 $[CO(g)，CO_2(g)，H_2O(g)，H_2(g)\ 25℃]$

物质	$\Delta H_f^{\ominus}$ /(kJ·mol)	输入			输出		
		$n_进$ /mol	$n_进\Delta H_f^{\ominus}$ /kJ	$n_进\overline{C_p}\Delta T$ /kJ	$n_出$ /mol	$n_出\Delta H_f^{\ominus}$ /kJ	$n_出\overline{C_p}\Delta T$ /kJ
CO(g)	−110.54	1	−110.54	11.06	0.1	−11.054	1.106
H₂O(g)	−241.85	1	−241.85	12.9	0.1	−24.185	1.29
CO₂(g)	−393.13	—	—	—	0.9	−353.82	14.27
H₂(g)	0	—	—	—	0.9		9.85
Σ			−352.39	23.96		−389.1	26.52
Σ			−328.43			−362.58	

$$Q=\Delta H_{输入}-\Delta H_{输出}=-362.58-(-728.43)=-34.15kJ$$

该反应器内，每产生 1mol 的 CO_2 须从反应器输出 34.15kJ 的热量，才能使反应器保持等温条件。

如果在等温反应器内物料产生相变，进行能量衡算时，应把相变潜热考虑在内，如果进料温度不同于反应温度，则应以进料温度计算物料带入反应器的焓。

三、绝热反应过程的热量衡算

绝热反应过程中与外界完全没有热量交换，若忽略动能、势能的变化，则

$$Q=0，即\ \Delta H_{输入}=\Delta H_{输出} \tag{3-11}$$

绝热反应器进口物料输入的总焓等于出口物料带出的总焓。但由于进、出反应器的物料组成不相同，它们的温度也不相同，即 $T_出$ 可能大于或小于 $T_进$。如果绝热反应器内进行化学反应的总结果是放热的，即 $\Delta H<0$，则 $T_出>T_进$，反应产物被加热；若 $\Delta H>0$，则 $T_出<T_进$，反应产物被冷却。因此，对绝热反应过程的热量衡算主要是确定出口反应产物的温度或确定出口反应产物的组成。

【例 3-10】　一氧化氮在一连续的绝热反应器内被氧化成二氧化氮：

$2NO(气)+O_2(气)\longrightarrow 2NO_2(气)$，原料气中 NO 和 O_2 按化学计量数配比并在 700℃进入反应器。已知 $\overline{C_p}(NO)=37.7J/(mol·℃)$，$\overline{C_p}(NO_2)=75.7J/(mol·℃)$，$\overline{C_p}(O_2)=35.7J/(mol·℃)$。试计算反应器出口产物的温度。

解　物料衡算结果见图 3-10。

在反应器内只发生一个化学反应，但不知道反应热 $\Delta H_r^{\ominus}$，可通过标准生成热计算。

查得：$\Delta H_f^{\ominus}(NO)=90.37kJ/mol$，$\Delta H_f^{\ominus}(NO_2)=33.807kJ/mol$。

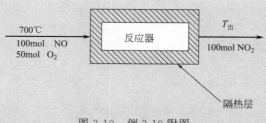

图 3-10   例 3-10 附图

由 $\Delta H_r^{\ominus} = \sum n(NO_2)\Delta H_f^{\ominus}(NO_2) - \sum n(NO)\Delta H_f^{\ominus}(NO) = 2 \times 33.80 - 2 \times 90.37 = -113.14kJ/mol$。

已知该化学反应的标准反应热，选择 25℃、101.3MPa 及气态为衡算基准，计算进出口物料的焓并列于表 3-10。

表 3-10   例 3-10 物料输入-输出计算结果 $[NO(g)，O_2(g)，NO_2(g)\ 25℃]$

物质	$n_{进}$/mol	$H_{进}$/(kJ/mol)	$n_{出}$/mol	$H_{出}$/(kJ/mol)
NO	100	25.45	—	—
O_2	50	24.13	—	—
NO_2	—	—	100	—

$NO(700℃，气)：H(NO，气) = \int_{25}^{700}\overline{C}_p(NO)dT = 0.0377 \times (700-25) = 25.45kJ/mol$

$O_2(700℃，气)：H(O_2，气) = \int_{25}^{700}\overline{C}_p(O_2)dT = 0.03575 \times (700-25) = 24.13kJ/mol$

化学反应在 25℃进行，所引起的焓变为：

$$\frac{n(NO)\Delta H_r^{\ominus}}{\mu(NO)} = \frac{-113.14}{2mol} \times 100mol = -5657kJ/mol$$

所以，进口物料焓： $\sum_{进}100 \times 25.45 + 50 \times 24.13 = 3750kJ/mol$

计算出口物料的焓：

$$H(NO_2，T_{出}) = 0.0757(T_{出}-25)kJ/mol$$

所以 $\sum_{出}100 \times 0.0757(T_{出}-25) = 7.57T_{出}-189.25$

计算得： $\Delta H = -5657 + 7.57T_{出} - 189.25 - 3750$

对于绝热反应器 $Q = \Delta H = 0$

所以 $-5657 + 7.57T_{出} - 189.25 - 3750 = 0$

解得： $T_{出} = 1268℃$

第四节   应用 Aspen Plus 进行化工过程的物料衡算及能量衡算

一、概述

Aspen Plus 是大型通用流程模拟软件，是生产装置设计、稳态模拟和优化的大型通用流程模拟工具，可用于化工、医药、石油化工等工程领域的工艺流程模拟、装置性能监控、优化等贯穿于整个工厂生命周期的过程行为。该软件源于美国能源部 20 世纪 70 年代后期在麻省理工学院（MIT）组织的会战，开发的新型第三代流程模拟软件，全称为 Advanced System for Process Engineering，简称 ASPEN，并于 1981 年底完成。1982 年为了将其商品化，成立了 AspenTech 公司。该软件经过 20 年来不断地改进、扩充和提高，已先后推出了多个版本，成为举世公认的标准大型流程模拟软件。全球各大化工、石化、炼油等过程工业制造企业及著名的工程公司都是 Aspen Plus 的用户。Aspen Plus 是工程套件的核心，可广泛地应用于新工艺开发、装置设计优化。此稳态模拟工具，具有一套完整的基于状态方程和活度系数方法的物性模型，包括 5000 多种纯组分的物性数据库，可以处理非理想、高极性的复杂物系；并独具联立方程法和序贯模块法相结合的解算方法，以及一系列拓展的单元模型库。其主要功能有：

  ➢ 进行工艺过程的严格质量和能量平衡计算；
  ➢ 预测出口物流的流率、组成和性质；
  ➢ 设计可行的操作条件和设备尺寸；
  ➢ 进行灵敏度分析及优化操作，帮助改进当前工艺；
  ➢ 减少装置的设计时间并进行各种装置设计方案的比较。

以 Aspen plus 严格机理模型为基础，还逐步发展起来针对不同用途、不同层次的 Aspen 工程套件（Aspen Engineering Suite）产品系列。包括项目费用估算（Aspen Icarus™ 等）、协同工程（包括 Aspen Zyqad™、Aspen WebModels™ 和 Aspen Enterprise Engineering™ 等）、物理性质和化学性质（包括 Aspen Properties™ 和 Polymers Plus 等）、概念工程（包括 DISTIL™、HX-Net 和 Aspen Water™ 等）、流程模拟与优化（包括 Aspen Plus、HYSYS、Aspen Dynamics、HYSYS Dynamics™、Aspen Custom Modeler、Aspen Plus Optimizer™、Aspen On-Line™、Batch Plus、Aspen Asset Builder™、HYSYS Upstream™、FLARENETA™、Aspen RefSYS™ 等）以及设备设计与校核（包括 Aspen HTFS 热交换设计）等，可全面满足包括化工行业的各种需求。

二、ASPEN PLUS 应用实例

以苯和丙烯为原料合成异丙基苯为例，用 ASPEN 进行简单的流程模拟，以大致了解 ASPEN 的应用。苯和丙烯的原料物流 FEED 进入反应器 REACOTER，反应后经冷凝器 COOL 冷凝，进入分离器 SEP。分离器顶部物流 RECYCLE 循环回反应器，底部为产品物流 PRODUCT。原料物流的温度 220F，压力 36psi，苯和丙烯的摩尔流率均为 40 lbmol/hr。反应器压降和热负荷均为 0，反应式为 $C_6H_6 + C_3H_6 \longrightarrow C_9H_{12}$。丙烯的转化率为 90%。冷凝器温度 130F，压降 0.1psi。分离器压力 1atm，热负荷 0。

1. 打开 ASPEN PLUS

（1）启动 ASPEN PLUS 软件　系统会提示你建立一个空白模拟（blank simulation）还是采用系统模板（template），建议选择系统模板。如果要打开一个已建好的模拟，选择模板 open an existing simulation（图 3-11）。

（2）选择单位制　默认是 English（英制单位），可以根据需要选择 Metric Units（米制单位）或其他单位。Run Type（运行类型）根据模拟的要求选择，这里采用默认的 Flowsheet（流程图）（图 3-12）。

（3）系统建立一个名为 Simulation 的模拟文件，如图 3-13 所示的模拟图形界面。

2. 流程设置

（1）画流程图前，首先进行设定。选择下拉菜单 Tool/Options。在出现的 Options 页面

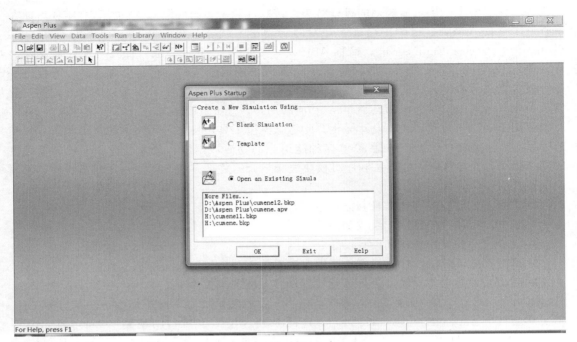

图 3-11　选择模板

中选择 Flowsheet 页，将 Automatically assign block name 和 Automatically stream block name 前面系统默认打的勾去掉。这样画流程图时系统不会自动分配名字（图 3-14）。

（2）选取不同的模块库，画出如下的流程图。模块库在界面下方，包括：混合器/分流器、塔、操作器、分离器、反应器、固体、换热器、压力变换器、用户模型。选择 REACTOR 模型 RSTOIC，该反应器为化学计量反应器，适用于动力学数据不知道（或不重要），但知道化学计量数据和反应程度的反应器。冷凝器选择模型 HEATER 普通换热器。Separator 选择 FLASH2（两股出料组分分离器）。

（3）设备选择好后，点击左下方的 material streams 按钮，就可以进行流股连接，此时各个单元模块会出现物料流进、流出线，点击连上后出现物流名称对话框，输入名称即可（图 3-15）。

3. 定义系统物料组成和热力学方法

输入各个模块（反应器、冷凝器、分离器）的数据。下拉菜单 Data 中有 Setup、Components、Properties、Streams、Blocks 等选项，通过它们可以系统作出指令，对组分、物性、物流、模块等输入原始数据。这些工作也可以通过数据浏览器工具栏来完成。

（1）Setup：首先设定全局特性，包括流量基准、大气压力、有效物态和游离水计算。这里因为是流程模拟，所以大部分都已默认，由于大部分化工过程不涉及到固体的模拟 stream class 也默认为 CONVEN（图 3-16）。

（2）Components：每个组分必须有唯一的 ID，组分可用英文名称或分子式的输入，可以利用弹出的对话框区别同分异构体。对应输入 C6H6 、C3H6-2 、C9H12-2 或是在 componentname 栏下对应输入 BENZENE、PROPYLENE、ISOPROPYLBENZENE（图 3-17）。

（3）Properties：选用物性计算方法和模型，包括过程类型 Process type 和基础方法 Base method。Aspen Plus 提供了丰富的物性计算方法与模型，我们必须根据物系特点和温

运行类型（Run type）	
Flowsheet	标准 ASPEN PLUS 流程运行包括灵敏度研究和优化. 流程运行可以包括物性估算、化验数据分析、和/或物性分析.
Assay Data Analysis	是一个独立 Assay Data Analysis（化验数据分析）和生成虚拟组分的运行. 当你不想在同一个运行中执行流程模拟时，用 Assay Data Analysis 来分析化验数据
Data Regression	一个独立运行的 Data Regression（数据回归） 用 Data Regression 把 ASPEN PLUS 要求的物性模型参数与已测量纯组分、VLE、LLE 和其它混合数据相拟合. Data Regression 可以含由物性估值和物性分析计算. ASPEN PLUS 在 Flowsheet 运行中不能执行数据回归
PROPERTIES PLUS	PROPERTIES PLUS 设置运行 用 PROPERTIES PLUS 制备一个物性包，以便用于 Aspen Custom Modeler（以前是 SPEEDUP）或 ADVENT、第三方商业工程程序、或你公司内部程序. 你用 PROPERTIES PLUS 必须经过许可
Property Analysis	一个独立运行的 Property Analysis（物性分析） 当你不想在同一个运行中执行流程模拟时，用 Property Analysis 生成一个物性表、PT 曲线、多相曲线图、和其它物性报告. Property Analysis 可以含有物性估值和化验数据分析计算.
Property Estimation	独立运行的 Property Constant Estimation（物性估计） 当你不想在同一个运行中执行流程模拟时，用 Property Estimation 估算物性参数.

图 3-12　选择单位制

度、压力条件适当选用. 可以利用 Tool 菜单下的 Property Method Selection Assistant 工具帮助缩小适用方法的范围. 每个工艺过程类型都有一个推荐的物性方法列表，可以参考 ASPEN 用户手册. 因为篇幅的关系，这里就不一一列出. 如果系统包含水和在水中会发生电离的电解质（Electrolytes），则需利用电解质向导（Elec Wizard）来帮助生成可能发生的各种电离反应和生成的各种电解质组分（图 3-18）.

（4）Streams：用于定义物流，本例只需定义 FEED（原料）物流，原料物流的温度 220F，压力 36psi，苯和乙烯的摩尔流率均为 40lbmol/hr，输入时注意单位即可（图 3-19）.

（5）Block 选项用于定义模块：所有单元操作模型都有必须输入的数据，本例需指定

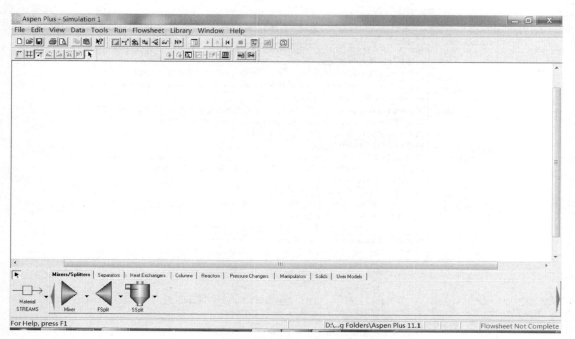

图 3-13 模拟图形界面

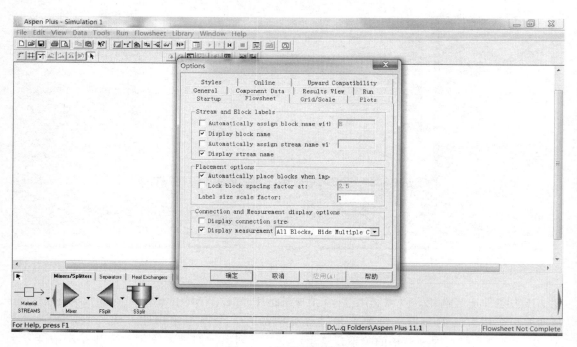

图 3-14 流程设置界面

COOL（冷凝器）、REACTOR（反应器）、SEP（分离器）三个模块，如图 3-20～图 3-25 所示。

COOL 模块　点击 Block 中 COOL 项，弹出如下对话框，依次填入对应的参数。Pressure 为负值表示为压降，冷凝器温度 130F，压降 0.1psi（图 3-20）。

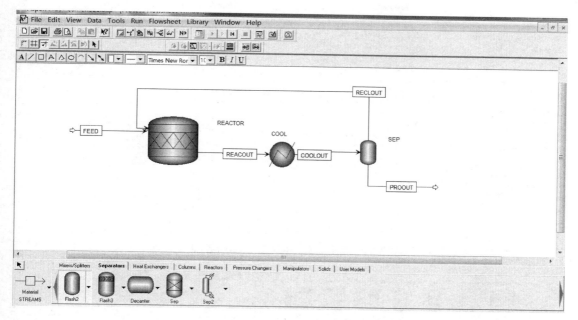

图 3-15　流程图

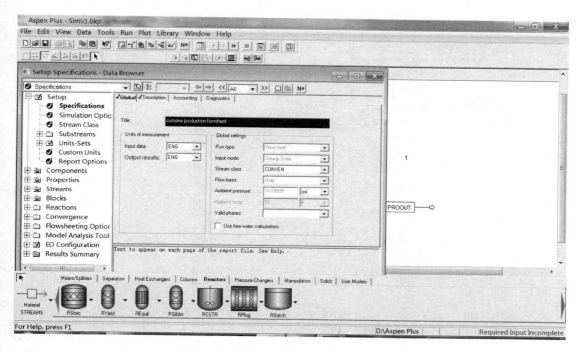

图 3-16　全局特性设定

模块 REACTOR 的定义包含 Specifications 和 Reactions 两部分。

图 3-21 是 Specifications 部分，对压力和温度作出定义。反应器压降和热负荷均为 0。

图 3-22、图 3-23 是 Reactions 部分，对反应方程式、转化率等作出定义。反应式为 $C_6H_6 + C_3H_6 \longrightarrow C_9H_{12}$。丙烯的转化率为 90%。注意反应物的计量系数为负值（图 3-22）。

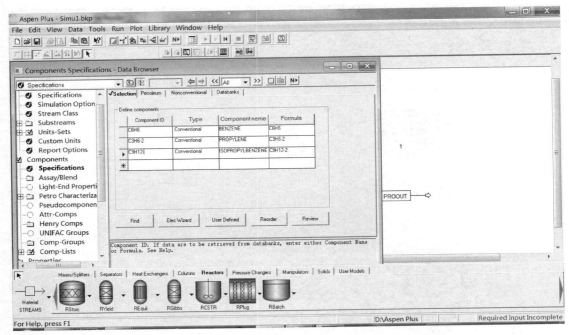

图 3-17　组分设定

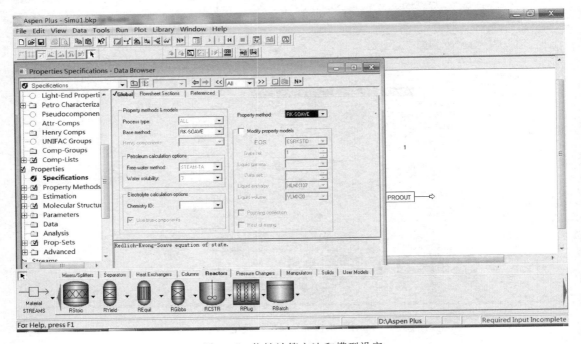

图 3-18　物性计算方法和模型设定

点击 NEW…键，出现选择反应物和生成物（图 3-23），输入参数后如图 3-24 所示。

图 3-25 是 SEP 部分，对压力和温度作出定义。分离器压力 1atm，热负荷为 0。至此，物性指定和数据输入已全部完成，会发现状态域的文字由红色的"Required Input Incom-

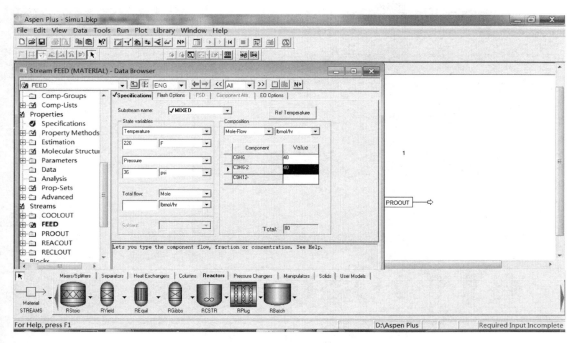

图 3-19 物流设定

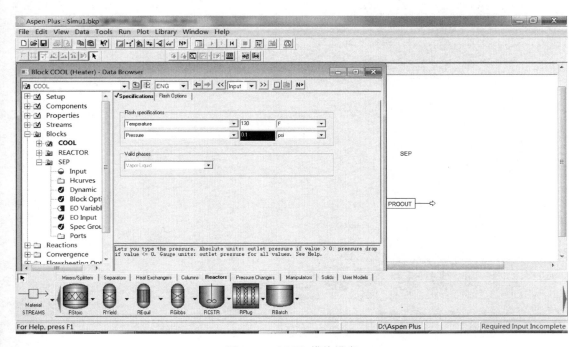

图 3-20 COOL 模块设定

plete"变成正常颜色的"Required Input Incomplete",表示必需的输入已完成。关闭数据输入窗口,返回至流程窗口。保存文件为 cumene11.bkp 模拟文件,若画 PFD 图可保存为.dxf 格式,再用 CAD 打开,若无修改则可以保存为.dwg 格式。

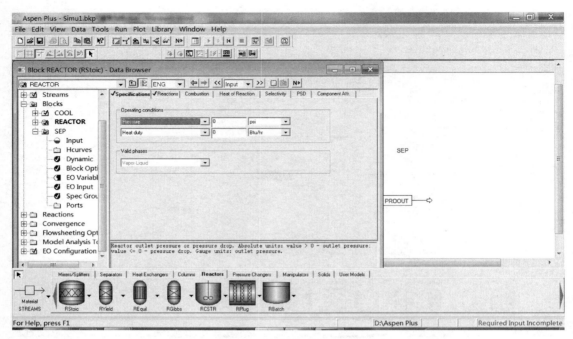

图 3-21　Specifications 设定

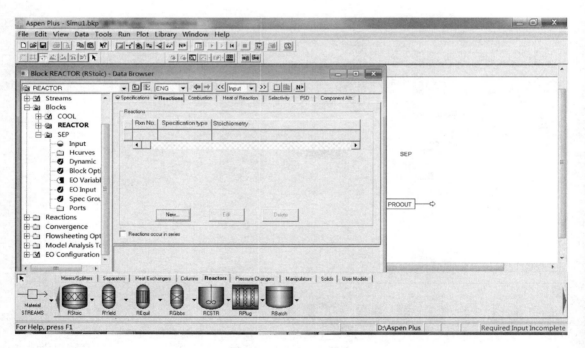

图 3-22　Reactions 设定

4. 运行模拟和模拟结果

点击模拟运行工具栏中的控制面板按钮,在出现的窗口的工具栏中点击开始按钮,程序开始计算,直至得到结果,此时状态域的文字变成蓝色的 "Results Available"。若为红色或黄色,则表示程序有错误或警告信息,系统一般会指出原因,可以据此查错(图 3-26)。

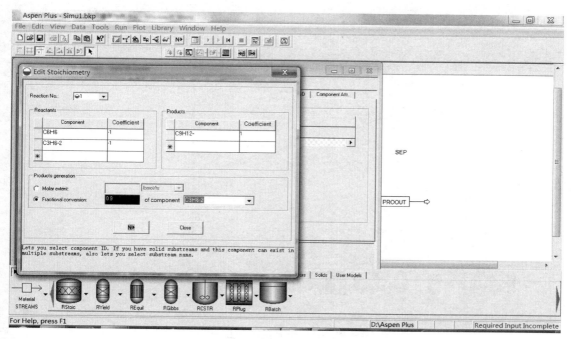

图 3-23 选择反应物和生成物

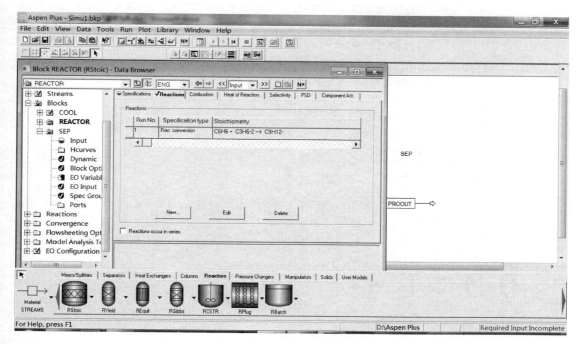

图 3-24 参数输入完成

点击模拟运行工具栏中的结果浏览按钮，查看运行结果。对于所有物流在（/Data/Result Summary/Streams）中可看到结果，对于单个物流在 Data Browser 中打开物流文件夹选择 Results 表可看到结果。同样模块结果也可以从 Data Browser 看到。

（1）物流以 REACOUT 为例（图 3-27）：

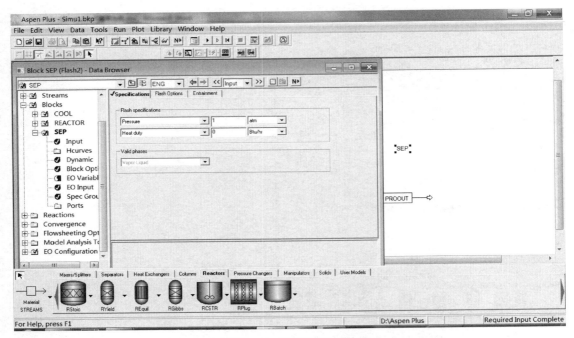

图 3-25　SEP 模块设定

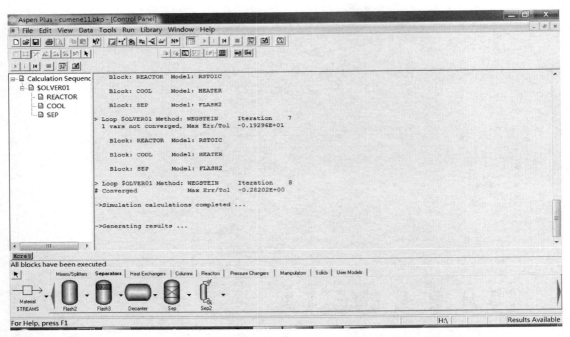

图 3-26　运行模拟

（2）模块 COOL 结果（图 3-28）：

模块 REACTOR 结果（图 3-29）：

（3）点击左侧窗口中的 Results Summary，可以查看结果汇总（图 3-30）：

此结果通过点击表格中左上角的空白格进行复制到剪贴板可以直接复制到 EXCEL 表中进行编辑。

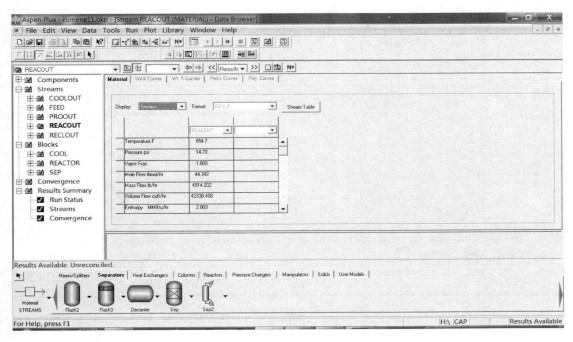

图 3-27　物流模拟结果

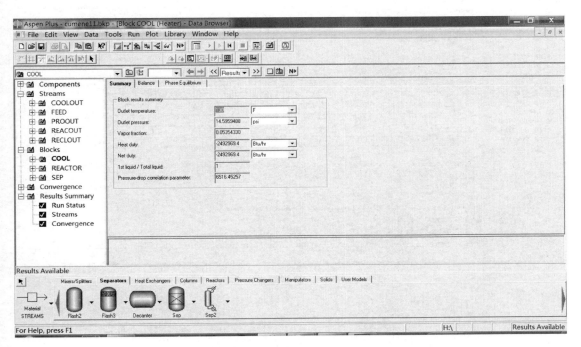

图 3-28　模块 COOL 结果

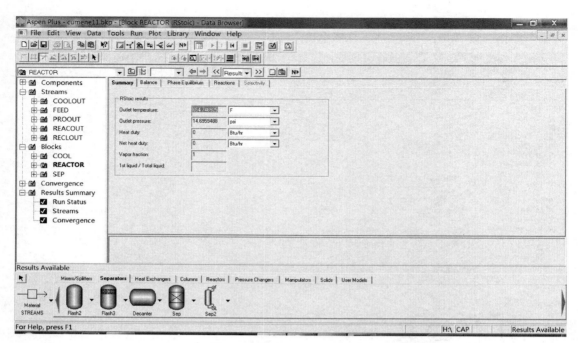

图 3-29 模块 REACTOR 结果

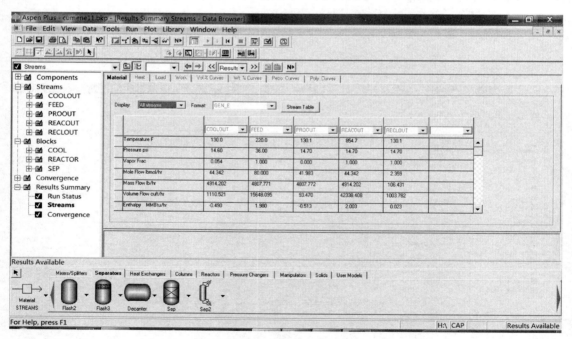

图 3-30 模拟结果汇总

第四章　设备的工艺设计及化工设备图

化工设备是实现化工生产的必要硬件，其性能好坏直接关乎产品的质量和化工厂的效益。实际上，设备的工艺设计从项目的可行性研究开始，贯穿项目实施的整个过程。本章将就典型化工设备的工艺设计、选用和绘图基础知识做相关介绍。

第一节　化工设备选用概述

一、化工设备选用的基本原则

化工设备有成千上万种，从安全形态来说可分为静设备（如塔、换热器等）和动设备（如泵、风机等），后者更具易损性和危险性；从化工单元操作来说分为流体输送设备、换热设备、反应设备、分离设备等；从购买或制作过程来说又可分为标准设备（或定型设备）和非标准设备（或非定型设备）两大类。

标准设备如泵、风机等，由不同的生产厂家按一定的行业标准，采用标准部件制作，有详尽样本手册标识其产品性能、规格、牌号等。设计者根据工艺要求，计算出关键参数以选择具体规格型号，向厂家直接订购。

非标准设备没有统一的行业标准和规格，而是根据化工生产的特点和用途需要，针对具体工艺条件进行设计、制造的特殊设备，其外观和性能不在国家或行业标准设备产品目录内。非标准设备工艺设计就是根据工艺条件，通过工艺计算，提出设备型式、材料、尺寸和其它一些要求，经化工设备专业设计人员进行机械设计后，再由有相关化工机械生产资质的厂家制造。

化工设备选型和工艺设计主要应满足以下几个方面的要求。

（1）技术合理性　设计必须满足工艺要求，所选设备与工艺流程、生产规模、操作条件、工艺控制水平相适应，设备的效能应达到行业先进水平。

（2）安全性　要求设备的运转安全可靠、自控水平合适、操作稳定、弹性好、无事故隐患；对工艺和建筑、地基、厂房等无苛刻要求；减小劳动强度，尽量避免高温、高压、高空作业；尽量不用有毒有害的设备附件、附料。

（3）经济性　要合理选材，节省设备的制造和购买费用；设备要易于加工、维修、更新，没有特殊的维护要求；减少运行成本；考虑生产装置可否露天放置。

（4）政策性　根据我国国情，遵循化工设备设计文件规定和标准，保护环境和保障良好的操作条件，确保安全生产，使三废处理问题消灭在无形状态或者在密闭系统中循环进行。

（5）系统性　化工过程是一个完整的系统，设备设计时不能只关注个别设备的性能和生产能力，而妨碍整个系统的优化；在注重经济性的同时，还应通盘考虑，留有适当余地，为日后扩产或工艺调整做准备。

总之，在化工设备选型和工艺设计上要综合考虑其技术的先进性、安全性、经济性、环保性和系统性，做到设计合理，尽量不留遗憾。

二、设备工艺设计的步骤

设备工艺设计是化工设计的核心内容之一，其主要工作内容及程序如下。

（1）确定化工单元操作设备的基本类型　这项工作是与工艺流程设计同时进行的，同一工艺过程可由不同的单元操作方法来完成，在基础设计阶段就要考虑使用何种设备来实现。例如，工艺流程中有气固相催化反应，就需要考虑是选择固定床反应器，还是采用流化床反应器？反应得到的混合物该如何分离？如果是固-液产物，是选用离心机还是过滤机？如果是均相液体混合物，是采用精馏还是萃取分离方法？必须根据各类设备的性能、使用特点和适用范围，权衡比较，确定设备的基本结构型式。

（2）确定设备的材质　材质受制于介质的腐蚀性能，关系着设备的使用寿命，也直接影响到设备的投资费用。一般来说，这项工作应当与设备设计专业人员共同讨论完成。根据工艺操作条件（如温度、压力、介质的性质等）和对设备的工艺要求，来确定符合要求的设备材质。

（3）确定设备的基本尺寸和主要工艺参数　设备的设计参数是在工艺流程确定后，通过物料衡算、热量衡算，并经过设备的工艺计算和流体力学校核计算后得到的。设备类型不同，其工艺设计参数也不同。如泵的基本参数是流量和扬程；风机则需要确定风量和风压；换热器设计的关键是选择合适的冷热流体的种类、热负荷及换热面积；对塔设备，其关键参数则是塔径、塔高、塔内件结构、填料类型与高度或塔板数、设备的管口及人孔、手孔的数目和位置等，对于精馏塔还要考虑塔顶冷凝器和塔釜再沸器的热负荷参数，从而确定其换热设备尺寸和型式。

此时需要按照带控制点工艺流程图和工艺控制的要求，确定设备上的控制仪表或测量元件的种类、数目、安装位置、接头形式和尺寸；通过流体力学计算确定工艺和公用工程连接管口、安全阀接口、放空口、排污口等连接管口的直径及在设备上的安装位置；根据设备布置设计确定管口方位、设备的安装标高、支承结构的尺寸和方位以及设备的操作平台的结构与尺寸，并留有布置余地，便于管道布置设计时进行修改。

（4）确定标准设备的规格型号和数量　常见的标准设备如泵、风机、离心机、反应釜等是成批、系列生产的设备，只需要根据介质特性和工艺参数在产品目录或手册样本中选择合适的类型、型号和数量。对于已有标准图的设备如储罐、换热器等，只需根据计算结果选型并确定标准图的图号和型号。设备选型时，应本着"先标准，后非标"的原则，因为标准设备都是成批量的专业生产，有价格优势，技术上也先进、合理，同时还有利于备品备件的配置。

（5）非标设备的设计　对非标设备，根据工艺设计结果，向化工设备专业设计人员提供设计条件单，向土建人员提出设备操作平台等设计条件要求。设备设计人员将根据设计条件单，按照规范进行机械设计、强度设计和设计检验，并绘制设备施工图纸；同时土建人员也会根据设备质量和操作高度等条件设计合适的操作平台。

（6）编制工艺设备一览表　在初步设计阶段，根据设备工艺计算结果可分别按标准设备和非标准设备两类进行编制，以作为设计说明书的必须组成部分，提供给有关部门进行设计审查；施工图阶段的工艺设备一览表必须做到十分准确和足够详尽。

（7）设备图纸会签归档　在工艺管道布置和设备施工图设计完成后，由工艺人员与设备设计人员一起校核设备管口方位图，并经会签后归档。

第二节　化工设备选型和工艺计算

一、物料输送设备的选型

化工生产中的工艺物料以及水、气、蒸汽等公用工程流体都需要输送到相应的装置，这些过程的实现主要靠泵和风机等输送设备来完成。

(一) 泵的选型原则

泵是输送液体或使液体增压的机械。按照泵作用于液体的原理分为叶片式（如离心泵、轴流泵、旋涡泵）和容积式（如活塞泵、柱塞泵、齿轮泵、隔膜泵、螺杆泵）两大类。

泵选型的主要内容是根据系统所需要的扬程、流量及其变化规律，确定合适的泵类型、型号和台数等。在选择泵时，要充分考虑待输送物料的性质，并结合各种泵的结构、性能特点，使所选泵既能够满足流量、扬程、压力、温度、汽蚀余量等工艺参数要求，又具有高可靠性、低噪声等特性以保证平稳运行。通常泵的选择原则如下。

1. 首先明确系统所需流量和扬程

流量和扬程是选泵最基本的依据。流量是由生产规模和工艺条件决定的，可通过物料衡算得到。一般以最大流量为依据，没有最大流量时，取正常流量的 1.1 倍。

扬程需要估算流体流经整个系统的沿程阻力，并通过伯努利方程计算得到。在进行系统扬程计算和汽蚀余量的校核时，要充分考虑到管路布置条件包括输送液体的高度、距离及走向，吸入侧最低液面，排出侧的最高液面等数据和管道材料、规格、长度，管件规格、数量等。选择泵时，扬程要取计算值的 1.1～1.2 倍。

2. 根据流量和扬程的大小，参考图 4-1，初步选择泵的类型

离心泵具有结构简单、输液无脉动、性能平稳、流量调节简单和维修方便等特点，应尽可能首选离心泵。对于不适合选用离心泵的情况，如：

① 扬程要求很高，流量很小且无合适小流量、高扬程离心泵可供选用时，可选用往复泵；

② 扬程很低、流量很大时，可选用轴流泵和混流泵；

③ 要求有准确计量时，选用柱塞式计量泵，当液体要求严格不漏时，可选用隔膜计量泵；

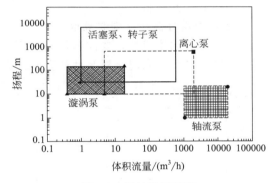

图 4-1　泵的适用范围

④ 对启动频繁或灌泵不便的场合，应选用具有自吸性能的泵。

3. 根据介质特性选择合适种类的泵

（1）对输送易燃、易爆、有毒或贵重介质的泵，要求轴封可靠或采用无泄漏的泵。如磁力驱动泵，系采用隔离式磁力间接驱动，无轴封。

（2）对输送腐蚀性介质的泵，要具体分析介质和环境条件，对过流部件采用耐腐蚀材料。如：对于硫酸和醋酸，采用高合金不锈钢或衬氟的泵（F46）较为经济；对于含氯离子的液体，采用内衬橡胶和塑料的泵（如聚丙烯、氟塑料等）是最好选择；酮、酯、醚类采用普通材料泵就可以，但选择密封材料时要考虑介质对某些橡胶的溶解性。

（3）对输送含固体颗粒介质的泵，要求过流部件采用耐磨材料，如在叶片上衬橡胶。

（4）对输送介质黏度较大（650～1000mm²/s）的液体，可考虑选用转子泵或往复泵；对于黏度较高的浆类、膏类及黏稠液的输送，建议选用螺杆泵。泵的类型与流体黏度范围的对应关系见表 4-1（供参考）。

（5）小流量、高扬程的酸类、碱类和其它带有腐蚀性及易挥发的化学液体，选用漩涡泵；介质含气量大于 5% 时，若流量较小且黏度小于 37.5mm²/s，选用漩涡泵，否则选用容积式泵。

表 4-1 泵的类型与流体黏度范围对应关系

类　型		适用黏度范围/(mm²/s)
叶片式泵	离心泵	＜150
	旋涡泵	＜37.5
容积式泵	往复泵	＜850
	计量泵	＜800
	旋转活塞泵	200～10000
	单螺杆泵	10～560000
	双螺杆泵	0.6～100000
	三螺杆泵	21～600
	齿轮泵	＜2200

4. 确定泵型号

泵的系列和材料确定后，根据生产厂家提供的样本和有关技术资料确定泵的具体型号（规格）。应尽量使所选泵在其高效区范围内，即设计（额定）工况点附近运行，避免发生气蚀、振动和超载等现象。所选泵的型号、台数应使整个系统的投资最省。一般泵的台数考虑一开一备，或二开一备。

5. 校核泵特性曲线及安装高度

选定离心泵的型号后，要注意厂家标定的泵特性曲线是在 20℃清水下测定的，当输送的液体密度和黏度较高时，对泵性能有较大影响，要注意将参数修正到工作条件下，以校核泵的轴功率是否能满足要求；另外泵的安装高度一定要低于计算的允许吸上高度 0.5～1m 的距离，特别要重视沸点较低的液体。

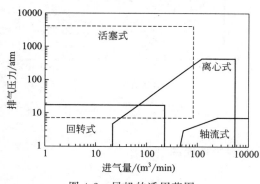

图 4-2 风机的适用范围

(二) 风机的选择

风机是输送气体介质并提高其能头的机械。按输出压力的大小又分为通风机（全压小于 11.375kPa）、鼓风机（全压为 11.375～241.600kPa）和压缩机（全压大于 241.600kPa）。按能量转变方式的不同，又分为容积型和动力型（透平型）两大类，如表 4-2 所示。透平型风机是通过旋转叶片将能量传递给气体；容积型风机是通过工作室容积周期性改变压缩及输送气体。不同类型风机适用的风量和风压范围如图 4-2 所示。

表 4-2 风机分类

风机大类	按结构形式细分		适用场合
容积型	活塞(往复)式		中小流量、高压力或超高压力
	回转式	滑片式	中小流量、低压力(含尘、湿、脏的气体,可选用螺杆式压缩机)
		螺杆式	
		罗茨式	
		叶式	
		膜式	

续表

风机大类	按结构形式细分	适用场合
动力型（透平型）	离心式	大中气量、低中高压力
	轴流式	大气量,低压力或对排气温度严格限制
	混流式	大气量、低中压力
	横流式	

　　风机在化工过程中用途很多,比如,输送化工原料、输送反应气体、曝气搅拌、污水处理、通风排气、气体加压、脉冲除尘等,其中高压离心鼓风机和罗茨鼓风机用得比较多。

　　由于各类风机的应用范围重叠较宽,具体选用时,需根据气量、温度、压力、功率、效率和气体性质等主要技术参数,以及装置特性、使用经验等因素综合考虑,才能保证风机的可靠性和经济性。风机的选型应满足以下原则:

　　(1) 必须满足气量、压力、温度等工艺参数的要求。风机型号所示的参数一般是指标准状态(指风机的进口处空气的压力 $p=101325Pa$,温度 $t=20℃$,相对湿度 $\varphi=50\%$ 的气体状态)下的,需要将实际状况(当地大气压力,进口气体的压力、温度、成分和体积浓度)下的风量和风压加 10% 的余量,再换算成标准状态,据此对应风机的型号。

　　(2) 必须满足输送介质特性的要求:

　　① 对于易燃、易爆、有毒或贵重(如稀有)的气体,要求轴封可靠;

　　② 对于腐蚀性气体,要求接触介质的部件采用耐蚀材料。

　　(3) 必须满足安装现场环境条件的要求:

　　① 安装在有腐蚀性气体存在场合的风机,要求采取防大气腐蚀的措施;

　　② 安装在室外环境温度低于 −20℃ 以下的风机,应采用耐低温材料;

　　③ 安装在爆炸性危险环境内的风机,其防爆电动机的防爆等级应符合爆炸性危险环境的区域等级。

　　(4) 确定风机型号和制造厂时,应综合考虑风机的性能、能耗、可靠性、价格和制造规范等因素。

二、贮存容器的选择

　　贮存容器按用途可分为原料储存和计量、回流、中间周转、缓冲、混合等工艺容器。贮存容器的设计要根据所储存物料的性质、使用目的、运输条件、现场安装条件、安全可靠程度和经济性等原则选用材质和大体类型。各类容器在国内已形成了通用的设计图系列［详见:中国石化集团上海工程有限公司编,化工工艺设计手册(第四版)(上、下册).北京:化学工业出版社,2009 年出版.］可直接购买标准图纸,或在其上面稍加改动尺寸,这样既省时间,又可以充分保证设计质量。

(一) 储罐的系列化

1. 立式储罐

对于储存常压、非易燃易爆、非剧毒的液体,可选用下列储罐,其技术参数为容积(m^3),公称直径(mm)×筒体高度(mm)。

　　(1) 平底平盖系列 (HG 5-1572—85 中选用);

　　(2) 平底锥顶系列 (HG 5-1574—85 中选用);

　　(3) 90°无折边锥形底平盖系列 (HG 5-1575—85 中选用);

　　(4) 立式球形封头系列 (HG 5-1578—85 中选用);

（5）90°折边锥形底，椭圆形盖（HG 5-1577—85 中选用）；

（6）立式椭圆形封头（HG 5-1579—85 中选用）。

2. 卧式储罐

卧式储罐可分为地面卧式储罐与地下或半地下卧式储罐，容积一般在 100m³ 以下，最大不超过 150m³；若是现场组焊，其容积可更大一些。

（1）卧式无折边球形封头系列，用于 $p \leqslant 0.07MPa$，储存非易燃易爆，非剧毒化工液体。

（2）卧式有折边椭圆形封头系列（HG 5-1580—85 中选用），$p = 0.25 \sim 4.0MPa$，储存化工液体。

地下与地面卧式储罐的形状相似，只是管口的开设位置不同。为了方便埋地状况的安装、检修和维护，一般将地下卧式储罐的各种接管集中安放，设置在一个或几个人孔盖板上。

3. 立式圆筒形固定顶储罐系列（HG 21502.1—92 中选用）

按罐顶形式分为锥顶储罐、拱顶储罐、伞形顶储罐和网壳顶储罐，适用于储存石油、石油产品及化工产品。用于设计压力 -0.5 ~ 2kPa，设计温度 -19 ~ 150℃，公称容积 100 ~ 30000m³，公称直径 5200 ~ 44000mm。

4. 立式圆筒形内浮顶储罐系列（HG 21502.2—92 中选用）

适用于储存易挥发的石油、石油产品及化工产品。设计压力为常压，设计温度 -19 ~ 80℃，公称容积 100 ~ 30000m³，公称直径 4500 ~ 44000mm。

5. 球罐系列

适用于储存石油化工气体、石油产品、化工原料、公用气体等。容积大且占地面积小。设计压力 4MPa 以下，公称容积 50 ~ 10000m³。结构有橘瓣型和混合型及三带至七带球罐。

6. 低压湿式气柜（HG 21549—92 中选用）

按导轨形式分为螺旋气柜、外导架直升式气柜、无外导架直升式气柜三种。适用于化工、石油化工气体的储存、缓冲、稳压、混合等气柜设计。压力 4MPa 以下，公称容积 50 ~ 10000m³。

（二）储罐设计

1. 确定工艺设计参数

经过物料衡算和热量衡算，确定储存物料的温度、压力、最大使用压力、最高（低）使用温度，并明确介质的腐蚀性、毒性、蒸汽压以及介质进出量、储罐的工艺方案等。

2. 选择容器材料

需要从工艺要求如温度、压力和介质的腐蚀性等参数来决定材料的适用与否。通常常压储存容器可使用非金属储罐；对于有温度、压力要求的工艺容器，应选用搪瓷容器或由钢制压力容器衬胶、衬瓷、衬聚四氟乙烯以解决防腐问题。

3. 容积计算

容积计算是储罐工艺设计和尺寸设计的核心，它随容器的用途而异。

（1）原料储罐

全厂性原料存储量主要根据原料市场供应情况和供应周期而定，一般以 1 ~ 3 个月的生产用量为宜；

车间的原料储罐一般考虑至少半个月的用量；液体产品储罐一般至少设计装有一周的产品产量，可按液体储罐装载系数的 80% 计算出原料产品的最大储存量；

气柜一般设计的稍大一些，可以储存两天以上的产量。因为气柜不宜长久储存，当下一工段停止使用时，前一产气工序应考虑停车。

（2）中间储罐　中间储罐的设置是考虑生产过程中在前面某一工序临时停车时仍能维持后面工段的正常生产。对于连续生产，视情况储存几小时至几天的用量；对间歇生产，应考虑存储一个生产班以上的生产用量。

（3）回流罐　回流罐一般考虑 5min 至 10min 的液体存量以保证冷凝器液封。

（4）计量罐　计量罐的容积根据原料每批消耗量或连续生产产品量而定。考虑 10～15min，有时达 2h 以上的存储量。计量罐的装载系数较小，一般取 0.6～0.7，因为计量罐的刻度在罐的直筒部分，其使用度为满量程的 80%～85%。

（5）缓冲罐　缓冲罐的目的是使气体有一定数量的积累，使压力和工艺流量稳定。其容积一般是下游设备 5～10min 的用量。有足够安装空间时，可考虑 15min 以上的用量，以便有充裕时间处理故障，调节流程或关停机器。

（6）闪蒸罐　液体在闪蒸罐的停留时间应考虑尽量使液体在罐内有充分的时间使其接近气液平衡状态。一般保证物料的汽化空间占罐总容积的 50%，并足够下一工段 3min 以上的使用量。

4. 确定储罐基本尺寸

根据计算的容积、物料密度、卧式或立式的基本要求、安装场地的大小，确定储罐的大体直径。对于定型设备，依据国家规定的筒体与封头的规范，确定一个尺寸，据此计算储罐的长度，核实、调整长径比 L/D，使储罐大小与其他设备和工作场所匹配。

5. 选择标准型号

根据计算初步确定的直径和长度、容积，在有关手册中查出与之符合或基本相符的规格，向供图单位购买复印标准图。即使从标准系列中找不到符合的规格，亦可根据相近的结构规格在尺寸上重新设计。

6. 提出设计条件和订货要求

容器的管口、方位和支座在标准图上是固定的，设计人员要核对管口的用途及其尺寸、方位和相对位置的高低是否符合要求。通常应考虑进料、出料、温度、压力、放空、液面计、排液、放净孔以及人孔、手孔、吊耳等装置，并留有一定数目的备用孔，但不主张开口太多。在标准图的基础上，提出管口方位、支座等局部修改和要求，并附有图纸，作为订货的要求。如标准图不能满足工艺要求，应重新设计，绘制容器简图，标注有关尺寸和管口规格，并填写"设计条件表"，由设备专业人员设计。

三、换热器的选择

换热器是实现化工生产过程中热量交换和传递不可缺少的设备，其吨位约占整个工艺设备的 20%～30%。换热器的类型很多，按工艺功能可分为加热器、冷却器、冷凝器、再沸器、蒸发器和废热锅炉等。依据传热原理和实现热交换的方法，换热器可分为间壁式、混合式和蓄热式三类，其中以间壁式换热器应用最普遍。不同类型间壁式换热器的特点如表 4-3 所示。

表 4-3　间壁式换热器特性

分类	名称	特性	相对费用
管壳式	固定管板式	使用广泛,已系列化;壳程不易清洗;管壳两物流温差大于 60℃ 应设置膨胀节,最大使用温差不超过 120℃	1.0
	浮头式	壳程易清洗;管壳两物流温差大于 120℃;内垫片易渗漏	1.22
	填料函式	优点同浮头式,造价高,不以制造大直径	1.28
	U 形管式	制造、安装方便,造价较低,管程耐高压;但结构不紧凑、管子不易更换和不易机械清洗	1.01

续表

分类	名称	特性	相对费用
板式	板翅式	紧凑、效率高,可多股物流同时换热,使用温度不大于150℃	0.6
	螺旋板式	制造简单、紧凑,可用于带颗粒物料,温位利用好;不易检修	
	伞板式	制造简单、紧凑,成本低、易清洗,使用压力不大于1.2MPa,使用温度不大于150℃	
	波纹板式	紧凑、效率高、易清洗,使用温度不大于150℃,使用压力不大于1.5MPa	
管式	空冷器	投资和操作费用一般较水冷地,维修容易,但受周围空气温度影响大	0.8～1.8
	套管式	制造方便、不易堵塞,耗金属多,使用面积不宜大于20m²	0.8～1.4
	喷淋管式	制造方便,可用海水冷却,造价较套管式低,对周围环境有水雾腐蚀	0.8～1.1
	箱管式	制造简单,占地面积大,一般作为出料冷却	0.5～0.7
液膜式	升降膜式	接触时间短,效率高,无内压降,浓缩比不大于5	
	刮板薄膜式	接触时间短,适用于高黏度、易结垢物料,浓缩比11～20	
	离心薄膜式	受热时间短,清洗方便,效率高,浓缩比不大于15	
其他类型	板壳式换热器	结构紧凑、传热好、成本低,压降小,较难制造	

对于一些常用的换热器类型、特点及各部件结构在化学工业出版社出版的《化工工艺设计手册》、《过程设备设计》和《英汉石油化学工程图解词汇》等书中有介绍,在此不再赘述。换热器国内也有系列化标准图纸[国家医药管理局上海医药设计院编,化工工艺设计手册(上册)第一版(修订).北京:化学工业出版社,1989年12月]。

(一)按工艺功能选用换热器

(1)冷却器　根据被冷却物料的性质、传热量、工艺条件来选择采用何种换热器。当传热量不大、物料量又少时,宜选用套管式换热器;传热量很大时,选择单位体积传热面积大的板式换热器较经济;冷却物料为气态时,选用板翅式换热器比管壳式换热器中带翅片的管子较为合适;当物料结垢严重时,应选用能容纳较多污垢的管壳式换热器;对于高温、高压的工艺条件,可考虑选择空冷器,它不需要水源、使用寿命长、运转费用低,但其受环境温度影响较大。

(2)加热器　当被加热物料要求达到500℃以上高温时,可选用直接火加热的管式加热炉,当处理量少且为间歇操作时用釜式炉;中温加热(180～350℃)一般采用有机热载体为加热介质;低温度(小于150℃)加热器首选管壳式换热器,只有在工艺物料的特性或者工艺条件特殊时,才考虑选用其他型式。

(3)再沸器　多采用管壳式换热器,其类型及其特点见表4-4所示。

表4-4　再沸器类型特点

再沸器类型	优点	缺点
立式热虹吸式	传热系数大,投资费用低,加热带滞留时间短,配管容易	真空操作时需要较大的传热面积,且不适用于黏性液体和带固体物料
卧式热虹吸式	传热系数中等,加热停留时间短,适用于大面积的情况。对塔的液面和流体压降不高,适于真空操作	占地面积大
强制循环式	适用于黏性液体及悬浮液,也适用于长的显热段和低蒸发比的低压降系统	能量费用大,投资(泵)大,在泵的密封处易泄漏
凯特尔式	维护清洗方便,适于污染性强的热媒	传热系数小,占地大,易结垢,壳体容积大,设备费用大

（4）冷凝器　多用于蒸馏塔塔顶蒸汽的冷凝以及反应气体的冷凝。对于蒸馏塔顶，一般选用管壳式、空冷器、螺旋板式、板翅式等换热器作为冷凝器；对于反应系统，一般选用管壳式、套管式、喷淋管式等冷凝器。蒸馏塔顶冷凝器选用要点见表4-5。

表 4-5　蒸馏塔顶冷凝器选用类型及其特性

型式	优点	缺点
重力回流卧式	传热系数大，运转费用少，适于小量生产	高位安装，很困难
重力回流立式	可作过冷器，运转费用少，结构紧凑、配管容易，适于小量生产	传热系数较小，可将其装在塔顶，但整个塔高增加
泵送回流式	安装比较容易、适于大规模生产	运转费用大，占地面积较大

反应器的冷凝器，按其流动方式有逆流式和顺流式两种。逆流式冷凝器配管简单，为防止气体上冲液膜增厚，一般尽量使反应气体的上升速度低于 5m/s。逆流式冷凝器不适用于反应气体易形成爆炸混合物的情况。顺流式冷凝器气液流向相同，分离容易，对于大量尾气排放的反应系统特别适用。顺流式冷凝器有立式、卧式和喷淋式三种。当反应放热量大，需要由液体的蒸发带走热量时，可采用卧式冷凝器；当冷却剂采用海水，且反应热量不很大时，可采用喷淋冷凝器。

（二）管壳式换热器的设计

管壳式换热器是化工生产中应用最多的换热设备。设计时换热器的工艺尺寸应在压强降与传热面积之间予以权衡，使之既能满足工艺要求，又合理经济。通常液体流经换热器的压强降为 $10\sim100$kPa，气体压力为 $1\sim10$kPa。关于流体流径和流速的选择、管子的规格和排列方式、管程和壳程数的确定、折流挡板和主要附件（包括封头、缓冲挡板、导流筒、放气孔、排液孔、接管）的设计以及设备材料的选用，参考《化工原理》换热器章节和换热器设计手册，此处不再重复。

下面使用化工设计软件对换热器进行设计。

（三）换热器设计举例

【例 4-1】　常压下用 $90℃$ 的热水加热 200kg/h 的乙醇，要求将乙醇从 $25℃$ 加热到 $75℃$，热水自身被冷却到 $40℃$。试设计此换热器。

解　（1）采用 EDR 软件初步设计

① 换热器选型　打开 Aspen Exchanger Design&Rating，选择换热器类型。本设计选择管壳式换热器（Shell & Tube Exchanger），进入 EDR 主页面，如图4-3所示。

图 4-3　EDR 计算主页面　　　　　　图 4-4　设计页面展开

② 信息输入　点击带 ⊠ 的子选项，将内容展开，结果如图4-4所示。逐一填写各项

内容，当主页面中 🔊 全部消失时，表示文件可以运行。

在"Problem Definition|Headings/Remarks"页面，输入标题信息"乙醇加热器"。

在"Problem Definition|Application Options"页面，选择计算模式为"Design"；计算方法为"Advanced method"；流体流动途径，热流体（水）默认走壳层。

在"Problem Definition|Process Data"页面，输入换热器进、出口物流信息。查《化工工艺设计手册》得到热、冷流体两侧的污垢系数均取 $0.172m^2 \cdot K/kW$。其中"Vapor mass fraction"和"Operating pressure"两项根据实际填写，若无相关数据，则选择默认数据。

③ 物性数据的计算 在"Property Data|Hot Stream Compositions"页面，输入热物流组成（物流的组成和物性数据也可由 Aspen 传递得到）。在"Physical property package"栏中，选择 Aspen Properties 数据库。在数据库中寻找并添加组分"WATER"和"ETHANOL"，输入物料质量组成（WATER＝1，ETHANOL＝0）。在"Property Methods"页面，选择物性方法为 STEAM-TA。

在"Hot Stream properties"页面，计算物性。选择物性计算的温度、压力范围和物性点数，使其能够覆盖物流在换热过程中的变化范围（对于有相变的过程，可适当添加物性点数）。选择默认的温度和压力范围，将温度点数改为 20，然后点击"Get Properties"，得到热物流物性数据。

重复上述操作，在"Property Data|Cold Stream Compositions"页面，输入冷物流组成，将物性方法改为"NRTL"。在"Cold Stream properties"页面，计算冷物流物性。

④ 换热器结构的设定 在"Exchaner Geometory|Geometory Summary"页面，输入换热器结构参数（如果采用默认设置，直接点击 next，可以得到一个计算结果）。主要包括前端管箱类型、壳层形式（管程数、分流等）、后结构类型、换热器位置（立式或卧式）、管径、换热管排列类型、挡板（类型、位置）等等。

本换热过程温差和流体黏度不大，根据换热器选型原则，选用 BEM 型换热器，亦即采用封头管箱、单管程、固定管板式后端。换热器为卧式，管外径为 19mm，管壁厚 2mm，管心距为 25mm，采用 30 度三角形排列。挡板类型采用 Single segment，横向放置。除了可以在"Geometory Summary"中设定换热器的主要结构外，还可以在"Tubes"、"Shell|Head|Flanges|Tubesheets"、"Baffles/Supports"等对话框中进行更详细的设定。

⑤ 换热器施工说明 在"Construction Specifications|Materials of Construction"页面，选择换热器各部分材质。由于在设计温度和压力下，乙醇和水无较强腐蚀性和特殊要求，故选择普通碳钢。

⑥ 查看运行结果 点击"Next"，运行结果会给出错误与警告，需要详细阅读后调整。

在"Result Summary"页面，查看设备数据。可知换热器的面积为 $7.6m^2$，水流量为 142kg/h。封头内径为 205mm，外径 219mm；管长 1219mm，共 37 根换热管；折流板 6 块，板间距 133.35mm，圆缺率 39.23%。

(2) 标准选型与 EDR 核算

① 根据 EDR 初步计算结果，进行换热器的选型 查《化工工艺设计手册（上册）第一版（修订）》，从 JB/T 4715—1992《固定管板式换热器》中选标准系列换热器 BEM 400-0.6-9.7-1/19-1Ⅰ，单管程、单壳程，壳径 400mm，换热面积 $9.7m^2$，换热管 φ19mm×

2mm，管长 1000mm，管数 174 根，三角形排列，管心距 25mm，Ⅰ级管束（采用较高级冷拔钢管）。

② 输入换热器结构参数 在 "Problem Definition｜Application Options" 页面，将计算模式更改为核算模式。在 "Exchaner Geometory｜Geometory Summary" 页面，输入换热器结构参数。包括折流板数为 6、板间距 130mm、圆缺率为 39%。

③ 核算运行 EDR 软件的核算结果给出 3 个警告和 3 个提示，问题不严重，无需调整。在 "Input Summary｜Result Summary｜Optimization Path" 页面，列出了换热器主要数据，此处显示 "OK"，表明设计通过。若存在设计错误，此处设计状态会显示 "Failed"。

EDR 计算完成后生成大量数据，其中换热器设备数据见图 4-5 所示，其装配图与布管图也同时给出，此处略。

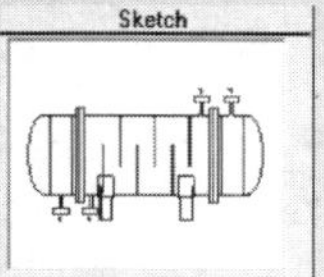

图 4-5 换热器设备数据

【例 4-2】 甲醇分离塔塔顶冷凝器的设计。

某甲醇分离塔，将质量分数为 60% 的甲醇水溶液提纯。已知甲醇原料液的温度为 20℃，压力为 1.2bar❶，流率为 1000kg/h。分离塔理论板数为 20，第 12 块板进料，塔顶全凝器压力为 1bar，塔板压降为 0.0068bar。当塔顶采出率为 0.458，回流比为 1.7 时，塔顶甲醇纯度为 99.9%，塔底水纯度近似为 1。

设循环冷却水进出口温度为 25～40℃，塔板效率为 100%。

解 （1）冷凝器简捷设计计算

① 模拟精馏过程 在 Aspen Plus 中新建流程模拟文件，创建甲醇精馏过程。按照题中所给条件设置精馏塔模块参数和物流信息，运行模拟，结果如图 4-6 所示。

② 建立冷凝器模拟流程图 从精馏塔中部引出虚拟物流（Pseudo Stream）并移动到冷凝器顶部，对虚拟物流定义后作为塔顶汽相物流。选择 "HeatX" 模块，添加物流，连接冷却水，建立流程图，结果如图 4-7 所示。

③ 选择物性方法 在 "Blocks｜B1｜Block Options｜Properties" 页面，为冷却水选择 STEAM-TA 物性计算模型。

---

❶ 1bar＝10^5Pa，全书余同。

	CH3OH ▾	FEED ▾	WATER ▾
Temperature C	64.2	20.0	103.0
Pressure bar	1.000	1.200	1.129
Vapor Frac	0.000	0.000	0.000
Mole Flow kmol/hr	18.745	40.929	22.183
Mass Flow kg/hr	600.284	1000.000	399.716
Volume Flow cum/hr	0.806	1.161	0.437
Enthalpy Gcal/hr	-1.049	-2.593	-1.483
Mass Flow kg/hr			
CH4O	599.825	600.000	0.175
H2O	0.459	400.000	399.541
Mass Frac			
CH4O	0.999	0.600	439 PPM
H2O	765 PPM	0.400	1.000

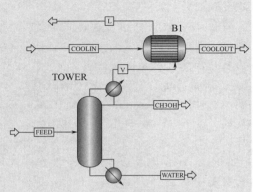

图 4-6　甲醇精馏塔模拟结果　　　　　　　图 4-7　冷凝器与精馏塔连接

④ 设置物流信息　在 "Block|TOWER|Report|Pseudo Streams" 页面，对虚拟物流进行定义，选择第二块塔板上的汽相物流。

冷却水流率先填写 100000kg/h，后用 "Design|Specifications" 功能调整至出口温度 40℃。

⑤ 设置模块信息　定义冷凝器采用简捷（Shortcut）设计型计算，设置蒸汽冷凝液汽化分率为零，在 "Blocks|B1|Setup|U Methods" 页面，总传热系数为默认值。

⑥ 使用 "Design Specifications" 功能调整循环冷却水的用量，控制冷却水出口温度为 40℃。

⑦ 设定完毕，运行得到简捷计算结果。得到两股流体温度、压力、相态的变化；显示冷凝器的热负荷 494.5kW；换热器面积为 18.6m²；冷却水的流率应该为 28462kg/h。

（2）采用 EDR 软件设计

① 采用 EDR 软件建立一个 "Shell&Tube" 空白的冷凝器设计文件，然后关闭。

② 数据传递。在 "Blocks|B1|Setup|Specifications" 页面，选择 "Shell&Tube" 表示用 EDR 软件详细设计。在 "Blocks|B1|EDR Options" 页面，单击 "Browse" 按钮，把 EDR 空白文件调入。运行计算。计算结果有警告，原因为存在振动问题。

③ EDR 数据调整。打开建立的 EDR 空白的冷凝器设计文件，此时该文件已经接受了 Aspen Plus 软件传递的冷凝器详细设计数据，对数据进行调整与补充。

在 "Shell&Tube|Input|Problem Definition" 栏目下，对 "Process Data" 页面数据仔细检查、补充。补充冷、热流体侧污垢系数 0.172m²·K/kW。参考初始设计，按照国家标准将管径和管间距标准化为 φ19mm×2mm，管间距为 25mm。

运行计算，结果如下：冷凝器默认选型为 BEM 型，换热面积 14.8m²，单管程、单壳程，封头外径为 273.05mm，管根数为 59，管外径 19mm，管长 4267.2mm，管心距 25mm。挡板数为 16，挡板间间距为 247.65mm，圆缺率为 39.35%。新换热器的总传热系数是 2035.3W/(m²·K)，旧换热器的总传热系数是 1140.7W/(m²·K)。

（3）冷凝器选型、核算

① 根据 EDR 初步计算结果，进行冷凝器的选型。

查《化工工艺设计手册（上册）第一版（修订）》，从 JB/T 4715—1992《固定管板式换热器》中选标准系列换热器 BEM400-0.6-30.1-3/19-1Ⅰ，单管程、单壳程，壳径 400mm，换热面积 30.1m²，换热管 φ19mm×2mm，管长 3000mm，管数 174 根，三角形排列，管心距 25mm。

② 详细核算。在"Blocks|B1|Setup|Specifications"页面，选择"Detailed"，热流体走壳程，计算类型选择"Rating"。

在"Blocks|B1|Setup|Pressure Drop"页面，壳程和管程都选择"Calculated from geometry"，表示根据换热器几何结构计算壳程和管程的压降。

在"Blocks|B1|Setup|U Methods"页面，选择"Film coefficients"，表示根据传热面两侧的膜系数计算总传热系数。

在"Blocks|B1|Setup| Film Coefficients"页面，壳程和管程都选择"Calculated from geometry"，表示根据换热器传热两侧的几何结构计算膜系数。

在"Blocks|B1|Geometry| Shell"页面，填写壳程数据：壳程数 1、管程数 1、冷凝器水平安置、壳径 400mm。

在"Blocks|B1|Geometry| Tubes"页面，选择管子类型为光滑管，填写管程数据：管子数 174 根、管长 3000mm、管心距 25mm、管外径 19mm、管壁厚度 2mm。

在"Blocks|B1|Geometry| Baflles"页面，选择折流板类型，填写折流板数量 8 与切率 39%。

在"Blocks|B1|Geometry| Nozzles"页面，填写壳程、管程进出口的直径。根据《化工工艺设计手册》，按下式计算壳程、管程进出口直径。

$$D_{opt}=282\frac{G^{0.52}}{\rho^{0.37}}$$

式中，G 为流量，kg/s；ρ 为密度，kg/m^3。

由物流流量数据，计算得到管程进、出口的直径均为 65mm，壳程进口的直径 177mm。壳程出口直径 17mm，按此输入后计算结果报错显示：壳程出口不能满足要求。当将壳程出口直径调整为 30mm 后，显示合格。

③ 运行计算。运行计算结果：冷凝器需要的换热面积是 25.0m^2，选型的换热器 31.2m^2，富余 24.8%，可用。新换热器的总传热系数是 843W/(m^2·K)，旧换热器的总传热系数是 634W/(m^2·K)，平均传热温差 31.2℃。

冷凝器壳程与管程两侧的压降都小于 0.1bar，合适。壳程内的最大流速是 3m/s，符合要求；管程最大流速是 0.26m/s，偏小。因为软件计算结果未报警，所选冷凝器可用。

(4) 用 EDR 软件核算出图

① 用 EDR 软件重新建立一个"Shell&Tube"空白的冷凝器设计文件，然后关闭。

② 数据传递。在"Blocks|B1|Setup|Specifications"页面，选择"Shell&Tube"表示用 EDR 软件详细设计。

在"Blocks|B1|EDR Options"页面，单击"Browse"按钮，把 EDR 空白文件调入。然后单击"Transfer geometry to Shell&Tube"，把 Aspen Plus 对冷凝器详细核算的结果传递到 EDR 软件。

至此，如果数据传递无误，在 Aspen Plus 里面调用 EDR 软件进行冷凝器设计的所有操作已经完毕，运行计算。计算结果存在错误，数据输入存在问题。

③ EDR 数据检查。打开原先建立的 EDR 空白的冷凝器设计文件，此时该文件已经接受了 Aspen Plus 软件传递的冷凝器详细设计数据，对数据进行核对与补充。

在"Shell&Tube|Input|Problem Definition"文件夹中，对"Process Data"页面数

据补充污垢系数。

在“Shell&Tube|Input|Exhcanger Geometry”文件夹中的7个页面数据也需要进行详细的检查核对、补充。补充折流板间距300mm。

④ 核算运行。运算结果页面有2个警告和7个建议与提示，需要详细阅读后调整。

输入数据有一个警告，提示管板上可布置190根传热管，但是输入的174根是国家标准，不可更改，忽略此警告。另一个警告是部分传热区域存在可能的振动，但不严重，可忽略。

建议与提示包括：迭代计算8次收敛；建议选用板式换热器减少振动；在计算物性数据点时，有些数据点被拒绝，因为它们是被复制的；在物流的温度、压力、气化分率存在不一致时，EDR拒绝接收，重新计算；流股1、2在出口处，汽相质量分数为0。

在“Input Summary|Result Summary|Optimization Path”页面，列出了冷凝器主要数据，此处显示“OK”，表明设计通过。

EDR计算完成后生成大量数据，其中冷凝器设备数据见图4-8，冷凝器装配图与布管图在此略去。

Heat Exchanger Specification Sheet

1						
2						
3						
4						
5						
6	Size .381 - 3 m	Type BEM Hor	Connected in	1 parallel	1 series	
7	Surf/unit(eff.) 30.4 m?	Shells/unit 1	Surf/shell (eff.)	30.4 m?		
8	PERFORMANCE OF ONE UNIT					
9	Fluid allocation		Shell Side		Tube Side	
10	Fluid name					
11	Fluid quantity, Total kg/h		1621		28562	
12	Vapor (In/Out) kg/h	1621	3	0	0	
13	Liquid kg/h	0	1618	28562	28562	
14	Noncondensable kg/h	0	0	0	0	
15						
16	Temperature (In/Out) [illegible]	64.47	63.91	25	39.94	
17	Dew / Bubble point [illegible]	64.47	64.39			
18	Density Vapor/Liquid kg/m?	1.15 /	1.13 / 745.01	/ 997.17	/ 992.32	
19	Viscosity cp	.011 /	.011 / .3471	/ .8904	/ .654	
20	Molecular wt, Vap	32.02	32.03			
21	Molecular wt, NC					
22	Specific heat kJ/(kg K)	1.46 /	1.459 / 3.563	/ 4.174	/ 4.172	
23	Thermal conductivity W/(m K)	.019 /	.019 / .1891	/ .6067	/ .63	
24	Latent heat BTU/lb		472.4			
25	Pressure (abs) bar	1.0068	.98764	1	.95322	
26	Velocity m/s		14.86		.26	
27	Pressure drop, allow./calc. bar	.10342	.01916	.20684	.04678	
28	Fouling resist. (min) m?K/W		.00017	.00017	.00022 Ao based	
29	Heat exchanged 494.6 kW			MTD corrected	31.17 [illegible]	
30	Transfer rate, Service 522.6	Dirty 671.2	Clean 905.4		W/(m?K)	

31	CONSTRUCTION OF ONE SHELL			Sketch
32		Shell Side	Tube Side	
33	Design/vac/test pressure:g bar	1.44738/ /	3.44738/ /	
34	Design temperature [illegible]	104.44	104.44	
35	Number passes per shell	1	1	
36	Corrosion allowance mm	3.18	3.18	
37	Connections In mm	1 152.4 / -	1 / -	
38	Size/rating Out	1 25.4 / -	1 / -	
39	Nominal Intermediate	/ -	/ -	
40	Tube No. 174 OD 19	Tks-Avg 2 mm	Length 3000 mm	Pitch 25 mm
41	Tube type Plain	#/in Material	Carbon Steel	Tube pattern 30
42	Shell Carbon Steel ID 400	OD 419.05 mm	Shell cover	-
43	Channel or bonnet Carbon Steel		Channel cover	-
44	Tubesheet-stationary Carbon Steel	-	Tubesheet-floating	-
45	Floating head cover -		Impingement protection	None
46	Baffle-crossing Carbon Steel	Type Single segmental	Cut(%d) 39.17 V	Spacing: c/c 300 mm
47	Baffle-long -	Seal type		Inlet 411.9 mm
48	Supports-tube	U-bend	Type	
49	Bypass seal	Tube-tubesheet joint	Exp.	
50	Expansion joint -	Type None		
51	RhoV2-Inlet nozzle 508	Bundle entrance 121	Bundle exit 1	kg/(m s?)
52	Gaskets - Shell side -	Tube Side	Flat Metal Jacket Fibe	
53	Floating head -			
54	Code requirements	ASME Code Sec VIII Div 1	TEMA class	R - refinery service
55	Weight/Shell 1002.2	Filled with water 1349	Bundle	543.1 kg
56	Remarks			
57				
58				

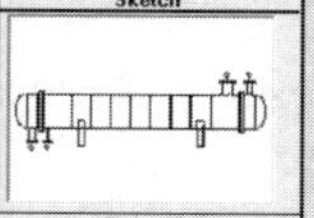

图4-8 冷凝器设备数据

【例4-3】 采用4bar饱和水蒸气作为加热蒸汽，对［例4-2］中甲醇精馏塔进行再沸器的设计选型。

解 选择立式热虹吸式再沸器进行设计，其具有传热系数大、投资费用低、加热带滞留时间短、配管容易等优点。

(1) 再沸器简捷设计计算

① 全局参数调整。打开［例4-2］的.bkp文件，在“Blocks|TOWER|Setup|Reboiler”页面，在“Thermosiphon Reboiler Options”栏目，选择“Specify reboiler outlet conditions”，在“outlet conditions”栏目，选择“Vapor Fraction”，填写0.745（由［例4-2］计算得到）。

② 流程设置。点击“Reboiler Wizard”按钮，利用再沸器向导进行设置。打开一个虹吸式再沸器的设置窗口。运用一个加热器和一个闪蒸罐的组合来模拟一个虹吸式再沸

器。输入加热器和闪蒸罐 ID，分别为"REBOILER"、"FLASH"；计算类型选为"Shortcut"，计算模式选择"Design"。完成向导后的流程图，如图 4-9 所示。

③ 选择物性方法。在"Blocks|RE-BOILER|Block Options|Properties"页面，为蒸汽选择 STEAM-TA 物性计算模型。

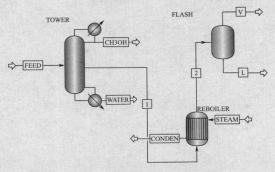

图 4-9　虹吸式再沸器流程

④ 设置物流信息。根据塔底温度，采用 4bar 饱和蒸汽作为加热蒸汽，蒸汽流率暂时填写 1000kg/h，后用"Design|Specifications"功能调整。

⑤ 设置模块信息。　根据 [例 4-2] 计算结果，在"Blocks|REBOILER|Setup|Specifications"页面，设置再沸器热负荷 565.3kW。再沸器采用简捷设计型计算，设置蒸汽冷凝液汽化分率为零。在"Blocks|REBOILER|Setup|U Methods"，总传热系数设置为 $400W/(m^2 \cdot K)$。

⑥ 使用"Design Specifications"功能调整低压蒸汽用量，控制水蒸气出口气化分率为 0。

⑦ 模拟计算，结果显示需要的再沸器换热器面积为 $35.3m^2$；冷却水流率应为 947.2kg/h。

（2）用 EDR 软件设计

① 用 EDR 软件建立一个"Shell&Tube"空白的再沸器设计文件，然后关闭。

② 数据传递。在"Blocks|TOWER|Setup|Reboiler"栏目，"Reboiler Wizard"页面，选择"Shell&Tube"表示用 EDR 软件详细设计，单击"Browse"按钮，把 EDR 空白文件调入。

运行计算。计算结果有警告，警告原因为存在振动。

③ EDR 数据调整。打开原先建立的 EDR 空白的再沸器设计文件，此时该文件已经接受了 Aspen Plus 软件传递的再沸器详细设计数据，对数据进行调整与补充。

在"Shell&Tube|Input|Problem Definition"栏目下，对"Process Data"页面冷、热流体侧的污垢系数（取 $0.172m^2 \cdot K/kW$）进行补充。将换热器位置设置为立式（Vertical），将管径和管间距标准化为 $\phi25mm \times 2mm$，管间距为 32mm。

再次运行计算，结果为：再沸器选型为 BEM 型，换热面积 $11.3m^2$，单管程、单壳程，封头外径为 219.08mm，管根数为 24，管外径 25mm，管长 6096mm，管心距 32mm。挡板数为 13，挡板间间距为 406.4mm，圆缺率为 33.01%。新换热器的总传热系数是 $3805.3W/(m^2 \cdot K)$，旧换热器的总传热系数是 $1563.6W/(m^2 \cdot K)$。

（3）再沸器选型、EDR 核算

① 根据 EDR 初步计算结果，进行再沸器的选型。

查《化工工艺设计手册（上册）第一版（修订）》，从 JB/T 4715—1992《固定管板式换热器》中选标准系列换热器 BEM 273-1.6-11.1-4.5/25-1 I，单管程、单壳程，壳径 273mm，换热面积 $11.1m^2$，换热管 $\phi25mm \times 2mm$，管长 4500mm，管数 32 根，三角形排列，管心距 32mm。

② EDR 核算。将上一过程得到的 EDR 文件，另存为校核文件。

在“Problem Definition | Application Options”页面，将计算模式更改为核算（Rating）模式。

按照选型结果输入再沸器的结构，参考初步设计结果，折流板数量 13 与切率 33%，其余均为默认数据。

按式(4-1) 计算壳程、管程进、出口直径。将计算结果分别填入 Shell Side Nozzles 和 Tube Side Nozzles。蒸汽进口管径计算结果为 107mm，选择 ISO125 型接管，其它管口计算结果也需要调整至符合要求。调整后壳程进口直径为 125mm、出口直径 50mm，管程进口直径 50mm，出口直径 125mm。

③ 运行计算。在“Result Summary | Warning&Messages”页面，共有 6 个警告，13 个建议与提示。按照提示修改再沸器的安装高度。一般要求再沸器气液相返塔管嘴与塔釜最高液面的距离不小于 300mm，以防止塔釜液面过高产生严重的雾沫夹带。假设甲醇塔内液面高度为 7000mm，则返塔高度设定为 7500mm。

在“Input Summary | Result Summary | Optimization Path”页面，列出了再沸器主要数据，最后一项设计状态，显示“OK”，表明设计通过。

EDR 计算完成后生成再沸器设备数据表，如图 4-10，再沸器装配图与布管图，略。

Heat Exchanger Specification Sheet

1						
2						
3						
4						
5						
6	Size 10 - 177.1654	in	Type BEM Ver	Connected in	1 parallel	1 series
7	Surf/unit(eff.) 11.1	m?	Shells/unit 1		Surf/shell (eff.)	11.1 m?
8	PERFORMANCE OF ONE UNIT					
9	Fluid allocation		Shell Side		Tube Side	
10	Fluid name					
11	Fluid quantity, Total	kg/h	1567		947	
12	Vapor (In/Out)	kg/h	0	899	947	0
13	Liquid	kg/h	1567	669	0	947
14	Noncondensable	kg/h	0	0	0	0
15						
16	Temperature (In/Out)	[illegible]	101.91	102.79	143.69	142.29
17	Dew / Bubble point	[illegible]	103.69	103.62	143.69	143.69
18	Density Vapor/Liquid	kg/m?	/ 916.11	.66 / 915.55	2.08 /	/ 871.99
19	Viscosity	cp	/ .2737	.0127 / .2721	.0142 /	/ .1899
20	Molecular wt, Vap			18.02	18.02	
21	Molecular wt, NC					
22	Specific heat	kJ/(kg K)	/ 4.503	1.887 / 4.51	1.909 /	/ 5.003
23	Thermal conductivity	W/(m K)	/ .675	.0246 / .676	.0284 /	/ .6859
24	Latent heat	kJ/kg		2254.7		
25	Pressure (abs)	bar	1.53405	1.31232	4	3.9572
26	Velocity	m/s	39.34		11.42	
27	Pressure drop, allow./calc.	bar	.35087	.22172	.25855	.0428
28	Fouling resist. (min)	m?K/W	.00017		.00017	.0002 Ao based
29	Heat exchanged 565.3	kW		MTD corrected	39.78	[illegible]
30	Transfer rate, Service 1281		Dirty 1547.1	Clean 3709.4		W/(m?K)

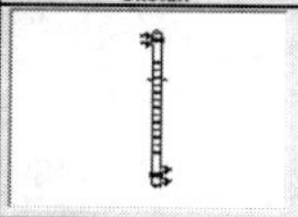

31	CONSTRUCTION OF ONE SHELL			Sketch
32		Shell Side	Tube Side	
33	Design/vac/test pressure:g bar	1.44738/ /	4.82633/ /	
34	Design temperature [illegible]	182.22	182.22	
35	Number passes per shell	1	1	
36	Corrosion allowance mm	3.18	3.18	
37	Connections In mm	1 125/ -	1 50/ -	
38	Size/rating Out	1 50/ -	1 125/ -	
39	Nominal Intermediate	/ -	/ -	
40	Tube No. 32 OD 25	TksAvg 2 mm	Length 4500 mm	Pitch 32 mm
41	Tube type Plain	#/in Material	Carbon Steel	Tube pattern 30
42	Shell Carbon Steel	ID 273 OD 292.05 mm	Shell cover -	
43	Channel or bonnet Carbon Steel		Channel cover -	
44	Tubesheet-stationary Carbon Steel	-	Tubesheet-floating -	
45	Floating head cover -		Impingement protection None	
46	Baffle-crossing Carbon Steel	Type Single segmental	Cut(%d) 29.7 V	Spacing: c/c 250 mm
47	Baffle-long -	Seal type		Inlet 707.14 mm
48	Supports-tube	U-bend	Type	
49	Bypass seal	Tube-tubesheet joint	Exp.	
50	Expansion joint -	Type None		
51	RhoV2-Inlet nozzle 1	Bundle entrance 0	Bundle exit 78	kg/(m s?)
52	Gaskets - Shell side -	Tube Side	Flat Metal Jacket Fibe	
53	Floating head -			
54	Code requirements ASME Code Sec VIII Div 1		TEMA class R - refinery service	
55	Weight/Shell 691.2	Filled with water 948.5	Bundle 242.4	kg
56	Remarks			

图 4-10　再沸器设备数据

四、塔器的工艺设计

（一）塔设备性能概述

塔器是气、液或液、液间进行传质传热分离的主要设备，根据塔内气、液接触构件的结构形式，塔设备可分为板式塔和填料塔两大类。

板式塔塔内装有一定数量的塔板，是气液接触和传质的基本构件，属逐级接触的气液传质设备。常用的错流塔板主要有筛孔塔板、泡罩塔板、浮阀塔板、舌片塔板、喷射塔板、穿流塔板和混排塔板等。目前使用最广泛的是筛板塔和浮阀塔。

填料塔塔内装有一定高度的填料，是气液接触和传质的基本构件，属微分接触型气液传质设备。填料塔结构简单，具有阻力小、便于用耐腐蚀性材料制造等优点。填料的种类很多，按装填方式分为规整填料和散装填料两大类。规整填料分为波纹板和丝网型，散装填料则有拉西环、鲍尔环、阶梯环、矩鞍环和各种花环等。对于许多传质传热分离过程，板式塔和填料塔各有其优点和适用性，详见表 4-6。

表 4-6　板式塔和填料塔的性能比较

性能	塔型	
	板式塔	填料塔
塔效率	效率较稳定,大塔的板效率比小塔的高。	用小填料,小塔的效率高;直径增大,效率下降。
压力降	压降比填料塔大。	压降小,适用于对阻力要求小的场合。
液气比	气液比的适应范围大,具有较大的操作范围。	操作范围较小,尤其对液体负荷的变化敏感,对液体喷淋量有一定的要求。
持液量	持液量较大。	持液量小,物料塔内停留时间短,适用热敏性物系。
空塔气速	空塔速度高。	空塔气速低。
材质要求	一般用金属材料。	内部结构简单,可用非金属耐腐蚀材料。
清洗维修	清洗方便,适于易聚合或含固体悬浮物物料。	大塔检修费用大,劳动量大。
重量	塔内件在制造厂已经组装好,结构稳定。	填料需要现场组装,填料塔的总重一般比承担同等任务的板式塔重。
造价	塔径大时一般比填料塔低。	塔径小时,因结构简单造价低;直径增大造价增加。

(二) 塔型选择原则

工业生产中塔型的比较和选择是较为复杂的问题,它直接影响分离任务的完成、设备投资和操作费用。选择时应综合考虑物料性质、操作条件、塔设备的性能及加工、安装、维修、经济性等多种因素,并遵循以下基本原则:

① 满足工艺要求,分离效率高;

② 生产能力要大,有足够的操作弹性;

③ 运转可靠性高,操作、维修方便,少出故障;

④ 结构简单,加工方便,造价较低;

⑤ 塔压降小。对于较高的塔来说,压降小的意义更为明显。

通常选择塔型未必能完全满足上述原则,设计者须根据具体情况抓住主要矛盾,并尽可能选用经过工业装置验证的高通量、高效、节能的塔内件。针对塔型选择和比较,给出以下建议。

(1) 以下情况优先选用板式塔

① 塔内滞液量较大、操作负荷变化范围较宽、对进料浓度变化要求不敏感、操作易于稳定的情况。

② 液相负荷较小的情况。

③ 含固体颗粒,易结垢或有结晶的物料。因为板式塔可选用液流通道较大的塔板,堵塞的危险较小。

④ 需要多个进料口或多个侧线出料口的情况以及需要在塔内设置内部换热组件,如加热(或冷却)盘管,板式塔在结构上容易实现。此外,塔板上有较多的滞液,以便与加热(或冷却)管进行有效的传热,如硝酸吸收塔。

⑤ 在较高压力下操作的蒸馏塔多采用板式塔。

(2) 以下情况优先选用填料塔

① 分离程度要求高的情况。某些新型填料具有很高的传质效率,可以降低塔的高度。

② 热敏性物料的蒸馏分离。新型填料的持液量较小，压降小，可真空操作。

③ 具有腐蚀性的物料。可选用非金属填料，如陶瓷、塑料等。

④ 容易发泡的物料。例如弱碱性溶液吸收 CO_2 和 H_2S，宜选用填料塔。

（三）塔板和填料选型

工业上需分离的物料及其操作条件多种多样，为了适应各种不同的操作要求，已开发和使用的塔板、填料类型很多，其性能及适用体系如表 4-7、表 4-8 所示，供设计时参考。

表 4-7　塔板的性能比较

塔板类型	优点	缺点	适用范围
泡罩塔	较成熟、操作稳定	结构复杂、造价高、塔板阻力大、处理能力小	特别容易堵塞的物系
浮阀塔	效率高、操作范围宽	浮阀易脱落	分离要求高、负荷变化大
筛板	结构简单、造价低、板效率高	易堵塞、操作弹性较小	分离要求高、塔板数较多
舌型板	结构简单、板阻力小	操作弹性窄、效率低	分离要求低的闪蒸塔
浮动喷射板	压力降小、处理量大	浮板易脱落、效率较低	分离要求较低的减压塔

表 4-8　填料的性能比较

填料类型	优点	缺点
拉西环	高径相等，形状简单，制造方便	均匀性差，存在严重向壁偏流和沟流现象
鲍尔环	环壁开孔，流体阻力降低，改善气液分布	
弧鞍环	结构简单，表面利用率高，制造方便	性能不及鲍尔环，相邻填料有重叠，填料均匀性差，易发生沟流
阶梯环	比鲍尔环短，一端制成喇叭口，强度增大，床层均匀，空隙率大	
规整填料	空隙率大，压降低，液体分布好，传质性能高	造价高，易被杂物堵塞且难清洗

（四）塔设计举例

【例 4-4】　板式精馏塔设计。以乙苯-苯乙烯精馏为例，采用 Aspen-Plus 化工流程模拟软件进行设计。原料组成（质量分数）为乙苯 0.5843，苯乙烯 0.415，焦油 0.0007（本题采用正十七烷表示焦油），进料量为 12500kg/h，温度为 45℃，压力为 101.325kPa。塔顶为全凝器，冷凝器压力为 6kPa，要求塔顶产品中乙苯含量不低于 99%（质量分数），塔底产品中苯乙烯含量不低于 99.7%（质量分数），用 PENG-ROB 物性方法。

（1）精馏塔的简捷计算

简捷计算的作用，是为精馏塔的严格计算提供初值。

① 全局性参数设置。计算类型为"Flowsheet"，选择计量单位制，设置输出格式。单击"Next"，进入组分输入窗口，按照题目要求，在"Component ID"中依次输入乙苯（EB）、苯乙烯（STYRENE）、焦油（TAR）。

② 选择物性方法。选用 PENG-ROB 方程。

③ 建立流程图。建立如图 4-11 所示的流程图，其中塔（DSTWU）采用模块库中的"Columns|DSTWU|ICON1"模块，连接好物料线。

④ 设置流股信息。按题目要求输入进料物料信息，如图 4-12 所示。

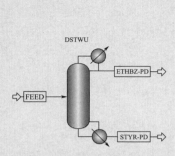

图 4-11　简捷计算流程图

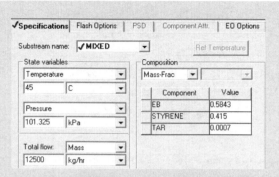

图 4-12　输入进料（FEED）条件

⑤ 精馏塔参数的输入。在"Blocks|DSTWU|Input|Specifications"页面，输入精馏塔参数。设定回流比为最小回流比的 1.2 倍，经计算轻关键组分乙苯塔顶回收率为 0.9991，重关键组分苯乙烯回收率为 0.0142。

至此，乙苯-苯乙烯精馏塔简捷计算所需信息已经全部设置完毕，开始运行计算。在"Bloks|DSTWU|Results"页面查看精馏塔计算结果：最小回流比为 4.26，最小理论塔板数为 35（包括全凝器和再沸器），实际回流比为 5.11，实际理论塔板数为 65（包括全凝器和再沸器），进料位置为第 25 块板，塔顶产品与进料摩尔流率比（Distillate to feed fraction）为 0.5853。

⑥ 生成回流比随理论板数变化表。在"Blocks|DSTWU|Input|Calculation Options"页面选中"Generate table of ratio vs number of theoretical stages"，输入初始值 36，终止值 85，变化量为 1。运行计算。点击"Blocks|DSTWU|Results|Reflux Ratio Profile"页面查看计算结果，可看到回流比随理论板数变化表，运用绘图功能，生成回流比与理论板数关系曲线。

（2）精馏塔的严格计算

① 流程的建立。全局设定和物流信息等的设定与简捷计算相同，故可以选择如下操作：保存简捷计算文件，然后将文件另存为一个新文件；在新文件中，用"RadFrac|FRACT1"模块替代"DSTWU|ICON1"，重新连接好物料线。

② 精馏塔严格计算的参数输入。由简捷计算结果可得，严格计算模块初始参数如表 4-9 所示，依次输入到相应栏目中。

表 4-9　精馏塔严格计算的初始参数

Calculation type	Equilibrium	Distillate to feed ratio(Mole)		0.5853
Number of Stages	65	Reflux ratio		5.11
Condenser	Total	Feed Stage		25(On-Stage)
Reboiler	Kettle	Pressure(kPa)	Stage1	6
Valid phases	Vapor-Liquid		Stage2	6.7
Convergence	Standard			

至此，在不考虑分离要求的情况下，精馏塔严格计算所需参数已经全部设置完毕。运行计算，其计算结果：塔顶乙苯含量为 98.7%，塔底苯乙烯含量为 99.3%，未达到分离要求，需要重新设定调整回流比。

③ 分离要求的设定。塔板数固定时，运用"Design Specifications"功能，求解回流比。

在"Blocks|RadFrac|Design Spec"下，建立分离要求"1"和"2"。

"DS-1"塔顶乙苯纯度的设定：在"Blocks| RadFrac |Design Spec|1| Specifications"页面，定义分离目标，结果如图4-13所示。在"Blocks| RadFrac |Design Spec|1|Components"页面，选定"EB"为目标组分；在"Feed/Product Streams"页面，选择"BTHBZ-PD"为参考物流。

"DS-2"塔底苯乙烯纯度的设定：重复操作，设定塔底苯乙烯纯度，结果如图4-14所示。

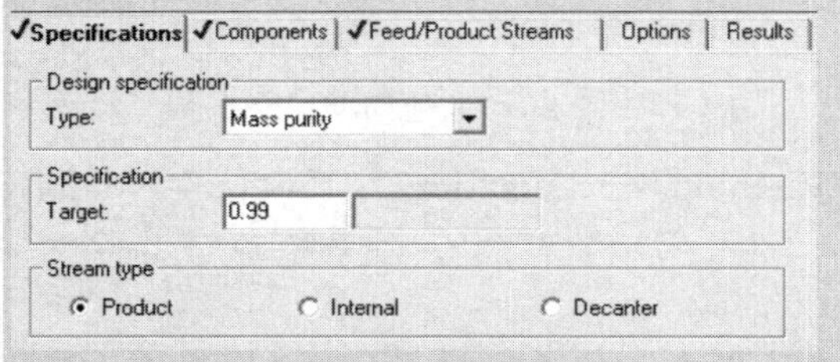

图 4-13　DS-1塔顶乙苯纯度的设定 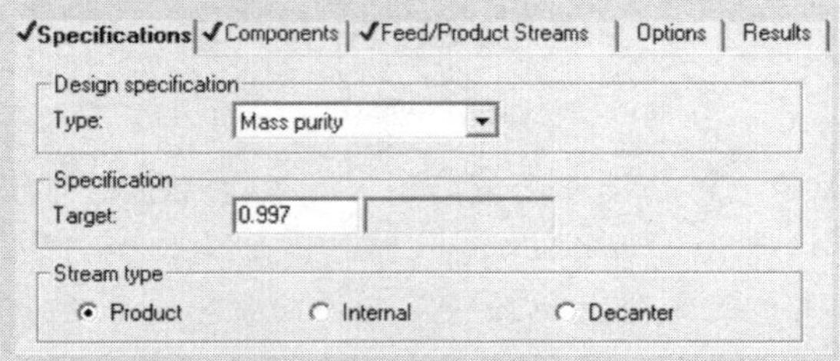　　　　图 4-14　DS-2塔底苯乙烯纯度的设定

在"Blocks|B1|Vary"下，定义变量"1"和"2"。

"Vary-1"塔顶采出率的定义：在"Blocks| RadFrac |Vary|1|Specifications"页面，设定塔顶采出率"Distillate to feed ratio"为变量，上下限分别为0.1、0.8。

"Vary-2"回流比的定义：在"Blocks| RadFrac |Vary|2|Specifications"页面，设定回流比"Reflux ratio"为变量，上、下限分别为4、8。

至此，塔顶采出率和回流比的计算所需参数基本设置完毕。

首先对塔顶采出率严格计算。塔顶采出率由物料衡算求出，回流比对其无较大影响。在"Blocks|RadFrac|Setup"栏目下，将回流比变大，设定为8，使回流比能够满足要求。隐藏"Vary-2"，运行计算，所得的塔顶采出率在0.5858左右。

然后对塔板数固定时的回流比严格计算。将严格计算的塔顶采出率结果更新到"Blocks|RadFrac|Setup"页面。隐藏"Vary-1"，还原"Vary-2"，运行计算，回流比为5.52。

至此，当塔板数为65时，规定分离要求的精馏塔的严格计算过程已经计算完毕，此时回流比为5.52。

④ 精馏塔的优化。使用"Sensitivity"功能进行能耗对塔板数和进料板位置的灵敏度分析。

a. 对塔板数进行灵敏度分析，确定理论板数。在"Modle Analysis Tools|Sensitivity"目录，创建一个灵敏度分析文件"S-1"。在"S-1|Input|Define"页面，定义因变量"QRE"，用于记录塔底再沸器能耗，结果如图4-15所示。

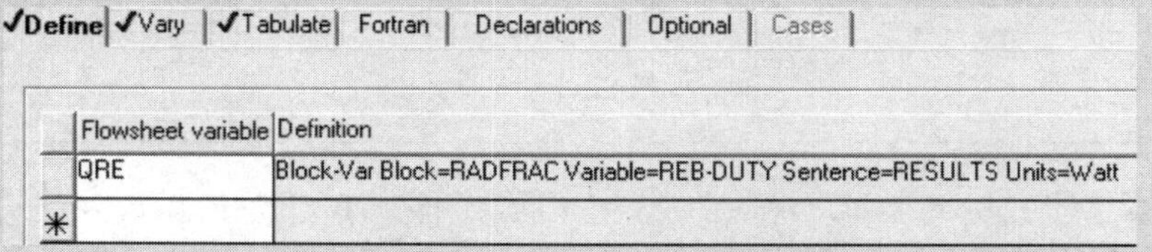

	Flowsheet variable	Definition
	QRE	Block-Var Block=RADFRAC Variable=REB-DUTY Sentence=RESULTS Units=Watt
*		

图 4-15　S-1分析参数

在"S-1|Input|Vary"页面，设置自变量为塔板数，其变化范围60~100。定义自变

量变化范围时应注意，精馏塔的理论板初值应大于变化范围的上限。因此，在"Blocks|RadFrac|Setup"栏目下，将理论板数更改为100。

在"S-1|Input|Tabulate"页面，设置输出格式为QRE/1000，将能耗输出单位改为kW。

至此，能耗对塔板数灵敏度分析计算需要的信息已经全部设置完毕，运行计算。计算结果如图4-16所示。由图4-16可得，当塔板数大于76时，随着塔板数的增加，能耗降低不明显，故选择塔板数为76。在"Blocks|RadFrac|Setup"栏目下，将理论板数更改为76。

b. 对进料板位置进行灵敏度分析，确定最佳进料位置。

重复上述操作，在"Modle Analysis Tools|Sensitivity"目录，创建一个灵敏度分析文件"S-2"。定义因变量"QRE"，用于记录塔底再沸器能耗。假设进料板位置"FEED-STAGE"变化，变化范围定义20～40。设置"QRE"为输出变量。

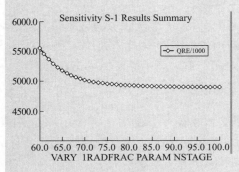
图4-16　能耗与塔板数关系曲线

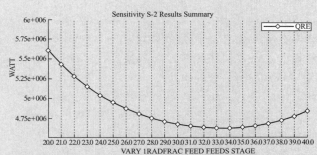
图4-17　能耗与进料位置关系曲线

信息全部设置完毕，隐藏"S-1"，运行计算。计算结果如图4-17，最佳进料位置为34板。

在"Blocks|RadFrac|Setup"栏目下，将进料位置更改为34。

至此，满足分离要求的精馏塔的优化过程已结束，塔板数为76，进料位置为第34块板。运行计算，结果如图4-18、图4-19所示。此时，塔顶乙苯纯度为98.9%，塔底苯乙烯纯度为99.7%，塔顶采出流率为7377kg/h，回流比为4.81，冷凝器负荷为4499.1kW，再沸器负荷为4626.8kW。

	ETHBZ-PD	FEED	STYR-PD
Temperature C	54.6	45.0	83.0
Pressure kPa	6.000	101.325	14.000
Vapor Frac	0.000	0.000	0.000
Mole Flow kmol/hr	69.501	118.638	49.137
Mass Flow kg/hr	7377.236	12500.000	5122.764
Volume Flow cum/hr	8.796	14.522	6.052
Enthalpy Gcal/hr	-0.077	1.160	1.346
Mass Flow kg/hr			
EB	7299.187	7303.750	4.563
STYRENE	78.049	5187.500	5109.451
TAR	TRACE	8.750	8.750
Mass Frac			
EB	0.989	0.584	891 PPM
STYRENE	0.011	0.415	0.997
TAR	TRACE	700 PPM	0.002

图4-18　优化后物流结果

Summary | Balance | Split Fraction | Reboiler | Utilities | Stag

View: Reboiler / Bottom stage ▼　Basis: Mole ▼

Reboiler / Bottom stage performance

Temperature:	83.0349352	C ▼
Heat duty:	4626.76188	kW ▼
Bottoms rate:	49.1372309	kmol/hr ▼
Boilup rate:	417.459558	kmol/hr ▼
Boilup ratio:	8.49578925	

图4-19　优化后再沸器结果

（3）板式塔设计

由于塔径和持液量较大，故选择板式塔。

① 塔径计算　在"Blocks|RadFrac|Tray Sizing"文件夹中，建立一个塔板计算文件"1"。在"Tray Sizing|1|Specifications"页面，填写塔板位置、板间距等信息。选择生产能力大，操作弹性好的条形浮阀塔板（Nutter Float Valve）。运行计算，结果：在第2块

板上取得最大直径 3.98m，降液管内液体流速为 9.55mm/s，堰长为 2.89m。

② 塔径校核　在"Blocks｜RadFrac｜Tray Rating"文件夹中，建立一个塔板核算文件"1"。在"Specs"页面，填写塔板位置 2、塔径 4m（圆整后）和板间距 600mm 等信息。在核算文件的"Layout"页面，填写浮阀具体结构，选择 Aspen Plus7.2 中的"Valve type BDP"型浮阀，单位面积浮阀数为 139.92，为降低全塔压降，阀门升程选最大 12.7mm。在"Downcomers"页面填写降液管底隙 50mm（根据夏清主编的《化工原理》教材，降液管底隙高度宜大于 20～25mm）。

至此，塔径核算所需参数已全部设置完毕，运行计算。点击 Result，进入结果界面可知，在塔径为 4m 时，最大液泛因子在第 2 块板上，为 0.736，小于 0.8，合适；全塔压降 28484Pa，每层浮阀塔板压降为 28484/74＝385Pa，高于减压塔 200Pa 的范围，在常压塔 265～530Pa 之间；在 34 块板上最大降液管液位 109.7mm，最大降液管液位/板间距＝0.183，小于 0.25～0.5；液体在降液管内最大流速在 34 块塔板上，为 12.9mm/s，液体在降液管内的最小停留时间为（600－50）/12.9＝42.6s，符合大于 3～5s 的要求，但偏大。因为软件计算结果未报警，所选塔径 4.0m 可用。在"Blocks｜RADFRAC｜Profiles｜Hydraulics"页面，可以看到各块塔板上的水力学数据。

（4）用 KG-tower 软件设计、核算

由 Koch-Glitsch 公司开发 KG-TOWER 软件能在大部分操作系统上运行，支持最新的操作系统。利用它可以设计常规的和高效塔板，设计散装填料和规整填料。

根据 Aspen 模拟结果，运用 KG-TOWER 软件进行流体力学的校核。

① 点开 KG-TOWER 界面，点击 click here for tower design--I agree--New case，即可进入操作界面。

② 依据模拟结果，在界面中输入每一塔节的气相质量流量、密度、黏度、负载的最大值和最小值，液相的质量流量、密度、表面张力、黏度以及负载的最大值和最小值。

③ 选择合适塔盘类型进行模拟。本例选择浮阀塔板，调整后塔径 4200mm，塔板间距取 600mm，由于塔径大于 2000mm，故选择双溢流。根据经验开孔率一般取 8%～14%，本例取为 13%。降液管宽度可使用 KG-tower 自带的公式进行计算，故可先根据经验填一个数值，然后点击 Tool-Estimate Downcomers 进行校验调整。

点击 Trays，进入界面后，输入上述数据，按上述步骤操作，如图 4-20。

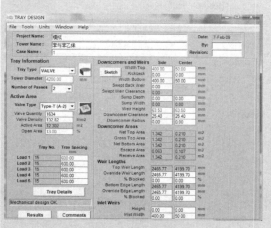

图 4-20　塔板参数输入界面

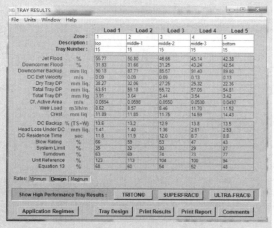

图 4-21　设计值结果

④ 查看结果。点击 Result，设计结果如图 4-21 所示。同时得到最大、最小负荷图，此处略。本例塔板液泛、降液管液泛、降液管出口速度均在可接受范围内，设计合理。

【例 4-5】 以吸收法除去矿石焙烧炉产生的废气 SO_2 为例，使用 Aspen 化工流程模拟软件进行填料塔设计。含 S 原料气体冷却到 20℃后送入填料塔中，用 20℃清水洗涤以除去其中的 SO_2。入塔的炉气流量为 2400m^3/h，其中 SO_2 摩尔分数为 0.05，要求 SO_2 的吸收率为 95％。吸收塔为常压操作。试设计该填料吸收塔。

（1）设计方案的确定

用水吸收 SO_2 属于中等溶解度的吸收过程，为提高传质效率，选用逆流吸收过程。因用水作为吸收剂，且 SO_2 不作为产品，故采用纯溶剂。因操作压力较低，考虑到 SO_2 遇水的腐蚀性较强，宜选用塑料填料，故选用综合性能较好的聚丙烯阶梯环散装填料。

（2）工艺参数的计算

① 全局性参数设置。计算类型为"Flowsheet"，选择计量单位制，设置输出格式。

单击"Next"，进入组分输入窗口，假设炉气由空气（AIR）和 SO_2 组成。在"Component ID"中依次输入 H_2O，AIR，SO_2。

② 选择物性方法。选择 NRTL 方程。

③ 画流程图。选用"RadFrac"严格计算模块里面的"ABSBR1"模型，连接好物料线。结果如图 4-22 所示。

④ 设置流股信息。按题目要求输入进料物料信息。初始用水量设定为 400kmol/h。

⑤ 吸收塔参数的输入。在"Blocks|B1|Setup"栏目，输入吸收塔参数。吸收塔初始模块参数如表 4-10 所示。其中塔底气相 GASIN 由第 14 块板上方进料，相当于第 13 块板下方。

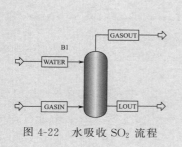

图 4-22　水吸收 SO_2 流程

表 4-10　吸收塔初始参数

Calculation type		Equilibrium
Number of stages		13
Condenser		None
Reboiler		None
Valid phases		Vapor-Liquid
Convergence		Standard
Feed stage	WATER	1
	GASIN	14
Pressure(kPa)	Stage 1	101.325

至此，在不考虑分离要求的情况下，本流程模拟信息初步设定完毕，运行计算，结果 SO_2 流率 GASIN 为 319.595kg/hr，GASOUT 为 11.102，SO_2 吸收率为 308.49/319.60＝96.52％。

⑥ 分离要求的设定——塔板数固定时，吸收剂用量的求解。

运用"Design Specifications"功能计算，在"Blocks|B1|Design Spec"下，建立分离要求"1"。

在"Blocks|B1|Design Spec|1|Specifications"页面，定义回收率目标为 0.95。在"Blocks|B1|Design Spec|1|Components"页面，选定"SO_2"为目标组分；在"Feed/

Product Streams"页面，选择"LOUT"为参考物流。

在"Blocks | B1 | Vary"下，定义变量"1"。在"Blocks | B1 | Vary | 1 | Specifications"页面，设定 WATER 的进料流量"Feed rate"为变量，上、下限分别为 5 和 1000 (kmol/hr)。

至此，分离要求已设置完毕，运行计算，结果为当塔板数为 13 时，要达到 95% 的吸收率，需用吸收剂（水）386.44kmol/h。

⑦ 吸收塔的优化——吸收剂用量对塔板数灵敏度分析。

使用"Sensitivity"功能进行分析。在"Modle Analysis Tools | Sensitivity"目录，创建一个灵敏度分析文件"S-1"。在"S-1 | Input | Define"页面，定义因变量"FLOW"，用于记录进塔水的流量，结果如图 4-23 所示。

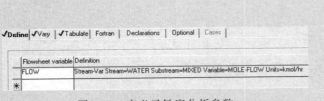

图 4-23　定义灵敏度分析参数

图 4-24　设置自变量变化范围

在"S-1 | Input | Vary"页面，设置自变量及其变化范围，这里假设塔板数变化，如图 4-24 所示。

在"S-1 | Input | Tabulate"页面，设置输出格式。设置"FLOW"为输出变量。

吸收塔在塔板数变化的同时，塔底气体的进料位置也随之改变。运用 Calculator 功能来实现这一过程。在"Flowsheeting Options | Calculator"目录，创建一个计算器文件"C-1"。在"C-1 | Input | Define"页面，定义 2 个变量，如图 4-25 所示，"FEED"记录塔底气体进料位置，"NS"记录吸收塔塔板数。

图 4-25　定义计算器变量

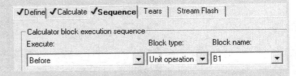

图 4-26　定义计算器顺序

在"C-1 | Input | Calculate"页面，编写塔底气体进料位置的 Fortran 语言计算语句 FEED=NS+1。

在"C-1 | Input | Sequence"页面，定义计算器计算顺序，如图 4-26 所示，在塔 B1 前计算。

至此，吸收塔灵敏度分析计算所需要的信息已经全部设置完毕，运行计算，结果如图 4-27 所示，吸收剂用量对塔板数曲线为利用 Aspen 内 Plot 功能作图的结果。

⑧ 吸收塔的工艺参数。由图 4-27 可得，当塔板数大于 10 时，随着塔板数的增加，吸收剂用量减少不太明显，因此选择塔板数为 10。在"Blocks | B1 | Setup"栏目，将塔板数改为 10，塔底气体进料位置为 11，隐藏"C-1"和"S-1"，运行计算。结果如图 4-28 所示。此时，水用量为 399.75kmol/h。

（3）填料塔设计

① 塔径计算　在"Blocks | B1 | Pack Sizing"文件夹中，建立一个填料计算文件"1"。

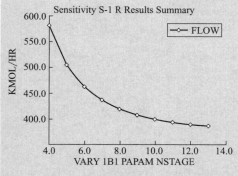

图 4-27 不同塔板数所需吸收剂用量

	GASIN	GASOUT	LOUT	WATER
Temperature C	20.0	20.5	20.3	20.0
Pressure kPa	101.325	101.325	101.325	101.325
Vapor Frac	1.000	1.000	0.000	0.000
Mole Flow kmol/hr	99.772	96.827	402.694	399.748
Mass Flow kg/hr	3063.673	2786.872	7478.381	7201.579
Volume Flow cum/hr	2400.000	2332.846	7.386	7.210
Enthalpy Gcal/hr	-0.357	-0.153	-27.512	-27.308
Mass Flow kg/hr				
H2O		41.366	7160.213	7201.579
AIR	2744.078	2729.526	14.553	
SO2	319.595	15.980	303.615	

图 4-28 填料塔最终工艺计算结果

在"Pack Sizing|1|Specifications"页面，填写填料位置、选用的填料型号、等板高度等信息，如图 4-29 所示。其中填料为塑料阶梯环（PLASTIC CMR），等板高度设定为 0.45m。初始选择 2A 型号，其湿填料因子为 103.36（1/m）。

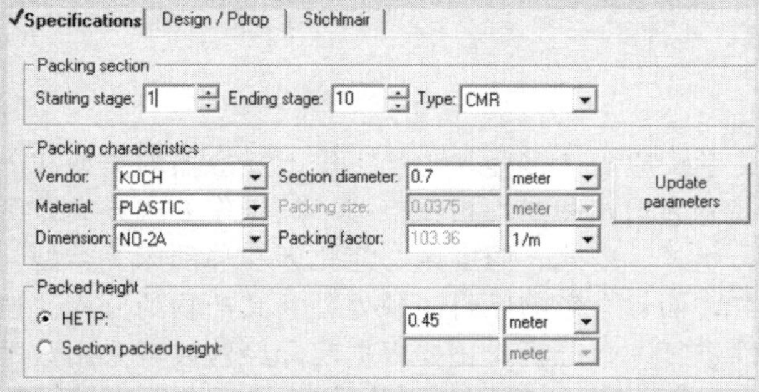

图 4-29 填料塔信息设置

Specifications | Design | Pdrop | Stichlmair | Results | Profiles

Packed column sizing results

Section starting stage:	1	
Section ending stage:	10	
Column diameter:	0.7521485	meter
Maximum fractional capacity:	0.62	
Maximum capacity factor:	0.05374418	m/sec
Section pressure drop:	1.02991519	kPa
Average pressure drop / Height:	228.870042	N/cum
Maximum stage liquid holdup:	0.00896303	cum
Max liquid superficial velocity:	0.00463093	m/sec
Surface area:	164	sqm/cum
Void fraction:	0.93	
1st Stichlmair constant:	0.8811089	
2nd Stichlmair constant:	-0.0608522	
3rd Stichlmair constant:	1.912651	

图 4-30 填料塔计算结果

运行计算，结果如图 4-30 所示。填料塔初步计算塔径为 752mm，此时最大负荷分率为 0.62，相对保守，可以选用塔径 700mm 进一步核算。

② 塔径核算 在"Blocks|B1|Pack Rating"文件夹下，建立一个填料核算文件"1"，在"Pack Rating|1|Specifications"页面，填写填料位置、选用的填料型号、等板高度等信息，塔径选择 0.7m。运行计算，由结果可知，当塔径为 0.7m 时，最大液相负荷分率 0.716，在 0.6～0.8 之间，最大负荷因子 0.062m/s，塔压降 1.563kPa，平均压降 0.347kPa/m，液体最大表观流速 0.00535m/s。

对于一般不易发泡物系，液泛率为 60%～80%，因此塔径选择 0.7m 是合理的。

（4）运用 KG-tower 模拟计算

根据 Aspen 模拟结果，运用 KG-TOWER 软件进行流体力学的校核。

① 点开 KG-TOWER 界面，点击 click here for tower design—I agree—New case，即可进入操作界面。

② 依据模拟结果，在界面中输入每一塔节的气相质量流量、密度、黏度，负载的最大值和最小值，液相的质量流量、密度、表面张力、黏度以及负载的最大值和最小值。

③ 选择合适填料进行模拟，本例选择填料 PLASTIC CMR-2A，塔径为 700mm，点击 Packings，进入界面后，输入上述数据，可得到设计结果如图 4-31。最（大）小负荷结果也可得到，此处略。

④ 查看、输出结果，File—Print 可得到每一塔段的校核结果。

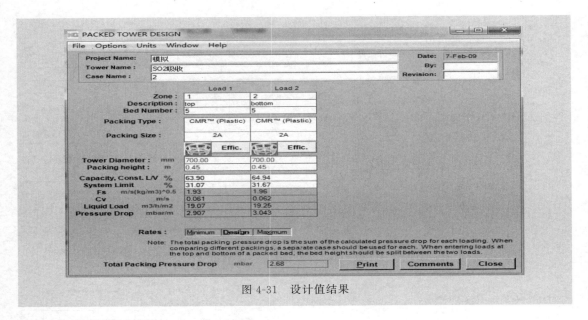

图 4-31　设计值结果

五、反应器的设计

反应器是化工生产的关键设备。由于化学反应复杂多样，工业生产上反应器的类型和分类方式也很多。按反应物料相态分类，可以分为均相和非均相反应器；按操作方式分类，则有间歇和连续反应器；按其结构分为管式、釜式、塔式、固定床、流化床和移动床等类型。

反应器类型不仅直接影响化学反应本身，而且会影响原料的预处理及其产物的分离。选型时不仅需要结合反应及装置两方面的特性进行综合分析，还要根据实际经验或者采用数学方法和计算机等辅助手段来做出合理选择。

（一）几种常用反应器特性

（1）釜式反应器　搅拌釜式反应器内釜温均一，浓度均匀，反应时间可调，操作范围较大。可常压、加压、减压操作，且出料容易，清洗方便。它可以连续操作，也可以间歇操作。对多釜串联连续流动反应可分段控制，停留时间也可以有效控制。其机械设计亦十分成熟，造价不高，用途广阔。国家已有 K 型和 F 型两类反应釜系列标准，可供设计选用。生产应用实例：苯的硝化，丙烯聚合，氯乙烯聚合等。

（2）管式反应器　管式反应器具有结构简单、换热面积大、传热效果好、温度易控制、反应速率快和产品稳定的特点。管式反应器直径较小，能耐高温、高压，且经过一定的控制手段，可使管式反应器有一定的温度梯度和浓度梯度。生产应用实例：石脑油裂解，甲基丁炔醇合成，管式法高压聚乙烯等。

（3）固定床反应器　固定床反应器在气固相催化反应中占主要的地位。其结构简单，操作稳定，便于控制，易于实现连续化。催化剂不易磨损，与返混式的反应器相比，反应速率较快。由于停留时间可以严格控制，温度分布可以适当调节。但是固定床中传热较差，对于热效应大的反应过程，传热与控温问题成为固定床技术中的关键和难点。另外还存在催化剂装卸的麻烦，连续生产需要设置备用反应器。生产应用实例：苯烃化制乙苯，丁烯氧化脱氢，乙苯脱氢，乙烯法制醋酸乙烯等。

（4）流化床反应器　流化床反应器传热效能高，床内温度容易维持均匀。其进料、出料、排废渣都可以用气流流化的方式进行，易于实现连续化、自动化生产和控制，生产能力较大。其缺点是气流状况不均，使气-固两相接触不够有效；颗粒返混停留时间不一，影响反应速率和造成副反应的增加；颗粒的磨损和带出造成催化剂的损失，并需要有颗粒回收系统。生产应用实例：石油催化裂化，矿物的焙烧或冶炼，焦油加氢精制和加氢裂解，丁炔二醇加氢等。

（5）其他类型反应器　介于流化床和固定床之间的有搅拌床、移动床、喷动床、转炉、回转窑炉等。还有许多新型的和改进的反应器类型。

（二）反应器选型依据

在反应器设计时，除了遵循"合理、先进、安全、经济"的原则，在落实到具体问题时，需要考虑以下设计要点。

（1）保证物料转化率和反应时间　物料的转化率和必要的反应时间是选择反应器类型的重要依据；选型以后，可计算反应器的有效容积，确定长径比及其他基本尺寸，决定设备的台件数。

（2）满足反应的热传递要求　化学反应往往都伴有热效应，要及时移出或加入适量热量。因此在设计反应器时，要保证有足够的传热面积和温度测控系统等相关装置。

（3）设计合适的搅拌器或类似作用的机构　使反应器内物料处于湍流的状态，有利于传热传质过程的实现。对于釜式反应器，依靠搅拌器来实现物料流动和混合接触；对于管式反应器，往往由外加动力调节物料的流量和流速。

（4）材质选用和机械加工要求　釜式反应器的材质选用通常是根据工艺介质有无腐蚀性或在反应产物中防止铁离子渗入、要求无锈等。此外，材质的选择与反应温度、加热方法有关，与反应粒子的摩擦程度、摩擦消耗等因素也有关。

（5）反应器的选型可依据物料的不同相态进行

a. 液-液相或气-液相反应，一般选釜式反应器；某些液-固相反应或气-液-固反应在工艺条件要求不高时也优先选用反应釜。

b. 气相反应或反应速率较快的均液相反应，多选用管式反应器；小规模的也可选用加压反应釜。

c. 对于气固相反应，采用固定床、带有搅拌形式的塔床、回转床和流化床。在物料放热比较大或停留时间短、不怕返混的情况下，建议使用流化床。

（三）反应器设计举例

【例 4-6】 以乙酸和丁醇反应生成乙酸丁酯为例，进行反应器设计。某工段需要每天生产 12 吨乙酸丁酯，要求乙酸的转化率大于等于 60%，原料中乙酸浓度 $C_{A0} = 0.00375\text{kmol/L}$；原料丁醇的流率为 34L/min，反应方程为：

$$CH_3COOH + CH_3CH_2CH_2CH_2OH \longrightarrow CH_3CH_2CH_2CH_2OOCCH_3 + H_2O$$

解根据反应特点，选用连续釜式反应器（RCSTR），取 $X_{Af} = 0.6$，根据文献资料可查得：反应温度为 100℃，反应动力学方程为 $r_A = kC_A^2$ 其中 $k = 17.4\text{L/(kmol} \cdot \text{min)}$，下标 A 表示乙酸。搅拌釜内的操作压力为 0.1MPa；入口温度为 30℃。

（1）反应器体积计算

该反应为单一液相反应，物料密度变化很小，可近似认为是恒容反应过程。

原料乙酸处理量：$Q_{A0} = \dfrac{12 \times 10^3}{24 \times 116} \div 0.6 \div 0.00375 = 1915.7\text{L/h} = 31.93\text{L/min}$

反应器出料口物料浓度：$C_A = C_{A0}(1 - X_{Af}) = 0.00375 \times (1 - 0.6) = 0.0015\text{kmol/L}$

反应釜内的反应速率：$r_A = kC_A^2 = 17.4 \times 0.0015^2 = 3.915 \times 10^{-5}\text{kmol/(L} \cdot \text{min)}$

空时：$\tau = \dfrac{V_r}{Q_{A0}} = \dfrac{C_{A0} - C_A}{r_A} = \dfrac{C_{A0}X_{Af}}{r_A} = \dfrac{0.00375 \times 0.6}{3.915 \times 10^{-5}} = 57.47\text{min}$

理论体积：$V_\tau = Q\tau = (31.93 + 34) \times 57.47 = 3789\text{L}$

取装填系数为 0.75，则反应釜的实际体积为：$V=\dfrac{V_\tau}{0.75}=\dfrac{3789}{0.75}=5052L$

（2）模拟校核设备容积

根据已知工艺条件和计算结果，启用 Aspen plus 反应器模拟模块中的全混釜反应器（RCSTR）模块进行模拟校核。

① 流程图的建立。在模块库中选择"Reactors-RCSTR"模块，连接好进、出口物料，结果如图 4-32。点击 Next，在"Component-Specifications-Selection"页面，输入组分乙酸、丁醇、乙酸丁酯以及水，结果如图 4-33。

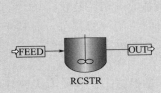

图 4-32 模型建立

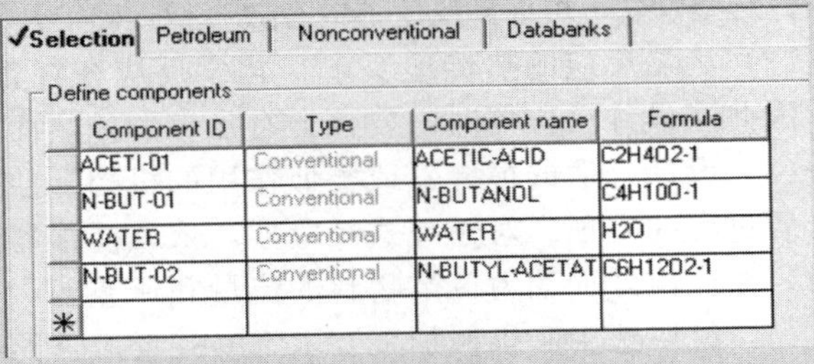

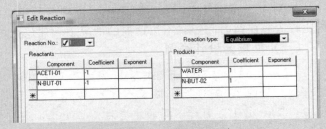

图 4-33 组分参数输入

② 物性方法的选择。点击 N➤，进入"Properties-Specifications-Global"界面，选择物性方法：NRTL-HOC。

③ 设置流股信息。Streams-FEED-INPUT-Specifications 页面按照题目所给信息输入 FEED 的各个参数，结果如图 4-34 所示。

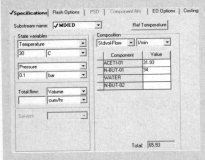

图 4-34 流股参数的输入

图 4-35 化学反应对象的建立

④ 建立化学反应对象。从左侧数据浏览窗口点击进入 Reactions-Reactions 界面，点击 New，新建化学反应对象，如图 4-35 所示。

⑤ 模块参数的输入。进入"Blocks-RCSTR-Setup-Specifications"界面，输入 RCSTR 模块的各个参数、反应温度、压力和停留时间。

在"Reactions-Reactions-R-1-Input-Equilibrium"页面，输入相关参数，如图 4-36。

在"Blocks-RCSTR-Setup-Reaction"界面，将已创建的反应方程式文件夹"R-1"选入反应体系。

⑥ 至此搅拌釜式反应器模拟计算所需参数已经全部设定完毕，运行模拟。点击 ✓，在左侧的数据浏览窗口选择 Results Summary-Custom Stream Summary，可看到模拟结果，如图 4-37(1) 所示。由模拟结果 1 可得 CH_3COOH 的转化率为 $(33.24-12.78)/33.24=61.6\%$，十分接近工艺要求，故反应器的体积计算结果可用。

（3）反应釜选型与传热面积校核

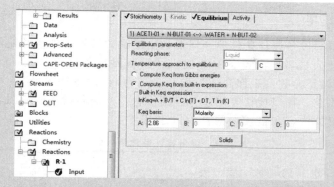

图 4-36　反应器参数的输入

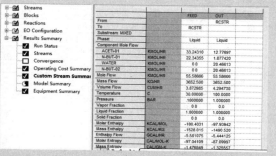

图 4-37（1）　模拟结果 1

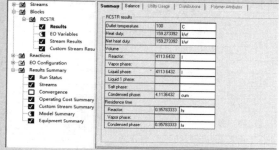

图 4-37（2）　模拟结果 2

根据计算所得的反应器的体积，参照搪瓷釜反应器选型标准，选择 K 型 5000L 反应釜，其内径为 1750mm，其传热面积为 13.6m²；其反应釜的夹套直径为 1900mm，夹套高度为 2485mm。

在本例的 Aspen plus 模型中，点击 ☑，在左侧的数据浏览窗口选择 Blocks-RCSTR-results，可得到所需的反应热负荷为 159.27kW，如图 4-37（2）。

查阅相关文献，并参考郑州某化工设备有限公司提供的设备测试数据，在不考虑壁阻和垢阻的情况下，反应釜的传热系数 K 为 547W/（m²·K）。选用 0.2MPa（120℃）的饱和蒸汽作为加热介质，根据传热基本方程 $Q = KA\Delta t_m$，可得

$$A = \frac{Q}{K\Delta t_m} = \frac{159270}{547 \times \Delta t_m} = \frac{159270}{547 \times \dfrac{(120-30)-(120-100)}{\ln\left(\dfrac{120-30}{120-100}\right)}} = 6.3\text{m}^2$$

故 K 型 5000L 反应釜校核符合。

（4）选择搅拌器、搅拌轴和联轴器

根据工艺条件要求，选取平桨式搅拌器。查阅《搪玻璃搅拌器桨式搅拌器》（HG/T 2501.4—2007），根据反应釜的公称容积、容器内径，选择合适的搅拌轴直径，从而选择合适的搅拌器型号。

查阅标准《搅拌传动装置—联轴器》（HG/T 21570—1995）中夹壳式联轴器形式、尺寸、技术要求，选用合适的联轴器。

（5）选择搅拌传动装置和密封装置

搅拌传动装置包括电动机、减速机、单支点机架、釜外联轴器、机械密封、传动轴、釜内联轴器、安装底盒、凸缘法兰和循环保护系统等。

六、设备设计条件单

标准设备不需填写设备设计条件单，但要列出详细的型号、规格及配件规格数量。对于非标设备，工艺设计人员需要向设备专业提供"设备设计条件单"，以进行非标设备设计。"条件单"包括工艺设计参数（工作介质、温度、压力），设备外形尺寸、内部结构、材料，设计、制造、检验要求，管口规格、用途等详细信息，并需附设备简装图，明确各部件定位尺寸和管口位置。具体内容和格式参见表 4-11 和表 4-12。

表 4-11　设备设计条件单（1）

工程号	××××	
文件号	××××	
第 1 页	共 2 页	0 版

塔 器 数 据 表				

修改	设备名称　吸收塔	位号：C201	用户：	
		台数：1	厂址：	
	型式：填料塔	外形尺寸：Φ700	装置名称：SO₂ 吸收塔（2400m³/h）	
	容积：$V=\sim 4.8m^3$	支承型式：裙式■；耳式□	设备净重：～5950kg	
	制造厂	容器类别：一	水压试验时重量：～10100kg	

设计条件		设计、制造、检验要求	
		设计规范	JB 4710—2005
设计压力/MPa	0.25	制造、检验技术规定	HG 20584—2011
设计温度/℃	50	安全监察	压力容器安全技术监察规程
工作压力/MPa	正常 0.2	焊接工艺评定及规程	JB 4708/JB 4709
工作温度/℃	液相：最大 40/正常 20，气相：最大 40/正常 25	焊缝检测	JB 4730—2005
介质名称	SO₂、H₂O	焊后热处理	—
密度/（kg/m³）	液相：最大 1013；气相：1.28	其他检验要求	
腐蚀裕量/mm	—	涂漆、包装、运输	JB 2536—80
焊缝系数	0.85		
全容积/m³	4.8		
水压试验压力/MPa	0.3	主要材料	
气密试验压力/MPa	—		

设计风压/Pa	450	筒体	00Cr17Ni14Mo2	丝网	—
地震烈度	7	封头	00Cr17Ni14Mo2	浮阀（泡罩）	—
场地类别	2	支（裙）座	Q235-A	垫片	CAF
保温层厚度/mm	80	设备法兰	16Mn+00Cr17Ni14Mo2	螺栓（外）	40MnB

塔型	内 件 结 构			接管	00Cr17Ni14Mo2	螺母（外）	35
筛板□	塔板数	开孔率　%	孔径　mm	接管法兰	16Mn+00Cr17Ni14Mo2	螺栓（内）	—
浮阀□	塔板数	每块阀数	浮阀规格	塔板		螺母（内）	—
泡罩□	塔板数	每块泡罩数	泡罩规格	填料	00Cr17Ni14Mo2	吊柱	
填料■	段数　1	每段高度 6m	填料规格 38×19×1	栅板	00Cr17Ni14Mo2		
分离器型式：挡板				内件	00Cr17Ni14Mo2		

管 口 表						
符号	DN	PN	法兰形式	连接面	连接标准	用途
A	240	4.0	PJ/SE	RF	HG 20599—09	气体入口
B	35	4.0	WN	RF	HG 20595—09	液体入口
C	240	4.0	PJ/SE	RF	HG 20599—09	气体出口
D	35	4.0	PJ/SE	RF	HG 20599—09	液体出口
E₁₋₂	待定					液位计接口
F	待定					压力传送接口
G	150	4.0		RF		接管 B 连接口
H	200	4.0		RF		卸料口

附注：
1. 设备简图见本数据表第 2 页。
2. 接管 E₁、E₂、G 待详细设计阶段确定
3. 接管 G、H 的 DN 为暂定值，待喷头订货后最终确定。

0	供审查					
版次	说　明	日期	编制	校核		审核

表 4-12　设备设计条件单（2）

塔器数据表	工程号	××××
	文件号	××××
	第 2 页	共 2 页　0 版

| 修改 | 设备名称　吸收塔 | 位号：　C201 |

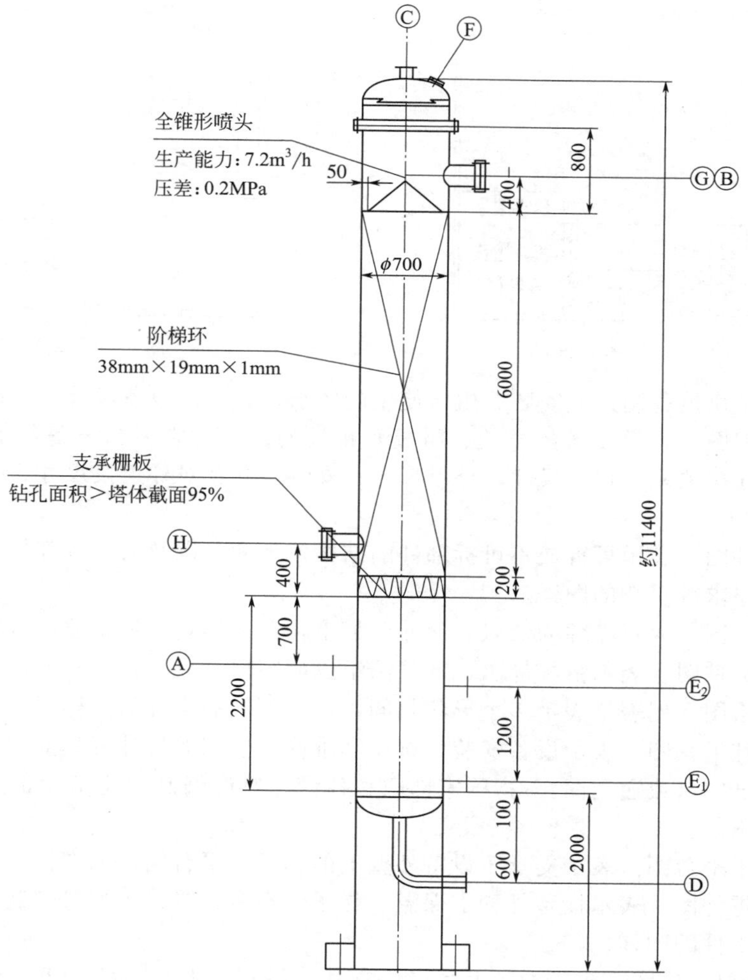

全锥形喷头
生产能力：7.2m³/h
压差：0.2MPa

φ700

阶梯环
38mm×19mm×1mm

支承栅板
钻孔面积＞塔体截面95%

约11400

800
400
50

6000

400
700
2200

200
1200

600 100
2000

第三节　化工设备图

一、设备设计文件构成

化工设备设计文件按设计阶段可分为基础工程设计和详细工程设计；按文件或图纸的用途可分为工程图和施工图。

工程图是表示设备的化工工艺特性、使用特性和制造要求的图纸。它依据工艺数据表编成，用于基础工程设计审核、设备询价、订货和制造，以及向相关专业提出设计条件。工程图中各要素布置见图 4-38。

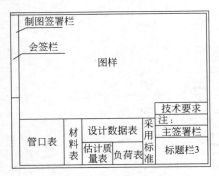

图 4-38　工程图的布置

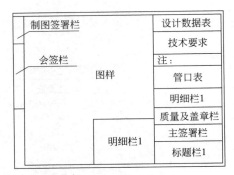

图 4-39　装配图的布置

施工图是供设备制造、安装、生产使用的图纸。施工图设备设计文件由下列部分组成：

（1）装配图　表示设备的全貌、组成和特性的图样，它表达设备各主要部分的结构特征、装配和连接关系、特征尺寸、外形尺寸、安装尺寸及对外连接尺寸、技术要求等，具体布置见图 4-39。

（2）部件图　表示可拆或不可拆部件的结构、尺寸，以及所属零部件之间的关系、技术特性和技术要求等资料的图样。

（3）零件图　表示零件的形状、尺寸、加工，以及热处理和检验等资料的图样。

（4）零部件图　表示由零件图、部件图组成的图样。

（5）表格图　用表格表示多个形状相同、尺寸不同的零件的图样。

（6）特殊工具图　表示设备安装、试压和维修时使用的特殊工具的图样。

（7）标准图（或通用图）　指国家部门和各设计单位编制的化工设备上常用零部件的标准图和通用图。

（8）梯子平台图　表示支承于设备外壁上的梯子、平台结构的图样。

（9）预焊件图　表示设备外壁上保温、梯子、平台、管线支架等安装前在设备外壁上需预先焊接的零件的图样。

（10）管口方位图　表示设备上管口、支耳、吊耳、人孔吊柱、板式塔降液板、换热器折流板缺口位置，地脚螺栓、接地板、梯子及铭牌等方位的图样。

（11）技术要求　表示设备在制造、试验、验收时应遵守的条款和文件。

（12）计算书　表示设备强度、刚度等的计算文件。当用计算机计算时，应将输入数据和计算结果作为计算文件。

（13）说明书　表示设备结构原理、技术特性、制造、安装、运输、使用、维护、检修及其它需说明的文件。

（14）图纸目录　表示每个设备的图纸及技术文件的全套设计文件的清单。

二、设备图的基本画法介绍

（一）图纸的幅面和文字规定

1. 图纸的幅面

工程图常采用 A3 或 A2 幅面。施工图一般为 A1，尽量不用 A1、A2、A3、A4 加长或加宽的幅面。当在一张图纸上绘制若干个图样时，可将其分为若干个小幅面，且每个幅面的尺寸应符合 GB/T 14689 技术制图《图纸幅面及格式》的规定；也可以内边框为准，用细线划分接近标准幅面尺寸的图样幅面。

在幅面布局时需要注意：A3 幅面不允许单独竖放；A4 幅面不允许横放；而 A5 幅面不允许单独存在。

2. 图样的比例

图样的比例应符合 GB/T 14609 规定；化工设备图还可用缩小比例如 1：1.5、1：2.5、1：3、1：4、1：6 和放大比例 2.5：1、4：1。

3. 文字、符号、代号的字体

字体应符合 GB/T 14691 规定。

（1）文字、汉字为仿宋体，拉丁字母（英文字母）为 B 型直体。

（2）阿拉伯数字为 B 型直体 1、2、3…。

（3）放大图序号为 B 型直体罗马数字 Ⅰ、Ⅱ、Ⅲ…。

（4）焊缝序号为阿拉伯数字。

（5）焊缝符号及代号按国标或行业标准。

（6）标题放大图用汉字表示。

（7）剖视图、向视图符号以大写英文字母表示：如 A 向，用 A—A 表示。

（8）管口符号以大写的英文字母 A、B、C……表示。常用管口符号推荐按表 4-13 所示。同一用途、规格的管口、数量以下标 1、2、3 表示．如 $TI_{1\sim2}$、$LG_{1\sim2}$ 等。

表 4-13　常用管口符号表示方法

管口名称或用途	手孔	液位计口（现场）	液位开关口	液位变送器口	人孔	压力计口	压力变送器口	在线分析口	安全阀接口	温度计口	温度计口（现场）	裙座排气口	裙座入口
管口符号	H	LG	LS	LT	M	PI	PT	QE	SV	TE	TI	VS	W

4. 字体尺寸规定

常用字体尺寸规定见表 4-14。表中字体大小是指字的高度 h（mm），其字宽为 $h/\sqrt{2}$。标题栏、签署栏和明细栏中的文字和数字见各部分规定。

表 4-14　字体尺寸的规定

项目	字体尺寸		备注
	工程图用	施工图用	
图纸目录、说明书、计算书	3.5		包括文字和数字
设计数据表、管口表、明细栏、视图中的文字	2.5	3.5	
管口符号、视图符号、放大图序号、标题汉字	3.5	5	
焊缝代号、符号、数字及其它数字	2.5	3	件号数字为 5

（二）视图的配置

化工设备多为壳体容器，要求承压性能好，制作方便、省料。故其主体结构如筒体、封头等以及一些零部件（人孔、手孔、接管等）多由圆柱、圆锥、圆球和椭球等构成。

由于化工设备的主体结构多为回转体，其基本视图常采用两个视图。立式设备一般用主、俯视图，卧式设备一般用主、左（右）视图来表达设备的主体结构。在明确表示物体的前提下，以视图（包括向视图、剖视图等）的数量最少为原则。

选择视图时要考虑尽量避免使用虚线表示物体的轮廓及棱线，同时避免不必要的重复。当设备较高（长）时，由于图幅有限，俯、左（右）视图难于安排在基本视图位置，可以将其配置在图面的空白处，注明其视图名称；如果画在另一张图纸上，需要分别在两张图纸上注明视图关系。

某些结构形状简单，在装配图上易于表达清楚的零件，其零件图可直接画在装配图中适当位置，注明件号××的零件图。

（三）细部结构的画法

由于化工设备的各部分结构尺寸相差悬殊，如设备的总高（长）与直径、设备的总体尺寸（长、高及直径）与壳体壁厚或其它细部结构尺寸，大的几十米，小至几毫米，按缩小比例画出的基本视图中，很难兼顾到将细部结构也表达清楚。因此，化工设备图中多用局部放大图和夸大画法来表达这些细部结构，并标注尺寸。

（1）局部放大图（节点详图） 用局部放大的方法来表达细部结构时，可画成局部视图、剖视或剖面等形式。可按规定比例，也可不按比例作适当放大，但都要标注清楚（见图 4-76）。

（2）夸大画法 对于化工设备中某些细小结构或较小的零部件如折流板、管板、壳体（管）壁厚、垫片按比例缩小后，难以表达其厚度，可作适当的夸大画出（见图 4-76）。

（四）断开和分层画法

对于过高或过长的化工设备，如塔、换热器及贮罐等，为了采用较大的比例清楚地表达设备结构和合理地使用图幅，常使用断开画法，即用双点划线将设备中重复出现的结构或相同的结构断开，使图形缩短，如图 4-40 所示。对于较高的塔设备，如果使用了断开画法，其内部结构仍然不能表达清楚时，则可将某一段用局部放大的方法表达。若由于断开和分层画法造成设备总体形象表达不完整时，可用缩小比例，单线条画出设备的整体外形图或剖视图。在整体图上，应标注总高尺寸、各主要零部件的定位尺寸及各管口的标高尺寸。塔盘应按顺序从下至上编号，且应注明塔盘的间距尺寸。

（五）多次旋转画法

化工设备壳体上分布有众多的管口、开口及其它附件，为了在主视图上表达它们的结构形状及位置高度，可使用多次旋转的表达方法。多次旋转，即假想将设备径向或四周分布的接管及其它附件，按机械制图国家标准中规定的旋转法，分别按不同方向旋转到与正投影面平行的位置，得到反映它们实形的视图。为了避免混乱，在不同的视图中同一接管或附件应用相同的大写英文字母编号。图中规格、用途相同的接管或附件可共用同一字母，用阿拉伯字母作脚标，以示个数。应注意被旋转的接管及其它附件在主视图上不应相互重叠。如图 4-76 中，若 A 旋转将会与 G 或 E 重叠，此时可用剖视的局部放大图单独表达。

（六）简化画法

在绘制化工设备图时，为了提高绘图效率，在不影响视图正确、清晰地表达结构形状的前提下，可大量地采用各种简化画法。

（1）接管法兰 简化画法见图 4-41、图 4-42 和图 4-43，图形中螺栓孔用中心线表示，螺栓连接用中线上的"×"表示，法兰用矩形表示。

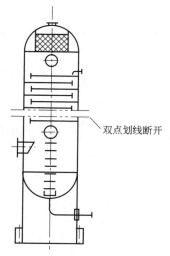

图 4-40　简化塔和断开画法

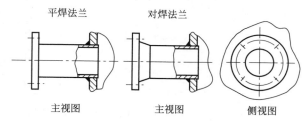

图 4-41　法兰连接面型式的画法

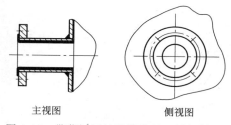

图 4-42　带薄衬层的接管法兰（局部剖视）

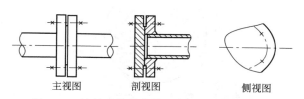

图 4-43　法兰连接的螺栓、螺母和垫片的画法

（2）标准化零部件　已有标准图的标准化零部件在化工设备图中不必详细画出，可按比例画出反映其特征外形的简图。而在明细表中注明其名称、规格、标准号等。

（3）外购部件　在化工设备图中，可以只画其外形轮廓简图。但要求在明细表中注明名称、规格、主要性能参数和"外购"字样等。

（4）液面计　液面计可用点划线示意表达，并用粗实线画出"＋"符号表示其安装位置（如图 4-44），但要求在明细表中注明液面计的名称、规格、数量及标准号等。

（5）重复结构　化工设备中出现的有规律分布的重复结构允许作如下简化表达：

① 螺纹连接件组，可不画出这组零件的投影，只用点划线表示其连接位置，如设备法兰的螺栓连接，但在明细表中应注明其名称、标准号、数量及材料。

② 按一定规律排列的管束，可只画一根，其余的用点划线表示其安装位置。

③ 按一定规律排列、并且孔径相同的孔板，如换热器中的管板、折流板、塔器中的塔板等，可以按图 4-45 中的方法简化表达。图 4-45（a）为圆孔按同心圆均匀分布的管板；图 4-45（b）为圆孔按正三角形分布的管板，用交错网线表示各孔的中心位置，并画出几个孔；图 4-45（c）为要求不高的孔板（如筛板）的简化画法，对孔数不作要求，只要求画出钻孔范围，用局部放大图表示孔的分布情况，并标注孔径及孔间的定位尺寸。

④ 设备中（主要是塔器）规格、材质和堆放方法相同的填料，如各类环（瓷环、钢环及塑料环等）、卵石、塑料球、波纹瓷盘及木格子等，均可在堆放范围内用交叉细实线示意表达（见图 4-46）。其中，（a）、（b）为同一规格和堆放方法，（c）为不同规格或堆放方法。

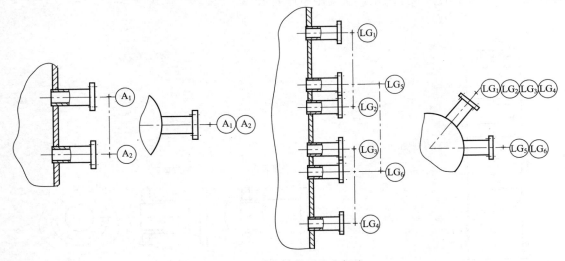

图 4-44　液面计的画法和标注

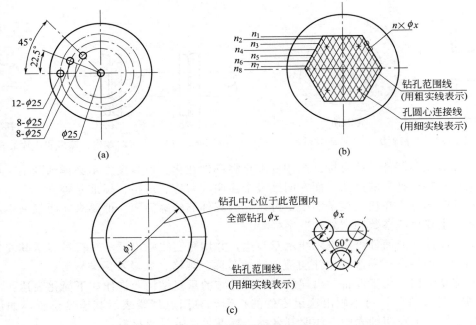

图 4-45　孔板的简化画法

（七）化工设备衬里和涂层的画法

（1）薄涂层　喷镀耐腐蚀金属材料或塑料、涂漆、搪瓷等薄镀涂层的表达如图 4-47 所示，仅在需涂层表面绘制与表面平行的粗点划线，并标注镀涂层内容，图样中不编件号，详细要求可写入技术要求。

（2）薄衬层　诸如衬金属薄板、衬橡胶板、衬聚氯乙烯薄膜、衬石棉板的表达如图4-48 所示，在所需衬板表面绘制与表面平行的细实线即可。衬里是多层且材料相同时，只需编一个件号，在明细表的备注栏内注明厚度和层数；当衬里是多层且材料不同时，应分别编号，在局部放大图中表示其层次结构。

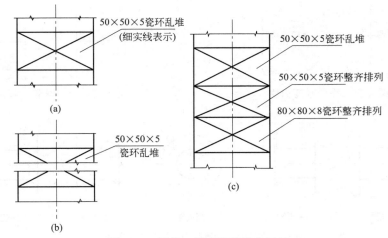

图 4-46　填料、填充物的简化画法

图 4-47　薄涂层的表示

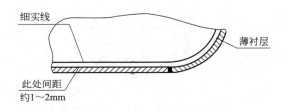

图 4-48　薄衬层的表示

（3）**厚涂层**　各种胶泥、混凝土等的厚涂层的表达如图 4-49 所示，应在局部剖面中绘出每种衬层的材料符号，并需编写件号，在明细表中注明材料和涂层厚度。必要时在局部放大图中详细表达细部结构和尺寸，如增强接合力所需的铁丝、挂钉等。

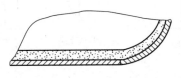

图 4-49　厚涂层的表示

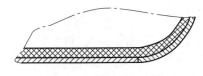

图 4-50　厚衬层的表示

（4）**厚衬层**　塑料板、耐火砖、辉绿岩板等厚衬层的表达，如图 4-50 所示。一般用局部放大图详细表示其结构尺寸，一般灰缝以一条粗实线表示，特殊要求的灰缝用双线表示。规格不同的砖、板应分别编号。

（八）单线图画法

在已有零件图、部件图、剖视图、局部放大图等能清楚表示出结构的情况下，装配图中下列图形均可按比例简化为单线（粗实线）表示；但尺寸标注基准应在图纸"注"中说明，如法兰尺寸以密封平面为基准，塔盘标高尺寸以支承圈上表面为基准等。

（1）**单线图中壳体厚度标注**　可采用如图 4-51 所示的方法标注内径或外径。

（2）**法兰连接、接管、补强板单线图**　如图 4-53 所示，工程图中还可简化成图 4-52 的形式。

（3）**法兰、法兰盖、螺栓、螺母、垫片**　其单线图如图 4-54 所示。

（4）**吊耳、环首螺丝、顶丝**　如图 4-55 所示。

（5）**吊柱**　如图 4-56 所示。

内径标注
ϕ1000
6
外径标注
ϕ1012×6

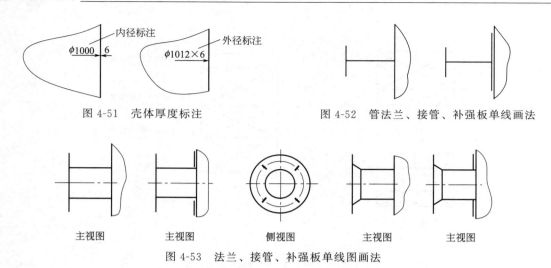

图 4-51　壳体厚度标注

图 4-52　管法兰、接管、补强板单线画法

主视图
主视图
侧视图
主视图
主视图

图 4-53　法兰、接管、补强板单线图画法

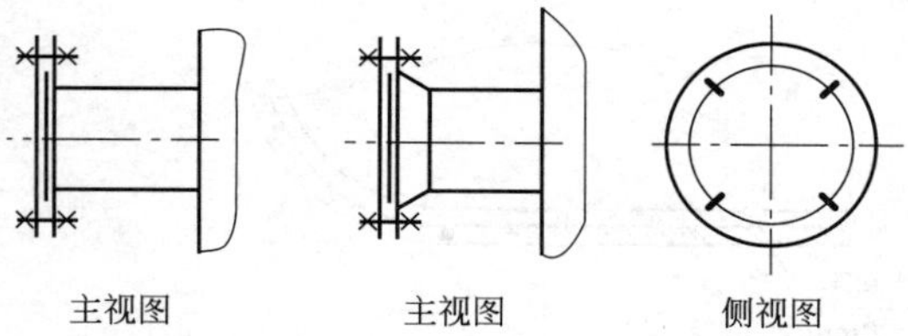

主视图
主视图
侧视图

图 4-54　法兰、法兰盖、螺栓、螺母、垫片单线图画法

环首螺钉
顶丝
吊耳

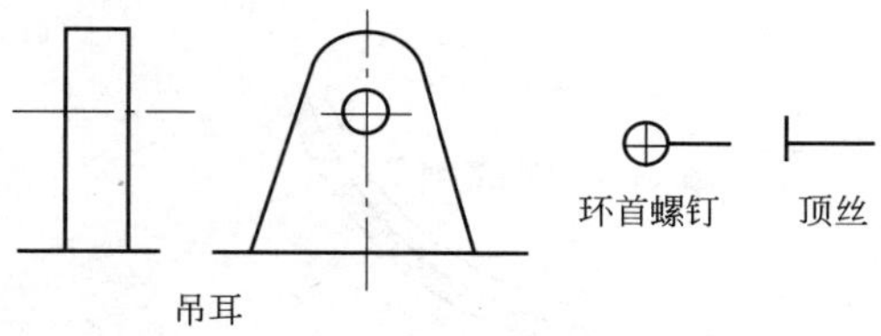

图 4-55　吊耳、环首螺丝、顶丝的单线图画法

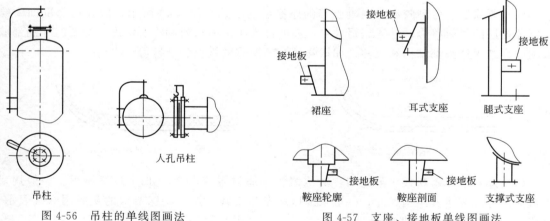

人孔吊柱
吊柱

图 4-56　吊柱的单线图画法

接地板
接地板
接地板
裙座
耳式支座
腿式支座
接地板
接地板
鞍座轮廓
鞍座剖面
支撑式支座

图 4-57　支座、接地板单线图画法

（6）支座、接地板　如图 4-57 所示。

（7）换热器　拉杆、折流板、膨胀节等均可简化为单线（粗线）表示，见图 4-58。

（8）塔器　筛板塔、浮阀塔、泡罩塔塔盘均可简化，如图 4-59 所示，当需要时应列表表达塔盘参数。进料管如图 4-60 所示、梯子如图 4-61 所示、气囱如图 4-62 所示、塔底引出管及支撑筋如图 4-63 所示、地脚螺栓座如图 4-64 所示。

（九）不需单独绘制图样的部分设备和零件

化工设备中较多的零部件都已标准化、系列化，如封头、支座、管法兰、设备法兰、人（手）孔、视镜、液面计、补强圈等。一些典型设备中部分常用零部件如填料箱、搅拌器、波形膨胀节、浮阀及泡罩等也有相应的标准。在设计时可根据需要直接选用，并在明细栏中

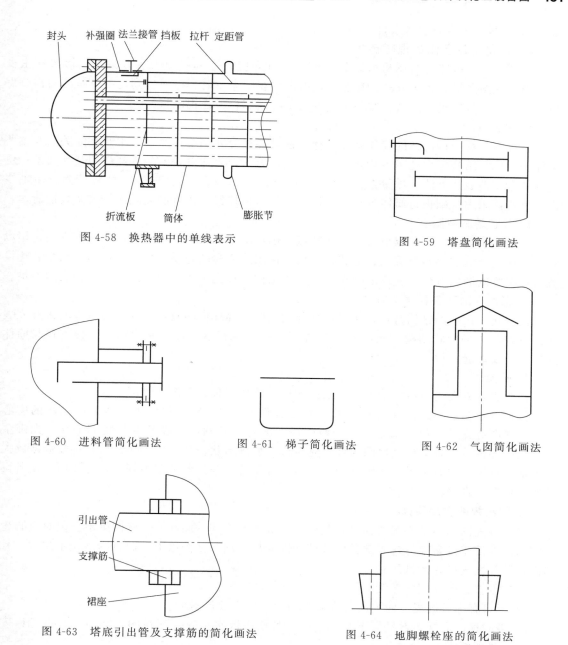

图 4-58 换热器中的单线表示

图 4-59 塔盘简化画法

图 4-60 进料管简化画法

图 4-61 梯子简化画法

图 4-62 气囱简化画法

图 4-63 塔底引出管及支撑筋的简化画法

图 4-64 地脚螺栓座的简化画法

注明规格和材料，并在备注栏内注明"尺寸按×××标准"字样。还有一些可不单独绘制图样的情况，参考"化工设备设计文件编制规定 HG/T 20668—2000"。

三、化工设备图绘制

化工设备图纸必须遵循机械制图和技术制图相关的国家标准 GB 4457—84、GB 4458—84、GB 4459—84、GB 4460—84 和"化工设备设计文件编制规定"HG/T 20668—2000 的有关规定。一份完整的化工设备图，除绘有设备本身的各种视图外，尚应有标题栏、明细栏、管口表、设计数据表、技术要求等基本内容，各栏目中除"技术要求"一栏用文字说明外，其余内容基本上以表格形式列出。装配图的布置如图 4-39 所示。其他类型的图纸布置参照 2000 版化工设备设计文件编制规定。

（一）化工设备图的视图选择

绘制化工设备图与绘制机械装配图相同，首先应确定其视图表达方案，包括选择主视图，确定视图数量和表达方法。在选择设备图的视图方案时，应考虑到化工设备的结构特点和图示特点，从准确、清晰、避免重复等几个方面综合考虑视图搭配。

1. 主视图

主视图一般应按设备的工作位置选择，使其能充分表达工作原理、主要装配关系及主要零部件的形状结构。主视图一般采用剖视的表达方法，表达设备上各零部件的装配关系；也可以结合其他表达方法，尽量把设备的完整信息表达出来。本章图 4-76 即将精制釜主轴线垂直放置，采用全剖视将筒体与封头、设备主体与搅拌器、接管的装配连接关系表达清楚。

2. 其它基本视图

主视图确定后，应根据设备的结构特点，确定基本视图数量及选择其他基本视图，用以补充表达设备的主要装配关系、形状、结构。例图除主视图外还选用了俯视图，用以表达设备上各接管的周向方位、支座的俯视外部形状结构，补充了主视图对这些部分的表达不足。

3. 辅助视图和各种表达方法

根据化工设备的结构特点，多采用局部放大图、局部视图及剖视、剖面等方法来补充表达设备各部分的形状结构，例如图 4-76 中采用六个局部放大图分别表达几个接管口与筒体连接情况及焊缝结构。

4. 画图

视图表达方案确定后，就可确定绘图比例、选择图幅、布图、绘图。

依据选定的视图表达方案，先画出主要基准线，如例图的釜体中心线及俯视图的中心线。绘视图应先从主视图画起，左（俯）视图配合一起画，一般是沿着装配干线，先画主体、后画部件；先画外件、后画内件；先定位、后画形状。基本视图完成后，再画局部放大图等辅助视图。在有关视图上画好剖面符号，焊缝符号等。各视图画好后，应按照"设备设计条件单"认真校核。

5. 图纸视图布局原则

（1）装配图与零部件图的安排：装配图一般不与零部件画在同一张图纸上。但对只有少数零部件的简单设备允许将零部件图和装配图安排在同一张图纸上，此时图纸应不超过 1 号幅面，装配图安排在图纸的右方。

（2）剖视、向视图的布置

① 当只有一个剖视、向视图时应放在向视、剖视部位附近。

② 当剖视、向视图数量大于 1 时，应按其顺序依次整齐排列在图中空白处，也可以安排在另一张图纸上。

③ 视图中剖视、向视图应从视图的左下到左上到右上到右下顺时针方向依次排列。

④ 剖视、向视图图样必须按比例绘制。

（3）局部放大图的布置

① 当只有一个放大图时，应放在被放大部位的附近。

② 当放大图数量大于 1 时，应按其顺序号依次整齐排列在图中的空白处。也可安排在另一张图纸上。

③ 视图中放大图的顺序号应从视图的左下到左上到右上到右下顺时针方向依次排列。

④ 放大图图样必须与被放大的部位一致。

⑤ 放大图的图样必须按比例（通用放大图例外）。

⑥ 放大图图样在图中应从左到右、从上到下依次整齐排列。

（4）部件及其零件图的安排　部件及其所属零件的图样，应尽可能画在同一张图纸上。此时部件图应安排在图纸的右下方或右方。

（5）同一设备零部件图的安排　同一设备的零部件图样，应尽量编排成 1 号图纸。若零部件图需安排成两张以上图纸时，应尽可能将件号相连的零件图或加工、安装、结构关系密切的零件图安排在同一张图纸上。

（6）一个装配图的部分视图分画在几张图纸上时，应按下列规定：

a. 主要视图及其所属设计数据表、技术要求、注、管口表、明细栏、质量及盖章栏、主签署栏等均应安排在第一张图纸上。

b. 在每张图纸的"注"中要说明其相互关系。例如在主视图×××-1 图纸上注：左视图、A 向视图及 B-B 剖面见×××-2 图纸。在×××-2 图纸上注：主视图见×××-1 图纸。

（二）化工设备图的尺寸标注

化工设备图需要标注一组必要的尺寸，反映设备的大小规格、装配关系、主要零部件的结构形状及设备的安装定位，以满足化工设备制造、安装、检验的需要。

1. 化工设备图的尺寸分析

化工设备图上需要标注的尺寸有如下几类，见图 4-65。

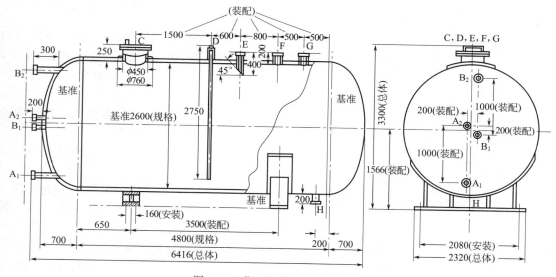

图 4-65　化工设备标注尺寸类型

（1）规格性能尺寸　反映化工设备的规格、性能、特征及生产能力的尺寸。如贮罐、反应罐内腔容积尺寸（筒体的内径、高或长度），换热器传热面积尺寸（列管长度、直径及数量）等。

（2）装配尺寸　反映零部件间的相对位置尺寸，是制造化工设备的重要依据。如设备图中接管间的定位尺寸，接管的伸出长度，罐体与支座的定位尺寸，塔器的塔板间距，换热器的折流板、管板间的定位尺寸等。

（3）外形尺寸　表达设备的总长、总高、总宽（或外径）。这类尺寸较大，对于设备的包装、运输、安装及厂房设计是必要的依据。

（4）安装尺寸　化工设备安装在基础或其它构件上所需要的尺寸，如支座、裙座上的地脚螺栓的孔径及孔间定位尺寸等。

（5）其它尺寸　零部件的规格尺寸（如接管尺寸，瓷环尺寸），不另行绘制图样的零部件的结构尺寸或某些重要尺寸，设计计算确定的尺寸（如主体壁厚、搅拌轴直径等），焊缝的结构型式尺寸等。

2. 化工设备图的尺寸标注方法

在进行化工设备尺寸标注时要选对基准面，具体选择方法可参考如下。

（1）尺寸标注基准面一般从设计要求的结构基准面开始（见图 4-65）。例如，设备筒体和封头的轴线；设备筒体与封头的环焊缝；设备法兰的连接面；设备支座、裙座的底面；接管轴线与设备表面交点。

（2）厚度尺寸标注如图 4-66 所示。

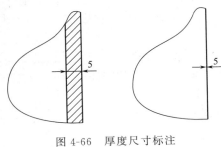

图 4-66　厚度尺寸标注

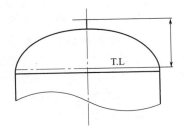

图 4-67　接管伸出长度的尺寸标注

（3）接管伸出长度。一般标注接管法兰密封面至容器（塔器或换热器等）中心线之间的距离，除在管口表中已注明外均应在图中注明；封头上的接管伸出长度以封头切线为基准，标注封头切线至法兰密封面之间的距离，如图 4-67 所示。

（4）塔盘尺寸。塔盘尺寸的基准面为塔盘支承圈上表面。

（5）支座尺寸。以支座底面为基准标注。

（6）封头尺寸。以切线为基准标注。

（7）倾斜卧式容器尺寸的标注，如图 4-68 所示。

3. 标注尺寸注意事项

（1）尺寸线的始点和终点应当用单线图表示不清时应用放大图或剖视图表示。

（2）尺寸应尽力安排在设备（或零件）图轮廓尺寸的右侧和下方。

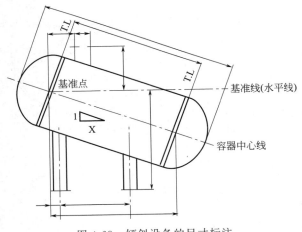

图 4-68　倾斜设备的尺寸标注

（3）一般不允许标注封闭尺寸，当需要标注时，封闭尺寸链中的某一不重要的尺寸应加上括号，以（××）表示。如（150），表示该段以 150mm 作为参考尺寸。

化工设备图的尺寸标注应做到正确、完整、清晰、合理，注意标注在整套图纸中的一致性，避免重复。并按特性尺寸、装配尺寸、安装尺寸、外形尺寸及其他尺寸逐一标注。

（三）编写零部件件号和管口符号

1. 化工设备图的件号标注

组成设备的各零部件（包括衬层、涂层等）均需编号。设备中同一零部件编成同一件号，组合件编为一个件号。零部件件号用阿拉伯数字编写，件号应尽量编排在主视图上，并由其左下方开始，按件号顺序顺时针整齐地注出，沿垂直方向或水平排列整齐。可布满图形四周，但应尽量编排在图形的左方和上方，并安排在外形尺寸线的内侧。若有遗漏或增添的件号应在外圈编排补足。一组紧固件（如螺栓、螺母、垫片，……）以及装配关系清楚的一组零件，或另外绘制局部放大图的一组零部件，允许在一个引出线上同时引出若干件号，但在放大图上需将其分开标注。所有部件、零件和外购件，不论有图或无图均需编独立的件号，不得省略。还需要注意：

① 一个图样中相同的零件，或相同的部件应编制同一件号；

② 直属零件与部件中的零件相同，或不同部件中零件相同，应将其分别编制不同的件号；

③ 一个图样中的对称零件应编制不同件号。

2. 管口符号

设备上的管口用英文字母大写编写管口符号，同一接管在主、左（俯）视图上应重复注写。

（四）填写明细栏和接管表

1. 明细栏的填写

明细栏是用来说明图纸中设备各部件的详细情况。常用的明细栏有下列三种。

a. 明细栏 1，用于装配图及零件图，内容和尺寸见图 4-69(a)。

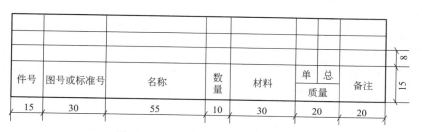

图 4-69(a)　明细栏 1 的内容和尺寸

b. 明细栏 2，用于零部件图，内容和尺寸见图 4-69(b)。

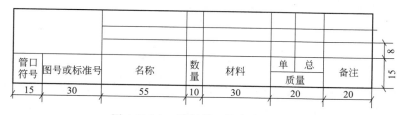

图 4-69(b)　明细栏 2 的内容和尺寸

c. 明细栏 3，用于管口零件明细栏，内容和尺寸见图 4-69(c)。

图 4-69(c)　明细栏 3 的内容和尺寸

具体填写说明如下：

（1）件号栏　按设备图形上件号的顺序从下而上填写；

（2）图号或标准号栏　填写零部件所在图纸的图号（不绘图样的零件不填），或填写标准零部件的标准号（当零件的材料不同于标准件时，此栏不填，但在备注栏中填尺寸按"标准号"）；

（3）名称栏　应按不同情况填写。

① 采用公认的简短词语填写零部件的名称，例如人孔、管板、筒体、封头等；

② 标准零部件应按相关标准规定的标注方法填写，如封头 $DN1000 \times 10$、法兰 C-T 800-1.60、搅拌器 600-65 等；

③ 不绘图的零件，应在名称后列出其规格或实际尺寸，如筒体 $DN1000$，$\delta 10$，$H = 2000$（以内径标注时）、筒体 $\phi 1020 \times 10$，$H = 2000$（以外径标注时）、接管 $\phi 57 \times 3.5$，$L = 160$、垫片 $\phi 1140/\phi 1030$，$\delta = 3$、角钢 $\angle 50 \times 50 \times 5$，$L = 500$ 等；

④ 外购件按有关部门规定名称填写。

（4）数量栏　按不同情况分别填写：

① 一般填写所属零部件及外购件的件数；

② 大量的木材、标准黏合剂、填充物填写以立方米（m^3）计的数量；

③ 标准耐火砖、标准耐酸砖、特殊砖等填写以块或立方米（m^3）计的数量；

④ 大面积的衬里材料，如橡胶板、石棉板、铝板、金属网等以平方米（m^2）计。

（5）材料栏　按国家或行业标准规定标出材料的标号或名称；部件和外购件此栏不填（用斜细实线"/"表示）。

（6）比例栏　填写零件或部件主要视图的比例，不按比例的图样用斜细实线"/"表示。

2. 管口表的填写

化工设备壳体上的开孔和管口，用基本视图和管口方位图已经将其基本结构形状表达，但仍然需要通过管口表将其具体规格尺寸、连接形式等表达清楚，具体见图 4-70（两个尺寸中，小尺寸用于工程图，大尺寸用于施工图，下同）。

管口表							
符号	公称尺寸	公称压力	连接标准	法兰型式	连接面型式	用途或名称	设备中心线至法兰面距离
A	250	2	HG 20615	WN	平面	气体进口	660
B	600	2	HG 20615	/		人孔	见图
C	150	2	HG 20615	WN	平面	液体进口	660
D	50×50	/	/		平面	加料口	见图
E	椭300×200	/	/	/	/	手孔	见图
F_{1-3}	15	2	HG 20615	WN	平面	取样口	见图
G	20		M 20		内螺纹	放静口	见图
H	20/50	2	HG 20615	WN	平面	回流口	见图
10(15)	10(15)	10(15)	15(25)	8(20)	8(20)	20(40)	

图 4-70　管口表的内容和尺寸

（1）符号栏　管口符号以大写的英文字母 A、B、C……表示，常用管口符号按表 4-13 规定符号填写，当管口规格、连按标准、用途完全相同时，可合并一项并以下标以视区别如 $F_{1\sim3}$；

（2）管口公称尺寸栏

① 按公称直径填写。矩形孔填写"长×宽"，椭圆孔填写"椭长轴×短轴"；

② 带衬管的接管，按衬管的实际内径填写，带薄衬里的钢接管，按钢接管的公称直径

填写，如无公称直径按实际内径填写。

（3）连接标准栏　填写连接法兰标准。

（4）法兰型式栏　如平焊法兰、对焊法兰、带颈法兰、松套法兰等。

（5）连接面型式栏　填写法兰密封面形式，如"平面"、"凹面"、"槽面"等，螺纹连接时填写"内螺纹"。

（6）不对外连接管口　如人孔、手孔、视镜孔等，在连接尺寸标准和连接面型式两栏内用斜细实线表示。

（7）螺纹连接管口　连接标准栏内填写螺纹规格，如 M24、G3/4″、ZG3/4″，连接面型式栏内填写内螺纹或外螺纹。

（8）法兰密封面至设备中心线距离栏　如在此栏中填写法兰密封面至设备中心线距离，则在图中不需注出，如需在图中标注时，则此栏中需填写"见图"的字样。

（五）填写设计数据表和图面技术要求

1. 设计数据表

设计数据表补充替代了以前的"技术要求"和"技术特性表"。它将设备设计的主要工艺参数和技术特性要求以列表方式提供给施工方，以便于在施工、检验生产过程中执行。设计数据表分为工程图用［图 4-71(a)、图 4-71(b)］和施工图用［图 4-71(c)］两种。

（1）工程图用设计数据表　表格尺寸和具体填写内容见 4-71(b)。

a. 塔器类设备填写内容如图 4-71(a)；

b. 容器类设备填写内容将图 4-71(a) 中取消基本风压、地震烈度、场地类别三项内容；

c. 换热器类设备填写需按壳程和管程分别列出腐蚀裕度、程数、焊后热处理、无损检测等内容，并增加保温厚、管子与管板连接及换热面积等内容，如图 4-71(b)；

d. 其他类型设备的填写内容，可参照以上格式按需要增减内容。

（2）施工图用设计数据表的尺寸和填写内容　图 4-71(c) 是搅拌容器装配图中的设计数据表，塔设备、换热器的装配图中的数据表，可参考"化工设备设计文件编制规定"HG/T 20668—2000 中表 4.2.2-3 和表 4.2.2-4 进行编制。

2. 图面技术要求

技术要求是以文字描述化工设备的技术条件，应该遵守和达到的技术指标等。包括通用技术条件（化工设备在加工、制造、焊接、装配、检验、包装、防腐、运输等方面的技术规范）、焊接要求［对焊接接头型式，焊接方法，焊条（焊丝）、焊剂等提出要求］、设备的检验方法与要求（对主体设备的水压和气密性进行试验，对焊缝的射线探伤、超声波探伤、磁粉探伤等相应的试验规范和技术指标）以及机械加工和装配方面的规定和要求、设备的油漆、防腐、保温（冷）、运输和安装、填料等其它要求。

（1）格式：在图中规定的空白处用长仿宋体汉字书写，以 1、2、3、…顺序依次编号书写。

（2）填写内容：对装配图，在设计数据表中未列出的技术要求，需以文字条款表示；对零件图、部件图和零部件图，应填写技术要求。

3. 注

常写在技术要求的下方。用来补充说明技术要求范围外，但又必须作出交代的问题。

（六）标题栏填写

标题栏主要为说明本张图纸的主题，包括：设计单位名称，设备（项目）名称，本张图纸名称，图号，资质等级，比例，图纸张数等。常用的工程图标题栏尺寸和内容见图 4-72 所示。化工设备设计文件编制规定中，根据不同的需要还列出技术文件标题栏、标准图标题

<table>
<tr><td colspan="4" align="center">设　计　数　据　表</td></tr>
<tr><td>规范</td><td></td><td>压力容器类别</td><td></td></tr>
<tr><td>介质和其特性</td><td></td><td>焊后热处理</td><td></td></tr>
<tr><td>工作温度 ℃</td><td></td><td>无损检测</td><td></td></tr>
<tr><td>设计温度 ℃</td><td></td><td>全容积</td><td></td></tr>
<tr><td>工作压力 MPaG</td><td></td><td></td><td></td></tr>
<tr><td>设计压力 MPaG</td><td></td><td>基本风压N/m³</td><td></td></tr>
<tr><td>水压试验压力 MPaG</td><td>卧式/立式</td><td>地震烈度　度</td><td></td></tr>
<tr><td>气密试验压力 MPaG</td><td></td><td>场地土类别　类</td><td></td></tr>
<tr><td>焊接接头系数</td><td></td><td>防腐要求</td><td></td></tr>
<tr><td>腐蚀裕度 mm</td><td></td><td></td><td></td></tr>
</table>

(a) 塔器、容器类设备使用

设计数据表					
规范			压力容器类别		
	壳程	管程		壳程	管程
介质和其特性			腐蚀裕度/mm		
工作温度(入/出)/℃			程数		
设计温度/℃			焊后热处理		
工作压力/MPa			无损检测		
设计压力/MPa			保温厚/防火厚mm/mm		
水压试验压力/MPa			管子与管板连接		
气密试验压力/MPa			换热面积		
焊接接头系数					
20	10	10	20	10	10

(b) 换热器类设备使用

设计数据表						
规范						
	容器	夹套	压力容器类别			
介质			焊条型号	按JB/T 4709规定		
介质特性			焊接规程	按JB/T 4709规定		
工作温度/℃			焊缝结构	除注明外采用全焊透结构		
工作压力/MPa			除注明外角焊缝腰高			
设计温度/℃			管法兰与接管焊缝标准	按相应法兰标准		
设计压力/MPa				焊接接头类别	方法检测率	标准级别
腐蚀裕量/mm			无损检测	A.B 容器		
焊接接头系数				夹套		
热处理				C.D 容器		
水压试验压力(卧/立)/MPa				夹套		
气密性试验压力/MPa			全容积/m³			
加热面积/m²			搅拌器类型			
保温/防火层厚度/mm			搅拌器转速			
表面防腐要求			电动机功率/防爆等级			
其他(按需填写)			管口方位			
50	40		50		40	

注：1. 当容器无夹套或无搅拌器时，该栏(线)取消。
　　2. 当设计压力为常压时，水压试验压力应改为盛水试漏。

(c) 施工图用

图 4-71　设计数据表的内容和尺寸

栏和图纸标题栏供参考。

（1）资质等级及证书编号　是经建设部批准发给设计单位资格证书规定的等级和编号；

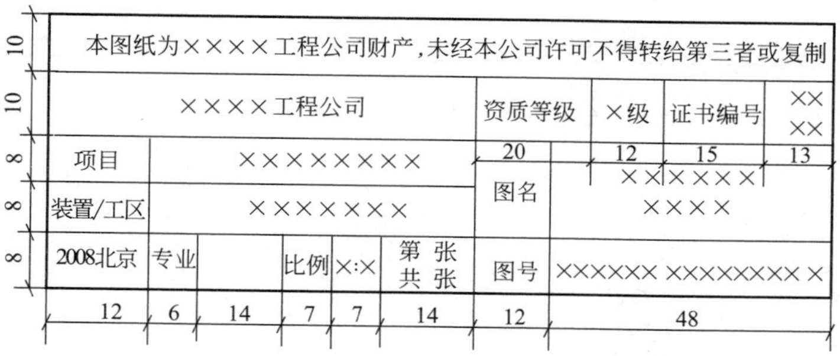

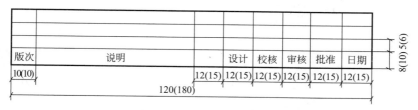

图 4-72　工程图标题栏的内容和尺寸

（2）项目栏　是本设备所在项目名称；

（3）装置/工区　设备图一般不填；

（4）图名一般分两行填写　上面一行填设备名称、规格及图名（装配图、零件图），下一行填设备位号，设备名称由化工名称和设备结构特点组成，如聚乙烯反应釜、乙烯塔氮气冷却器；

（5）图号由设计单位自行确定，但图号中应包含"化工设备设计文件编制规定"中"附录 C 设备设计文件分类办法"规定的设备分类号。

（七）签署栏

图 4-73 是主签署栏表格。表的尺寸数字为工程图用，括号内数字为施工图用。

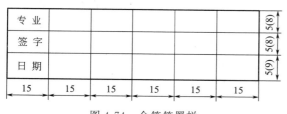

图 4-73　签署栏的尺寸和内容

（1）版次栏　填写以 0、1、2、3、…阿拉伯数字表示；

（2）说明栏　表示此版图的用途，如询价用、基础设计用、制造用等；当图纸修改时，此栏填写修改内容。

另外，在图纸左上侧内外轮廓线间还有会签签署栏和制图签署栏，内容格式及尺寸如图 4-74 和图 4-75 所示。

图 4-74　会签签署栏 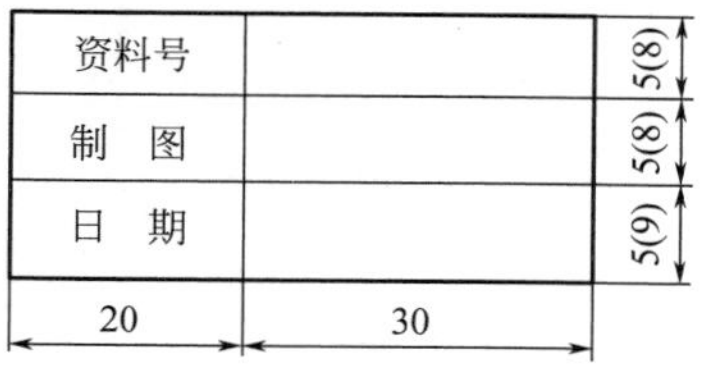　　　　　　　　图 4-75　制图签署栏

四、化工设备图的阅读

作为化工工艺设计人员必须能够做到读懂设备图纸，了解设备图是否表达清楚了设备条

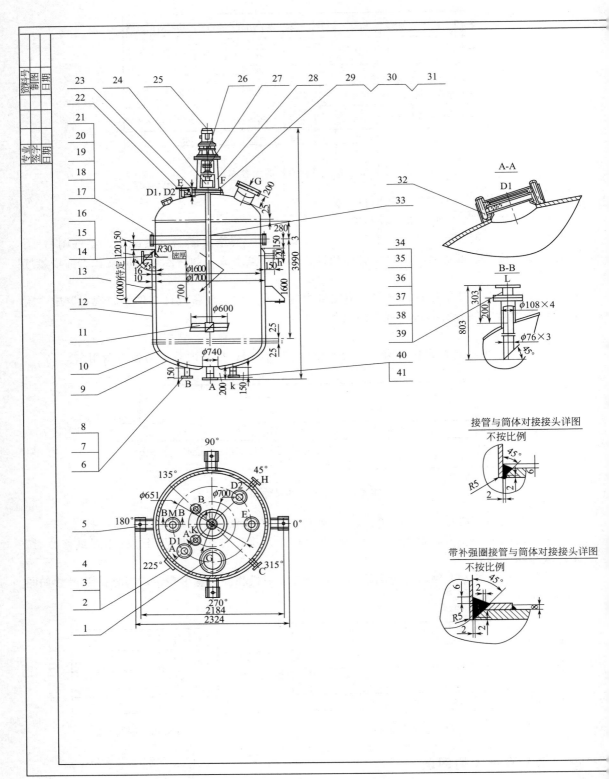

图 4-76　机械搅拌反应釜装配

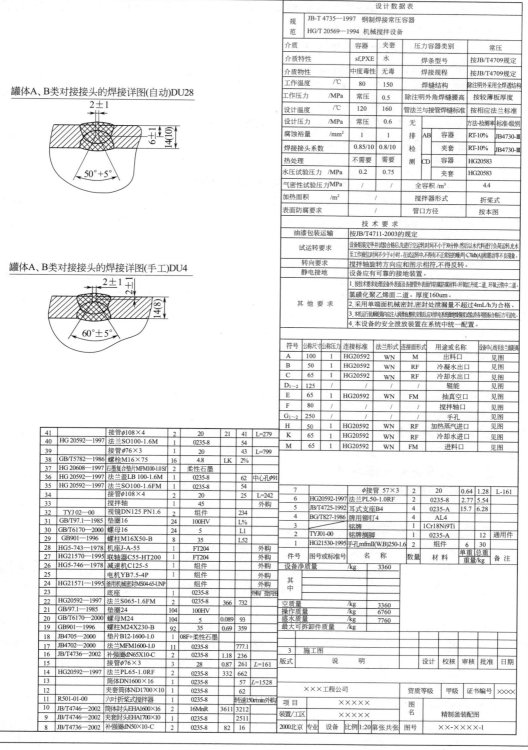

罐体A、B类对接接头的焊接详图(自动)DU28

罐体A、B类对接接头的焊接详图(手工)DU4

4放大表示方法

设计数据表

规范	JB-T 4735—1997　钢制焊接常压容器				
	HG/T 20569—1994　机械搅拌设备				
介质		容器	夹套	压力容器类别	常压
介质特性		sf,PXE	水	焊条型号	按JB/T4709规定
介质物性		中度毒性	无毒	焊接规程	按JB/T4709规定
工作温度	/℃	80	150	焊缝结构	除注明外采用全焊透结构
工作压力	/MPa	常压	0.5	除注明角焊缝腰高	按较薄板厚度
设计温度	/℃	120	160	管法兰与接管焊缝标准	按相应法兰标准
设计压力	/MPa	常压	0.6	无	方法·检测率　标准·级别
腐蚀裕量	/mm²	1	1	排	AB	容器	RT-10%	JB4730-Ⅲ
焊接接头系数		0.85/10	0.8/10	检		夹套	RT-10%	JB4730-Ⅲ
热处理		不需要	需要	测	CD	容器		HG20583
水压试验压力	/MPa	0.2	0.75			夹套		HG20583
气密性试验压力/MPa				全容积　/m³	4.4
加热面积	/m²	/	/	搅拌器形式	折浆式
表面防腐要求				管口方径	按本图

技 术 要 求

油漆包装运输	按JB/T4711-2003的规定
试运转要求	设备组装完毕井试验合格后,先进行空运转时间不小于30分钟;然后以水代料进行负荷运转,充水至工作液位时间不少于1小时,在试运转中不得有不正常撞击噪声(≤70dbA)和震动等不良现象。
转向要求	搅拌轴旋转方向应与图示相符,不得反转。
静电接地	设备应有可靠的接地装置。
其 他 要 求	1.按技术要求处理设备外表面及各接管外表面防腐蚀材料:环氧红丹底二道、环氧云铁中二道、氯磺化聚乙烯面二道。厚度160um。 2.采用单端面机械密封,密封处泄漏量不超过4mL/h为合格。 3.本机座前端螺钉需在放入带角钢垫整机安装后点对供电系统通电试验检查无明显不合格后方可运行。 4.本设备的安全泄放装置在系统中统一配置。

符号	公称尺寸	公称压力	连接标准	法兰形式	连接面形式	用途或名称	设备中心线至法兰面距离
A	100	1	HG20592	WN	M	出料口	见图
B	50	1	HG20592	RF		冷凝水出口	见图
C	65	1	HG20592	RF		冷却水出口	见图
D₁₋₂	125	/	/	/		辊能	见图
E	65	1	HG20592	WN	FM	抽真空口	见图
F	80	1	HG20592	/	/	搅拌轴口	见图
G₁₋₂	250	/	/	/		手孔	见图
H	50	1	HG20592	WN	RF	加热蒸汽进口	见图
K	65	1	HG20592	WN	RF	冷却水进口	见图
M	65	1	HG20592	WN	FM	进料口	见图

件号	图号或标准号	名　称	数量	材料	单重 重量/kg	总重 重量/kg	备注
41		接管φ108×4	2	20	21	41	L=279
40	HG 20592—1997	法兰SO100-1.6M	1	Q235-8	54		
39		接管φ76×3	1	20	43		L=799
38	GB/T5782—1986	螺栓M16×75	16	4.8	LK	2%	
37	HG 20608—1997	石墨复合垫片MFMI100-1.0 Sf		柔性石墨			
36	HG 20592—1997	法兰盖LB 100-1.6M	1	Q235-8	62		中心孔φ91
35	HG 20592—1997	法兰SO100-1.6FM	1	Q235-8	54		
34		接管φ108×4	2	20	25		L=242
33		搅拌轴	1	45			外购
32	TYJ 02—00	视镜DN125 PN1.6	2	组件	234		
31	GB/T97.1—1985	垫圈16	24	100HV	L%		
30	GB/T6170—2000	螺母16	24	5	L1		
29	GB901—1996	螺柱M16X50-B	8	35	L52		
28	HG5-743—1978	机座J-A-55	1	FT204			外购
27	HG21570—1995	联轴器C55-HT200	1	FT204			外购
26	HG5-746—1978	减速机C125-5	1	组件			外购
25		电机YB7.5-4P	1	组件			外购
24	HG21571—1995	釜用机械密封MS04-65-UNP	1	组件			外购
23		底座	1	Q235-8			外购　提供
22	HG20592—1997	法兰S065-1.6FM	1	Q235-8	366	732	
21	GB/97.1—1985	垫圈24	104	100HV			
20	GB/T6170—2000	螺母M24	104	5	0.089	9	
19	GB901—1996	螺柱M24X230-B	92	35	0.69	359	
18	JB4705—2000	垫片B12-1600-1.0	1	08F+柔性石墨			
17	JB4702—2000	法兰MFM1600-1.0	11	Q235-8		777.1	
16	JB/T4736—2002	补强圈dN65X10-C	1	Q235-8	1.18	236	
15		接管φ76×3	3	28	0.87	261	L=161
14	HG20592—1997	法兰PL65-1.0RF	2	Q235-8	332	162	
13		简体DN1600×16	1	Q235-8		57	L=1528
12		夹套简体ND1700×10	1	Q235-8		62	
11	R501-01-00	六叶折浆式搅拌器	1		转速150r/min外购		
10	JB/T4746—2002	简体封头EHA1600×16	2	16MnR	3611	3212	
9	JB/T4746—2002	夹套封头EHA1700×10	1	Q235-8		2511	
8	JB/T4736—2002	补强圈dN50×10-C	2	Q235-8	82	16	
7		φ接管 57×3	2	20	0.64	1.28	L-161
6	HG20592-1997	法兰PL50-1.0RF	2	Q235-8	2.77	5.54	
5	JB/T4725-1992	耳式支座B4	4	Q235-A	15.7	6.28	
4	BG/T827-1986	牌用铆钉4	4	AL4			
3		铭牌	1	1Cr18Ni9Ti			
2	TYJ01-00	铭牌搁脚	1	Q235-A		12	通用件
1	HG21530-1995	手孔 mfmII(W.B)250-1.6	1	组件	6	30	
件号	图号或标准号	名　称	数量	材料	单重 总重 重量/kg		备注

设备净质量	/kg	3360	
其 中	空质量	/kg	3360
	操作质量	/kg	6760
	盛水质量	/kg	7760
	最大可拆卸质量	/kg	

3	施工图						
版式	说　明		设计	校核	审核	批准	日期

×××工程公司		资质等级	甲级	证书编号	××××
项目	×××××	图 名			
装置/工区			精制釜装配图		
2000北京	专业　设备	比例1:20	第张共张	图号	××-××××-1

件单的要求，校核其能否满足工艺过程的需要。化工设备图的阅读方法和步骤与阅读机械装配图基本相同，应从概括了解开始，分析视图、分析零部件及设备的结构。在读总装配图对一些部件进行分析时，应结合其部件装配图一同阅读。在读图过程中应注意化工设备图所独特的内容和图示特点。

（一）化工设备图阅读的基本要求

（1）了解设备的性能，作用和工作原理；

（2）了解设备的总体结构、局部结构及各零件之间的装配关系和安装要求；

（3）了解设备各零部件的主要形状、材料、结构尺寸及强度和制造要求；

（4）了解设备在设计、制造、检验和安装等方面的技术要求。

（二）阅读化工设备图的方法和步骤

1. 概括了解

（1）通过标题栏，了解设备名称、规格、材料、重量、绘图比例等内容。

（2）通过明细栏、管口表、设计数据表及技术要求等，了解设备零部件和接管的名称、数量，了解设备在设计、施工方面的要求。对照零部件序号和管口符号在设备图上查找到其所在位置。

2. 视图分析

对视图进行分析，了解表达设备所采用的视图数量和表达方法，找出各视图、剖视等的位置及各自的表达重点。从设备图的主视图入手，结合其他基本视图，详细了解设备的装配关系、形状、结构，各接管及零部件方位。并结合辅助视图了解各局部相应部位的形状、结构的细节。

3. 零部件分析

按明细表中的序号，将零部件逐一从视图中找出，了解其主要结构、形状、尺寸、与主体或其他零部件的装配关系等。对组合体应从其部件装配图中了解其结构。

4. 设备分析

通过对视图和零部件的分析，对设备的总体结构全面了解，并结合有关技术资料，进一步了解设备的结构特点、工作原理和操作过程等内容。

（三）化工设备图阅读举例

下面以图 4-76 机械搅拌反应釜装配图为例，了解其具体的表达内容。

1. 概括了解

（1）通过标题栏可知该设备是"精制釜"，绘图比例为 1：20。

（2）从设计数据表知：设备为带夹套的机械搅拌反应釜。工作介质具有中度毒性；工作压力为常压；最高工作温度 80℃；全容积 4.4m³；折叶桨式机械搅拌等。同时设备的设计温度、设计压力、容器类别、焊接接头的检验要求和水压实验等在设计数据表中可以了解到。

（3）由管口表知：该设备共有 12 个接管。主要有进出料口、搅拌轴口、冷却水进出口、抽真空口、视镜、手孔、加热蒸汽进口、冷凝水出口等，并了解到各种接管和法兰的规格。

（4）从明细栏知：该设备主要由 41 种构件组成。主要有标准件、加工件、连接件和外构件。主体和连接件材料均为 Q235-B 碳素钢。

2. 视图和零部件分析

该设备采用全剖的主视图、俯视图（兼作管口方位图）和局部放大图表示设备的总体和局部结构。设备总体高度 3990mm，筒体外直径为 1700mm。接管在主视图上定位其高度尺寸，在俯视图上定位径向尺寸。设备采用 4 个耳式支座支撑，支座的高度位置距夹套冷却水出口中心距离为700mm，周向方位在俯视图上表示。主体设备由圆筒体和两个标准椭圆形封头组成，上封头与筒体采用法兰连接，下封头与筒体焊接。上封头上安装机械搅拌器机架，机架上端连接减速器和搅拌电机。进料孔、视镜、手孔、抽真空口均设在容器顶部，出料口、冷凝水出口、冷却水进口设在下封头的下端，其他接管在筒体的侧面。局部剖视图（B-B）表示进料口采用插入式接管。

3. 制造要求

该设备按 JB/T 4735—1997《钢制焊接常压容器》和 HG/T 20569—1994《机械搅拌设备》制造、检验与验收。罐身水压实验压力为0.2MPa，夹套为0.75MPa。焊缝采用全焊透结构，A、B类焊缝局部射线探伤Ⅱ级合格；C、D类焊缝磁粉探伤Ⅰ级合格。对接焊缝的焊接接头系数为0.85。制造完成后开动搅拌进行30min空转，4h充水试运转，不得有大于70dB的噪声和异常震动。

通过以上分析，对该设备的工作过程、总体结构和局部结构、主要部件和零部件、结构尺寸和定位尺寸安装要求、工作、设计参数有了充分的了解，为进一步制造、安装和使用做好了准备工作。

第五章 车间布置设计

第一节 车间布置设计概述

一、化工车间的组成

一个较大的化工车间（装置）通常包括以下组成部分。

（1）生产设施 包括生产工段、原料和产品仓库、控制室、露天堆场或储罐区等。

（2）生产辅助设施 包括除尘通风室、变电配电室、机修维修室、消防应急设施、化验室和储藏室等。

（3）生活行政福利设施 包括车间办公室、工人休息室、更衣室、浴室、厕所等。

（4）其他特殊用室 如劳动保护室、保健室等。

车间平面布置就是将上述车间（装置）组成在平面上进行规范的组合布置。

二、车间布置设计的依据

1. 应遵守的设计规范和规定

在进行车间布置设计时，设计人员应遵守有关的设计规范和规定，如《化工装置设备布置设计规定》HG/T 20546—2009、《建筑设计防火规范》GB 50016—2006、《石油化工企业设计防火规定》GB 50160—2008、《化工企业安全卫生设计规定》HG 20571—1995、《工业企业厂房噪声标准》GB 12348—2008、《爆炸和火灾危险环境电力装置设计规定》GB 50058—1992、《中华人民共和国爆炸危险场所电气安全规程》（试行）（1987）等。

2. 基础资料

（1）对初步设计需要带控制点工艺流程图，对施工图设计需要管道仪表流程图。

（2）物料衡算数据及物料性质（包括原料、中间体、副产品、成品的数量及性质，"三废"的数据及处理方法）。

（3）设备一览表（包括设备外形尺寸、重量、支撑形式及保温情况）。

（4）公用系统耗用量，供排水、供电、供热、冷冻、压缩空气、外管资料。

（5）车间定员表（除技术人员、管理人员、车间化验人员、岗位操作人员外，还包括最大班人数和男女比例的资料）。

（6）厂区总平面布置图（包括本车间同其他生产车间、辅助车间、生活设施的相互联系，厂内人流物流的情况与数量）。

三、车间布置设计的内容及程序

在完成初步设计工艺流程图和设备选型之后，进一步的工作就是将各工段与各设备按生产流程在空间上进行组合、布置，并用管道将各工段和各设备连接起来。前者称车间布置，后者称管道布置（配管设计）。两者是分别进行的，但有时要综合起来，故统称车间布置设计。车间布置分初步设计（基础工程设计）和施工图设计（详细工程设计）两个阶段，配管设计属于施工图设计的内容。

1. 初步设计阶段的车间布置设计内容及程序

根据带控制点的工艺流程图、设备一览表等基础设计资料，以及物料储存运输、辅助生产和行政生活等要求，结合有关的设计规范和规定，进行车间布置的初步设计。

初步设计阶段的布置设计的任务是确定生产、辅助生产及行政生活等区域的布局；确定车间场地及建（构）筑物的平面尺寸和立面尺寸；确定工艺设备的平面布置图和立面布置图；确定人流及物流通道；安排管道及电气仪表管线等；编制初步设计布置设计说明书。

在初步设计阶段，车间布置设计的主要成果是初步设计阶段的车间平面布置图和立面布置图。

2. 施工图设计阶段的车间布置设计内容及程序

初步设计经审查通过后，即可进行施工图设计。施工图设计阶段的车间布置设计是根据初步设计的审查意见，对初步设计进行修改、完善和深化，其任务是确定设备管口、操作台、支架及仪表等的空间位置；确定设备的安装方案；确定与设备安装有关的建筑结构尺寸；确定管道及电气仪表管线的走向等。

在施工图设计中，一般先由工艺专业人员绘出施工图阶段车间设备的平面及立面布置图，然后提交设备安装专业人员完成设备安装图的设计。

在施工图设计阶段，车间布置设计的主要成果是施工图阶段的车间平面布置图和立面布置图。

四、装置（车间）平面布置方案

装置（车间）的平面形式主要有长方形、L形、T形和Π形，其中长方形厂房具有结构简单、施工方便、设备布置灵活、采光和通风效果好等优点，是最常用的厂房平面布置形式，尤其适用于中小型车间。当厂房较长或受工艺、地形等条件限制，厂房的平面形式也可采用L形、T形、Π形等特殊形式，此时应充分考虑采光、通风、交通通道、进出口等问题。

一般的石油化工装置采用直通管廊长条布置或组合型布置，而小型的化工车间多采用室内布置。

1. 直通管廊长条布置

直通管廊长条布置方案（见图5-1）是在厂区中间设置管廊，在管廊两侧布置工艺设备和储罐，它比单侧布置占地面积小，管廊长度短，而且流程顺畅。将控制室和配电室相邻布置在装置的中心位置，操作控制方便，而且节省建筑费用。在设备区外设置通道，便于安装维修及观察操作。这种布置形式是露天布置的基本方案。

2. 组合型布置

有些装置（车间）组成比较复杂，其平面布置也比较复杂。例如，图5-2是一个大型聚丙烯装置的平面布置示意图，其车间组成比较复杂，有储罐、回收（精馏）、催化剂配制、聚合、分解、干燥、造粒、控制、配电、泵房、仓库及无规锅炉等部分，根据各部分的特点，分别采用露天布置、敞开式框架布置及室内布置三种方式。其车间平面布置实际上是直线形、T形和L形的组合。

将回收（精馏）、聚合、分解、干燥、无规锅炉等主要生产装置布置在露天或敞开式框架上；将控制、配电与生活行政设施等合并布置在一幢建筑物中，并布置在工艺区的中心位置；有特殊要求的催化剂配制、造粒及仓库等布置在封闭厂房中。

3. 室内布置和露天布置

小型化工装置、间歇操作或操作频繁的设备宜布置在室内，而且大都将大部分生产设备、辅助生产设备及生活行政设施布置在一幢或几幢厂房中。室内布置受气候影响小，劳动

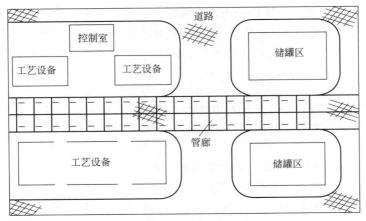

图 5-1 直通管廊长条布置方案

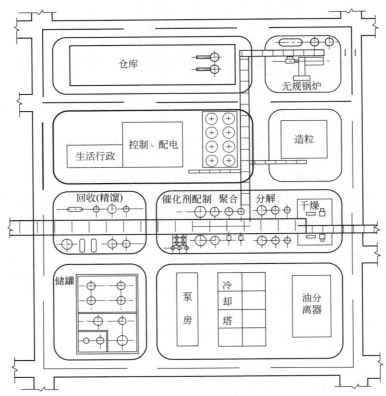

图 5-2 聚丙烯装置平面布置示意

条件好，但建筑造价较高。

　　化工厂的设备布置一般应优先考虑露天布置，但是，在气温较低的地区或有特殊要求者，可将设备布置在室内；一般情况可采用室内与露天联合布置。在条件许可情况下，应采取有效措施，最大限度地实现化工厂的联合露天化布置。

　　设备露天布置有下列优点：可以节约建筑面积，节省基建投资；可节约土地，减少土建施工工程量，加快基建进度；有火灾爆炸危险性的设备，露天布置可降低厂房耐火等级，降低厂房造价；有利于化工生产的防火、防爆和防毒（对毒性较大或剧毒的化工生产除外）；对厂房的扩建、改建具有较大的灵活性。缺点是受气候影响大，操作环境差，自控要求高。

目前大多数石油化工装置都采用露天或半露天布置。其具体方案是：生产中一般不需要经常操作的或可用自动化仪表控制的设备都可布置在室外，如塔、换热器、液体原料储罐、成品储罐、气柜等大部分设备及需要大气调节温湿度的设备，如凉水塔、空气冷却器等都露天布置或半露天布置在露天或敞开式的框架上；不允许有显著温度变化，不能受大气影响的一些设备，如反应罐、各种机械传动的设备、装有精密度极高仪表的设备及其他应该布置在室内的设备，如泵、压缩机、造粒及包装等部分设备布置在室内或有顶棚的框架上，生活、行政、控制、化验室等集中在一幢建筑物内，并布置在生产设施附近。

五、建筑物

厂区内的建筑物包括在室内操作的厂房，控制室和变电房、化验室、维修间和仓库等辅助生产厂房，办公室、值班室、更衣室、浴室、厕所等非生产厂房。

1. 建筑物模数

建筑物的跨度、柱距和层高等均应符合建筑物模数的要求。

（1）跨度：6.0m，7.5m，9.0m，10.5m，12.0m，15.0m，18.0m。

（2）柱距：4.0m，6.0m，9.0m，12.0m。钢筋混凝土结构厂房柱距多用6m。

（3）开间：3.0m，3.3m，3.6m，4.0m。

（4）进深：4.2m，4.8m，5.4m，6.0m，6.6m，7.2m。

（5）层高：(2.4+0.3) m 的倍数。

（6）走廊宽度：单面 1.2m，1.5m；双面 2.4m，3.0m。

（7）吊车轨顶：600mm 的倍数（±200mm）。

（8）吊车跨度：电动梁式和桥式吊车的跨度为 1.5m；手动吊车的跨度为 1m。

2. 敞开构筑物的结构尺寸

（1）框架　设备的框架可以与管廊结合一起布置，也可以独立布置。如果管廊下布置机泵，则管道上方的第一层框架布置高位容器，第二层布置冷却器和换热器，最上一层布置空冷器或冷凝冷却器。也可以根据各类设备的要求设置独立的框架，如塔框架、反应器框架、冷换设备和容器框架等。

框架的结构尺寸取决于设备的要求，在管廊附近的框架，其柱距一般应与管廊柱距对齐，柱距常为 6m。框架跨度随架空设备要求而不同，框架的高度应满足设备安装检修、工艺操作及管道敷设的要求，框架的层高应按最大设备的要求而定，布置时应尽可能将尺寸相近的设备安排在同一层框架上，以节省建筑费用。

（2）平台　当设备因工艺布置需要支撑在高位时，应为操作和检修设置平台。对高位设备，凡操作中需要维修、检查、调节和观察的位置，如人孔、手孔、塔、容器管嘴法兰、调节阀、取样点、流量孔板、液面计、工艺盲板、经常操作的阀门和需要用机械清理的管道转弯处都应设置平台。平台的主要结构尺寸应满足下列要求。

① 平台的宽度一般不应小于 0.8m，平台上净空不应小于 2.2m。

② 相邻塔器的平台标高应尽量一样，并尽可能布置成联合平台。

③ 为人孔、手孔设置的平台，与人孔底部的距离宜为 0.6～1.2m，不宜大于 1.5m。

④ 为设备加料口设置的平台，距加料口顶高度不宜大于 1.0m。

⑤ 直接装设在设备上的平台，不应妨碍设备的检修，否则应做成可拆卸式的平台。

⑥ 平台的防护栏杆高度为 1.0m，标高 20m 以上的平台的防护栏杆高度应为 1.2m。

（3）梯子的主要尺寸

① 斜梯的角度一般为 45°，由于条件限制也可采用 55°，每段斜梯的高度不宜大于 5m，

超过 5m 时应设梯间平台，分段设梯子。

② 斜梯的宽度不宜小于 0.7m，也不宜大于 1.0m。

③ 直梯的宽度宜为 0.4～0.6m。

④ 设备上的直梯宜从侧面通向平台，每段直梯的高度不应大于 8m，超过 8m 时必须设梯间平台，分段设梯子，超过 2m 的直梯应设安全护笼。

⑤ 甲、乙、丙类防火的塔区联合平台及其他工艺设备和大型容器或容器组的平台，均应设置不少于两个通往地面的梯子作为安全出口，各安全出口的距离不得大于 25m。但平台长度不大于 8m 的甲类防火平台和不大于 15m 的乙、丙类平台，可只设一个梯子。

第二节　车间设备布置设计

一、车间设备布置设计的内容

车间设备布置就是确定各个设备在车间平面与立面上的位置；确定场地与建（构）筑物的尺寸；确定管道、电气仪表管线、采暖通风管道的走向和位置。

具体地说，它主要包括以下几点。

(1) 确定各个工艺设备在车间平面和立面的位置。

(2) 确定某些在工艺流程图中一般不予表达的辅助设备或公用设备的位置。

(3) 确定供安装、操作与维修所用的通道系统的位置与尺寸。

(4) 在上述各项的基础上确定建（构）筑物与场地的尺寸。

(5) 其他。

设备布置的最终成果是设备布置图。

二、车间设备布置的要求

（一）满足生产工艺要求

1. 设备排列顺序

设备应尽可能按照工艺流程的顺序进行布置，要保证水平方向和垂直方向的连续性，避免物料的交叉往返。为减少输送设备和操作费用，应充分利用厂房的垂直空间来布置设备，设备间的垂直位差应保证物料能顺利进出。一般情况下，计量罐、高位槽、回流冷凝器等设备可布置在较高层，反应设备可布置在较低层，过滤设备、储罐等设备可布置在最底层。多层厂房内的设备布置既要保证垂直方向的连续性，又要注意减少操作人员在不同楼层间的往返次数。

2. 设备排列方法

设备在厂房内的排列方法可根据厂房宽度和设备尺寸来确定。对于宽度不超过 9m 的车间，可将设备布置在厂房的一边，另一边作为操作位置和通道，如图 5-3(a) 所示。对于中等宽度（12～15m）的车间，厂房内可布置两排设备。两排设备可分别布置在厂房两边，而在中间留出操作位置和通道，如图 5-3(b) 所示。也可将两排设备集中布置在厂房中间，而在两边留出操作位置和通道，如图 5-3(c) 所示。对于宽度超过 18m 的车间，可在厂房中间留出 3m 左右的通道，两边分别布置两排设备，每排设备各留出 1.5～2m 的操作位置。

3. 操作间距

在布置设备时，不仅要考虑设备自身所占的位置，而且要考虑相应的操作位置和运输通道。有时还要考虑堆放一定数量的原料、半成品、成品和包装材料所需的面积和空间。操作人员、操作设备所需的最小距离如图 5-4 所示。

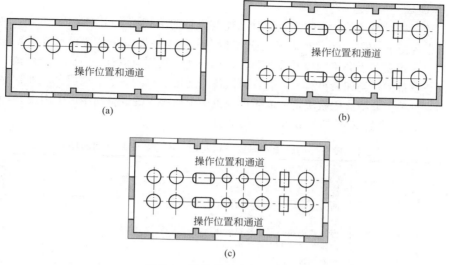

图 5-3　设备在厂房内的布置

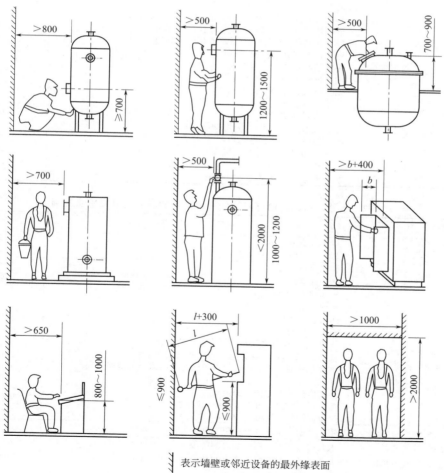

表示墙壁或邻近设备的最外缘表面

图 5-4　设备的最小操作距离

4. 安全距离

设备、建（构）筑物的防火间距应符合《建筑设计防火规范》GB 50016—2006、《石油化工企业设计防火规范》GB 50160—2008 及《爆炸和火灾危险环境电力装置设计规范》GB 50058—1992 的要求外，设备与设备之间以及设备与建、构筑物之间还应留有一定的安全距离。安全距离的大小不仅与设备的种类和大小有关，而且与设备上连接管线的多少、管径的大小以及检修的频繁程度等因素有关。非防火因素决定的或防火规范中未加规定的设备间距可采用表 5-1 中的数据。净空高度或垂直距离可参考表 5-2 中的数据。

表 5-1　设备之间或设备与建、构筑物（或障碍物）之间的净距

区　域	内　　容	最小间距/mm
生产控制区	控制室、配电室至加热炉	15000
管廊下或两侧	两塔之间（考虑设置平台，未考虑基础大小）	2500
	塔类设备的外壁至管廊[或建（构）筑物]的柱子	3000
	容器壁或换热器端部至管廊[或建（构）筑物]的柱子	2000
	两排泵之间的维修通道	3000
	相邻两排泵之间（考虑基础及管道）	800
建筑物内部	两排泵之间或单排泵至墙的维修通道	2000
	泵的端面或基础至墙或柱子	1000
任意区	操作、维修及逃生通道	800
	两个卧式换热器之间维修净距	600
	两个卧式换热器之间有操作时净距（考虑阀门、管道）	750
	卧式换热器外壳（侧面）至墙或柱（通行时）	1000
	卧式换热器外壳（侧面）至墙或柱（维修时）	600
	卧式换热器封头前面（轴向）的净距	1000
	卧式换热器法兰边周围的净距	450
	换热器管束抽出净距（L：管束长）	$L+1000$
	两个卧式容器（平行、无操作）	750
	两个容器之间	1500
	立式容器基础至墙	1000
	立式容器人孔至平台边（三侧面）距离	750
	立式换热器法兰至平台边（维修净距）	600
	立式压缩机周围（维修及操作）	2000
	压缩机	2400
	反应器与提供反应热的加热炉	4500

表 5-2　道路、铁路、通道和操作平台上方的净空高度或垂直距离

项　目		说　明	尺寸/mm
道路		厂内主干道	5000
		装置内道路，（消防通道）	4500
铁路		铁路轨顶算起	6000
		终端或侧线	5200
道路、走道和检修所需净空高度		操作通道、平台	2200
		管廊下泵区检修通道	3500
		两层管廊之间	1500（最小）
		管廊下检修通道	3000（最小）
		斜梯：一个梯段之间休息平台的垂直间距	5100（最大）
		直梯：一个梯段之间休息平台的垂直间距	9000（最大）
		重叠布置的换热器或其他设备法兰之间需要的维修空间	450（最小）
		管墩	300
		卧式换热器下方操作通道	2200
		反应器卸料口下方至地面（运输车进出）	3000
		反应器卸料口下方至地面（人工卸料）	1200
炉子		炉子下面用于维修的净空	750
平台	立式、卧式容器	人孔中心线与下面平台之间的距离	600～1000
	立式、卧式换热器	人孔法兰面与下面平台之间的距离	180～1200
	塔类	法兰边缘至平台之间的距离	450
		设备或盖的顶法兰面与下面平台之间的距离	1500（最大）

此外，相同设备、同类型设备以及性质相似的设备应尽可能集中布置在一起，以便集中管理，统一操作。

（二）满足安装和检修要求

许多化工厂在生产过程中大多存在腐蚀性，故每年常需安排一次大修以及次数不定的小修，以检修或更换设备。因此，设备布置应满足安装和检修的要求。

（1）要根据设备的大小、结构和安装方式，留出设备安装、检修和拆卸所需的面积和空间。

（2）要考虑设备的水平运输通道和垂直运输通道，以便设备能够顺利进出车间，并到达相应的安装位置。

（3）凡通过楼层的设备应在楼面的适当位置设置吊装孔。当厂房较短时，吊装孔可设在厂房的一端，如图 5-5（a）所示；当厂房较长（>36m）时，吊装孔应设在厂房的中央，如图 5-5（b）所示。多层楼面的吊装孔应在每一楼层相同的平面位置设置，并在底层吊装孔附近设一大门，以便需吊装的设备能够顺利进出。

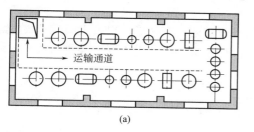

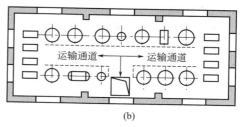

图 5-5 吊装孔及设备运输通道

（4）釜式反应器、塔器、蒸发器等可直接悬挂在楼面或操作台上，此时应在楼面或操作台的相应位置预留出设备孔。设备孔可以做成正方形，安装时可将设备直接由设备孔中吊至一定高度后再旋转 45°放下，使支座支撑在楼面或操作台上，如图 5-6（a）所示。穿越楼面或操作台的管道可经方孔角通过，剩余处可铺上防滑钢板。设备孔也可以做成圆形，安装时设备只能由上往下放入设备孔中，如图 5-6（b）所示。图中，空隙 d 的尺寸一般应比支座下部突出物（含保温层）的最大尺寸大 0.1～0.3m。

（5）在布置设备时还要考虑设备安装、检修、拆卸以及运送物料所需的起重运输设备。若不设永久性起重运输设备，则要考虑安装临时起重设备所需的空间及预埋吊钩，以便悬挂起重葫芦。若设置永久性起重运输设备，则不仅要考虑设备本身的高度，还要确保设备的起吊高度能大于运输线上最高设备的高度，如图 5-7 所示。

（三）满足土建要求

（1）凡属笨重设备以及运转时会产生很大震动的设备，如压缩机、真空泵、离心机、大型通风机、粉碎机等，应尽可能布置在厂房的

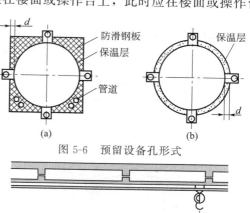

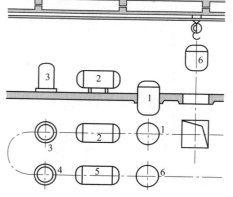

图 5-6 预留设备孔形式

图 5-7 设备的起吊高度
1～6 表示设备位置

底层，以减少厂房楼面的承重和震动。震动较大的设备因工艺要求或其他原因不能布置在底层时，应由土建专业人员在厂房结构设计上采取有效的防震措施。

（2）有剧烈震动的设备，其操作台和基础等不得与建筑物的柱、墙连在一起，以免影响建筑物的安全。

（3）穿过楼面的各种孔道，如设备孔、吊装孔、管道孔等，必须避开厂房的柱子和主梁。若将设备直接吊装在柱子或梁上，其负荷及吊装方式必须征得土建设计人员的同意。

（4）在布置设备时，应避开厂房的沉降缝或伸缩缝。

（5）在满足工艺要求的前提下，较高的设备可集中布置在一起。这样，当需要提高厂房高度时，可只提高厂房的局部标高而不必提高整个厂房的高度，从而降低厂房造价。此外，还可利用天窗的空间安装较高的设备。

（6）厂房内的操作台应统一考虑，整片操作台应尽可能取同一标高，并避免平台支柱的零乱或重复。

（四）满足安全、卫生和环保要求

1. 采光

为创造良好的采光条件，首先应从厂房建筑本身的结构来考虑，以最大限度地提高自然采光效果。为了提高自然采光和通风效果，建筑设计人员可设计出不同的建筑结构形式，特别是形状各异的屋顶结构，如图 5-8 所示。

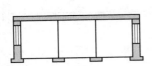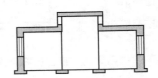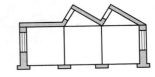

图 5-8　厂房的屋顶结构

为便于操作人员读取仪表和有关数据，在布置设备时，应尽可能使操作人员位于设备和窗之间，即让操作人员背光操作，如图 5-9 所示。

此外，特别高大的设备要避免靠窗布置，以免影响采光。

操作人员的操作位置

图 5-9　背光操作示意

2. 通风

通风问题是化工厂车间布置设计的重要课题。为创造良好的通风条件，首先应考虑如何最有效地加强自然对流通风，其次才考虑机械送风和排风。

为创造良好的自然对流条件，可在厂房楼板上设置中央通风孔，并在房顶上设置天窗，如图 5-10所示。中央通风孔不仅可提高自然通风效果，而且可解决厂房中央光线不足的问题。

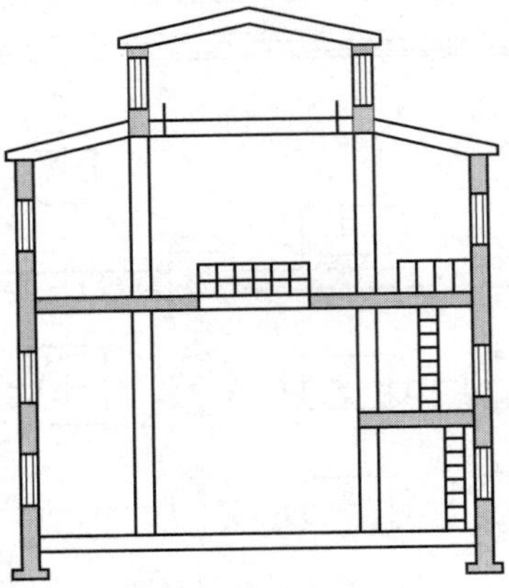

厂房内每小时通风次数的多少应根据生产过程中有害物质的逸出速度以及空气中有害物质的最高允许浓度和爆炸极限来确定。此外，对产生大量热量的车间，不仅要采取相应的降温措施，而且要适当增加通风次数。

3. 防火防爆

凡属火灾危险性的甲、乙类厂房，必须采取相

图 5-10　有中央通风孔的厂房

应的防火防爆措施。

（1）甲、乙类厂房又称为防爆车间，是指生产或者是使用甲、乙类易燃易爆固体或液体的车间，其厂房尽可能采用单层的厂房，避免车间内部有死角，以防爆炸性气体或粉尘的积累。

（2）当甲、乙类厂房与其他厂房相连时，中间必须设置防火墙。车间内的防火防爆区域与其他区域也必须用防火墙分隔开来。

（3）厂房的通风效果必须保证厂房中易燃易爆气体或粉尘的浓度不超过规定的限度。

（4）在防火防爆区域内，要采取措施防止各种静电放电和着火的可能性。

4. 环境保护

（1）化工生产中通常要产生一定量的污染物，因此，在设计时要考虑相应的环保设施，以免对环境造成污染。

（2）凡产生或使用腐蚀性介质的设备，其基础及设备附近的地面、墙、梁、柱等建（构）筑物都要采取相应的防护措施，必要时可加大设备与墙、梁、柱等建（构）筑物之间的距离。在操作或检修过程中有可能被油品、腐蚀性介质或有毒物料污染的区域应设围堰；处理腐蚀性介质的设备区应铺设防腐蚀地面。

（3）对运转时会产生剧烈震动和噪声的设备，应采取相应的减震降噪措施。

（五）工艺设备竖面布置的原则

工艺设备竖面布置应遵守下列原则。

（1）工艺设计不要求架高的设备，尤其是重型设备，应落地布置。

（2）由泵抽吸的塔和容器，以及真空、重力流、固体卸料等设备，应按工艺流程的要求，布置在合适的高层位置。

（3）当装置的面积受限制或经济上更为合算时，可将设备布置在构架上。

第三节　典型设备的布置方案

按照《化工装置设备布置设计规定》HG/T 20546—2009 的规定，现将主要设备的布置原则和一般要求分述如下。

一、立式容器和反应器的布置

（一）布置原则

（1）大型反应器维修侧应留有运输和装卸催化剂的场地。

（2）反应器支座或支耳与钢筋混凝土构件和基础接触的温度不得超过 100℃，钢结构上不宜超过 150℃，否则应做隔热处理。

（3）反应器与提供反应热的加热炉的净距应尽量缩短，但不宜小于 4.5m，并应满足管道应力计算的要求。

（4）成组的反应器，中心线应对齐成排布置在同一构架内。

（5）除采用移动吊车外，构架顶部应设置装催化剂和检修用的平台和吊装机具。

（6）对于布置在厂房内的反应器，应设置吊车并在楼板上设置吊装孔，吊装孔应靠近厂房大门和运输通道。

（7）对于内部装有搅拌或输送机械的反应器，应在顶部或侧面留出搅拌或输送机械的轴和电机的拆卸、起吊等检修所需的空间和场地。

（8）操作压力超过 3.5MPa 的反应器，集中布置在装置的一端或一侧，高压、超高压、有爆炸危险的反应设备，宜布置在防爆构筑物内。

（9）流程上该容器位于泵前时，其安装高度应符合泵的 NPSH 的要求。

（10）布置在地坑内的容器，应妥善处理坑内积水和防止有毒、易燃易爆、可燃介质的积累。地坑尺寸应满足操作和检修要求。

（二）一般要求

（1）立式容器和反应器距建筑物或障碍物的净距和操作通道、平台的宽度见表 5-1 和表 5-2。

（2）楼面或平台的高度。

① 决定楼面（平台）标高时，应注意检查穿楼板安装的容器和反应器的液面计和液位控制器、压力表、温度计、人孔、手孔、设备法兰、视镜和接管管口等的标高，不得位于楼板或梁处。

② 决定楼面标高时，应符合表 5-2 中人孔中心线距楼面高度范围的要求。如不需考虑其他协调因素时，人孔距平台最适宜的高度为 750mm。

③ 在容器和反应器顶部人工加料的操作点处应有楼面或平台，加料点不应高出楼面1m。否则，需增设踏步或加料平台。

④ 容器顶部有阀门时，应加局部平台或直梯。

（3）在管廊侧两台以上的容器或反应器，一般按中心线对齐成行布置。

（4）触媒的装卸要求。

① 大型釜式反应器底部有固体触媒卸料时，反应器底部需留有不小于 3m 的净空，以便车辆进入。

② 为便于检修和装填催化剂，反应器顶部可设单轨吊车或吊柱。

（5）立式容器为了防止黏稠物料的凝固或固体物料的沉降，其内部带有大负荷的搅拌器时，为了避免振动影响，宜从地面设置支撑，以减少设备的振动和楼面的荷载。

（6）带有搅拌装置的容器和反应器，应有足够的空间确保搅拌轴顺利取出。

（7）容器内带加热或冷却管束时，在抽出管束的一侧应留有管束长度加 0.5m 的净距，并与配管专业协商管束抽出的方位。

（8）一般设备基础高度应符合第五章第二节规定的要求。当设备底部需设隔冷层时，基础面至少应高于地面 100mm，并按此核算设备支撑点标高。

二、塔的布置

（一）布置原则

（1）布置塔时，应以塔为中心把与塔有关的设备如中间槽、冷凝器、回流泵、进料泵等就近布置，尽量做到流程顺、管线短、占地少、操作维修方便。

（2）根据生产需要，塔有配管侧和维修侧，配管侧应靠近管廊，而维修侧则布置在有人孔并应靠近通道和吊装空地；爬梯宜位于两者之间，常与仪表协调布置。

（二）一般要求

（1）大直径塔宜用裙座式落地安装，用法兰连接的多节组合塔以及直径小于或等于600mm 的塔一般安装在框架内。

（2）塔和管廊之间应留有宽度不小于 1.8m 的安装检修通道（净距）。

（3）管廊柱中心与塔设备外壁的距离不应小于 3m。塔基础与管廊柱基础间的净距离不应小于 300mm。

（4）塔的冷凝器、冷却器、中间槽、回流罐等一般可在框架上与塔在一起联合布置，也可隔一管廊和塔分开布置。

（5）大直径高塔邻近有框架时，应根据框架和塔的既定间距考虑两者的施工顺序。不需要因考虑塔的吊装而加大间距。

（6）成组布置的塔，一般以塔的外壁或中心线成一直线排成行，也可根据地理环境成双排或三角形布置，并设置联合平台，各塔平台的连接走道的结构应能满足各塔不同伸缩量及基础沉降不同的要求。

（7）塔平台和梯子的位置。

① 塔平台应设置在便于检修、操作、监测仪表和出入人孔部位。塔顶装有吊柱、放空阀、安全阀、控制阀时，应设置塔顶平台。

② 对于梯子和平台的具体要求参考《化工装置设备布置设计规定》HG/T 20546—2009 第 2 部分第 4 章的规定。

③ 塔和框架联合布置时，框架和塔平台之间应尽量设置联系通道。

（8）塔底标高由以下因素确定。

① 利用塔的压力和重力卸料时，应满足物料重力流的要求，综合考虑容器高度、物料密度、管线阻力等进行必要的水力计算。

② 采用卸料泵卸料时，应满足净正吸入压头和管道压力降的要求。

③ 再沸器的结构形式和操作要求。

④ 配管后需要通行的最小净空高度。

⑤ 塔基础高出地面的高度。

（9）在框架上安装的分节塔，应在塔顶框架上设置吊装用吊梁。

（10）再沸器应尽量靠近塔布置，通常安装在单独的支架或框架上，若需生根在塔体上时，应与设备专业协商。有关设备、管道热膨胀及支架结构问题应经应力分析后选择最佳布置方案。

（11）成排布置的塔，各塔人孔方位宜一致并位于检修侧，单塔有多个人孔时，尽量使人孔方位一致。

三、换热器的布置

（一）布置原则

（1）与精馏塔关联的管壳式换热设备，如塔底再沸器、塔顶冷凝冷却器等。宜按工艺流程顺序布置在塔的附近。

（2）布置时要考虑换热器抽管束或检修所需的场地（包括空间）和设施。当检修需要起吊设施而汽车吊不能接近换热器时，应设吊车梁、地面轨道或其他检修用设施。

（3）换热器管束抽出端可布置在检修通道侧。所需净距见表 5-1。

（4）换热器除工艺特殊要求外，一般不宜重叠布置。

（5）操作温度高于物料自燃点的换热器上方，如无楼板或平台隔开，不应布置其他设备。

（6）重质油品或污染环境的物料的换热设备不宜布置在构架上。

（7）一种物料与几种不同物料进行热交换的管壳式换热器，应成组布置。

（8）用水或冷剂冷却几组不同物料的冷却器，宜成组布置。

（二）一般要求

（1）卧式换热器

① 布置时应避免换热器中心线正对管架或框架柱子的中心线，以利换热器管程的污垢

清理及更换单根管子。

② 在管廊两侧成组换热器时，要求所有换热器封头与管廊柱之间的距离一样。

③ 成组布置的换热设备，宜取支座基础中心线对齐，当支座间距不相同时，宜取一端支座基础中心线对齐。为了管道连接方便，地面上布置的换热器也可以采用管程进出口中心线取齐。

④ 换热器与相邻换热器或卧式容器之间，支座基础或外壳之间及法兰的周围最小净距应符合表 5-1 的规定。

⑤ 卧式换热器的安装高度应保证其底部连接管道的最低净空不小于 150mm。

⑥ 浮头式换热器在地面上布置时，应满足下列要求：

1）浮头和管箱的两侧应有宽度不小于 600mm 的空地，浮头端前方宜有宽度不小于 1.2m 的空地；

2）管箱前方从管箱端算起应留有比管束长度至少长 1m 的空地。

⑦ 换热设备应尽可能布置在地面上，但是换热设备数量较多时，可布置在构架上。构架上换热器的布置应满足下列要求：

1）不可在卧式换热器的管子抽出区内设置障碍物，并向土建专业提出在抽出管子一侧的平台上应采用可拆卸式栏杆；

2）换热器的管束可采用汽车吊抽出，如果不允许采用这种方法，则考虑单轨吊车或其他固定式的起吊设施；

3）换热器管箱端前方与平台、栏杆净距见表 5-1 和表 5-2 的规定；

4）换热器支撑点标高，除考虑底部管口标高及排液阀的配管所需净空外，对于钢平台设备支撑点，至少应高出 20mm。对于混凝土楼面，设备支撑点至少应高出楼面 50mm，当支撑点高出楼面（平台）较多时，应由土建结构专业增加可承受水平力钢支架；

5）在换热器外壳（侧向）与管廊柱子之间通行或检修的最小间距见第五章表 5-2 的规定；

6）浮头式换热器浮头端前方平台净空宜不小于 0.8m，浮头式换热器管箱端前方平台净空宜不小于 1m，平台采用可拆卸式栏杆，并应考虑管束抽出区所需的空间。

⑧ 换热器支座的固定端及滑动端应按管道柔性计算要求决定。

（2）立式换热器

① 立式浮头式换热器布置在构架上时，其上方应有抽管束的空间。

② 位于立式设备附近的换热器，其间应有 1m 的通道。

③ 立式换热器、尾气冷凝器的布置可参照容器的布置；再沸器的布置可参照塔的布置。

④ 立式换热器顶部如有液相中的小排气阀时，操作人员应能够接近它。如不易接近，则应设直梯或临时梯子。

（3）对于有保温层的换热器，其相关的间距，应是指保温后外壳的净距。

（4）换热器的介质为气体并在操作过程中有冷凝液生成时，换热器的出口管一般应为无袋形管，并使冷凝液自流入受槽内，此时，换热器的标高应与受槽有关，设备布置时应核对。

四、卧式容器的布置

（一）布置原则

（1）卧式容器宜成组布置。成组布置卧式容器宜按支座基础中心线对齐或按封头顶端对齐。地面上的容器以封头顶端对齐的方式布置为宜。

（2）卧式容器的安装高度应根据下列情况之一来决定：

① 流程上该容器位于泵前时，应满足泵的净正吸入压头的要求。

② 底部带集液包的卧式容器，其安装高度应保证操作和检测仪表所需的足够空间，以及底部排液管线最低点与地面或平台的距离不小于 150mm。

（二）一般要求

（1）卧式容器支撑高度在 2.5m 以下时，可直接将支座（鞍座）放在基础上；支撑高度大于 2.5m 时，宜放在支架、框架或楼板上。

（2）卧式容器的间距和通道宽度要求见表 5-1 的规定。

（3）为使容器接近仪表和阀门，可将其布置在框架内。如容器的顶部需设置操作平台时，应满足操作平台上配管后的合理净空以及阀门操作的要求。

（4）容器内带加热或冷却管束时，在抽出管束的一侧应留有管束长度加 0.5m 的净空。

（5）集中布置的卧式容器设置联合平台时，为便于安装与检修，设备管口法兰宜高出平台面 150mm。

（6）当容器支座（鞍座）用地脚螺栓直接连接到基础上，其操作温度低于冻结温度时，应在支座（鞍座）与基础之间垫 150～200mm 的隔冷层。

（7）卧式容器支座（鞍座）的滑动侧和固定侧应按有利于容器上所连接的主要管线的柔性计算来决定。

（8）单独支撑容器的框架，柱间中心距应比容器的直径至少大 0.8m。

（9）卧式容器下方需设操作通道时，容器底部及配管与地面净空不应小于 2.2m。

五、泵的布置

（一）布置原则

（1）泵的布置方式有露天布置、半露天布置和室内布置。

① 露天布置：通常集中布置在管廊的下方或侧面，也可分散布置在被吸入设备或吸入侧设备的附近。其优点是通风良好，操作和检修方便。

② 半露天布置：半露天布置的泵适用于多雨地区，当泵的操作温度低于自燃点时，一般在管廊下方布置泵，泵的管道上部设雨棚。或将泵布置在构架下的地面上，以构架平台作为雨棚。这些泵可根据与泵有关的设计布置要求，将泵布置成单排、双排或多排。

③ 室内布置：在寒冷或多风沙地区可将泵布置在室内。如果工艺过程要求设备布置在室内时，其所属的泵也应在室内布置。

（2）集中或分散布置

① 集中布置是将泵集中布置在泵房或露天、半露天的管廊下或框架下，呈单排或双排布置形式。对于工艺流程中塔类设备较多时，常将泵集中布置在管廊下面，在寒冷地区则集中在泵房内。

② 分散布置是按工艺流程将泵直接布置在塔或容器附近。泵的数量较少时，从经济上考虑集中不合理，或工艺有特殊要求，或因安全方面等原因，可采用分散布置。

（3）排列方式

泵的布置首先要考虑方便操作与检修，其次是注意整齐美观。由于泵的型号、特性、外形不一，难以布置得十分整齐。因此泵群在集中布置时，一般采用下列两种布置方式。

① 离心泵的出口取齐，并列布置，使泵的出口管整齐，也便于操作。这是泵的典型布置方式。

② 当泵的出口不能取齐时，可采用泵的一端基础取齐。这种布置方式便于设置排污管

或排污沟。

(4) 当移动式起动设施无法接近质量较大的泵及其驱动机时，应设置检修用固定式起重设施，如吊梁、单轨吊车或桥式吊车。在建（构）筑物内要留有足够的空间。

(5) 布置泵时要考虑阀门的安装和操作的位置。

(6) 泵前沿基础边应设置带盖板的排水沟。为了防止可燃气体窜入排水沟，也可使用带水封的排水漏斗和埋地管以取代排水沟。

(7) 泵房设计应符合防火、防爆、安全、卫生、环保等有关规定，并应考虑采暖、通风、采光、噪声控制等措施。

(8) 输送高温介质的热油泵和输送易燃、易爆或有害（如氨等）介质的泵，要求通风的环境，一般宜采用敞开或半敞开布置。

（二）一般要求

(1) 管廊下泵的布置

① 管廊上部安装空冷器时，若泵的操作温度小于340℃，则泵出口管中心线在管廊柱中心线外侧600～1200mm为宜。若泵的操作温度大于或等于340℃，则泵不应布置在管廊下面。

② 管廊上部不安装空冷器时，泵出口管中心线一般在管廊柱中心线内侧600～1200mm为宜。

③ 布置在管廊下的泵，其方位为泵头向管廊外侧，驱动机朝管廊下的通道一侧，但大型泵底板较长时，可转90°布置（即沿管廊的纵向布置）。

④ 对于大的装置管廊的跨度很大时（≥10m），泵出口管中心线可不受（2）条款的限制。

⑤ 成排布置的泵应按防火要求、操作条件和物料特性分别布置；露天、半露天布置时，操作温度等于或高于自燃点的可燃液体泵宜集中布置；与操作温度低于自燃点的可燃液体泵之间应有不小于4.5m的防火间距；与液体烃泵之间应有不小于7.5m的防火间距。

(2) 泵的维修与操作通道

① 泵的维修通道的宽度，泵与泵之间和泵至建（构）筑的净距；构筑物内泵的布置净距可参照建筑物内部泵的布置净距进行设计。见表5-1。

② 泵前方的检修通道可考虑用小型叉车搬运零件时所需宽度，一般不应小于1.25m，对于大泵应适当加大净距。

③ 两台相同的小泵可布置在同一基础上，相邻泵的突出部位之间最小间距为400mm。

(3) 泵房内泵的布置

① 如泵房靠管廊时，柱距宜与管廊的柱距相同。一般为6m和9m。跨距一般采用4.5m、6m、9m和12m。可采用单排布置或双排布置。其净距见表5-1。

② 泵房的层高（梁底标高）应由进出口管线和设备检修用起重设施所需的高度来确定，一般层高为4.0～5.0m。

③ 罐区泵房一般设置在防火堤外，距防火堤外侧的距离不应小于5m。与易燃、易爆液体贮罐的距离应满足《石油化工企业设计防火规定》GB 50160的要求。

(4) 泵的标高

① 泵的基础面宜高出地面300mm。最小不得小于150mm；在泵吸入口前安装过滤器时，泵基础高度应考虑过滤器能方便清洗的拆装。

② 泵的吸入口标高与贮槽或塔类设备的标高的关系应满足NPSH的要求。

③ 确定泵吸入口标高时，一般要求吸入管线无袋形。对于可能产生聚合的物料，应在

停车时必须完全排放干净。因此，要求吸入管带有坡度，坡度要坡向泵的方向，并按照此要求决定泵的标高。

④ 地下槽用离心泵，一般应放在与地下槽同层的高度。

（5）对于需设置移动式泵的场合，应考虑同类型泵集中布置，使移动泵处在易通行又不妨碍操作与检修作业的区域。如需要以移动泵替代泵群中某台泵时，此泵应留有切换管道作业的位置。

（6）罐区泵露天布置时，一般应设置在围堰和防火堤外，与易燃、易爆液体贮罐的距离应满足《石油化工企业设计防火规定》GB 50160 的要求。

六、压缩机的布置

（一）布置原则

（1）厂房的设置　离心式压缩机一般安装在敞开或半敞开的建筑物内，在严寒地区（冬季气温在−40℃以下）或者风沙大的地区采用封闭式厂房。

（2）离心式压缩机是装置中用电负荷最大的关键设备，布置时应同时考虑变、配电室的位置。

（3）离心式压缩机组及其附属设备的布置应满足制造厂的要求。

（4）离心式压缩机布置在室内时，设置起吊设施的原则：

① 在单层厂房内布置多台离心式压缩机时或最大部件质量超过 1t 时，宜设置起吊设施。

② 离心式压缩机布置在厂房内二楼时，应设置起吊设施。

（5）离心式压缩机布置在室外时，为了大型组合件的检修和运输，应考虑所需检修通道，并与厂区道路相通。

（6）室内布置的离心式压缩机，其基础应考虑隔振，并与厂房的基础隔开。

（7）为便于出入厂房，楼梯应靠近通道。并设置第二楼梯或直爬梯，便于紧急情况时疏散。

（8）输送可燃气体的离心式压缩机与明火设备、非防爆的电气设备的间距，应符合国家现行的《爆炸和火灾危险环境电力装置设计规范》GB 50058 和《石油化工企业设计防火规范》GB 50160 的规定。

（9）单机驱动功率等于或大于 150kW 甲类气体压缩机厂房，不宜与其他甲、乙、丙类房间共用一幢建筑物，如布置在同一厂房内，需用防爆墙隔开；压缩机的上方，不得布置甲、乙、丙类液体设备，但自用的高位润滑油箱不受此限制。

（10）往复式压缩机的布置原则可参照"离心式压缩机布置原则的规定。"

（二）一般要求

（1）为了安全，离心式压缩机与分馏设备距离应大于 9m，其厂房外缘与道路边缘的距离应大于 5m。

（2）在厂房内布置离心式压缩机时，应满足下列要求：

① 机组与厂房墙壁的净距应满足离心式压缩机或者驱动机的活塞、曲轴、转子等的检修要求，并且不应小于 2m。

② 机组一侧应有放置最大部件及进行检修作业部件的场地，多台机组可考虑共用检修场地。

③ 离心式压缩机布置在厂房内二楼时，应按机组的最大部件设置吊装孔。

④ 离心式压缩机和驱动机的全部仪表控制盘应布置在靠近驱动机的端部一侧，并应有

检修通道。

⑤ 离心式压缩机两侧应有消防通道。

（3）离心式压缩机基础的最小高度应由以下因素确定：

① 冷凝器的外形尺寸。

② 冷凝液泵的净正吸入压头（NPSH）的要求。

③ 冷凝器出口安全阀管道的净空要求。

④ 离心式压缩机制造厂的要求。

⑤ 润滑油和密封油管道的坡度要求，从离心式压缩机壳体至润油槽的排油管应能自流。

⑥ 离心式压缩机是单个底座还是整体底座。

（4）厂房内的地面不应有低洼处。

（5）厂房内必须通风良好。

① 如果离心式压缩机处理比空气轻的可燃、易爆气体时，半敞开式的厂房上部要设置风帽或天窗，以排出积聚在厂房上部的危险气体。

② 比空气轻的可燃气体压缩厂房的楼板，宜部分采用箅子板。

③ 如果离心式压缩机处理的是比空气重的可燃性气体时，厂房内不宜设置地沟或地坑，以免气体积聚造成爆炸危险，厂房内应有防止气体积聚的措施。

（6）离心式压缩机的附属设备的布置，应满足下列要求：

① 对于多级离心式压缩机，应综合考虑进出口的受力影响，合理确定各级气液分离器和冷却器的相对位置。

② 高位油箱的安装高度，应满足制造厂的要求，并设置平台和直梯。

③ 润滑油和密封油系统宜靠近离心式压缩机，并满足油冷却器的检修要求。

（7）离心式压缩机的驱动机为汽轮机时，汽轮机的附属设备的布置应考虑下列因素：

① 汽轮机采用空冷器作为凝汽设备时，空冷器的位置应靠近汽轮机，空冷器的安装高度应能满足凝结水泵的吸入高度的要求。

② 汽轮机采用冷凝冷却器作为凝汽设备时，冷凝冷却器宜布置在汽轮机的下方，也可布置在汽轮机的侧面。冷凝冷却器管箱外应考虑检修场地。凝结水泵的位置应满足其吸入高度的要求。

（8）对于布置在二层的离心式压缩机，二层楼面的荷载（检修荷载）不小于 $500kg/m^2$。

（9）离心式压缩机之间的最突出部分的距离一般不小于 $2.4\sim3m$。

（10）对厂房尺寸的考虑。

厂房的跨度及长度与压缩机布置的方位、台数、辅机、安装孔及梯子等有关。压缩机横向的总尺寸，由离心式压缩机的尺寸和通道的净宽而定，通道净宽一般为自底座边缘算起不小于 2m。每台压缩机轴向的总尺寸根据离心式压缩机类型而定，离心式压缩机壳体有垂直分开式与水平分开式两种。如为垂直分开式，其水平方向抽轴所需的净距大于 2m 时，则应增加通道宽度。如为水平分开式时，转子向上吊起，不占通道的空间。当驱动机为电机时，抽出电动机转子所需净距大于 2m 时，则应增加通道宽度。

（11）当离心式压缩机设消声罩时，通道尺寸则相应增加。

（12）当离心式压缩机制造厂提供的外形尺寸及配管情况确定起重机的起吊高度；根据最大部件质量并加上安全余量（$300\sim600kg$）确定起重机的能力；根据厂房宽度及起重机的标准跨度（L_R、L_Q）确定起重机轨距。

（13）往复式压缩机布置原则参照离心式压缩机布置原则，其一般要求除可以参照离心式压缩机的一般要求外，还有以下要求。

① 往复式压缩机布置在控制室或其他建筑物附近时，则往复式压缩机的驱动机（用蒸汽透平时）需采取消声措施等。

② 缓冲器、中间冷却器、气液分离器应靠近往复式压缩机以减少管道长度。

③ 根据减振系统的管道所需最小净空决定往复式压缩机的安装高度。

④ 为了控制往复压缩机的管道振动，通常将吸入和排出管道敷设在管墩上。

⑤ 空气压缩机的吸入口应布置在厂房外高于地面，能吸入干净和冷空气的位置。

第四节　设备布置图

一、设备布置图的内容

在设备布置设计过程中，一般应该提供下列图样：设备布置图、设备安装详图、管口方位图等。其中，设备布置图是设备布置设计的主要图样。用来表示一个车间（装置）或一个工段（分区或工序）的生产和辅助设备在厂房建（构）筑内外安装布置的图样称为设备布置图。

图 5-11 为某装置的设备布置图，可以看出，设备布置图一般包括以下内容。

（1）一组视图　表示厂房建筑的基本结构和设备在厂房内外的布置情况。

（2）尺寸及标注　注写与设备布置有关的尺寸及建筑物定位轴线的编号，设备的位号与名称等。

（3）安装方位标　在图纸的右上方画出指示安装方位基准的图标（见表 5-3）。

表 5-3　设备布置图中的图例及简化画法（HG/T 20546—2009）

名　　称	图例或简化画法	备　　注
坐标原点	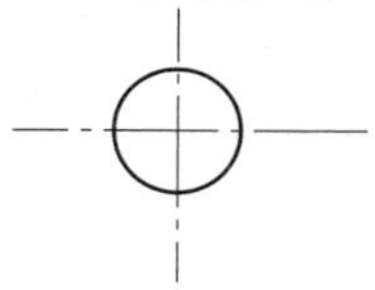	圆直径为 10mm
方向标	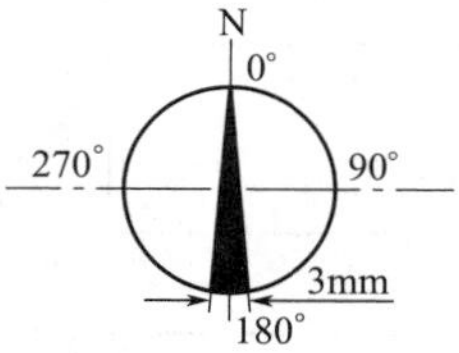	圆直径为 20mm
砾石（碎石）地面		
素土地面	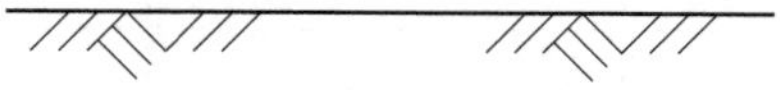	
混凝土地面	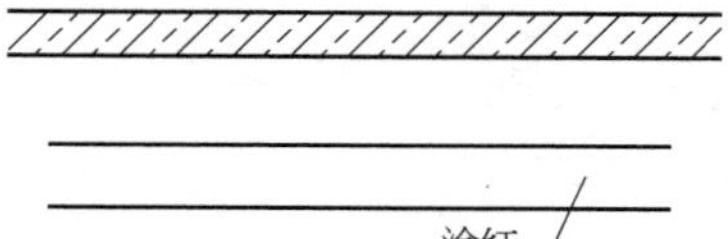 涂红	
钢筋混凝土	 涂红	涂红色也适用于素混凝土

名　称	图例或简化画法	备　注
安装孔、地坑		
电动机	M	
圆形地漏		
仪表盘、配电箱		
双扇门		剖面涂红色或填充灰色
单扇门		剖面涂红色或填充灰色
空门洞		剖面涂红色或填充灰色
窗		剖面涂红色或填充灰色
栏杆	平面　　　　立面	
花纹钢板	局部表示网格线	
箅子板	局部表示箅子	
楼板及混凝土梁		剖面涂红色或填充灰色
钢梁		混凝土楼板涂红色

续表

名　称	图 例 或 简 化 画 法	备　注
楼梯		
直梯	平面　　　　　　　立面	
地沟混凝土盖板		
柱子	混凝土柱　　　　　　钢柱	剖面涂红色或填充灰色
管廊		小圆直径为 3mm 也允许按柱子截面形状表示
单轨吊车	平面　　　　　　　立面	
桥式起重机	立面　　　　　　　平面	
悬臂起重机	立面　　　　　　　平面	
悬壁起重机	立面　　　　　　　平面	
铁路	平面 ————————	线宽 0.9mm
吊车轨道即安装梁	平面 —·—·—·—· T.B. —·—·	

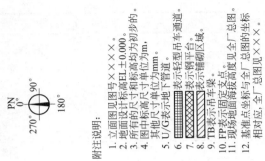

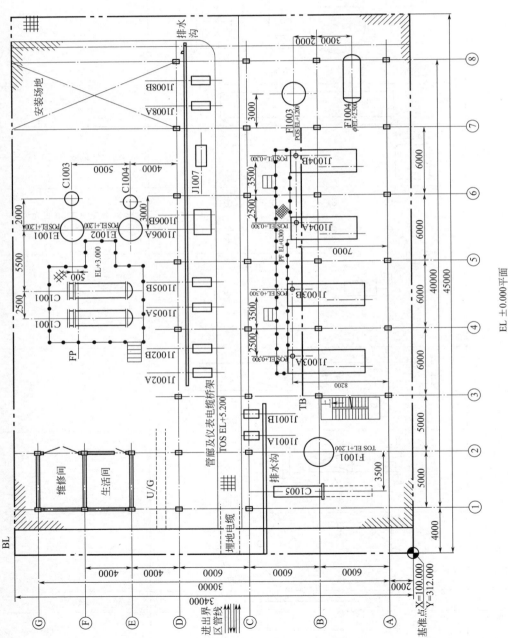

EL±0.000平面

图 5-11 ××装置施工版设备布置图("F"版或者"G"版)

（4）说明与附注　对设备安装有特殊要求的说明。

① 通用附注　设备布置图中都应附注如下内容。

a. 立面图见图号×××××。

b. 地面设计标高为 EL＋×××. ×××。

c. 图例简化画法见×××××。

② 其他附注　对设备布置图中不在"设备布置图图例及简化画法"中表示的图形进行说明；对设备布置图中的缩写词加以说明等。

（5）设备一览表　将设备位号、名称、技术规格及有关参数列表说明。

（6）标题栏　填写图名、图号、比例设计阶段等。

二、绘制设备布置图的一般规定

设备布置图的设计应遵循《化工装置设备布置设计规定》HG/T 20546—2009，绘制设备布置图时应遵循下列规定。

（1）线型及线宽　所有图线都要清晰光洁、均匀，宽度应符合要求。平行线间距至少要大于 1.5mm，以保证复制件上的图线不会分不清或重叠。设备轮廓采用粗线（0.9～1.2mm）；设备支架与设备基础采用中粗线（0.5～0.7mm）；对于动设备（机泵等）如只绘出设备基础，图线宽度用 0.9mm；除此之外均采用细线（0.15～0.3mm）。

（2）图例及简化画法　设备布置图中的图例及简化画法见表 5-3。

（3）设备布置图常用的缩写词　见表 5-4。

表 5-4　设备布置图常用缩写词（摘自 HG/T 20546—2009）

缩写词	词意	缩写词	词意	缩写词	词意
ABS	绝对的	EXCH	换热器	PID	管道仪表流程图
ATM	大气压	FDN	基础	PL	板
BBP	(机器)底盘、底面标高	F-F	面至面	PF	平台
BL	装置边界	FL	楼板	POS	支撑点
BLDG	建筑物	F.P	固定点	PN	工厂北向
BOP	管底	GENR	发电机、发生器	QTY	数量
C-C	中心到中心	HH	手孔	R	半径
C-E	中心到端面	HC	软管接头	REF	参考文献
C-F	中心到面	HOR	水平的、卧式的	REV	版次
CHKD PL	网纹板	HS	软管站	S	南
C.L	中心线	ID	内径	STD	标准
COD	接续图	IS.B.L	装置边界内侧	TB	吊车梁
COL	柱、塔	MAX	最大	THK	厚
COMPR	压缩机	MH	人孔	T	吨
CONTD	续	MATL	材料	TB	吊车梁
DEPT	部门、工段	MFR	制造厂、制造者	TOP	管顶
D	直径	MIN	最小	TOS	架顶面、钢顶面
DISCH	排出口	M.L	接续线	STD	标准
DWG	图纸	NOZ	管口	SUCT	吸入口
E	东	NPSH	净正吸入压头	VERT	垂直的、立式
EL	标高	N.W	净重	VOL	体积、容积
EQUIP	设备、装备	OD	外径	W	西

（4）图名　标题栏中的图名一般分成两行，上行写"××××设备布置图"，下行写"EL×××. ×××平面"或"×-×剖视"等。

三、设备布置图的视图

（一）绘图比例、图幅及尺寸单位

（1）绘图比例与图幅　绘图的比例通常采用 1：50，1：100，在个别情况下（如大型储罐或仓库等）可采用 1：200 或 1：500。允许在一张图纸上各视图采用不同的比例，此时可将主要采用的比例注明在标题栏中，个别视图的不同比例则在该视图名称的下方或右方予以注明。图幅一般采用 A1 图幅，如需分绘在几张图纸上，则各张图纸的幅面应力求统一。

（2）尺寸单位　设备布置图中标注的标高、坐标以 m 为单位，小数以下应取三位数至 mm 为止。其余的尺寸一律以 mm 为单位，只注数字，不注单位。采用其他单位标注尺寸时，应注明单位。

（二）图面安排及视图要求

（1）设备布置图一般只绘平面图，对于较复杂的装置或有多层建（构）筑物的装置，当平面图表示不清楚时，可绘制剖视图。

（2）一般情况下，每一层平面只画一个平面图，当有局部操作台时，在该平面图上可以只画操作台下的设备，局部操作台及其上面的设备另画局部平面图。如不影响图面清晰，也可用一个平面图表示，操作台下的设备画虚线。

（3）多层建筑物或构筑物，应依次分层绘制各层的设备布置平面图。如在同一张图纸上绘几层平面图时，应从最底层平面开始，在图中由下至上或由左至右按层次顺序排列，并在图形下方注明"EL×××.×××平面"等。

（4）设备布置图一般以联合布置的装置或独立的主项为单元绘制，界区以粗双点划线表示，在界区外侧标注坐标，以界区左下角为基准点。基准点坐标为 N、E（或 N、W）见图 5-12。同时注出其相当于在总图上的坐标 X、Y 数值。

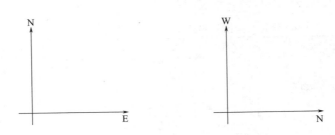

图 5-12　基准点坐标

（5）对于设备较多、分区较多的主项，此主项的设备布置图，应在标题栏的正上方列一设备表，便于识图（见表 5-5）。

表 5-5　设备表

设备位号	设备名称	所在区域	设备位号		设备名称	所在区域
				6		
				6		
				6		
				6		
设备位号	设备名称	所在区域	设备位号	8	设备名称	所在区域
15	60	15	15		60	15

标　题　栏

（6）一个设备穿越多层建（构）筑物时，在每层平面上均需画出设备的平面位置，并标注设备位号。各层平面图是以上一层的楼板底面水平剖切的俯视图。

在绘制平面图的图纸的右上角，应画一个与建筑图的制图北向一致的方向标。

（三）图示方法

设备布置图中视图表达的主体是设备与建筑物及构件，采用正投影法绘制。

1. 建筑物及其构件

（1）对承重墙、柱等结构，应按建筑图要求用细点划线画出其建筑定位轴线。

（2）用中粗实线、按规定图例（见表5-3）画出车间建筑物及其构件。

（3）在平面图及剖面图上按比例和规定图例表示出厂房建筑的空间大小、内部分隔及与设备安装定位有关的基本结构（如墙、柱、地面、楼板、平台、栏杆、管廊、楼梯、安装孔洞、地坑、地沟、管沟、散水坡、吊轨及吊车、设备基础等）。

（4）与设备安装关系不大的门、窗等构件，一般只在平面图上画出它们的位置和门的开启方向，在剖视图上则不予表示。

（5）表示出车间生活行政室和配电室、控制室、维修间等专业用房，并用文字标注房间名称。

2. 设备

（1）用粗实线画出所有设备、设备的金属支架、电机及其传动装置。被遮盖的设备轮廓线一般可不画出，如必须表示时，则用粗虚线画出。用细点划线画出设备的中心线。

（2）采用适当简化的方法画出非定型设备的外形及其附属的操作台、梯子和支架，注出支架代号［见图5-15（k）］。卧式设备还应画出其特征管口或标注固定侧支座位置［见图5-15（b）］。

（3）驱动设备只画出基础，用规定的简化画法画出驱动机，并表示出特征管口和驱动机的位置［见图5-15（c）］。

（4）位于室外而又不与厂房相连接的设备及其支架，一般只在底层平面图上予以表示。穿过楼层的设备，每层平面图上均应按图（见图5-13）所示的剖面形式表示。图中楼板孔洞可不画阴影部分。

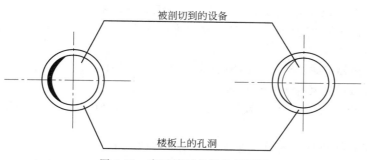

图 5-13　穿过楼层的设备剖视图

（5）用虚线表示预留的检修场所（见图5-14）。

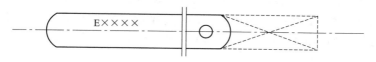

图 5-14　用虚线表示换热器抽管束的预留空间

（四）设备布置图的标注

1. 厂房建筑、构件的标注

（1）按土建专业图纸标注建筑物和构筑物的定位轴线编号。定位轴线的编号应注写在轴线端部的圆内，圆用细实线绘制，直径为 8mm。定位轴线的编号宜标注在图样的下方与左侧。横向编号应用阿拉伯数字（1，2，3，…），从左至右编写，竖向编号应用大写拉丁字母（A，B，C，…），从下至上顺序编号。

（2）标注厂房建筑及其构件的尺寸。

① 厂房建筑物的长度、宽度总尺寸。

② 厂房建筑、构件的定位轴线间的尺寸。

③ 为设备安装预留的孔洞及沟、坑等的定位尺寸。

④ 地面、楼板、平台、屋面的主要高度尺寸及其他与设备安装定位有关的建筑构件的高度尺寸。并标注室内外的地坪标高。

（3）注写辅助间和生活间的房间名称。

（4）用虚线表示预留的检修场地（如换热器抽管束），按比例画出，不标注尺寸。

2. 设备的标注

设备布置图中一般不注出设备的定型尺寸，只注出其定位尺寸及设备位号等。

（1）设备平面定位尺寸　平面图上设备平面定位尺寸应以建（构）筑物的定位轴线或管架、管廊的柱中心线为基准线标注定位尺寸，或以已标注定位尺寸的设备中心线为基准线进行标注。也有采用坐标系进行定位尺寸标注的，但应尽量避免以区的分界线为基准线来标注定位尺寸。

① 卧式的容器和换热器应以中心线和靠近柱轴线一端的支座为基准标注定位尺寸［见图 5-15(b)］。

② 立式的反应器、塔、槽、罐和换热器应以中心线为基准标注定位尺寸［见图5-15(a)］。

③ 离心式泵、压缩机、鼓风机、蒸汽透平应以中心线和出口管中心线为基准标注定位尺寸［见图 5-15(d)、(e)］。

④ 往复式泵、活塞式压缩机应以缸中心线和曲轴或电动机轴中心线为基准标注定位尺寸［见图 5-15(f)、(g)、(h)］。

⑤ 板式换热器应以中心线和某一出口法兰端面为基准标注定位尺寸。

（2）设备高度方向的定位尺寸　设备高度方向的定位尺寸一般以标高表示，标高的基准一般选首层室内地面。

① 卧式的换热器、罐、槽一般以中心线标高表示（ϕEL×××.×××）［见图 5-15(b)、(l)］，也可以支撑点标高表示（POS EL×××.×××）。

② 立式储槽和反应器、塔一般以支撑点标高表示（POS EL×××.×××）［见图 5-15(a)、(j)、(k)］。

③ 立式、板式换热器一般以支撑点标高表示（POS EL×××.×××）。

④ 泵、压缩机以主轴中心线标高（ϕEL××××）或底盘底面标高（即基础顶面标高 POS EL×××.×××）表示［见图 5-15(g)、(h)、(i)］。

（3）设备位号的标注　在设备图形中心线上方标注设备位号与标高，该位号应与管道仪表流程图中的位号一致，设备位号的下方应标注支承点（如 POS EL×××.×××）［见图 5-15(a)］或中心线（如 ϕEL×××.×××）［见图 5-15(g)］或支架架顶（如 TOS EL×××.×××）［见图 5-15(k)］的标高。

3. 其他标注

（1）管廊、管架应标注架顶的标高（TOS EL×××.×××）。

（2）应在相应的图示处标明"管廊"、"进出界区管线"、"埋地电缆"、"地下管道"、"排水沟"等内容。

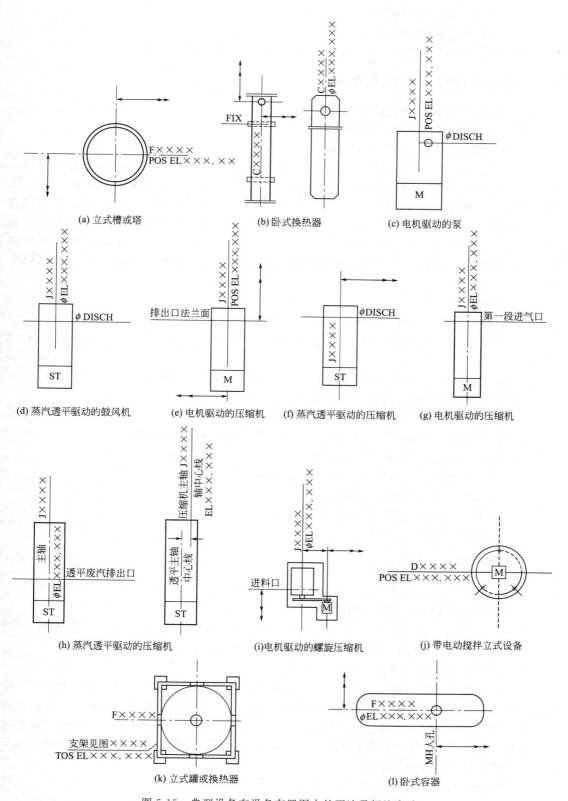

图 5-15 典型设备在设备布置图中的画法及标注方法

（3）装置地面设计标高宜用 EL±0.000 表示。

（五）典型设备的画法及标注

图 5-15 中列出了一些典型设备的图示方法和标注格式，供读者参考。

四、各设计阶段设备布置图的内容

（一）基础工程设计阶段的设备布置图

基础工程设计阶段共编制四版设备布置图。

1. 初版设备布置图（简称"A"版）

根据工艺流程、专利商布置建议及布置规定，结合工程的具体情况形成的初步概念编制设备布置图。该图是根据系统（工艺和公用工程）专业（或专利商）提供的工艺流程图（PFD）或基础设计 PI 图和工程设计 PI 图"A"版、设备布置建议图、设备表、设备数据表和全厂总平面图等有关资料绘制的初步设备布置图。该图仅表示装置内设备布置的概貌，供有关专业开展基础工程设计工作。设备的外形尺寸若无详细资料，可根据工艺专业提供的设备数据表中给出的有关数据绘制。"A"版设备布置图主要包括以下内容。

（1）装置的界区范围。

（2）装置界区内建（构）筑物的形式、主要尺寸和结构。

（3）根据设备一览表所列出的全部设备，按比例表示出它们的初步位置和高度，并标上设备位号。

（4）装置界区内管廊的初步走向和进出界区的管道方位、物流的方向。

（5）埋地冷却水管道进出界区的初步方位和走向。

（6）电气、仪表电缆进出界区的方位（埋地或架空）。

（7）装置界区的坐标基准点（以确定本装置与其他装置的相对位置）。

（8）大型设备安装的预留场地和空间。

（9）主要设备的检修空间、换热器抽芯的预留空间。

（10）装置界区内主要道路、通道的走向。

（11）装置设计北向（N）的标志。

（12）辅助间占地面积。

（13）附注或待定事项。

（14）装置地面相对标高 EL±0.000。

（15）尺寸和坐标或标高单位。

2. 内部审查版设备布置图（简称"B"版）

"B"版（如图 5-16 所示）是根据"A"版设备布置图、工艺和公用工程系统的"PI"图"B"版、全厂总平面图、设计规定等绘制的。此图发送给各有关专业征求意见。

3. 用户审查版设备布置图（简称"C"版）

"C"版设备布置图如图 5-16 所示，主要根据工艺和公用工程系统的"PI"图"C"版和各专业提出的意见和要求，设备询价图以及配管、管道机械人员对重要管道［主要会影响设备布置和建（构）筑物尺寸的某些管道］走向的意见，对"B"版设备布置图进行修改而成。此版应送交用户征求意见并得到用户的认可。必要时，此版设备布置图还需送交专利所有者或基础设计主要编制人审查。

4. 确认版设备布置图（简称"D"版）

"D"版如图 5-16 所示是根据用户审查意见、"PI"图"D"版和其他有关人员审查意

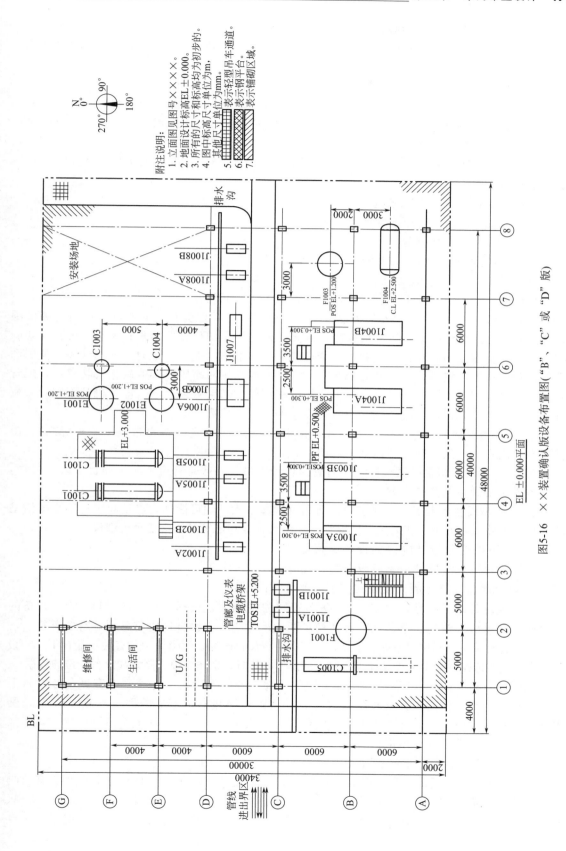

图5-16 ××装置确认版设备布置图("B"、"C"或"D"版)

见对"C"版设备布置图进行修改而成,作为详细工程设计阶段"E"版设备布置图的依据。

除"A"版设备布置图的全部内容以外,"B"、"C"、"D"版设备布置图还应增加以下内容。

(1) 装置界区内建(构)筑物、楼层标高。

(2) 关键或大型设备的支撑方式和初步的支撑点标高。

(3) 管廊的位置、宽度、层数和标高,并考虑仪表、电气电缆桥架的位置。

(4) 关键设备的定位尺寸(其他设备的位置仍按比例表示在图面上,不注出定位尺寸)。

(5) 主要的操作、维修平台和梯子。

(6) 装置界区的控制室、配电室、生活间及辅助间,应表示出各自的位置和尺寸,并注明其组成和名称。

(7) 装置界区的道路等级和走向。

(8) 装置界区内铺砌地面的范围和类型。

(9) 大型设备安装方案。

(10) 装置地面相对标高与绝对标高的关系。

(11) 行车位置及轨顶标高。

在绘制"B"、"C"、"D"版设备布置图时应注意以下几点。

① 在绘制"B"、"C"、"D"版设备布置图时,应与其他各有关专业密切协商有关事项并共同取得一致意见。如:各楼层标高;有关平台、梯子的位置、形式和大小;设备支架的结构形式;支撑梁的高度;电缆和地下管道的走向;道路的等级和走向;铺砌地面的范围和类型;辅助间的设置等。同时要与配管专业人员共同商定对布置有影响的重要管道,以配管专业为主进行配管研究。同时画出应力分析空视草图,送交管道力学(即管机,下同)专业进行应力计算,并得以通过,以确定有关设备的位置和标高。

② 布置图上地面标高(EL±0.000)相当于现场的实际海拔高度数据(绝对标高),由总图专业确定(一般在附注栏内加以说明)。

③ 为了使设备布置得更合理,应有管道设计人员(一般是管道专业主项负责人)参加,共同考虑主要管道的具体走向。

④ 对大型设备应考虑运输通道的畅通和设立起吊桅杆的可能性,以及起重运输机械活动的空间。另外,还应考虑邻近建、构筑物、铁路线、冷却塔等是否会妨碍大型设备的吊装。

(二) 详细工程设计阶段的设备布置图

详细工程设计阶段共编制三版设备布置图。

1. 研究版(或详1版)设备布置图(简称"E"版)

研究版设备布置图是在"D"版设备布置图的基础上,根据"PI"图"D"版、设备的询价图、建(构)筑物、梁、柱布置和初步断面尺寸图、主要管道研究草图等有关资料。

综合各有关专业和用户所提的意见,对布置进行深化研究。此图作为各有关专业在下一步设计过程的重要依据。如果工程设计规定要进行模型设计时,也作为模型制作和设备定位的依据。

此版设备布置图除"D"版设备布置图的全部内容以外,还应有管廊的宽度,楼面(平台)上设备的支撑标高及其支座位置尺寸,标注卧式换热器、容器的固定支座(F.P),画出立式设备罐耳或支腿,标注出设备的定位尺寸,表示所有平台、梯子及吊梁位置,隔声范围,核对地面铺砌范围、地沟位置。

在绘制"E"版设备布置图时应注意以下几点。

(1) 绘制"E"版设备布置图的过程中,应与配管专业设计人员共同商定对布置有影响的部分重要管道,如往复式压缩机、往复泵的进出口管道,以配管专业为主进行配管研究,同时画出应力空视草图,送交管道力学专业进行应力计算并得以通过,以进一步确定有关设备的位置和标高。若有必要，高压往复泵进出口的配管（应力计算通过后的空视草图）应提交专利所有者或机泵专业进行脉冲计算，以确定泵的进出口是否需要设置减震缓冲器。

（2）"E"版设备布置图在以后的设计过程中，只可作一些小的调整（位置和标高）。如由于某些原因，某些设备的位置或标高需要作较大的变动时，任何专业不得擅自改动，必须由工艺、系统、管道设计、管道力学、土建和装置布置等有关专业共同协商取得一致意见，并经项目经理批准后才能改动。

（3）"E"版设备布置图如对"D"版设备布置图的内容修改不多，可不必重新绘制，只需将"D"版设备布置图复制一份存档，然后在原图上加以修改，标注设备定位尺寸，并将图纸名称改为研究版（"E"版）设备布置图。

2. 设计版（或详 2 版）设备布置图（简称"F"版）

设计版用于开展正式施工图的设计，布置图上应标注出全部设备定位尺寸，并表示出所有操作平台等。此版设备布置图是在"E"版设备布置图的基础上，根据"PI"图"E"版、确认的设备图等有关资料进行复查核对，并加以完善。在该阶段设计过程中配管专业设计人员如对某些设备的定位尺寸或标高作了小的调整，则需对本版设备布置图作相应的修改。此版设备布置图已基本达到成品的深度。

除"E"版设备布置图中的全部内容以外，"F"版设备布置图还应增加如下内容。

（1）检查并补齐所有定位尺寸和标高。

（2）根据管道平面布置图（研究版）补加操作维修平台和梯子。

（3）补充其他未表示完全的小设备，如洗眼器、软管站等设施的位置。

3. 施工版设备布置图（简称"G"版）

根据管道设计的要求及其他问题的处理而对设计版设备布置图作出修改，成为最终施工版设备布置图，如图 5-17 所示。另外，还应绘制设备安装图。设备安装图的设计范围是指需由设备布置专业进行设计的一些设备安装图。如：塔上部的挡架、保冷设备支座下的垫块、外购的设备弹簧托架安装图等。

"G"版设备布置图是在"F"版设备布置图的基础上，根据"PI"图"F"版、管道平面布置图（设计版）、设备最终确认图纸等有关资料核实，并经过各专业图纸会签，对"F"版设备布置图作了很小的调整。将"F"版设备布置图复印一份二底图存档，并将原图"F"版改成最终的"G"版。"G"版设备布置图的内容与"F"版相同。

除"F"版设备布置图中的全部内容外，还应表示出下列内容：

（1）修正补齐所有的定位尺寸和标高；

（2）根据管道平面布置图（设计版）修正补加操作维修平台和梯子；

（3）补充其他未表示完全的小设备，如洗眼器、软管站等设施位置。

根据《化工装置设备布置设计规定》HG/T 20546—2009 中设备布置专业工程设计阶段工作程序，基础工程设计阶段的设备布置图可只绘制初版和确认版，详细工程设计阶段的设备布置图可只绘制设计版和施工版。

五、设备布置图的绘制方法和程序

（1）考虑设备布置图的视图配置。

（2）选定绘图比例。

（3）确定图纸幅面。

（4）绘制平面图。从底层平面起逐层绘制：①画出建筑定位轴线；②画出与设备安装布置有关的厂房建筑基本结构；③画出设备中心线；④画出设备、支架、基础、操作平台等的

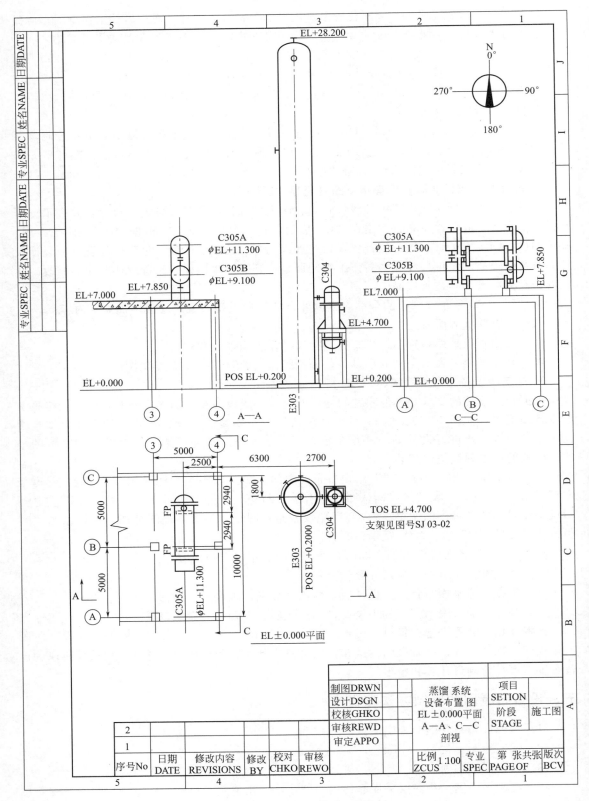

图 5-17　蒸馏设备布置图

轮廓形状；⑤标注尺寸；⑥标注定位轴线编号及设备位号、标高；⑦图上如有分区，还需要绘出分区界线并标注。

（5）绘制剖视图。绘制步骤同平面图。

（6）绘制方位标。

（7）编制设备一览表，注写有关说明，填写标题栏。

（8）检查、校核，最后完成图样。

在基础工程设计阶段，还应为土建专业提供如下设计条件。

① 结合工艺流程图简要叙述车间或工段的工艺流程。

② 结合设备布置图简要说明设备在厂房内的布置情况。如厂房的高度、层数、跨度、地面或楼面的材料、坡度、负荷、门窗的位置及其他要求等。

③ 提出设备一览表。内容包括：设备位号、设备名称、规格、设备荷重（设备重量、物料重量）、装卸方式、支撑形式及备注。

④ 劳动保护情况。说明厂房的防火、防爆、防毒、防尘和防腐条件以及其他特殊条件。

⑤ 提出车间人员表。其中包括人员总数、最大班人数、男女比例。

⑥ 提出楼面、墙面的预留孔和预埋条件，地面的地沟，落地设备的基础条件。

⑦ 提出安装运输要求。如考虑安装门、安装孔、安装吊点、安装荷重、安装场地等。

六、设备布置图的阅读方法和步骤

应先学习设备布置图主要关联厂房建（构）筑图和化工设备布置有关的知识。它与化工设备图不同，阅读设备布置图不需要对设备的零部件投影进行分析，也不需对设备定型尺寸进行分析。它主要了解的内容有：厂房或建（构）筑物的具体方位、占地大小、内部分隔情况，以及与设备安装定位有关的建（构）筑物的结构形状和相对位置；厂房或框架的定位轴线尺寸；厂房或框架内外所有设备的平面布置和设备位号；所有设备的定位尺寸以及设备基础平面尺寸和定位尺寸；厂房或框架内操作通道、设备安装孔；每台设备主要管口等，用以指导设备的安装施工，并为管道布置设计提供基础。

以图 5-17 为例，介绍设备布置图阅读的步骤和方法。

1. 了解概况

通过管道仪表流程图、设备一览表了解车间（装置）的工艺过程、设备名称及位号、数量等；通过分区索引图了解设备布置分区情况，设备布置所占用的建筑物与相关建筑的情况；通过标题栏了解每张设备布置图表达的重点。

设备布置图由一组平面图和剖视图组成，这些图样不一定在一张图纸上。看图时要首先清点设备布置图的张数，明确各视图上平面图和立面图的配置，进一步分析各立面剖视图在平面上的剖切位置。弄清各个视图之间的关系。

图 5-17 中，蒸馏是车间中第三个工序，从工艺流程图可知，料液从塔 E303 中部进入，流至塔下部后进入再沸器 C304 中汽化，上升蒸汽从塔顶出来后经冷凝冷却器 C305A、C305B 后用泵将部分液体回流入塔顶，部分作产品进入产品槽。塔釜残液经冷却后进入重组分槽。本工序有蒸馏塔 1 台、冷凝冷却器 2 台、再沸器 1 台。

从标题栏中知道，蒸馏系统设备布置图包括 EL±0.000 平面布置图和 A—A、C—C 两个剖视图。绘图比例是 1∶100。设备均为露天布置，两台冷凝冷却器置于操作平台上。

2. 了解建（构）筑物基本结构

通过平面图、剖视图分析建（构）筑物的层次，了解各层厂房建（构）筑物的标高，每层中的地面、楼板、墙、柱、梁、楼梯、门、窗及操作平台、坑、沟等结构情况，以及它们之间的相对位置。由厂房的定位轴线间距和建筑总尺寸可知房屋分间情况及具体尺寸。

蒸馏系统的设备均为露天布置，没有整体建筑物。两台冷凝冷却器放置在标高为 EL＋7.000 的操作平台上。再沸器是由四个挂耳支撑在钢支架上，钢支架置于 EL＋0.200 的混凝土基础上。

操作平台是钢筋混凝土结构，它的柱距为 5m×5m，平台顶面标高为 EL＋7.000。冷凝冷却器 C305 置于 A—A 与 3、4 轴线的区间内。平面图上标出了 A—A 和 C—C 剖面的剖切位置。

3. 了解设备布置情况

首先，了解安装方位标——设计北向标志，它是厂房和设备安装的方位基准。然后，详细了解每台设备的平面定位尺寸和标高以及设备的支撑方式和尺寸。

蒸馏塔 E303 置于 EL＋0.200 的混凝土基础上，塔的平面定位尺寸为：横向 6.3m，纵向 1.8m（4 号轴线为基准线，塔中心线为基准）。设备标高为 POS EL＋0.200；其特征管口（塔顶出口蒸汽管）法兰面标高为 EL＋28.200；其西面是操作平台，东面为再沸器 C304。

再沸器 C304 是由 4 个支耳支撑在钢支架上，支架置于 EL＋0.200 的混凝土基础上。C304 的平面定位尺寸为：横向 2.7m，纵向 1.8m（E303 中心线和 4 号轴线为基准线，该设备中心线为基准）。设备标高为 POS EL＋4.700；它的西面为蒸馏塔 E303。

冷凝冷却器 C305A 和 C305B 组合一起，置于 EL＋9.100 的混凝土基础上，后者直接浇注在 EL＋7.000 的平台上。C305 的平面定位尺寸为：横向 2.5m，纵向 2.94m（4 号轴线为基准线，该设备中心线和北端支座为基准）。设备标高为：C305AϕEL＋11.300；C305BϕEL＋9.100。它的东面为蒸馏塔 E303。

第五节　设备安装图

一、设备安装图的内容与作用

在设备布置设计中，要单独绘制设备安装详图，用以表达安装、固定设备的非定型支架、支座、操作平台及附属的栈桥、钢梯、传动设备等。该图样作为制造和安装的依据。

图 5-18 是 E302 喷淋塔挡架安装图，可以看出，它与一般的机械装配图相似，应包括如下内容。

（1）一组视图　用一个正视图和一个俯视图表示挡架各组成部分的结构形状、装配关系、挡架与设备的连接情况。

（2）尺寸标注　标注挡架各组成部分的定型、定位尺寸以及与设备安装定位有关的尺寸。

（3）说明和附注　说明技术要求或施工要求以及采用的标准、规范。

（4）明细栏和标题栏　对挡架各组成部分进行编号并列出明细栏，注写各部分的名称、规格、数量及质量。在标题栏内注写图名、图号及绘图比例等。

二、设备安装图的画法

（1）图幅及绘图比例　图幅一般采用 A3 或 A4 图幅，绘图比例一般为 1∶10 或 1∶20。

（2）画法及标注　设备安装图的画法及标注与机械制图相近，具体可按国标《技术制图与机械制图》GB/T 17450～17452—1998、GB 4458.1—2002、GB 4458.2—2003、GB 4458.3—84、GB 4458.4—2003、GB 4458.5—2003、GB 4458.6—2002 等的规定进行绘制与标注。螺栓、螺母等可采用化工制图中的简化画法表示。图中的设备和有关厂房建筑结构是次要表达内容，一般用细实线或双点划线绘出其有关部分的轮廓即可。

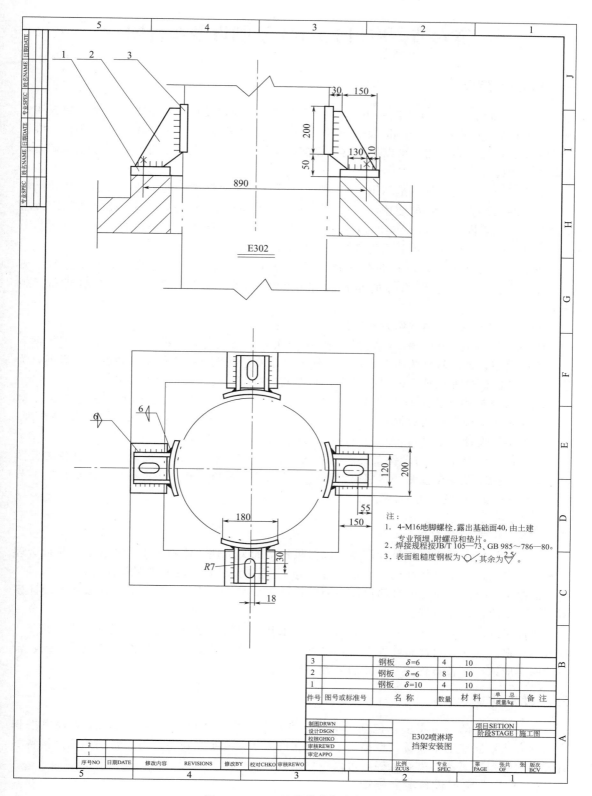

图 5-18　E302喷淋塔挡架安装图

第六节　应用 Pdmax 绘制设备布置图

一、Pdmax 简介

CAD（Computer Aided Design），即计算机辅助设计，是计算机技术的一个重要应用领域。AutoCAD 则是美国 Autodesk 公司开发的一个交互式绘图软件，是用于二维及三维设计、绘图的系统工具，用户可以使用它来创建、浏览、管理、打印、输出、共享及准确复制富含信息的设计图形。

工厂三维模型设计软件是利用 CAD 技术在计算机上设计工厂的管道、设备、建筑结构等多专业的三维模型，目前使用较多的有：美国 Intergraph 公司的 PDS、英国 AVEVA 公司的 PDMS、美国 Bentley 公司的 AutoPLANT、长沙思为软件有限公司的 Pdmax（可从其公司网站 www.pdmax.net 下载免费的试用版本）等。

Pdmax 是长沙思为软件有限公司提供的三维工厂设计系统，提供的主要功能有：工厂内建筑结构、设备、管道等的布置设计和设计检查，抽取各种工程施工图纸和材料清单。

Pdmax 使用 AutoCAD 作为图形设计平台，具有简单易用的特点。

Pdmax 通过类似 Windows 资源管理器的层次方式组织所有数据，包括项目规范数据和三维工厂模型数据。软件为组织、建立、修改、删除这些数据提供简单一致的用户界面，为某些高级功能额外提供独立的用户界面，如规范数据库工具、符号编辑器等。

Pdmax 支持相当灵活的组织数据方式，为了使项目数据可读性更强和更易于交流，应该建立并采用某种良好的数据组织规范，该规范应当符合设计习惯、简单一致、清晰合理，如对各种工厂设计元素进行合理一致的编码或命名。

本节仅介绍 Pdmax 与设备布置图相关的部分，包括设备建模、布置、建立设备布置图抽取规则、抽取设备布置图。本书第六章的"第六节计算机在管道布置设计中的应用"一节中将介绍 Pdmax 的其他方面内容。

二、设计模型的组织

系统使用层次结构组织设计模型，以提供最大的灵活性，使用 SITE 和 ZONE 两级管理元素来组织设计元素（如结构、设备、管道等），则使设计模型的管理尽量简化。

根据实际要求，设计一种简单而清晰的设计模型组织方式，不仅可以简化最终的设计模型，还可以简化设计过程。

设计实践中，为了使从系统抽取的各种图纸和材料清单尽量符合工程规范，需要遵守一些系统约束。比如，对设备建模而言，设备的名字应该与设备布置图中的设备位号一致，设备的原点应该与设备布置图中标注的位置一致。

三、设备建模

化工装置中的设备很多，包括反应器、换热器、塔、储罐、泵等。Pdmax 既提供搭积木式的方法建立非定型设备，也提供了参数化的方法建立定型设备。对于常用的定型设备如管式换热器、冷凝器、离心泵等，可以建立定型设备库。

（一）为非定型设备建立模型

（1）确定设备的原点　要求与设备布置图中标注的位置一致。

（2）建立设备基本体　参照原点，建立组成设备的各个基本体，如方盒体、圆柱体等，为它们指定位置和尺寸。如图 5-19 即为创建圆柱体的用户界面。

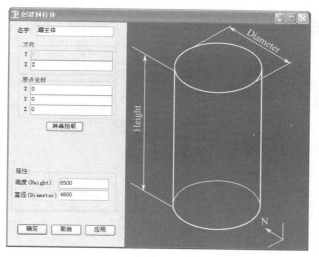

图 5-19　创建圆柱体的用户界面

（3）添加管嘴　建立管嘴的方式与建立基本体类似，但是需要指定管嘴的等级，该等级与管道材料等级类似，规定了管嘴的公称直径、设计压力、连接形式等（见图 5-20）。

（二）为定型设备建立模型

（1）选择定型设备　从系统提供的定型设备类型中选择一种，必要时修改其参数，用户界面如图 5-21、图 5-22 所示。

（2）设备原点与标注位置一致　确保定型设备的原点与设备布置图中标注的位置一致，如果不一致，就需要调整。

（3）添加管嘴，方法与"为非定型设备建立模型"相同。

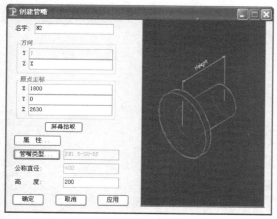

图 5-20　创建管嘴

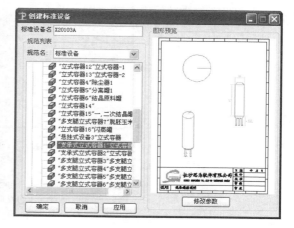

图 5-21　创建参数化设备

（三）复制、粘贴元素

车间布置设计中，经常会多次使用同一规格的元素，比如同一型号的泵，此时可以使用系统提供的复制、粘贴功能快速创建元素。如果同一规格的元素是规则布置的，如并排布置的泵，则可以使用系统提供的阵列、镜像等功能，其用户界面如图 5-23 所示。

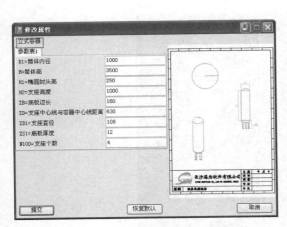

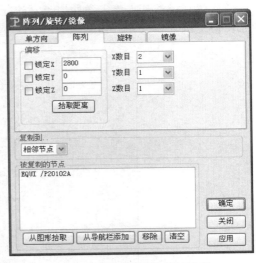

图 5-22 修改参数化设备的参数 　　　　图 5-23 阵列、镜像复制元素

四、建立建筑轴网

建筑轴网主要用于在设计模型和图纸中辅助定位，系统支持在任意位置建立多层轴网，这些轴网彼此独立但可以综合使用，其用户界面见图 5-24。

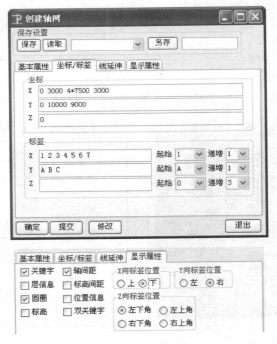

图 5-24 创建建筑轴网

五、设备布置

设备的模型建立完毕后，需要把它布置到对应的基础上。布置的手段是普通的定方位操作，如平移、旋转、投影对齐等。

　　系统提供定方位的方法主要有两种：显式坐标法和变换法。显式坐标法，即直接在属性编辑器等用户界面中为物体的方位指定坐标的方法，适用于目标方位易得的情形。变换法，即通过对物体施加若干基本变换（如平移、旋转、镜像等）的组合使之达到目标方位的方法，适用于物体源方位到目标方位的变换易得的情形。二者可以结合使用，如首先使用显式坐标法将物体置于某个中间方位，然后使用变换法将物体从中间方位变换至目标方位。

　　系统提供仿 AutoCAD 和仿 PDMS 两类风格的定位功能。其中仿 AutoCAD 定位支持平移、旋转、镜像等变换，操作过程跟 AutoCAD 内置的相应功能基本一致；而仿 PDMS 定位则仅支持平移变换。二者优缺互补，可以结合使用。此外，系统还提供了模型编辑器、封头取点等高级定方位工具。

　　实践中，应当尽量利用 AutoCAD 提供的坐标输入工具，如对象捕捉、追踪、坐标过滤器等。

六、建立设备布置图抽取规则

　　系统提供手动和自动两种方式生成三维设计模型的指定部分的任意剖面图，如常用的设备或管道的平/立面布置图等。生成图纸之前，可以指定图纸的抽取规则，其内容包括：图纸的版面尺寸及布局，图面内容的构成及样式。

　　如图 5-25 即系统提供的剖面图抽取规则编辑界面，通过它，可以修改设备布置图的抽取规则。

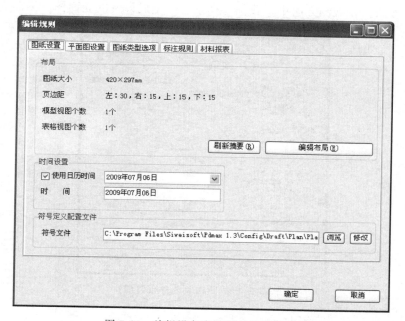

图 5-25　编辑设备布置图的抽取规则

　　其中，点击"编辑布局"按钮即可对图纸的版面尺寸和布局进行修改（见图 5-26）。

七、抽取设备布置图

　　建立了设备布置图的抽取规则后，还需要指定图纸包含的工厂元素和空间剖切平面。如图 5-27 即手动抽取平剖图的用户界面，可以在此界面中指定设备布置图的规则文件、抽取的工厂元素和空间剖切平面（图 5-28）。

　　点击"提交"按钮，系统生成设备布置图（图 5-29）。

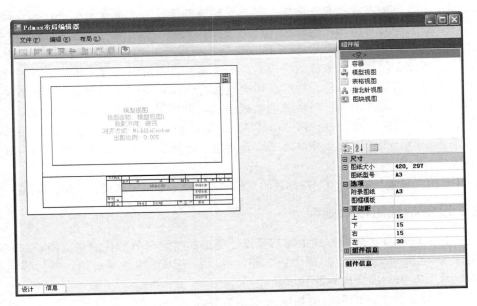

图 5-26　编辑图纸的版面布局

用同样的方法，在观测方向中，我们选择正视，生成设备的立面图（见图 5-30）。

图 5-27　手动抽取设备布置图

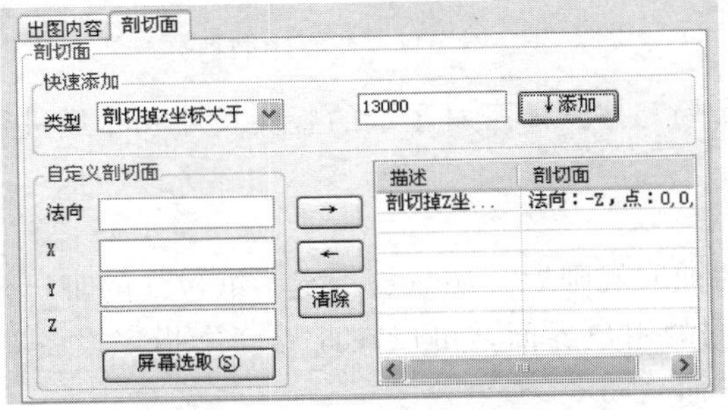

图 5-28　定义剖面图的剖切平面

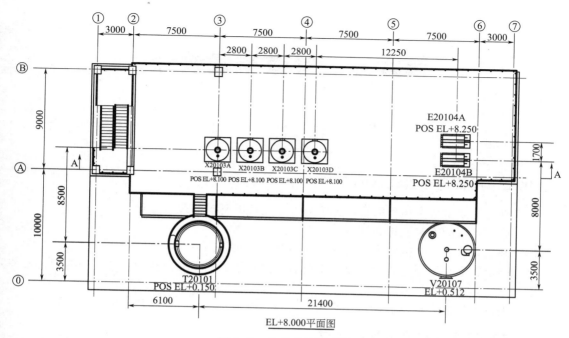

EL+8.000平面图

图 5-29　设备布置图示例

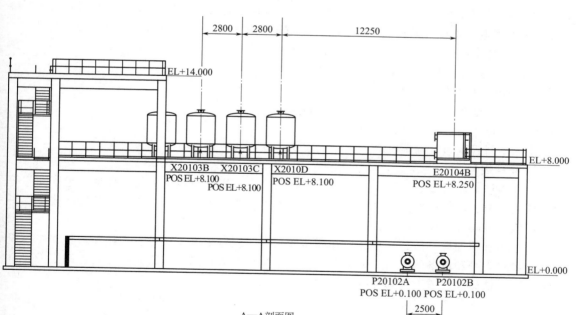

A—A剖面图

图 5-30　设备立面图示例

第六章　管道布置设计

第一节　概　　述

一、化工车间管道布置设计的任务

(1) 确定车间中各个设备的管口方位与之相连接的管段的接口位置。

(2) 确定管道的安装连接和铺设、支撑方式。

(3) 确定各管段（包括管道、管件、阀门及控制仪表）在空间的位置。

(4) 画出管道布置图，表示出车间中所有管道在平面和立面的空间位置，作为管道安装的依据。

(5) 编制管道综合材料表，包括管道、管件、阀门、型钢等的材质、规格和数量。

二、化工车间管道布置设计的要求

化工装置的管道布置设计应符合《化工装置管道布置设计规定》HG/T 20549—1998 和《石油化工管道布置设计通则》SH 3012—2000 的规定，下面仅扼要介绍一些原则性要求。

(1) 符合生产工艺流程的要求，并能满足生产的要求。

(2) 便于操作管理，并能保证安全生产。

(3) 便于管道的安装和维护。

(4) 要求整齐美观，并尽量节约材料和投资。

(5) 管道布置设计应符合管道及仪表流程图的要求。

化工车间管道布置除了符合上述原则性要求外，还应仔细考虑下列问题。

1. 物料因素

(1) 输送易燃易爆、有毒及有腐蚀性的物料管道不得铺设在生活间、楼梯、走廊和门等处，这些管道上还应设置安全阀、防爆膜、阻火器和水封等防火防爆装置，并应将放空管引至指定地点或高过屋面 2m 以上。

(2) 布置腐蚀性介质、有毒介质和高压管道时，应避免由于法兰、螺纹和填料密封等泄漏而造成对人身和设备的危害。易泄漏部位应避免位于人行通道或机泵上方，否则应设安全防护，不得铺设在通道上空和并列管线的上方或内侧。

(3) 全厂性管道敷设应有坡度，并宜与地面坡度一致。管道的最小坡度宜为 2‰。管道变坡点宜设在转弯处或固定点附近。

(4) 真空管线应尽量短，尽量减少弯头和阀门，以降低阻力，达到更高的真空度。

2. 考虑施工、操作及维修

(1) 永久性的工艺、热力管道不得穿越工厂的发展用地。

(2) 厂区内的全厂性管道的敷设，应与厂区内的装置（单元）、道路、建筑物、构筑物等协调，避免管道包围装置（单元），减少管道与铁路、道路的交叉。

(3) 全厂性管架或管墩上（包括穿越涵洞）应留有 10%～30% 的空位，并考虑其荷重。装置主管廊管架宜留有 10%～20% 的空位，并考虑其荷重。

（4）管道布置应使管道系统具有必要的柔性。在保证管道柔性及管道对设备、机泵管口作用力和力矩不超过允许值的情况下，应使管道最短，组成件最少。

（5）管道应尽量集中布置在公用管架上，管道应平行走直线，少拐弯，少交叉，不妨碍门窗开启和设备、阀门及管件的安装和维修，并列管道上的阀门应尽量错开排列。

（6）支管多的管道应布置在并列管线的外侧，引出支管时气体管道应从上方引出，液体管道应从下方引出。管道布置宜做到"步步高"或"步步低"，减少气袋或液袋。否则应根据操作、检修要求设置放空、放净管线。管道应尽量避免出现"气袋"、"口袋"和"盲肠"。

（7）管道应尽量沿墙面铺设，或布置在固定在墙上的管架上，管道与墙面之间的距离以能容纳管件、阀门及方便安装维修为原则。

（8）各种弯管的最小弯曲半径应符合表 6-1 的规定。

表 6-1　弯管最小弯曲半径

管道设计压力/MPa	弯管制作方式	最小弯曲半径
<10.0	热弯	3.5DN
	冷弯	4.0DN
≥10.0	冷弯、热弯	5.0DN

（9）管道布置时管道焊缝的设置，应符合下列要求。

① 管道对接焊缝的中心与弯管起弯点的距离不应小于管子外径，且不小于 100mm。

② 管道上两相邻对接焊缝的中心间距要求如下。

a. 对于公称直径小于 150mm 的管道，不应小于外径，且不得小于 50mm。

b. 对于公称直径等于或大于 150mm 的管道，不应小于 150mm。

（10）管道除与阀门、仪表、设备等需要用法兰或螺纹连接者外，应采用焊接连接。下列情况应考虑法兰、螺纹或其他可拆卸连接。

① 因检修、清洗、吹扫需拆卸的场合。

② 衬里管道或夹套管道。

③ 管道由两段异种材料组成且不宜用焊接连接者。

④ 焊缝现场热处理有困难的管道连接点。

⑤ 公称直径小于或等于 100mm 的镀锌管道。

⑥ 设置盲板或"8"字盲板的位置。

（11）管道穿过建筑物的楼板、屋顶或墙面时，应加套管，套管与管道间的空隙应密封。套管的直径应大于管道隔热层的外径，并不得影响管道的热位移。管道上的焊缝不应在套管内，并距离套管端部不应小于 150mm。套管应高出楼板、屋顶面 50mm。管道穿过屋顶时应设防雨罩。管道不应穿过防火墙或防爆墙。

（12）为了安装和操作方便，管道上的阀门和仪表的布置高度可参考以下数据。

阀门（包括球阀，截止阀，闸阀）　1.2～1.6m

安全阀　2.2m

温度计、压力计　1.4～1.6m

（13）为了方便管道的安装，检修及防止变形后碰撞，管道间应保持一定的间距。阀门、法兰应尽量错开排列，以减少间距。

3. 安全生产

（1）直接埋地或管沟中铺设的管道通过公路时应加套管等加以保护。

（2）为了防止介质在管内流动产生静电聚集而发生危险，易燃易爆介质的管道应采取接地措施，以保证安全生产。

（3）长距离输送蒸汽或其他热物料的管道，应考虑热补偿问题，如在两个固定支架之间设置补偿器和滑动支架。有隔热层的管道，在管墩、管架处应设管托。无隔热层的管道，如无要求，可不设管托。当隔热层厚度小于或等于 80mm 时，选用高 100mm 的管托；隔热层厚度大于 80mm 时，选用高 150mm 的管托；隔热层厚度大于 130mm 时，选用高 200mm 的管托。保冷管道应选用保冷管托。

（4）对于跨越、穿越厂区内铁路和道路的管道，在其跨越段或穿越段上不得装设阀门、金属波纹管补偿器和法兰、螺纹接头等管道组成件。

（5）有热位移的埋地管道，在管道强度允许的条件下可设置挡墩，否则应采取热补偿措施。

（6）玻璃管等脆性材料管道的外面最好用塑料薄膜包裹，避免管道破裂时溅出液体，发生意外。

（7）为了避免发生电化学腐蚀，不锈钢管道不宜与碳钢管道直接接触，要采用胶垫隔离等措施。

4. 其他因素

（1）管道和阀门一般不宜直接支撑在设备上。

（2）距离较近的两设备间的连接管道，不应直连，应用 45°或 90°弯接。

（3）管道布置时应兼顾电缆、照明、仪表及采暖通风等其他非工艺管道的布置。

第二节　管架和管道的安装布置

管架是用来支撑，固定和约束管道的。管架可分为室外管架和室内管架两类。室外管架一般由独立的支柱或带有衍架式形成的管廊或管桥。而室内管架不一定另设支柱，经常利用厂房的柱子、墙面、楼板或设备的操作平台进行支撑和吊挂。任何管道都不是直接铺设在管架梁上，而是用支架支撑或固定在支架梁上。管架已有标准设计，按《管架标准图》HG/T 21623—90、《H 型钢结构管架通用图》HG/T 21640—2000 选用。管道支（吊）架已有标准系列图供选用（见张德姜，王怀义，刘绍叶．石油化工装置工艺管道安装设计施工图册．北京：中国石化出版社，2005 年）。

管道支架按其作用分为以下四种。

（1）固定支架　用在管道上不允许有任何位移的地方。它除支撑管道的重量外，还承受管道的水平作用力。如在热力管线的各个补偿器之间设置固定支架，可以分配各补偿器分担的补偿量，并且两个固定支架之间必须安装补偿器，否则这段管子将会因热胀冷缩而损坏。在设备管口附近设置固定支架，可减少设备管口的受力。

（2）滑动支架　滑动支架只起支撑作用，允许管道在平面上有一定的位移。

（3）导向支架　用于允许轴向位移而不允许横向位移的地方，如Ⅱ型补偿器的两端和铸铁阀的两侧。

（4）弹簧吊架　当管道有垂直位移时，例如热力管线的水平管段或垂直管到顶部弯管处，以及沿楼板下面铺设的管道，均可采用弹簧吊架。弹簧有弹性，当管道垂直位移时仍然可以提供必要的支吊力。

一、管道在管架上的平面布置原则

（1）较重的管道（大直径，液体管道等）应布置在靠近支柱处，这样梁和柱所受弯矩小，节约管架材料。公用工程管道布置在管架当中，支管引向上，左侧的布置在左侧，反之置于右侧。Ⅱ形补偿器应组合布置，将补偿器升高一定高度后水平地置于管道的上方，并将最热和直径大的管道放在最外边。

（2）连接管廊同侧设备的管道布置在设备同侧的外边，连接管架两侧的设备的管道布置在公用工程管线的左、右两边。进出车间的原料和产品管道可根据其转向布置在右侧或左侧。

（3）当采取双层管架时，一般将公用工程管道置于上层，工艺管道置于下层。有腐蚀性介质的管道应布置在下层和外侧，防止泄漏到下面管道上，也便于发现问题和方便检修。小直径管道可支撑在大直径管道上，节约管架宽度，节省材料。

（4）管架上支管上的切断阀应布置成一排，其位置应能从操作台或者管廊上的人行道上进行操作和维修。

（5）高温或者低温的管道要用管托，将管道从管架上升高 0.1m，以便于保温。

（6）管道支架间距要适当（见表 6-2），固定支架距离太大时，可能引起因热膨胀而产生弯曲变形，活动支架距离大时，两支架之间的管道因管道自重而产生下垂。

表 6-2　管道支架间距

公称通径/mm	固定支架最大间距/m			活动支架最大间距/m	
	Ⅱ形补偿器	L形补偿器		保　温	不保温
		长边	短边		
20	—			4.0	2.0
25	30	—	—	4.5	2.0
32	35	—	—	5.5	3.0
40	45	15	2.0	6.0	3.0
50	50	18	2.5	6.5	4.0
80	60	20	3.0	6.5	6.0
100	65	24	3.5	11.0	6.5
125	70	30	5.0	12.0	7.5
150	80	30	5.0	13.0	9.0
200	90	30	6.0	15.0	12.0
250	100	30	6.0	17.0	14.0
300	115	—	—	19.0	16.0
350	135	—	—	21.0	18.0
400	145			21.0	19.0

二、管道和管架的立面布置原则

（1）当管架下方为通道时，管底距车行道路路面的距离要大于 4.5m；道路为主要干道时，距路面高度要大于 6m；遇人行道时距路面高度要大于 2.2m；管廊下有泵时要大于 4m。

（2）通常使同方向的两层管道的标高相差 1.0～1.6m，从总管上引出的支管比总管高或低 0.5～0.8m。在管道改变方向时要同时改变标高。大口径管道需要在水平面上转向时，要将它布置在管架最外侧。

（3）管架下布置机泵时，其标高应符合机泵布置时的净空要求。若操作平台下面的管道进入管道上层，则上层管道标高可根据操作平台标高来确定。

（4）装有孔板的管道宜布置在管架外侧，并尽量靠近柱子。自动调节阀可靠近柱子布置，并固定在柱子上。若管廊上层设有局部平台或人行道时，需经常操作或维修的阀门和仪表宜布置在管架上层。

第三节 典型设备的管道布置

典型设备的管道布置方案与要求详见《化工装置管道布置设计规定》HG/T 20549—1998，下面仅作简要介绍。

一、容器的管道布置

1. 立式容器（包括反应器）

（1）管口方位 立式容器的管口方位取决于管道布置的需要。一般划分为操作区和配管区两部分（见图 6-1）。加料口、温度计和视镜等经常操作及观察的管口布置在操作区，排出管布置在容器底部。

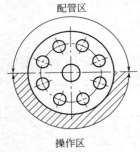

配管区

操作区

图 6-1 立式容器的管口方位

（2）管道布置 立式容器（包括反应器）一般成排布置，因此把操作相同的管道一起布置在容器的相应位置，可避免错误操作，比较安全。例如，两个容器成排布置时，可将管口对称布置。三个以上容器成排布置时，可将各管口布置在设备的相同位置。有搅拌装置的容器，管道不得妨碍搅拌器的拆卸和维修。图 6-2 为立式容器的管道布置简图。其中（a）表示距离较近的两设备间的管道不能直连，而应采取 45°或 90°弯接。（b）进料管置于设备的前面，便于站在地（楼）面上进行操作。（c）出料管沿墙铺设时，设备间的距离大一些，人可进入设备间操作，离墙的距离就可小一些。（d）出料从前部引出，经过阀门后立即引入地下（走地沟或埋地铺设），设备之间的

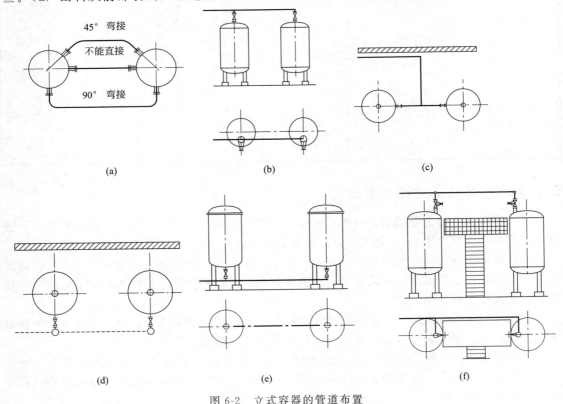

图 6-2 立式容器的管道布置

距离及设备与墙之间的距离均可小一些。（e）容器直径不大和底部离地（楼）面较高时，出料管从底部中心引出，这样布置，其管道短，占地面积小。（f）两个设备的进料管对称布置，便于人站在操作台上进行操作。

2. 卧式容器

（1）管口方位　卧式容器的管口方位见图 6-3。

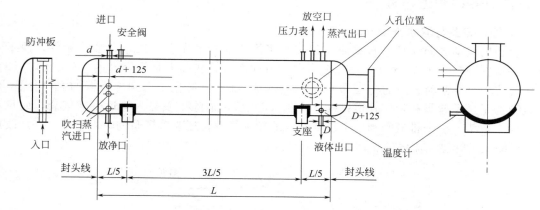

图 6-3　卧式容器的管口方位

① 液体和气体的进口一般布置在容器一端的顶部，液体出口一般在另一端的底部，蒸汽出口则在液体出口的顶部。进口也能从底部伸入，在对着管口的地方设防冲板，这种布置适合于大口径管道，有时能节约管子和管件。

② 放空管在容器一端的顶部，放净口在另一端的底部，同时使容器向放净口一边倾斜。若容器水平安装，则放净口可安装在易于操作的任何位置或出料管上。如果人孔设在顶部，放空口则设在人孔盖上。

③ 安全阀可设在顶部任何地方，最好放在有阀的管道附近，这可与阀共用平台和通道。

④ 吹扫蒸汽进口在排气口另一侧的侧面，可以切线方向进入，使蒸汽在罐内回转前进。

⑤ 进出口分布在容器的两端，若进出料引起的液面波动不大，则液面计的位置不受限制，否则应放在容器的中部。压力表则装在顶部气相部位，在地面上或操作台上看得见的地方。温度计装在近底部的液相部位，从侧面水平进入，通常与出口在同一断面上，对着通道或平台。

⑥人孔可布置在顶部、侧面或封头中心，以侧面较为方便，但在框架上支撑时占用面积较大，故以布置在顶部为宜。人孔中心高出地面 3.6m 以上应设操作平台。支座以布置在离封头 $L/5$ 为宜，可依实际情况而定。

⑦ 接口要靠近相连的设备，如排出口应靠近泵入口。工艺、公用工程和安全阀接管尽可能组合起来并对着管架。

⑧ 液位计接口应布置在操作人员便于观察和方便维修的位置。有时为减少设备上的接管口，可将就地液位计、液位控制器、液位报警等测量装置安装在联箱上。液位计管口的方位，应与液位调节阀组布置在同一侧。

（2）管道布置　卧式容器的管道布置见图 6-4。它的管口一般布置在一条直线上，各种阀门也直接安装在管口上。若容器底部离操作台面较高，则可将出料管阀门布置在台面上，在台面上操作；否则

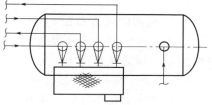

图 6-4　卧式容器的管道布置

应将出料管阀门布置在台面下，并将阀杆接长，伸到台面上进行操作。

卧式容器的液体出口与泵吸入口连接的管道，如在通道上架空配管时，最小净空高度为 2200mm，在通道处还应加跨越桥。与卧式容器底部管口连接的管道，其低点排液口距地坪最小净空为 150mm。

二、换热器的管道布置

1. 管口布置与流体流动方向

合适的流动方向和管口布置能简化和改善换热器管道布置的质量，节约管件，便于安装。例如图 6-5 中（a）、（c）、（e）是习惯的流向布置，实际上是不合理的。而（b）、（d）、（f）则是改变了流动方向的合理布置。（a）改成（b）后简化了塔到冷凝器的大口径管道，而且节约了两个弯头和相应管道；（c）改成（d）后，消除了泵吸入管道上的气袋，而且节约了四个弯头、一个排液阀和一个放空阀，缩短了管道，还改善了泵的吸入条件；（e）改成（f）后缩短了管道，流体的流动方向更为合理。

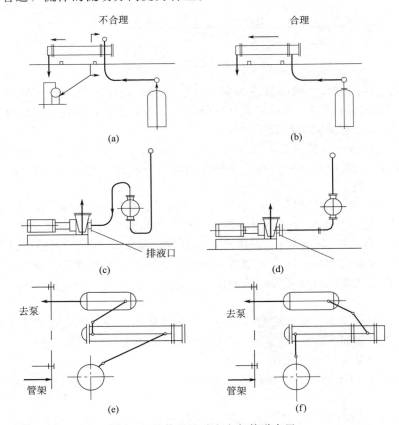

图 6-5　流体的流动方向与管道布置

2. 换热器的管道布置

（1）平面配管　换热器的平面配管见图 6-6。平面布置时换热器的管箱正对道路，便于抽出管箱，顶盖对着管廊。配管前先确定换热器两端和法兰周围的安装和维修空间（如图 6-6 中的扳手空间，摇开封头空间等），在这个空间内不能有任何障碍物。

配管时管道要尽量短，操作、维修要方便。在管廊上有转弯的管道布置在换热器的右侧，从换热器底部引出的管道也从右侧转弯向上。从管廊的总管引来的公用工程管道，可以

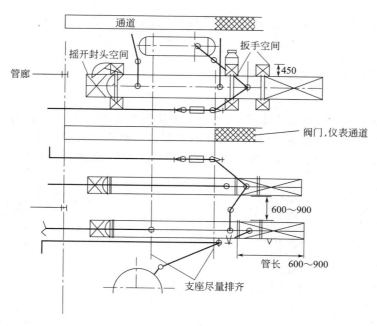

图 6-6　换热器的平面配管

布置在换热器的任何一侧。将管箱上的冷却水进口排齐，并将其布置在地下冷却水总管的上方（见图 6-7），回水管布置在冷却水总管的管边。换热器与邻近设备间可用管道直接架空连接。管箱上下的连接管道要及早转弯，并设置一短弯管，便于管箱的拆卸。

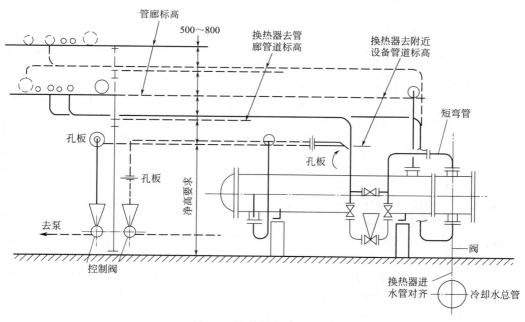

图 6-7　换热器的立面配管

阀门、自动调节阀及仪表应沿操作通道并靠近换热器布置，使人站在通道上可以进行操作。

（2）立面配管　换热器的立面配管见图 6-7。与管廊连接的管道、管廊下泵的出口管、高度比管廊低的设备和换热器的接管的标高，均应比管廊低 0.5～0.8m。若一层排不下，可置于再下一层时，两层之间相隔 0.5～0.8m。蒸汽支管应从总管上方引出，以防止凝液进入。换热器应有合适的支架，避免管道重量都压在换热器的接口上。仪表应布置在便于观测和维修的地方。

三、塔的管道布置

1. 塔的管口方位

塔的布置常分成操作区和配管区两部分。为运转操作和维修而设置的登塔的梯子、人孔、操作阀门、仪表、安全阀及塔顶上的吊柱和操作平台均布置在操作区内，操作区与道路直连。塔与管廊、泵等设备连接的管道均铺设在配管区内。塔的管口布置见图 6-8。

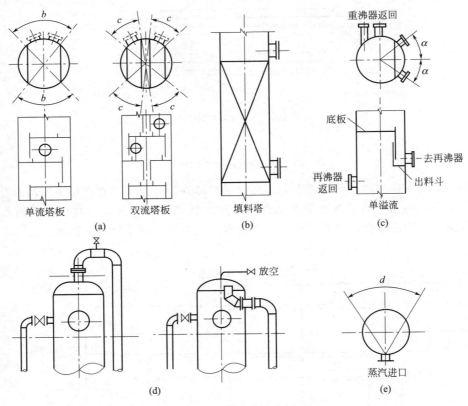

图 6-8　塔的管口布置

（1）人孔　人孔应布置在操作区，并将同一塔上的几个人孔布置在同一条直线上，正对着道路。人孔不能设在塔盘的降液管或密封盘处，只能按照图 6-8(a) 所示设在角度为 b 或 c 的扇形区域内，人孔中心离操作平台 0.5～1.5m。填料塔每段填料上应设有人（手）孔 [见图 6-8(b)]。对于有塔板的塔，人孔宜布置在与塔板溢流堰平行的塔直径上，条件不允许时可以不平行，但人孔与溢流堰在水平方向的净距应大于 50mm。人孔吊柱的方位，与梯子的设置应统一布置；在事故时，人孔盖顺利关闭的方向与人疏散的方向应一致，使之不受阻挡。

（2）再沸器连接管口　塔的出液口可布置在角度为 2α 的扇形区内 [见图 6-8(c)]，再沸器返回管或塔底蒸汽进口气流不能对着液封板，最好与它平行。

（3）回流液管口　回流管上不需切断阀，故可以布置在配管区内任何地方。

（4）进料管口　塔上往往有几个进料管口，在进料的支管上设有切断阀，因此进料阀宜布置在操作区的边缘。

（5）塔顶蒸汽出口　塔的上升蒸汽可以从塔的顶部向上引出，也可采用内部弯管从塔顶中心引向侧面［见图 6-8(d)］，使塔顶出口蒸汽管口靠近塔顶操作平台。

（6）仪表 液面计、温度计及压力计等要常观测的仪表应布置在操作区的平台上方，便于观测，塔釜液面计不能布置在正对蒸汽进口的位置［见图 6-8(e) 中角度 d 的扇形区］，液面计的下侧管口应从塔身上引出，不能从出料管上引出。

2. 塔的配管

塔的配管比较复杂，在配管前应对流程图作一个总的规划，要考虑主要管道的走向及布置要求、仪表和调节阀的位置、平台的设置及设备的布置要求等（见图 6-9）。

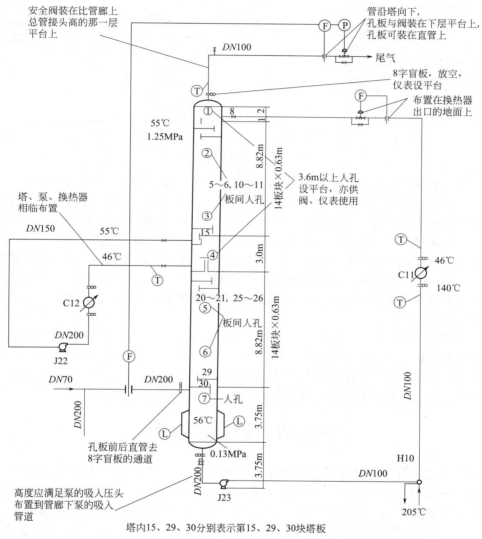

塔内15、29、30分别表示第15、29、30块塔板

图 6-9 流程图上规划塔的配管

（1）塔的平面配管 塔的管道、管口、人孔、操作平台、支架和梯子在平台的布置可参考图 6-10(a) 的方案。先要确定人孔方向，正对主要通道，人孔布置区内不能有任何管道占据，直梯的方位应使人面向塔壁，每段不得超过 10m，各段应左右交替布置；直梯下端与平台连接方式应能补偿塔体的轴向热膨胀量，梯子布置在 90°与 270°两个扇形区内，也不能安排管道。没有仪表和阀门的管道布置在 180°处扇形区内。在管廊上左转弯的管道布置在塔的左边，右转弯的管道布置在右边，与地面上的设备相连的管道布置在梯子与人孔的两侧。

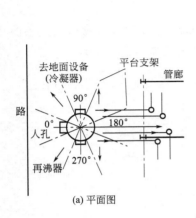
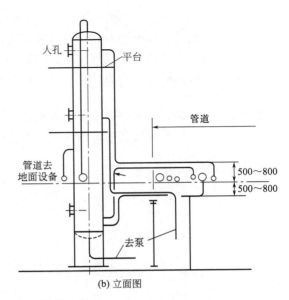

图 6-10　塔的配管示意图

先将大口径的塔顶蒸汽管布置好，即在塔顶转弯后沿塔壁垂直下降，然后再布置其他管道。

　　（2）塔的立面配管　塔的立面配管可参考图 6-10(b)。塔上管口的标高由工艺确定，人孔中心在平台之上的距离，一般在 750～1250mm 范围内，最佳高度为 900mm。为了便于安装支架，塔的连接管道在离开管口后应立即向上或向下转弯，其垂直部分应尽量接近塔身。垂直管道在什么位置转成水平，取决于管廊的高度。塔至管廊的管道的标高可高于或低于管廊标高 0.5～0.8m。再沸器的管道标高取决于塔底的出料口和蒸汽进口位置。再沸器的管道和塔顶蒸气管道要尽量直，以减少流体阻力。塔至泵或低于管廊的设备的管道的标高，应低于管廊标高 0.5～0.8m。

　　（3）管道固定与热补偿　塔的管道直管长，热变形大，配管时应处理好热膨胀问题。塔顶气相出口管和回流管是热变形较大的长直管，且重量较大，为防止管口受力过大，在靠近管口的地方设固定支架，在固定支架以下每隔 4.5～11m(DN25～300) 设导向支架，由较长的水平管（形成二臂部很长的 L 形自然补偿器）吸收热变形。

第四节　管道布置图

　　管道布置图又称为管道安装图或配管图，它是车间内部管道安装施工的依据。管道布置图包括一组平立面剖视图，有关尺寸及方位等内容。一般的管道布置图是在平面图上画出全部管道、设备、建筑物或构筑物的简单轮廓、管件阀门、仪表控制点及有关的定位尺寸，只有在平面图上不能清楚地表达管道布置情况时，才酌情绘制部分立面图、剖视图或向视图。

　　管道布置图是以带控制点工艺流程图、设备布置图、设备装配图及土建、自控、电气等专业的有关图样、资料为依据，根据前述的管道布置原则做出合理的布置设计，并绘出管道布置图。

一、管道及附件的常用画法

　　管道布置图中的管子、管件、阀门及管道特殊件等均应按照 HG/T 20519—2009《化工工艺设计施工图内容与深度统一规定》中的图形符号绘制，下面将其主要画法介绍如下。

1. 管道与管件

管道布置图中的主要物料管道一般用粗实线单线画出，其他管道用中粗实线画出。对大直径（$DN \geq 400mm$ 或 $DN \geq 250mm$）或重要管道，可以用中粗实线双线绘制（见图 6-11）。管道的不同连接方式一般可不一一画出，只在管道布置图的适当地方，或者在文件中统一说明，必要时可按图 6-11 所示的形式绘制。

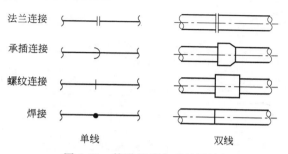

图 6-11　管道连接方式的画法

管道转折而改变走向时，可按图 6-12 所示的形式绘制。当上下或前后两根管道交叉，致使其投影相交时，可用两种方法表示，一种是将下方（或后方）被遮住的管道投影在交叉处断开［见图 6-13(a)］；另一种方法是将上方的管道投影在交叉处断裂，并画出断裂符号［见图 6-13(b)］。若许多管道处在同一平面上，则其垂直面上这些管道的投影将会重叠。此时，为了清楚表达每一条管道，可以依此将前方的管道投影断裂，并画出断裂符号，而将后方的管道投影在断裂符号处断开［见图 6-14(a)、(c)］。对于多根平行管道的重叠投影，一般可在各自投影的断开或断裂处注写字母［见图 6-14(b)、(d)］，以便识别。

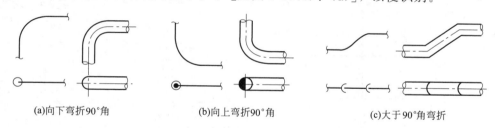

(a)向下弯折90°角　　(b)向上弯折90°角　　(c)大于90°角弯折

图 6-12　管道转折的表示方法

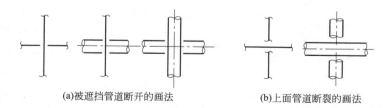

(a)被遮挡管道断开的画法　　(b)上面管道断裂的画法

图 6-13　管道交叉的表示方法

管道布置图中的管件通常用符号表示，这些符号与管道仪表流程图上所用的基本相同（详见 HG/T 20549.2—1998）。常见的管件符号见表 6-3。

2. 阀门

管道上的阀门也是用简单的图形和符号来表示（详见 HG/T 20549.2—1998），常见的阀门符号见表 6-4。一般在视图上表示出阀的手轮安装方向，并画出主阀所带的旁路阀。

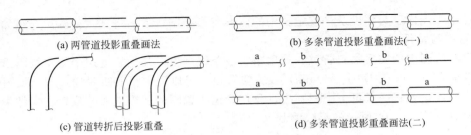

(a) 两管道投影重叠画法   (b) 多条管道投影重叠画法(一)

(c) 管道转折后投影重叠   (d) 多条管道投影重叠画法(二)

图 6-14　管道重叠的表示方法

表 6-3　常见的管件符号

名称		管道布置图		轴测图
		单线	双线	
90°弯头	对焊			
	法兰式			
	螺纹或承插焊			
三通	螺纹或承插焊连接			
	对焊连接			
	法兰连接			
偏心异径管	螺纹或承插焊	E. R25×20 FOB　　E. R25×20 FOT		E. R25×20 FOB　　E. R25×20 FOT
	对焊	E. R25×20 FOB　　E. R25×20 FOT	E. R25×20 FOB　　E. R25×20 FOT	E. R25×20 FOB　　E. R25×20 FOT
	法兰式	E. R25×20 FOB　　E. R25×20 FOT	E. R25×20 FOB　　E. R25×20 FOT	E. R25×20 FOB　　E.R25×20 FOT

注：E. R表示偏心异径管；FOB表示底平；FOT表示顶平。

表 6-4 常见的阀门符号

名　称	管 道 布 置 图 各 视 图			轴 测 图	备注
球阀	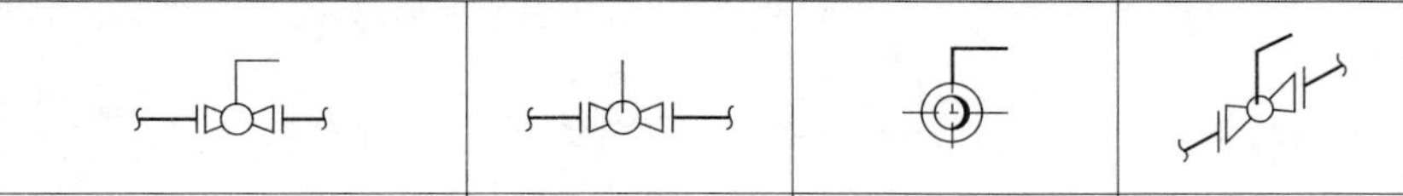				
旋塞阀 （COCK 及 PLUG）	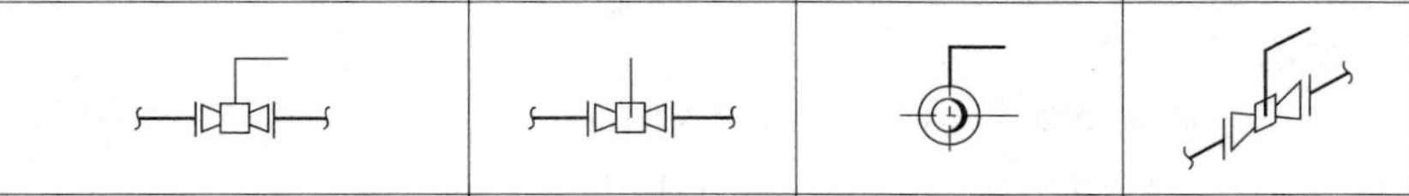				
三通 旋塞阀	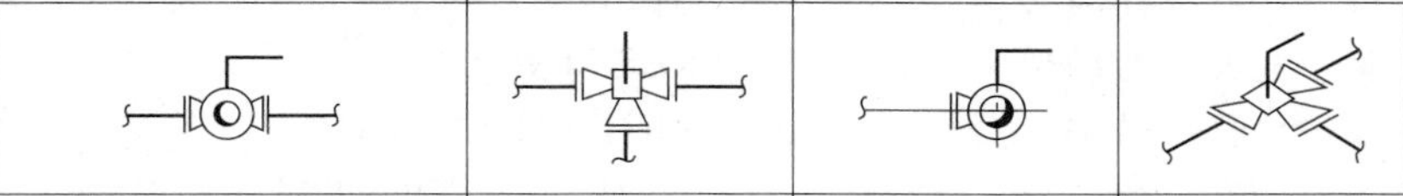				
止回阀	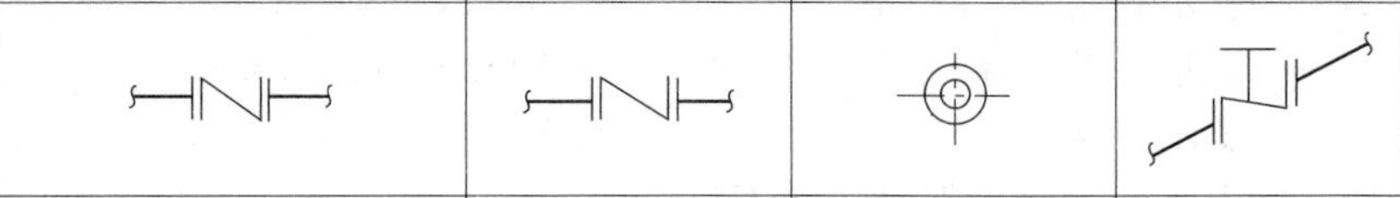				
隔膜阀	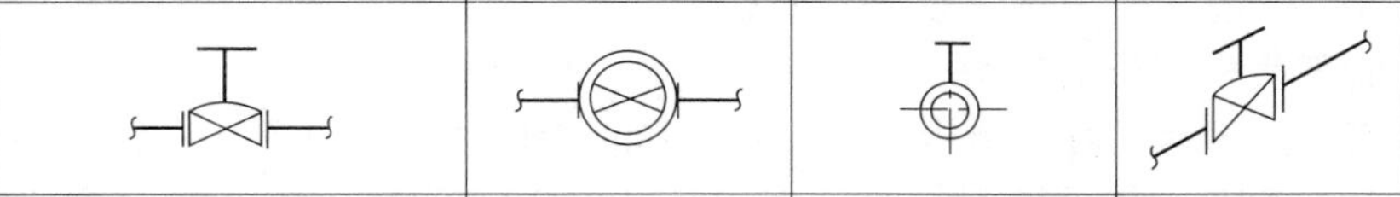				
疏水阀	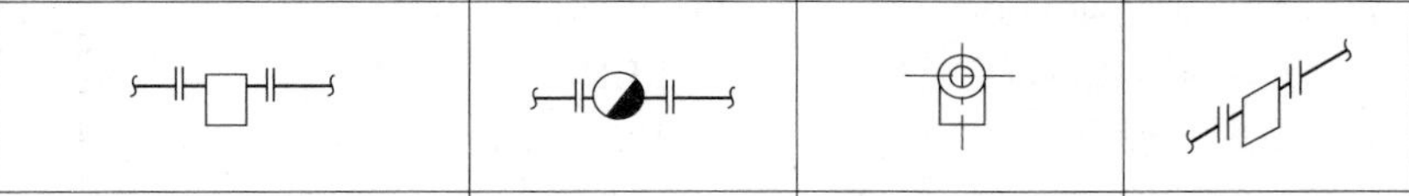				
弹簧式 安全阀	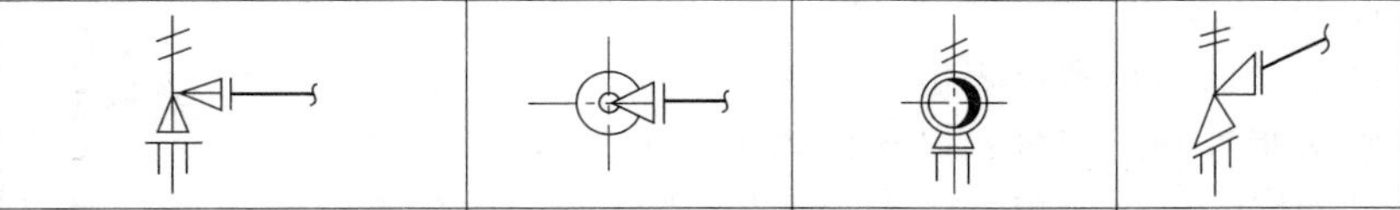				
闸阀	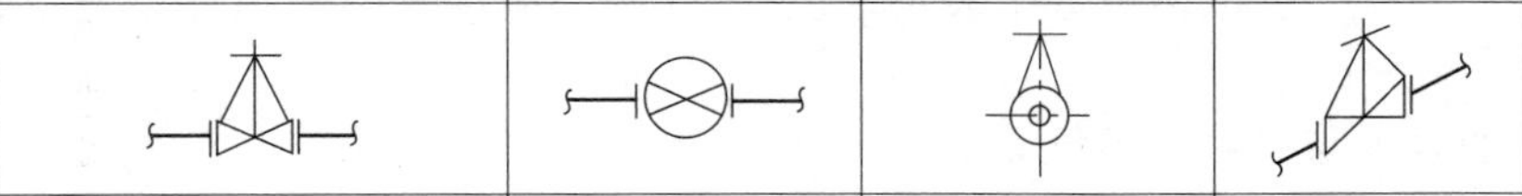				
截止阀	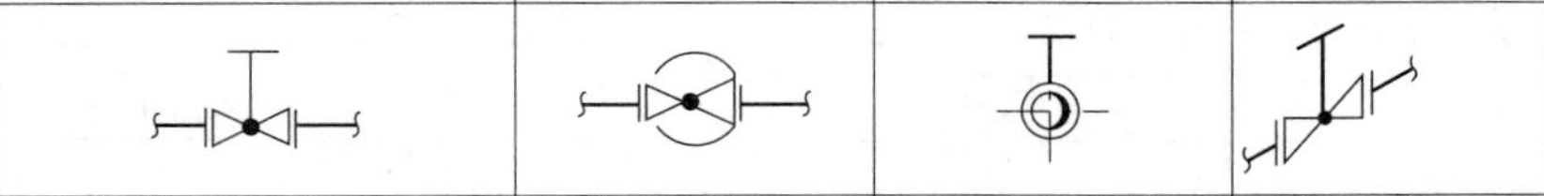				
角阀	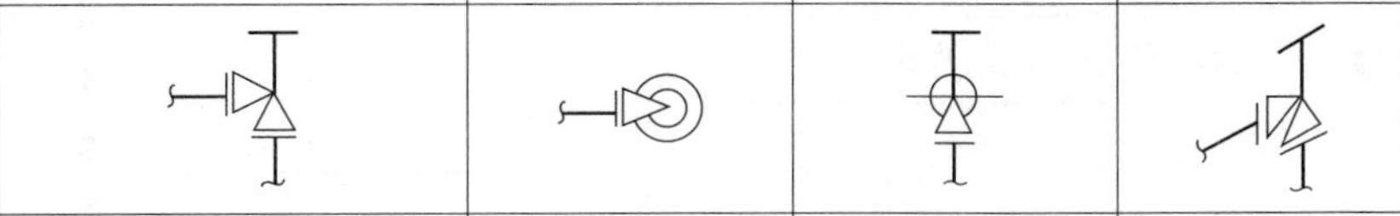				
节流阀	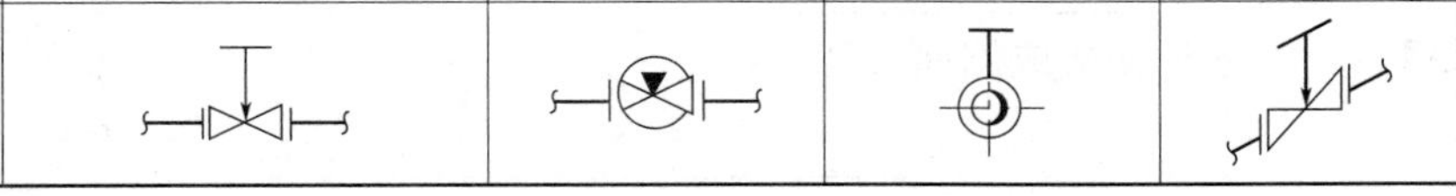				

3. 仪表控制点

管道上的仪表控制点应用细实线按规定符号画出，每个控制点一般只在能清楚表达其安装位置的一个视图中画出。控制点的符号与管道仪表流程图的规定符号相同（见第二章第三节工艺流程图中二、管道仪表流程图），有时其功能代号可以省略。

4. 管道支架

管架采用图例在管道布置图中表示，并在其旁标注管架编号。管架编号由五个部分组成：

(1) 管架类别

  A——表示固定架　　　　　　（ANCHOR）

  G——表示导向架　　　　　　（GUIDE）

  R——表示滑动架　　　　　　（RESTING）

  H——表示吊架　　　　　　　（RIGID HANGER）

  S——表示弹吊　　　　　　　（SPRING PEDESTAL）

  P——表示弹簧支座　　　　　（ESPECIAL SUPPORT）

  E——表示特殊架　　　　　　（ESPECIAL SUPPORT）

  T——表示轴向限位架（停止架）

(2) 管架生根部位的结构

  C——表示混凝土结构　　　　（CONCRETE）

  F——表示地面基础　　　　　（FOUNDATION）

  S——表示钢结构　　　　　　（STEEL）

  V——表示设备　　　　　　　（VESSEL）

  W——表示墙　　　　　　　　（WALL）

(3) 区号：以一位数字表示。

(4) 管道布置图的尾号：以一位数字表示。

(5) 管架序号：以两位数字表示，从 01 开始（应按管架类别及管架生根部位的结构分别编写）。

管架的表示与标注，举例如下。

【例1】　表示有管托（保温、保冷管或大管端管托）的形式。

【例2】　表示无管托或其他形式。

【例3】　表示弯头支架或侧向支架。

【例4】　表示一个管架编号，包括多根管道的支架。

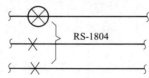

注：圆直径为 5mm。

5. 管道布置图上用的其他图例（见表 6-5）

表 6-5　设备管道布置图上常用图例（HG 20546.1—92）

名　　称	图　　例	备　　注
坐标原点	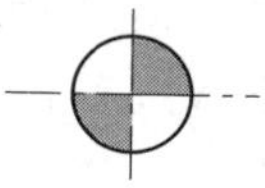	圆直径为 10mm
方向标	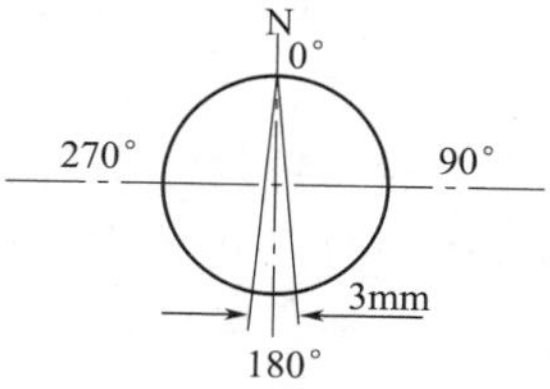	圆直径为 20mm
砾石(碎石)地面	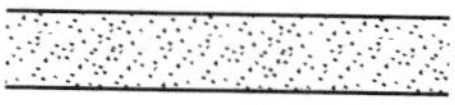	
电动机	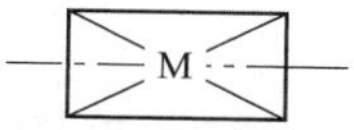	
仪表盘、配电箱	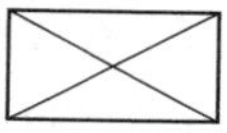	
花纹钢板	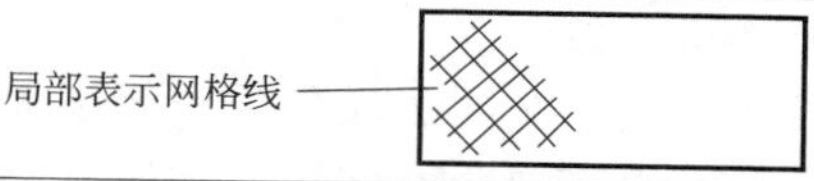 局部表示网格线	
楼板及混凝土梁	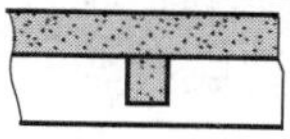	剖面涂红色
柱子	 混凝土柱　　钢柱	剖面涂红色

二、视图的配置与画法

　　管道布置图一般只画管道和设备的平面布置图，只有当平面布置图不能完全表达清楚时，才画出其立面图或剖面图。立面图或剖面图可以与平面布置图画在同一张图纸上，也可以单独画在另一张图纸上。

1. 管道平面布置图

　　管道平面布置图，一般应与设备的平面布置图一致，即按建筑标高平面分层绘制，各层管道平面布置图是将楼板以下的建（构）筑物、设备、管道等全部画出。当某一层的管道上下重叠过多，布置比较复杂时，应再分上下两层分别绘制。在各层平面布置图的下方应注明其相应的标高。

　　用细实线画出全部容器、换热器、工业炉、机泵、特殊设备、有关管道、平台、梯子、建筑物外形、电缆托架、电缆沟、仪表电缆和管缆托架等。除按比例画出设备的外形轮廓，还要画出设备上连接管口和预留管口的位置。非定型设备还应画出设备的基础、支架。简单的定型设备，如泵、鼓风机等外形轮廓可画得更简略一些。压缩机等复杂机械可画出与配管有关的局部外形，详见 HG/T 20519.2—2009《化工工艺设计施工图内容与深度统一规定　第二部分　工艺系统》中的第八节"管道及仪表流程图中设备机器图例"。

2. 立面剖视图

管道布置在平面图上不能清楚表达的部位，可采用立面剖视图或向视图补充表达。剖视图尽可能与被剖切平面所在的管道平面布置图画在同一张图纸上，也可画在另一张图纸上。剖切平面位置线的画法及标注方式与设备布置图相同。剖视图可按 A-A、B-B、…… 或 Ⅰ-Ⅰ、Ⅱ-Ⅱ、…… 顺序编号。向视图则按 A 向、B 向、…… 顺序编号。

三、管道布置图的标注

1. 建（构）筑物的标注

建（构）筑物的结构构件常被用作管道布置的定位基准，因此在平面和立面剖视图上都应标注建筑定位轴线的编号，定位轴线间的分尺寸和总尺寸，平台和地面、楼板、屋盖、构筑物的标高，标注方法与设备布置图相同，地面设计标高为 EL±0.000m。

2. 设备的标注

设备是管道布置的主要定位基准，因此应标注设备位号、名称及定位尺寸，其标注方法与设备布置图相同。

3. 管道的标注

在平面布置图上除标注所有管道的定位尺寸、物料的流动方向和管号外，如绘有立面剖视图，还应在立面剖视图上标注所有管道的标高。定位尺寸以 mm 为单位，标高以 m 为单位。

普通的定位尺寸可以以设备中心线、设备管口法兰、建筑定位轴线或者墙面、柱面为基准进行标注，同一管道的标注基准应一致。

管道上方标注（双线管道在中心线上方）介质代号、管道编号、公称通径、管道等级及隔热形式，下方标注管道标高（标高以管道中心线为基准时，只需标注数字，如 EL×××.×××，以管底为基准时，在数字前加注管底代号，如 BOP EL×××.×××）：

$$\overrightarrow{\underset{\text{EL×××.×××}}{\text{SL1305-100-B1A（H）}}} \qquad \overrightarrow{\underset{\text{BOP EL×××.×××}}{\text{SL1305-100-B1A（H）}}}$$

对安装坡度有严格要求的管道，要在管道上方画出细线箭头，指出坡向，并写上坡度数值[见图 6-15（a）]。也可以将几条管线一起引出标注[见图 6-15（b）]，管道与相应标注用数字分别进行编号，指引线在各管线引出处画一段细斜线。管道标注分别在上方相应数字后填写。

图 6-15　管道的标注

管道布置图中的管道应标注四个部分，即管道号（管段号）（由三个单元组成）、管径、管道等级和隔热或隔声，总称为管道组合号。管道号和管径为一组，用一短横线隔开；管道等级和隔热为另一组，用一短横线隔开，两组间留适当的空隙（详见第二章第三节工艺流程图中二、管道仪表流程图）。

4. 管件、阀门、仪表控制点

管接头、异径接头、弯头、三通、管堵、法兰等这些管件能使管道改变方向，变化口径，连通和分流以及调节和切换管道中的流体，在管道布置图中，应按规定符号画出管件，但一般不标注定位尺寸。

　　在平面布置图上按规定符号画出各种阀门，一般也不标注定位尺寸，只在立面剖视图上标注阀门的安装标高。当管道上阀门种类较多时，在阀门符号旁应标注其公称直径、型式和序号。如"50J8"，50表示管道的公称直径，J表示阀门形式为截止阀，8表示阀门的序号。

　　管道布置图中的仪表控制点的标注与带控制点的工艺流程图一致，除对安装有特殊要求的孔板等检测点外，一般不标注定位尺寸。

四、管道布置图的绘制

1. 比例、图幅、尺寸单位、分区原则和图名

　　(1) 比例　常用1：50，也可采用1：25或1：30，但同区的或各分层的平面图应采用同一比例。

　　(2) 图幅　管道布置图图幅应尽量采用A1，比较简单的也可采用A2，较复杂的可采用A0。同区的图应采用同一种图幅。图幅不宜加长或加宽。

　　(3) 尺寸单位　管道布置图标注的标高、坐标以m为单位，小数点后取三位数，至mm为止；其余的尺寸一律以mm为单位，只注数字，不注单位。管子公称通径一律用mm表示。

　　(4) 地面设计标高为EL±0.000。

　　(5) 分区原则　由于车间（装置）范围比较大，为了清楚表达各工段管道布置情况，需要分区绘制管道布置图时，常常以各工段或工序为单位划分区段，每个区段以该区在车间内所占的墙或柱的定位轴线为分区界线。区域分界线用双点划线表示，在区域分界线的外侧标注分界线的代号、坐标和与该图标高相同的相邻部分的管道布置图图号（见图6-16）。一般的中小型车间，管道布置又简单的，可直接绘制全车间的管道布置图。

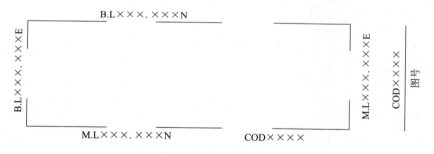

图 6-16　管道布置图的分界线

B.L—装置的边界；M.L—接续线；COD—接续图；E—东向；N—北向

　　(6) 图名　标题栏中的图名一般分成两行书写，上行写"管道布置图"，下行写"EL×××.×××平面"或"A-A、B-B、……剖视"等。

2. 视图配置

　　管道布置图一般只绘平面图。当平面图中局部表示不够清楚时，可绘制剖视图或轴测图，该剖视图或轴测图可画在管道平面布置图边界线以外的空白处（不允许在管道平面布置图内的空白处再画小的剖视图或轴测图），或绘在单独的图纸上。绘制剖视图时要按比例画，可根据需要标注尺寸。轴测图可不按比例，但应标注尺寸。剖视符号规定用A-A、B-B、…等大写英文字母表示，在同一小区内符号不得重复。平面图上要表示所剖截面的剖切位置、方向及编号，如图6-17所示。

　　对于多层建筑物、构筑物的管道平面布置图应按层次绘制，如在同一张图纸上绘制几层平面图时，应从最底层起，在图纸上由下至上或由左至右依次排列，并于各平面图下注明"EL±0.000平面"或"EL×××.×××平面"。

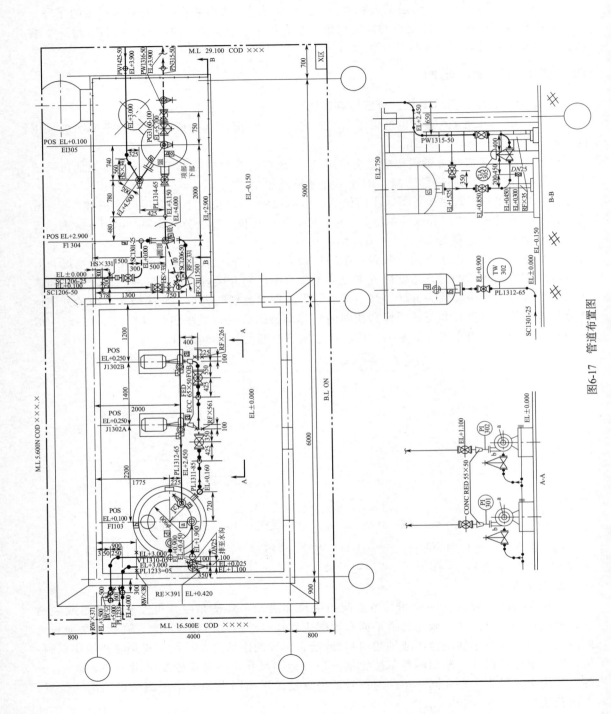

图6-17 管道布置图

在绘有平面图的图纸右上角，管口表的左边，应画一个与设备布置图的设计北向一致的方向标（见表 6-5）。在管口布置图右上方填写该管道布置图内的设备管口表，包括设备位号、管口符号、公称直径、公称压力、密封面形式、连接法兰标注号、长度、标高、方位（°）、水平角等内容。管口的方位即管口的水平角度按方向标为基准标注，凡是在管口表中能注明管口方位时，平面图上可不标注管口方位，对于特殊方位的管口，管口表中实在无法表示的，可在图上标注，表中填写"见图"二字，管口的长度一般为设备中心至管口端面的距离，如图 6-18 中的"L"，按设备图标注。

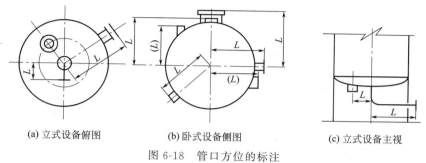

(a) 立式设备俯图　　　(b) 卧式设备侧图　　　(c) 立式设备主视

图 6-18　管口方位的标注

注：带括号的"L"值应在圆中标注，表中填写"见图"二字。

3. 绘制管道布置图

（1）管道平面布置图的画法

① 用细实线画出厂房平面图。画法同设备布置图，标注柱网轴线编号和柱距尺寸。

② 用细实线画出所有设备的简单外形和所有管口，加注设备位号和名称。

③ 用粗单实线画出所有工艺物料管道和辅助物料管道平面图，在管道上方或者左方标注管道编号、规格、物料代号及其流向箭头。

④ 用规定的符号或者代号在要求的部位画出管件、管架、阀门和仪表控制点。

⑤ 标注厂房定位轴线的分尺寸和总尺寸，设备的定位尺寸，管道定位尺寸和标高。

（2）管道立面剖视图的画法

① 画出地平线或室内地面，各楼面和设备基础，标注其标高尺寸。

② 用细实线按比例画出设备简单外形及所有管口，并标注设备名称和位号。

③ 用粗单实线画出所有主物料和辅助物料管道，并标注管段编号、规格、物料代号及流向箭头和标高。

④ 用规定符号画出管道上的阀门和仪表控制点，标注阀门的公称直径、型式、编号和标高。

4. 管道布置平面图尺寸标注

（1）管道定位尺寸以建筑物或构筑物的轴线、设备中心线、设备管口中心线、区域界线（或接续图分界线）等作为基准进行标注。管道定位尺寸也可用坐标形式表示。

（2）对于异径管，应标出前后端管子的公称通径，如：$DN80/50$ 或 80×50。

（3）非 $90°$ 的弯管和非 $90°$ 的支管连接，应标注角度。

（4）在管道布置平面图上，不标注管段的长度尺寸，只标注管子、管件、阀门、过滤器、限流孔板等元件的中心定位尺寸或以一端法兰面定位。

（5）在一个区域内，管道方向有改变时，支管和在管道上的管件位置尺寸应按容器、设备管口或临近管道的中心线来标注。

（6）标注仪表控制点的符号及定位尺寸。对于安全阀、疏水阀、分析取样点、特殊管件有标记时，应在 $\phi 10mm$ 圆内标注它们的符号。

（7）为了避免在间隔很小的管道之间标注管道号和标高而缩小书写尺寸，允许用附加线标注标高和管道号，此线穿越各管道并指向被标注的管道。

（8）水平管道上的异径管以大端定位，螺纹管件或承插焊管件以一端定位。

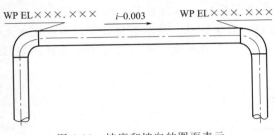

图 6-19　坡度和坡向的图面表示

（9）按比例画出人孔、楼面开孔、吊柱（其中用细实双线表示吊柱的长度，用点划线表示吊柱的活动范围），不需标注定位尺寸。

（10）有坡度的管道，应标注坡度（代号用 i）和坡向，如图 6-19。当管道倾斜时，应标注工作点标高（WP EL），并把尺寸线指向可以进行定位的地方。

（11）带有角度的偏置管和支管在水平方向标注线性尺寸，不标注角度尺寸。

5. 管口表

管口表在管道布置图的右上角，填写该管道布置图中的设备管口。

五、管道布置图的阅读

1. 管道布置图的阅读方法和步骤

阅读管道布置图的目的是通过图样了解该工程设计的设计意图和弄清楚管道、管件、阀门、仪表控制点及管架等在车间中的具体布置情况。在阅读管道布置图之前，应从带控制点的工艺流程图中，初步了解生产工艺过程和流程中的设备、管道的配置情况和规格型号，从设备布置图中了解厂房建筑的大致构造和各个设备的具体位置及管口方位。读图时建议按照下列步骤进行，可以获得事半功倍的效果。

（1）概括了解　首先要了解视图关系，了解平面图的分区情况，平面图、立面剖视图的数量及配置情况，在此基础上进一步弄清各立面剖视图在平面图上的剖切位置及各个视图之间的关系。注意管道布置图样的类型、数量，有关管段图、管件图及管架图等。

（2）详细分析，看懂管道的来龙去脉

① 对照带控制点的工艺流程图，按流程顺序，根据管道编号，逐条弄清楚各管道的起始设备和终点设备及其管口。

② 从起点设备开始，找出这些设备所在标高平面的平面图及有关的立面剖（向）视图，然后根据投影关系和管道表达方法，逐条地弄清楚管道的来龙去脉，转弯和分支情况，具体安装位置及管件、阀门、仪表控制点及管架等的布置情况。

③ 分析图中的位置尺寸和标高，结合前面的分析，明确从起点设备到终点设备的管口中间是如何用管道连接起来形成管道布置体系的。

2. 结合图 6-17 详细说明

（1）对界区情况的初步了解

图 6-17 是单层厂房的管道平面布置图，厂房朝向为正南北向。在厂房内有料液槽和料液泵，相应位号为 F1301、J1302A、J1302B。室外有带操作平台的板式精馏塔与料液中间槽，相应位号为 E1305 和 F1304。室内标高为 EL±0.000，室外标高为 EL−0.150，平台标高为 EL+2.900。为充分表达与泵和精馏塔、产品槽相连的管道布置情况，在图中还配置有"A-A"剖视图和"B-B"剖视图。同时，从图纸右下角的分区号可知，本平面布置图只是同一主项内的一张分区图，如果要了解主项全貌，还需阅读主项的分区索引和其他的分区布置图。

（2）详细阅读与分析

① 位号为 F1301 的料液槽共有 a、b、c、d 四个管口。设备的支撑点标高为 EL＋0.100，其中与管口 a 相连的管道代号为 PL1233-50，管内输送的是工艺液体，由界外引入，穿过墙体进入室内。引入点标高为 EL＋4.000，经过了 EL＋3.000、EL＋0.450 和 EL＋1.900 等不同标高位置转换和 8 次转向后再与管口 a 相连，进入料液槽，管道上安装了 2 个控制阀，该管道的立体图如图 6-20 所示。

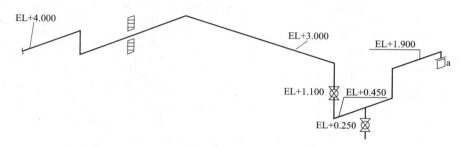

图 6-20　PL1233-50 管道的立体图

管道 b 相连的管道代号为 PL1311-65，由料液槽引出入料液泵，通过泵加压后，通过代号为 PL1321-65 的管道由底部进入中间槽（见图 6-17 中剖视图 B-B），另一支管则又送回料液槽，与管口 c 相连。与管口 d 相连的管道为放空管，代号为 VT1310-50，穿过墙体后引至室外放空。通过仔细阅读图纸，还可进一步详细了解设备管口方位，以及管道的走向、位置和其他相关管架的设置情况与安装要求。

② 与其他设备相连的管道也可按照上述方法，参照工艺流程图依次进行阅读和分析，直至全部阅读和了解清楚为止。

③ 图纸中操作平台以下的管道未分层绘制单独的平面布置图，所以采用了虚线表达在平台以下的管线。

④ 阅读完全部图纸后，再进行一次综合性的检查与总结，以全面了解管道及其附件的安装与布置情况，并审查一下是否还有遗漏之处。

第五节　管道轴测图（管段图、空视图）、管口方位图及管件图

一、管道轴测图

1. 管道轴测图的作用和内容

管道轴测图又称为管段图或空视图。它是表达一段管道及所属阀门、管件、仪表控制点的空间布置情况的立体图样，如图 6-21 所示。这种管道轴测图是按轴测投影原理绘制，图样立体感强，便于识读，有利于管段的预制和安装施工，还可以发现在设计中可能出现的误差，避免发生在图样中不易发现的管道碰撞等情况，利用计算机辅助设计软件，可以绘制区域较大的管段图，能代替模型设计。

管道轴测图一般包括以下内容。

（1）图形：用正等轴测投影画出管段及所属阀门、管件、仪表控制点等图形符号。

（2）尺寸和标注：标注出管段号、标高、管段所连接设备的位号，管口符号及安装尺寸。

（3）方向标：管道轴测图按正等轴测投影绘制，管道走向应符合轴测图的方向标所示方向，轴测图的方向标，如图 6-22 所示。

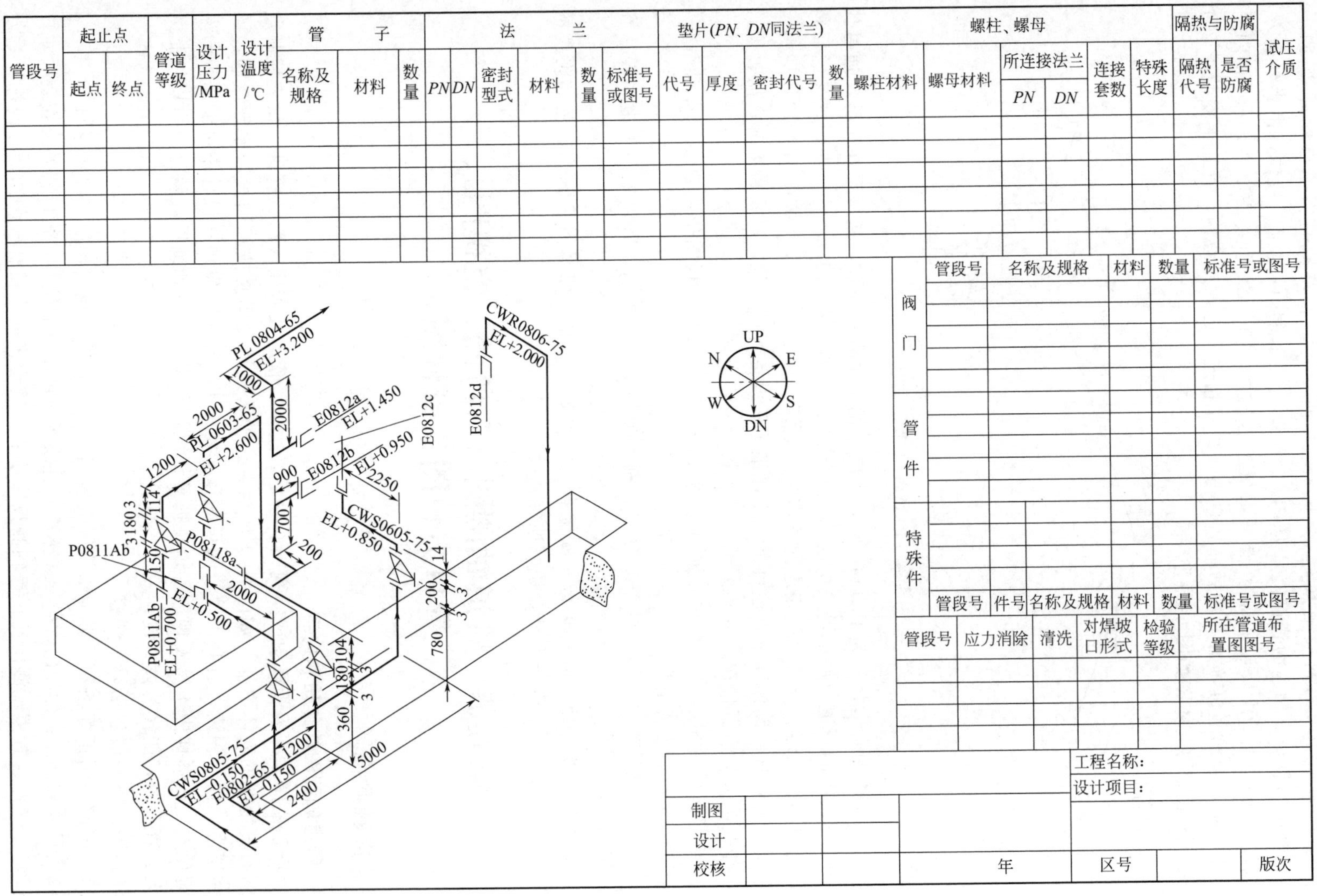

管段号	起止点		管道等级	设计压力/MPa	设计温度/℃	管		子		法			兰			垫片(PN, DN同法兰)					螺柱材料	螺母材料	螺柱，螺母							隔热与防腐			试压	
	起点	终点				名称及规格	材料	数量	PNDN	密封型式	材料	数量	标准号或图号	代号	厚度	代号	数量			螺母材料			PN	DN 所连接法兰	连接套数	特殊长度	隔热代号	是否防腐	介质	

图6-21 某工段管道轴测图

（4）技术要求：注写有关焊接、试压等方面的要求。

（5）材料表：在管道轴测图的顶侧及标题栏上方附有材料表。

（6）标题栏：材料表综合了一个管段全部的管件、阀门、管子、法兰、垫片、螺栓和螺母的详细内容。

2. 管道轴测图图形的表示方法

（1）管道轴测图图线的宽度符合 HG/T 20519.2—2009《化工工艺设计施工图内容与深度统一规定　第一部分　一般规定》，管道、管件、阀门和管道附件的图例见 HG/T 20519.2—2009《化工工艺设计施工图内容与深度统一规定　第四部分　管道布置》，管道轴测图一律用单线绘制。

（2）管道轴测图反映的是个别局部管道，原则上一个管段号画一张管道轴测图。对于比较复杂的管道，或长而多次改变方向的管段，可以分成两张或两张以上的轴测图时，常以支管连接点、法兰、焊缝为分界点，界外部分用虚线画出一段，注出其管道号、管位和轴测图图号，但不要注多余的重复数据，避免在修改过程中发生错误。对比较简单，物料、材质均相同的几个管段，也可画在一张图样上，并分别注出管段号。

（3）管道轴测图不必按比例绘制，但各种阀门，管件之间比例要协调，它们在管段中的位置的相对比例也要协调。

（4）管道连接。管道对焊连接的环焊缝以小圆点表示，水平走向管段的法兰连接，法兰用垂直短线表示；垂直走向的管段法兰，可用与相邻的水平走向管段平行的短线表示；螺纹连接或承插连接，均用一条短线表示，水平管段上的短线为垂直线，垂直管段上的短线与相邻的水平走向管段平行，如图 6-23 所示。

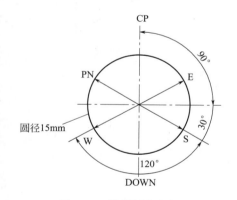

图 6-22　轴测图方向标

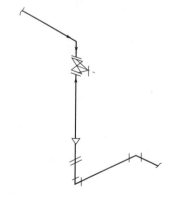

图 6-23　管道轴测图—管段连接的表示方法

（5）阀门的手轮用短线表示，短线与管道平行；阀杆中心线按所设计的方向画出，如图 6-24 所示。

（6）管道与管件。阀门连接时，注意保持线向的一致，如图 6-25 所示。

（7）为便于安装维修操作管理以及整齐美观，一般工艺管道走向同三轴测方向一致，但有时为了避让，或由于工艺、施工的特殊要求，必须将管道倾斜布置，此时称为偏置管。在平面内的偏置管，用对角平面或轴向细实线段平面表示，如图 6-26（a）所示。对于立体偏置管，可将偏置管绘在由三个坐标组成的六面体内，如图 6-26（b）所示。

3. 管道轴测图的尺寸与标注

（1）管道中物料的流向，可在管道的适当位置用箭头表示，管道号和管径标注在管道上方。水平管道的标高"EL"标注在管道下方，如图 6-27 所示。不需要标注管道号和管径只

虚线部分可不画出
VERT
45°
G
(a)
(b)

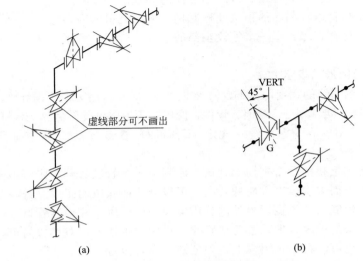

图 6-24　管道轴测图—阀门及阀杆的方向

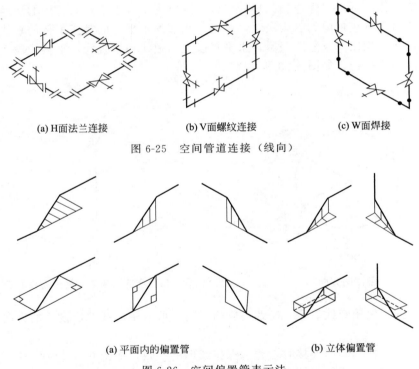

(a) H面法兰连接
(b) V面螺纹连接
(c) W面焊接

图 6-25　空间管道连接（线向）

(a) 平面内的偏置管
(b) 立体偏置管

图 6-26　空间偏置管表示法

需要标注标高时，标高可标注在管道的上方或下方，如图 6-28 所示。

（2）标高的单位为 m，其他尺寸单位为 mm。以 mm 为单位的尺寸可略去小数点，但高压管件直接连接时，其总尺寸应注写至小数点后 1 位。注写时只标注数字不标注单位，如图 6-29 所示。

（3）垂直管道不标注长度尺寸，标注垂直管相关部位的标高，垂直管道的标注如图6-30所示。

图 6-27 管道轴测图—管道标注

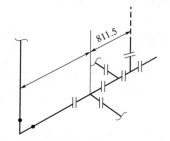

图 6-29 管道轴测图—高压管道数字的标注

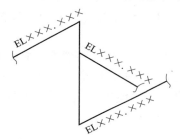

图 6-30 管道轴测图—垂直管道的标注

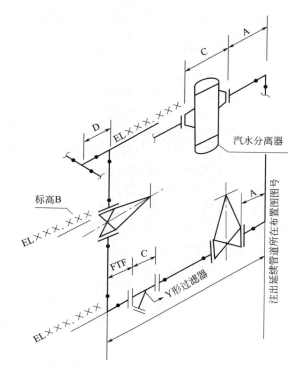

图 6-28 管道轴测图—管道标高的标注方法

（4）标注水平管道的有关尺寸，其尺寸线应与管道相平行。尺寸界线为垂直线，如图 6-31，当水平管道的管件较多，从基点到等径支管、管道改变走向、图形接续分界点的尺寸如图 6-31 中尺寸 A、B、C。基准点尽可能与管道布置图一致。对于从主要基准点到各独立的管道元件，如法兰、异径管、仪表接管、不等径接管的尺寸，如图 6-31 中尺寸 D、E、F，这些尺寸不应封闭。

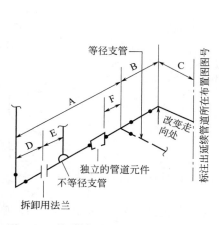

图 6-31 管道轴测图—水平尺寸的标注

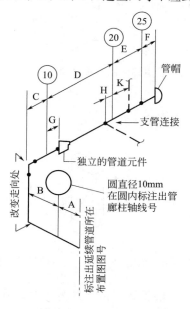

图 6-32 管道轴测图—管廊上管道的标注

（5）对于管廊上管道的标注，应标注出从主项边界、图形分界线、管道走向改变处、管帽或其他形式的管端到管道各端的管廊支柱轴线和到确定支管线或管道元件位置的其他支柱轴线的尺寸以及从最近管廊支柱到支管或各个独立管道元件的尺寸不应封闭，如图 6-32 所示。

（6）阀门和管道元件的标注，应标注主要基准点到阀门和管道元件的一个法兰的距离，如图 6-28 所示尺寸 A 和标高 B。

（7）对于调节阀和特殊管道元件如分离器和过滤器等应标注法兰面至法兰面之间的尺寸（对标准阀门和管件可不注），如图 6-28 中的尺寸 C。

（8）管道上用法兰、对焊、承插焊、螺纹连接的阀门或其他独立的管道元件的位置是由管件与管件直接相接（FTF）的尺寸所决定时，不要标注出它们的定位尺寸，如图 6-28 中的 Y 形过滤器与弯头的连接。

（9）定型的管件与管件直接相接时，其长度尺寸一般可不必标注，但如涉及管道或支管的位置时，也应注出，如图 6-28 中的尺寸 D。

（10）螺纹连接和承插连接的阀门定位尺寸在水平尺寸应标注到阀门的中心线；垂直管道应标注到阀门中心线的标高，如图 6-33 所示。

（11）偏置管的标注，无论偏置管是水平还是垂直方向，对于非 45° 偏置管，应标注出两个偏移尺寸 A 和 B 而省略角度；对于 45° 偏置管应标注角度和一个偏移尺寸，如图 6-34 所示。对于立体偏置管，应以三维坐标组成的六面体三维方向上的尺寸或标高表示，如图 6-35 所示。

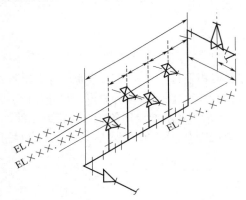

图 6-33　管道轴测图—螺纹和承插连接阀门的标注

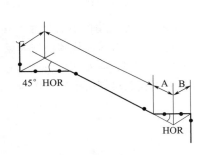

图 6-34　管道轴测图—偏置管的标注

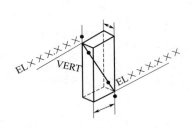

图 6-35　管道轴测图—立体偏置管的标注

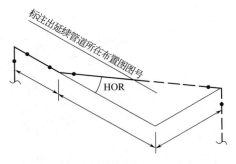

图 6-36　偏置管跨过分区界线时的画法

（12）偏置管跨过分区界线时，其轴测图画到分界线为止，但延续部分要画虚线进入邻区，直到第一个改变走向处或管口为止，这样就可标注出整个偏置管的尺寸，见图 6-36。

这种方法用于两张轴测图互相匹配时。

（13）为标注管道尺寸的需要，应画出容器或设备的中心线（不需画外形），注出其位号，如图 6-37 右上角所示，若与标注尺寸无关时，可不画设备中心线。

（14）为标注与容器或设备管口相接的管道尺寸，对水平管口应画出管口和它的中心线，在管口近旁注出管口符号（按管道布置图上的管口表），在中心线上方注出设备的位号，同时注出中心线的标高"EL"；对垂直管口应画出管口和它的中心线，注出设备位号和管口符号，再注出管口的法兰面或端面的标高"EL"，如图 6-37。

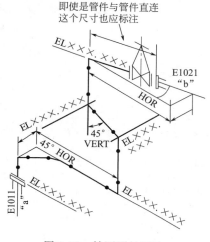

图 6-37 轴测图的画法

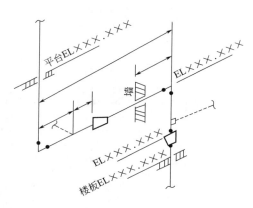

图 6-38 管道轴测图—穿墙及构筑物管道的标注

（15）穿墙或其它穿构筑物的管道标注，应标注出构筑物与管道的关系尺寸。对于楼板、屋顶、平台等高度方向的尺寸，应标注出其标高，如图 6-38 所示。

（16）不是管件与管件直连时，异径管和锻制异径短管一律以大端标注位置尺寸，如图 6-37 所示。

（17）对于不能准确计算，或有待施工实测修正的尺寸，加注符号"～"作为参考尺寸，对于现场焊接时确定的尺寸，只需注明"F.W"。

（18）注出管道所连接的设备位号及管口序号。

（19）列出材料表说明管段所需的材料、尺寸、规格、数量等。

二、管口方位图

1. 管口方位图的作用与内容

管口方位图是设备制造时确定各管口方位、支座及地脚焊栓相对位置的图样，也是安装设备时确定方位的依据。图 6-39 是设备的管口方位图，从图中可看出管口方位图应包括以下内容。

（1）视图：表示设备上各管口的方位情况。

（2）尺寸及标注：标明各管口以及管口的方位情况。

（3）方向标。

（4）管口符号及管口表。

（5）必要的说明。

（6）标题栏。

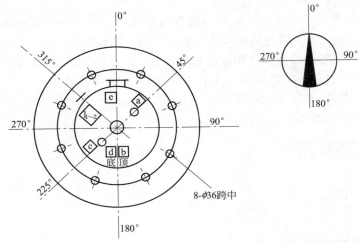

设备装配图图号××××

c	25	GB 9115.10—88RF *PN*2.5	压力计口	l₁~₂	32	GB 9115.10—88RF *PN*2.5	进料口
b	80	GB 9115.10—88RF *PN*2.5	气体计口	e	500	GB 9115.10—88RF *PN*2.5	人孔
a	25	GB 9115.10—88RF *PN*2.5	温度计口	d	32	GB 9115.10—88RF *PN*2.5	液体出口
管口符号	公称通径	连接形式及标准	用途或名称	管口符号	公称通径	连接形式或标准	用途或名称

工程名称:	×××年××月	区号
设计项目:	专 业	
编制	T×××× ××××塔	第 页 共 页 版
校核	管 口 方 位 图(例图)	
审核		

图 6-39　管口方位图

2. 管口方位图的画法

（1）视图：非定型设备应绘制管口方位图，采用 A4 图幅，以简化的平面图形绘制。每一位号的设备绘一张图，结构相同而仅是管口方位不同的设备，可绘在同一张图纸上，对于多层设备且管口较多时，则应分层画出管口方位图。用细点画线和粗实线画出设备中心线及设备轮廓外形；用细点画线和粗实线画出各个管口、吊柱、支腿（或支耳）、设备铭牌、塔裙座底部加强筋及裙座上人孔和地脚螺栓孔的位置。

（2）尺寸及标注：在图上顺时针方向标出各管口及有关零部件的安装方位角；各管口用小写英文字母加框（5mm×5mm）按顺序编写管口符号。

（3）方向标：在图纸右上角应画出一个方向标。方向标的形式见表 6-5。

（4）管口符号及管口表：在标题栏上方列出与设备图一致的管口表，表内注各管口的编号、公称直径、公称压力、连接标准、连接面形式及管口用途等内容。在管口表右上侧注出设备装配图图号。

（5）必要的说明：在管口方位图上应加两点必要的说明。

① 应在裙座和器身上用油漆标明 0°的位置，以便现场安装识别方位用。

② 铭牌支架的高度应能使铭牌露在保温层之外。

三、管架图

在管道布置图中采用的管架有两类，即标准管架和非标准管架。无论采用哪一种，均需要提供管架的施工图样。标准管架可套用标准管架图，特殊管架可依据 HG/T 20519.5—2009《化工工艺设计施工图内容与深度统一规定 第五部分 管道机械》的要求绘制。如特殊管架图中选用有标准件，应注明标准件的图号或标准号。其绘制方法、技术要求、焊接要求等技术参数应符合机械制图的要求，图面上除要求绘制管架的结构总图外，还需编制相应的材料表。

管架的结构总图应完整地表达管架的详细结构与尺寸，以供管架的制造和安装使用。每一种管架都应单独绘制图纸，不同结构的管架图不得分区绘制在同一张图纸上，以便施工时分开使用。图面上表达管架结构的轮廓线以粗实线表示，被支撑的管道以细实线表示。管架图一般采用 A4 或 A3 图幅，比例一般采用 1∶20 或 1∶10，图面上常采用主视图和俯视图结合表达其详细结构，编制明细表说明所需的各种配件，在标题栏中还应标注该管架的代号。应注明焊条牌号，必要时，应标注技术要求和施工要求以及采用的相关标准与规范，如图 6-40 所示。

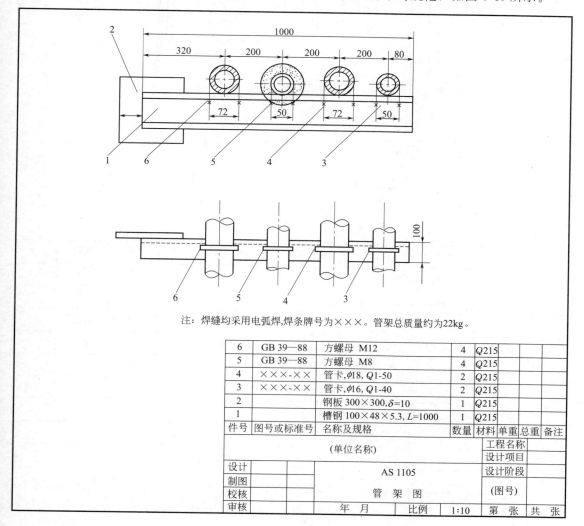

注：焊缝均采用电弧焊,焊条牌号为×××。管架总质量约为22kg。

6	GB 39—88	方螺母 M12	4	Q215		
5	GB 39—88	方螺母 M8	4	Q215		
4	×××-××	管卡,ϕ18, Q1-50	2	Q215		
3	×××-××	管卡,ϕ16, Q1-40	2	Q215		
2		钢板 300×300,δ=10	1	Q215		
1		槽钢 100×48×5.3, L=1000	1	Q215		
件号	图号或标准号	名称及规格	数量	材料	单重	总重	备注

				工程名称	
（单位名称）			设计项目		
设计		AS 1105	设计阶段		
制图					
校核		管　架　图	（图号）		
审核		年　月	比例	1:10	第　张　共　张

图 6-40　管架图

四、管件图

标准管件一般不需要单独绘制图纸,在管道平面布置图编制相应材料表加以说明即可。非标准的特殊管件,例如:加料斗、方圆接管、特殊法兰、法兰盖、弯头、三通异径管、其他形式的管道连接件等,应按 HG/T 20519.6—2009《化工工艺设计施工图内容与深度统一规定 第六部分 管道材料》单独绘制详细的结构图,并要求一种管件绘制一张图纸以供制造和安装使用。图面要求和管架图基本相同,在附注中应说明管件所需的数量、安装的位置和所在图号以及加工制作的技术要求和采用的相关标准与规范,如图 6-41 所示。

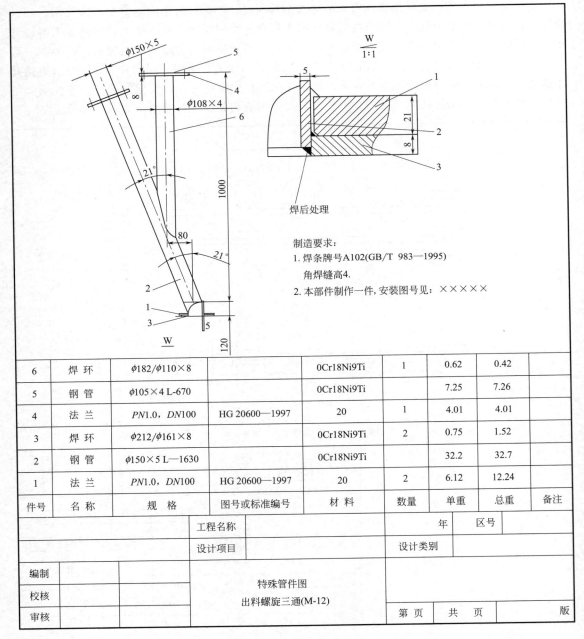

制造要求:
1. 焊条牌号A102(GB/T 983—1995)
   角焊缝高4.
2. 本部件制作一件,安装图号见:××××

6	焊 环	$\phi182/\phi110\times8$		0Cr18Ni9Ti	1	0.62	0.42	
5	钢 管	$\phi105\times4$ L-670		0Cr18Ni9Ti		7.25	7.26	
4	法 兰	$PN1.0$,$DN100$	HG 20600—1997	20	1	4.01	4.01	
3	焊 环	$\phi212/\phi161\times8$		0Cr18Ni9Ti	2	0.75	1.52	
2	钢 管	$\phi150\times5$ L—1630		0Cr18Ni9Ti		32.2	32.7	
1	法 兰	$PN1.0$,$DN100$	HG 20600—1997	20	2	6.12	12.24	
件号	名 称	规 格	图号或标准编号	材 料	数量	单重	总重	备注

		工程名称			年		区号	
		设计项目			设计类别			
编制			特殊管件图					
校核			出料螺旋三通(M-12)					
审核					第 页		共 页	版

图 6-41 管件图

第六节　计算机在管道布置设计中的应用

CAD(Computer Aided Design) 的含义是指计算机辅助设计，是计算机技术的一个重要的应用领域。AutoCAD 则是美国 Autodesk 公司开发的一个交互式绘图软件，是用于二维及三维设计、绘图的系统工具，用户可以使用它来创建、浏览、管理、打印、输出、共享及准确复用富含信息的设计图形。

管道三维模型设计软件是利用 CAD 技术在计算机上设计工厂的管道、设备、建筑结构等多专业的三维模型，目前使用较多的国外软件有：美国 Intergraph 公司开发的 PDS；英国 AVEVA 公司的开发的 PDMS；美国 Bentley 公司开发的 AUTOPLANT 系列等。国内软件有：长沙思为软件公司自主研发的 Pdmax；中科辅龙计算机技术有限公司开发的 PDSOFT 系列等。

管道三维模型设计软件的主要功能应包括：建立、配置项目，管理项目的成员和数据库；建立项目规范，如标准元件库、材料等级库、螺栓表、连接匹配表等；建立建筑结构、设备、管道的三维模型；进行三维模型的碰撞检查和设计检查；全自动生成各类材料的统计表格，管道轴测图，设备及管道的平、剖面图等。以下简单介绍用 Pdmax 进行管道布置设计的工作程序和方法，本节以 Pdmax 系列软件为例，对三维模型设计软件的使用知识进行概要介绍。

进行三维模型设计之前，应有装置的总平面布置图、工艺流程图、设备图和建筑轮廓图，并已有土建结构模型及设备模型。先建立项目的管道材料等级库，即从工艺流程图出发，依据每条管线的介质、温度和压力等物性参数，确定该管线上管道元件的基本材质、压力等级、管道壁厚、阀门类型、法兰和紧固件形式等材料规格参数。把流程图中所有管线的材料规格汇总后，就形成了整个装置的管道材料等级规定表，表中的每一个等级适用于流程图中的一条或多条管线。

一、管道建模

管道建模是化工装置三维模型设计中的主要内容，其任务是依据管道设计的输入条件，如 P&ID、管道材料等级规定以及工艺管道布置的标准规范、行业习惯和经验做法，把管道和管道上的各种元件的三维模型建立起来。

下面以建立管道 PL-20111-400-M1E 为例，讲述管道建立的过程。

根据管道仪表流程图或管道特性表，此管道始于氢化塔 T20101，终止于氢化液过滤器 X20103A/B/C/D。

1. 依据 PID 图的资料在分区下建立管道

在导航栏中选择"管道"装置下的"管道"分区，右键快捷菜单中选择"创建"->"管道"。系统弹出"管道"对话框，填写管道名称（PL-20111-400-M1E），选择管道等级（M1E）（见图 6-42）。点击"确定"按钮，建立管道"PL20111-400-M1E"。

（1）在管道下建立分支　在导航栏中选择该管道（/PL-20111-400-M1E），右键快捷菜单中选择"创建"-"分支"，系统弹出"创建分支"对话框（见图 6-43），在该对话框中填写分支头和分支尾的相关参数，击点"确定"，系统会在分支头和尾之间生成一根直线，这条直线代表新建的分支。但是这种直接输入坐标的方式不太方便，用户可以通过拾取图形来设置分支的头尾参数：在"连接到"标签后的下拉列表中选择"管嘴"，这时程序要求用户在 Autocad 窗口中选择一个管嘴，比如用户选择连接到设备/T20101 上的管嘴 N2，程序会自动读取选择的管嘴相关数据；同样的方法，我们点击单选框"分支尾"，选择连接到设备/X20103C 的管嘴 N1；设置好分支头尾后，

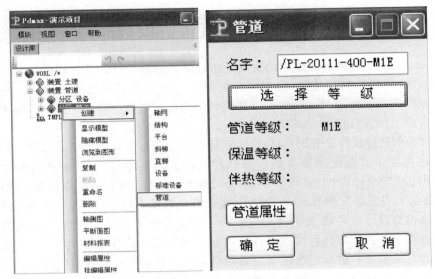

图 6-42　建立管道

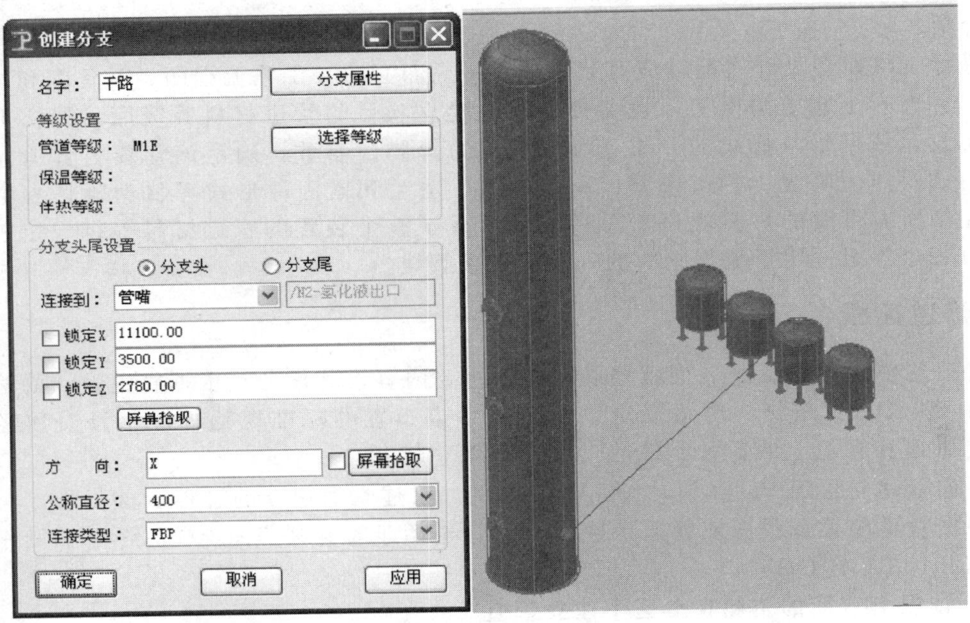

图 6-43　建立分支

程序会自动这两个管嘴之间建立一条直线，如图 6-43，用来表示该分支头尾相连接。

　　(2) 在分支下建立管件　在导航栏中选择该分支，然后右键在菜单中选择"创建"->"管件"，系统弹出"创建管件"对话框（图 6-44 建立管件）。因为分支是连接到管嘴的，需要在头尾建立垫片法兰。我们在该对话框中的"创建"选项列表中选择"集合"，点击"创建"按钮，弹出"组创建"对话框（图 6-46 左图），在该对话框中选择"在分支处头插入垫片法兰"，点击"应用"，系统弹出"管件选择"对话框（图 6-46 右图），选择正确的法兰和垫片，点击"确定"，程序会自动地把垫片法兰放置到分支正确的位置（图 6-45）。仿照上面的方法可在分支尾处插入法兰和垫片。如果使用者可以根据工作需要，自己建立其他常用的集合，以后的设计将大为简便，这里的问题就是如何自己建立新的"集合"。

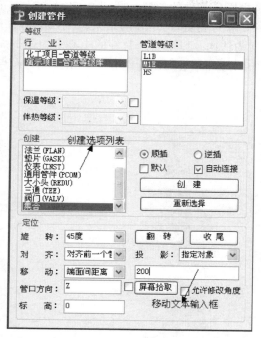

图 6-44　建立管件

图 6-45　建立管件

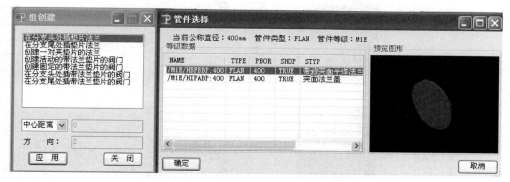

图 6-46　集合建立垫片法兰

在分支头处插入法兰垫片后，需要插入一个弯头。在图 6-44 的窗口"创建"选项列表中，选择弯头，点击"创建"按钮后，弹出"管件选择"对话框。用户选择正确的弯头，点击"确定"，程序会自动在该法兰后添加一个弯头。插入弯头后用户可能需要调整弯头和法兰的位置，在"移动"标签后的文本输入框中输入 200，然后输入回车，弯头就会移动到距离法兰 200 的地方。类似的方式，还可以继续插入三通或者其他的管件。图 6-45 是插入了法兰、垫片、弯头和三通后的一个图形。

注意：Pdmax 管件是不需要插入管子的，只要插入管件后，管子会自动地显示出来。但是，当前后管件直径不同或者连接有问题时，出现问题的管件之间不会自动生成管子，而是出现一条细线。

（3）管道的定位　管道的定位方式除了上面讲述的直接输入距离外，还可以通过投影、对齐及轮廓进行定位。这些定位方式非常的灵活方便，熟练地使用可以极大地提高用户设计的效率。这里以投影来说明管道定位的过程，其他的定位方式可以参考官方网站上的教程和视频。如图 6-47 是投影前管件的位置，图 6-48 是投影后管件的位置，图 6-49 是投影操作界面，用户在"投影"选项栏中选择"后一个管件"，就可得到图 6-48 的结果。"投影到后一个管件"的基本原理是：以选中的管件移动的方向为法向，以下一个管件的中心点为过平面的点，这两个条件就构成一个平面，然后移动选中的管件，直到该管件和平面相交，从而得到如图 6-48 的结果。

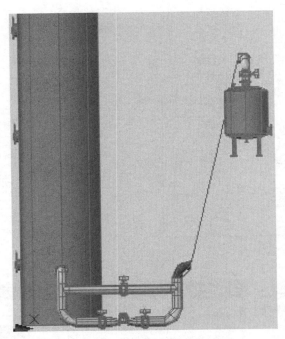

图 6-47　投影前管件的位置

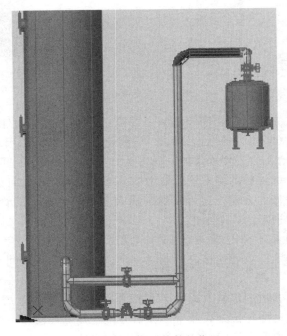

图 6-48　投影后管件的位置

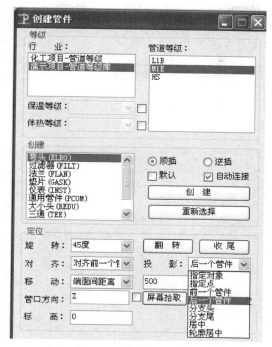

图 6-49　投影操作界面

（4）Pdmax 内置设计规则检查　管道安装时的许多基本设计规则都被内置在软件中，如相连接元件的端面类型匹配检查、尺寸匹配检查、压力匹配检查、最小管长检查、管道流向检查等。当前后两个管件的连接类型不匹配的时，当插入管件的时候，会提示"端面类型不匹配"，此时，可以根据不同的原因采取相应的措施解决，比如旋转管件等。当前后两个管件的公称直径或者方向位置没有对齐的时候，后续的管子会显示一条直线，标明该管子连接不正确，这时候我们就应该运用前面管道定位的方法来处理。

2. 其他功能

设计过程中需要对管道模型进行反复的修改，修改的快捷与否决定了用户设计的效率。一部分编辑功能是针对管道模型实体的，如移动、旋转、镜像、复制、删除、拉伸等。另有一些特殊的功能是方便用户对管道整体功能进行编辑。如：①拖动功能。拖动其中的部分管件，会自动调整相关管件的位置，保证整体管道的正确连接；②隐藏功能。对于较为复杂的施工环境，设计管道时视角会受到一定的限制，这时可以运用隐藏功能将部分设备或管道暂时隐藏，从而方便设计工作进行；③管道放坡功能。可以对一段管道中指定部分的管件按照指定的坡度进行放坡；④分支等级替换功能。对一个分支中的所有管件一次替换为不同等级、不同公称直径的同类型管件。这些高级的功能就不一一详解，具体的可以参看官方网站上的教程。

二、设计检查

1. 模型碰撞检查

三维模型建立完毕后，应当进行碰撞检查和设计检查。碰撞检查不仅会发现建筑结构、设备、管道等的硬碰撞，而且针对装置安装、操作和检修的空间需要，会检查出这些三维模型之间的软碰撞。碰撞检查的结果可以进行快速的图形浏览定位，也可以生成检查报告文件供设计审核人员查阅。然后对发生碰撞的对象进行修改，重新检查是否还有碰撞。

2. 模型设计检查

一方面检查模型对象的数据完整性，确保模型数据能正确的自动生成二维图纸和报表；另一方面检查是否存在相连元件端面类型不匹配、尺寸不匹配、压力等级不匹配等情况。

序号	代号	名称	标准	数量	单位	材料	描述
1	GEP200:400	管子	GB 12771—2000	21.35	米	06Cr19Ni10	焊接钢管：ϕ426×6；GB 12771—2000
2	GEP200:250	管子	GB 12771—2000	0.29	米	06Cr19Ni10	焊接钢管：ϕ273×4；GB 12771—2000
3	GEP200:350	管子	GB 12771—2000	3.5	米	06Cr19Ni10	焊接钢管：ϕ377×5；GB 12771—2000
4	HBGBAP:400	垫片	HG 20607—97	7	个	F4/橡胶板	垫片 GASKET；DN 400；PN1.6,PMF；HG 20507—97
5	HBGBAP:250	垫片	HG 20607—97	2	个	F4/橡胶板	垫片 GASKET；DN 250；PN1.6,PMF；HG 20507—97
6	HBGBAP:350	垫片	HG 20607—97	9	个	F4/橡胶板	垫片 GASKET；DN 350；PN1.6,PMF；HG 20507—97
7	HBFBBP:400	法兰	HG 20594—97	7	个	06Cr19Ni10	法兰 DN 400；PN 1.6(B)SO/RF；HG 20594—97
8	HBFBBP:250	法兰	HG 20594—97	2	个	06Cr19Ni10	法兰 DN 250；PN 1.6(B)SO/RF；HG 20594—97
9	HBFBBP:350	法兰	HG 20594—97	9	个	06Cr19Ni10	法兰 DN 350；PN 1.6(B)SO/RF；HG 20594—97
10	GBEAA20:400	弯头	GB/T 12459—2005	4	个	06Cr19Ni10	90头，90DEG ELBOW；DN 400 LRBWⅡ系列；GB/T 12459—2005
11	GBEAA20:350	弯头	GB/T 12459—2005	2	个	06Cr19Ni10	90头，90DEGELBOW；DN 350LRBWⅡ系列；GB/T 12459—2005
12	GBTAA20:400	三通	GB/T 12459—2005	4	个	06Cr19Ni10	三通公司Ⅱ系列BW；GB/T 12459—2005
13	GEVABP:400	阀门	GB	3	个	06Cr19Ni10	法兰式蝶阀 FLANG BUTTERFLY-VALVE；DN 400；公制 PN1.6
14	GEVABP:350	阀门	GB	3	个	06Cr19Ni10	法兰式蝶阀 FLANG BUTTERFLY-VALVE；DN 400；公制 PN1.6
15	GBRCA20:400×250	大小头	GB/T 12459—2005	2	个	06Cr19Ni10	同心异径管,公制Ⅱ系列 BW；GB/T 12459—2005
16	GBRCA20:400×350	大小头	GB/T 12459—2005	2	个	06Cr19Ni10	同心异径管,公制Ⅱ系列 BW；GB/T 12459—2005
17	HAIVOP:250	仪表	HG	1	个	06Cr19Ni10	调节阀 CCNTROL VAI VF；DN 250；CV3000 PN=1.6MPa
18	STUD:27	螺栓	HG/T 20613—97	112	个	06Cr19Ni10	双头螺柱；HG/T 20613—97
19	STUD:24	螺栓	HG/T 20613—97	168	个	06Cr19Ni10	双头螺柱；HG/T 20613—97

图 6-50　管道综合材料表示例

长沙思为软件有限公司

工程名称
设计项目
设计阶段
专业　图号
第　张　共　张

管段材料表（上）

序号	管段号	管道等级	管子 名称及规格	材料	数量/m	标准号	阀门 名称与规格	型号	数量	法兰 标准号或图号	材料	数量	型号及规格	垫片 名称及规格	厚度/mm	数量	标准号
1	PL-20111-400-M1E	M1E	焊接钢管426×6	06Cr19Ni10	21.34	GB12771—2000	法兰式蝶阀PN1.6		6	HG20594—97	06Cr19Ni10	7	法兰 DN 400 PN1.6(B)SO/RF	垫片DN400PMF	3	7	HG20607—97
2			焊接钢管73×4	06Cr19Ni10	0.29	GB12771—2000				HG20594—97	06Cr19Ni10	2	法兰 DN 250 PN1.6(B)SO/RF	垫片DN250PMF	1.5	2	HG20607—97
3			焊接钢管377×5	06Cr19Ni10	3.51	GB12771—2000				HG20594—97	06Cr19Ni10	9	法兰 DN 350 PN1.6(B)SO/RF	垫片DN350PMF	3	9	HG20607—97
4	PL-20115-400-M1E	M1E	焊接钢管377×5	06Cr19Ni10	2.43	GB12771—2000	法兰式蝶阀PN1.6		2	HG20594—97	06Cr19Ni10	7	法兰 DN 350 PN1.6(B)SO/RF	垫片DN350PMF	3	7	HG20607—97
5			焊接钢管426×6	06Cr19Ni10	10.9	GB12771—2000				HG20594—97	06Cr19Ni10	1	法兰盖 DN 400 PN1.6(B)SO/RF				
6	PL-20116-350-M1E	M1E	焊接钢管377×5	06Cr19Ni10	2.61	GB12771—2000	法兰式蝶阀PN1.6		2	HG20594—97	06Cr19Ni10	6	法兰 DN 350 PN1.6(B)SO/RF	垫片DN350PMF	3	6	HG20607—97
7			焊接钢管426×6	06Cr19Ni10	7.55	GB12771—2000				HG20594—97	06Cr19Ni10	1	法兰 DN 400 PN1.6(B)SO/RF	垫片DN400PMF	3	1	HG20607—97
8	PL-20118-450-M1E	M1E	焊接钢管480×6	06Cr19Ni10	5.13	GB12771—2000	法兰式蝶阀PN1.6		2	HG20594—97	06Cr19Ni10	5	法兰 DN 450 PN1.6(B)SO/RF	垫片DN450PMF	3	5	HG20607—97
9			焊接钢管73×4	06Cr19Ni10	0.82	GB12771—2000				HG20594—97	06Cr19Ni10	6	法兰 DN 250 PN1.6(B)SO/RF	垫片DN250PMF	1.5	6	HG20607—97
10																	
11	PL-20119-350-M1E	M1E	焊接钢管377×5	06Cr19Ni10	0.52	GB12771—2000	法兰式蝶阀PN1.6		1	HG20594—97	06Cr19Ni10	2	法兰 DN 350 PN1.6(B)SO/RF	垫片DN350PMF	3	2	HG20607—97
12	PL-20120-350-M1E	M1E	焊接钢管325×4	06Cr19Ni10	0.51	GB12771—2000	法兰式蝶阀PN1.6		8	HG20594—97	06Cr19Ni10	2	法兰 DN 300 PN1.6(B)SO/RF	垫片DN300PMF	1.5	2	HG20607—97
13			焊接钢管377×5	06Cr19Ni10	49.37	GB12771—2000				HG20594—97	06Cr19Ni10	16	法兰 DN 350 PN1.6(B)SO/RF	垫片DN350PMF	3	16	HG20607—97
14			焊接钢管73×4	06Cr19Ni10	0.66	GB12771—2000				HG20594—97	06Cr19Ni10	2	法兰 DN 250 PN1.6(B)SO/RF	垫片DN250PMF	1.5	2	HG20607—97

螺柱(栓)及螺母／管件1／管件2（下）

序号	管段号	螺柱(栓)规格	螺母规格	材料	个数	螺柱(栓)标准号	螺母标准号	螺母材料	个数	管件1 名称及规格	材料	数量	标准号或图号	管件2 名称及规格	材料	数量	标准号或图号	备注
1	PL-20111-400-M1E	M27×155	M27	06Cr19Ni10	112	HG/T20613—97	HG/T20613—97	06Cr19Ni10	112	等径三通DN400×4	06Cr19Ni10	6	HG20594—97	90°半径弯头	06Cr19Ni10	3	HG20594—97	
2		M24×140	M24	06Cr19Ni10	24	HG/T20613—97	HG/T20613—97	06Cr19Ni10	24	调节阀PN1.6	06Cr19Ni10	4						
3		M24×145	M24	06Cr19Ni10	144	HG/T20613—97	HG/T20613—97	06Cr19Ni10	144	同心异径管DN400×300	06Cr19Ni10	1						
4	PL-20115-400-M1E	M24×145	M24	06Cr19Ni10	112	HG/T20613—97	HG/T20613—97	06Cr19Ni10	112	90°半径弯头	06Cr19Ni10	4						
5																		
6	PL-20116-350-M1E	M24×145	M24	06Cr19Ni10	96	HG/T20613—97	HG/T20613—97	06Cr19Ni10	96	等径三通DN400×3	06Cr19Ni10	3		90°半径弯头	06Cr19Ni10	3		
7		M27×155	M27	06Cr19Ni10	16	HG/T20613—97	HG/T20613—97	06Cr19Ni10	16	同心异径管DN400×300	06Cr19Ni10	1						
8	PL-20118-450-M1E	M27×160	M27	06Cr19Ni10	100	HG/T20613—97	HG/T20613—97	06Cr19Ni10	100	等径三通DN450×4	06Cr19Ni10	1		90°半径弯头	06Cr19Ni10	3		
9		M24×140	M24	06Cr19Ni10	48	HG/T20613—97	HG/T20613—97	06Cr19Ni10	48	简式过滤器PN1.6	06Cr19Ni10	2		90°半径弯头	06Cr19Ni10	1		
10		M24×135	M24	06Cr19Ni10	24	HG/T20613—97	HG/T20613—97	06Cr19Ni10	24									
11	PL-20119-350-M1E	M24×145	M24	06Cr19Ni10	32	HG/T20613—97	HG/T20613—97	06Cr19Ni10	32	同心异径管DN400×300	06Cr19Ni10	2		90°半径弯头	06Cr19Ni10	4		
12	PL-20120-350-M1E	M24×140	M24	06Cr19Ni10	48	HG/T20613—97	HG/T20613—97	06Cr19Ni10	48	同心异径管DN350×300	06Cr19Ni10	4		90°半径弯头	06Cr19Ni10	9		
13		M24×145	M24	06Cr19Ni10	256	HG/T20613—97	HG/T20613—97	06Cr19Ni10	256	等径三通DN350×3	06Cr19Ni10	3		调节阀PN1.6	06Cr19Ni10	1		
14																		

图6-51　管段材料表

三、生成各类材料表

系统提供手动或自动两种方式生成多种材料报表，如管道综合材料表、管段表等，其内容和格式均可以自定义。用户选择菜单材料表的手动表报，选择需要统计的模型，确定后就可以出具用户需要统计的任意表格，如图 6-50 为管道综合材料表示例，图 6-51 为管段材料表示例。

四、生成 ISO 图

ISO 图（Isometric Drawing）即管道轴测图，用于指导管道预制和安装。系统提供手动和自动两种方式生成管道轴测图，与生成剖面图类似，生成之前可以指定相关的规则。直接在导航栏上选择刚才建立的管道/PL-20111-400-M1E，然后鼠标右键，选择轴测图，就会生成如图 6-52 的轴测图示例。

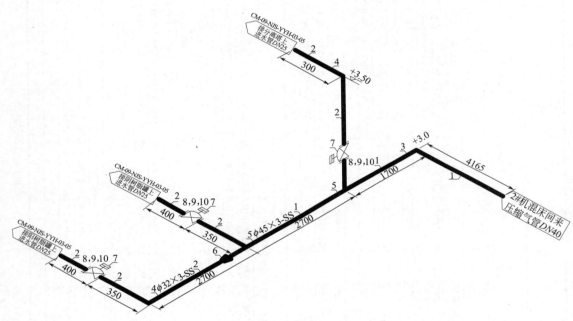

图 6-52　轴测图示例

五、生成各种剖面图

系统提供手动和自动两种方式生成三维设计模型的指定部分的任意剖面图，如常用的设备或管道的平/立面布置图等。生成之前可以指定图纸的页面布局、标注、报表和其他规则，还可以指定平剖的范围。在"出图"菜单中选择"手动出平断面图"，在弹出的界面中选择出图内容，在剖切面中设置需要剖切的平面，如图 6-53。确认后自动生成所需平剖图。如图 6-54 为平面图中某部分的详图。图 6-55 为平面图，图 6-56 为立面图。

六、三维模型渲染效果图

给装置的三维设计模型中的建筑结构、设备和管道等分别附着材质和颜色，可以制作三维模型渲染效果图，如图 6-57 所示。

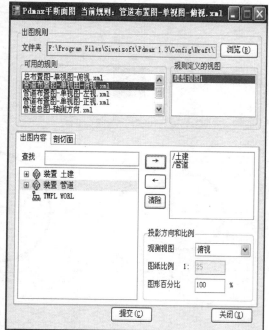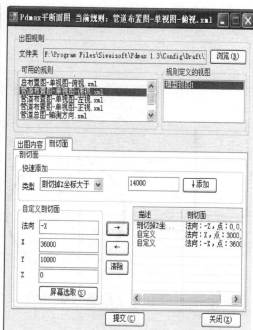

图 6-53　平断面图设置

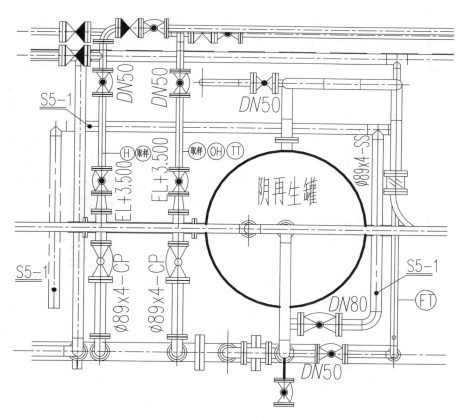

图 6-54　平面图中某部分详图

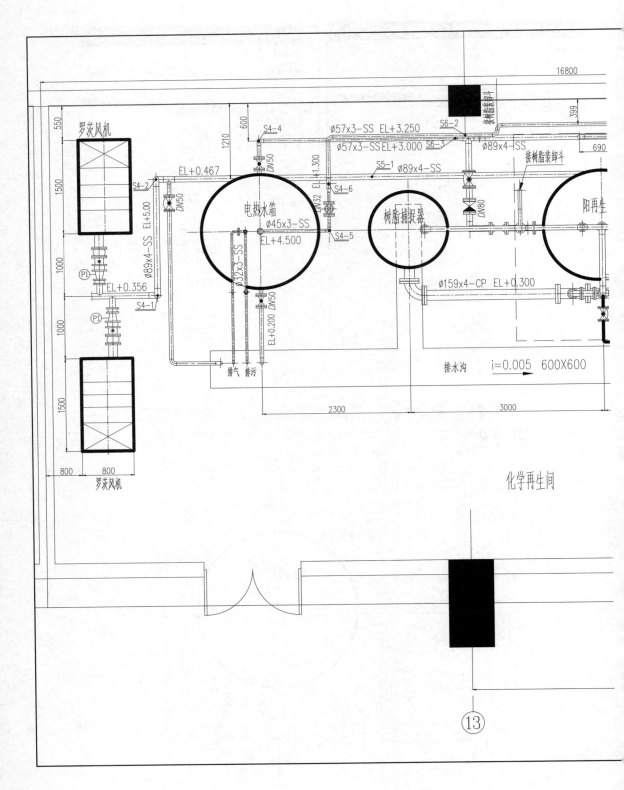

图 6-

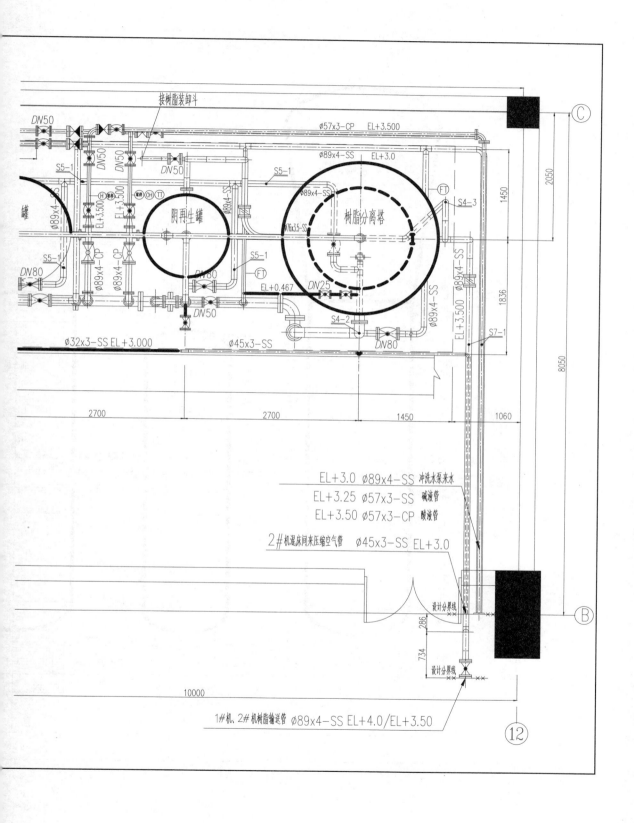

接树脂装卸斗

DN50

∅57x3-CP　EL+3.500

∅89x4-SS　EL+3.0

S5-1

DN50　DN50

DN50

S5-1

S4-3

阴再生罐

树脂分离塔

∅89x4-SS

∅89x4-SS

∅76x3.5-SS

罐

∅89x4-SS

FT

EL+3.500

EL+3.500

S5-1

2050

1450

S5-1

DN80

∅89x4-CP　∅89x4-CP

DN80

FT

EL+0.467

DN25

∅89x4-SS

1836

S4-2

DN50

EL+3.500

S7-1

∅32x3-SS EL+3.000

∅45x3-SS

DN80

8050

2700

2700

1450

1060

EL+3.0　∅89x4-SS 冲洗水泵来水

EL+3.25　∅57x3-SS 碱液管

EL+3.50　∅57x3-CP 酸液管

2#机混床间来压缩空气管　∅45x3-SS EL+3.0

设计分界线

286

B

734

设计分界线

10000

1#机、2#机树脂输送管 ∅89x4-SS EL+4.0/EL+3.50

C

12

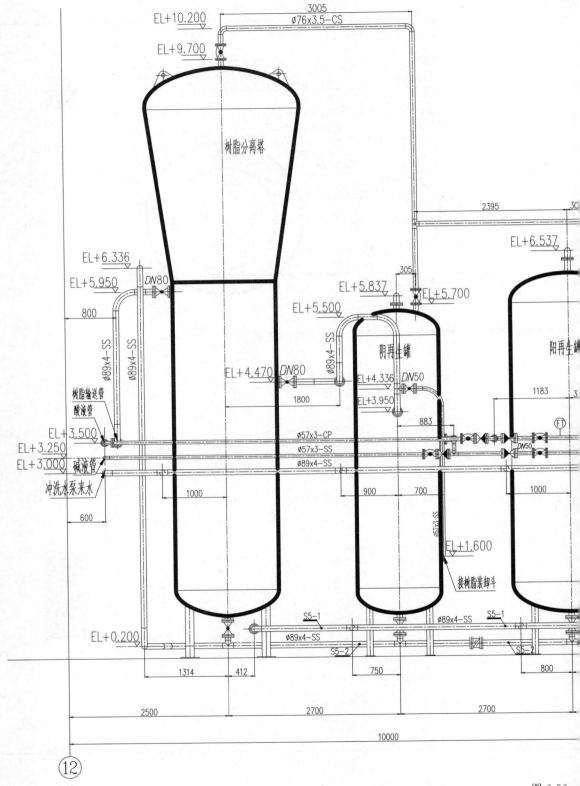

EL+10.200
3005
Ø76x3.5-CS
EL+9.700

树脂分离塔

2395

EL+6.537

EL+6.336

EL+5.950

DN80

EL+5.837

EL+5.700

305

EL+5.500

800

Ø89x4-SS

Ø89x4-SS

Ø89x4-SS

阴再生罐

阳再生罐

EL+4.470 DN80

EL+4.336 DN50

1183

EL+3.950

1800

883

树脂输送管

酸液管

EL+3.500

Ø57x3-CP

EL+3.250

Ø57x3-SS

FT

EL+3.000 碱液管

Ø89x4-SS

DN50

冲洗水泵来水

EL+1.600

600

1000

900

700

1000

接树脂装卸斗

Ø57x3-SS

S5-1

S5-1

Ø89x4-SS

EL+0.200

Ø89x4-SS

S5-2

S5-2

1314

412

750

800

2500

2700

2700

10000

⑫

图 6-56

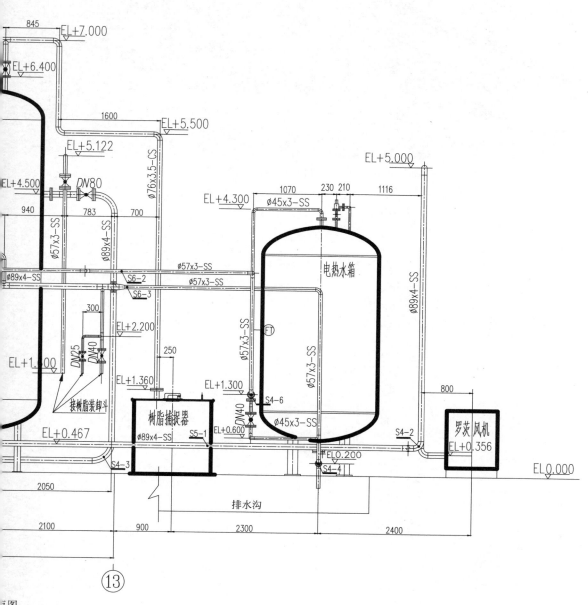

845
EL+7.000

EL+6.400

1600
EL+5.500

EL+5.122

Ø76x3.5-CS

EL+5.000

EL+4.500

*DN*80

783 700

Ø57x3-SS

Ø89x4-SS

940

EL+4.300
Ø45x3-SS

1070 230 210 1116

Ø57x3-SS

Ø57x3-SS

电热水箱

Ø89x4-SS

Ø89x4-SS

300

EL+2.200

*DN*25 *DN*40

250

Ø57x3-SS

FT

Ø57x3-SS

EL+1.300

EL+1.360

EL+1.300

接树脂装卸斗

S6-2
S6-3

EL+1.300

S4-6

树脂捕捉器

*DN*40

EL+0.467

Ø89x4-SS

S5-1 EL+0.600

Ø45x3-SS

S4-2

800

罗茨风机
EL+0.356

EL+0.200

EL 0.000

S4-3

S4-4

2050

排水沟

2100 900 2300 2400

⑬

面图

图 6-57　三维模型渲染效果图

第七章　非工艺专业

第一节　公用工程

公用工程包括给排水、供电、供热与冷冻、采暖通风、土建及自动化控制等专业。从设计成果形式分为设计说明书与图纸表格两种；从设计内容讲，说明书主要包括：所接收的工艺专业对本专业提出的设计条件、界定本专业的设计范围、采用的主要设计标准与规范、经论证与比较选择所确定的本专业技术方案、经分析计算以及选型所得出的有关设备、材料的规格型号、尺寸、数量等结果。在说明书编制过程中及编制结束后，按照工作顺序先后，完成制作相应表格与图纸。

一、给排水

化工企业的给水排水应依照《石油化工企业给水排水系统设计规范》SH 3015—2003、《建筑给水排水设计规范》GB 50015—2003（2009 版）和《化工企业给排水设计施工图内容深度统一规定》HG/T 20572—2007 的规定进行设计，工艺人员应依照上述规定提供给排水设计条件。

（一）给水

1. 给水系统的划分

工厂给水系统一般可划分为下列五个系统。

（1）生产给水（新鲜水）系统　负责向软水站、脱盐水站、化学药剂设施、循环冷却水设施以及其他单元供给生产用水。生产用水应少用新鲜水，多用循环冷却水，并宜串联使用、重复使用。

（2）生活饮用水系统　生活饮用水系统应向食堂、浴室、化验室、生产单元、生活间、办公室等供给生活及劳保用水。

（3）消防给水系统　消防给水系统根据全厂或装置消防要求不同，可分为低压与稳高压消防给水系统，其设置方式应符合现行《石油化工企业设计防火规范》GB 50160—2008 的规定。

（4）循环冷却水系统　循环冷却水系统应向压缩机、冷凝器、冷却器、机泵以及需要直接冷却的物料供给冷却用水。工厂生产用水中，极大部分是作为物料和设备的冷却用水，如果将所有冷却水都采用循环冷却水，不仅可以节省水资源，而且有利于环境保护；经过水质处理过的循环冷却水，对设备的腐蚀及结垢速度都比新鲜水小，从而可以降低设备的维修费用，提高换热效率，降低成本。如果采用海水做冷却水、消防水时，应有防止海水对设备和管道的腐蚀、水生生物在设备和管道内繁殖以及排水对海洋污染等的措施。

（5）回用水系统　包括①绿化用水；②冲洗用水；③循环冷却水系统或消防水系统的补充水；④直流冷却水。回用水系统应根据实际情况，在技术经济比较的基础上决定回用水的用途。

2. 给水系统的设计要求

（1）给水系统的水质应符合下列要求：

① 生产用水的水质应符合《石油化工给水排水水质标准》SH 3099—2000 的规定，对于化学水处理设计，要根据《化工企业化学水处理设计技术规定》HG/T 20653—2011 标准进行；

② 生活饮用水的水质应符合现行《生活饮用水卫生标准》GB 5749—2006 的规定；

③ 循环冷却水的水质应符合现行《石油化工给水排水水质标准》SH 3099—2000 的规定，必须按照《工业循环冷却水处理设计规定》GB 50050—2007 和《化工企业循环冷却水处理设计技术规定》HG/T 20690—2000 对其进行水质稳定处理；

④ 特殊用途的给水系统的水质应符合有关生产工艺的要求。

（2）给水系统的供水压力应符合下列要求

① 生产给水系统的压力应根据工艺需要确定。当采用生产-消防给水系统时，还应按灭火时的流量与压力进行校核；

② 生活饮用水系统应按最高时用水量及最不利点所需要的压力进行计算；

③ 消防给水系统的压力应满足：稳高压消防给水系统的压力应保证在最大水量时、最不利点的压力仍能满足灭火要求；系统压力应由稳压设施维持。当工作压力＞1.0MPa 时，消防水泵的出水管道应设防止系统超压的安全设施；低压消防给水系统的压力应满足在设计最大水量时，最不利点消火栓的水压不低于 0.15MPa（自地面算起）；

④ 循环冷却水系统的压力应根据生产装置的需要和回水方式确定；

⑤ 特殊给水系统的压力应根据生产装置要求确定。

（二）排水

工厂排水应清污分流，按质分类。清污分流可以减少污水处理量，节省污水处理设施的投资，提高污水处理效率。因此，应作为排水系统设计的原则。在清污分流的基础上，把生产污水进一步按质分类，有利于对各种污水进行针对性处理。污水的局部预处理应与全厂最终处理相结合；污水及其中有用物质的回收利用应与处理排放相结合。污水宜在科学试验、生产实践及经济技术比较的基础上，经过净化处理合格回收利用。

1. 排水系统的划分

工厂排水系统的划分应根据各种排水的水质、水量，结合要求处理的程度及方法综合确定。工厂排水系统一般可划分为下列四个系统：（1）生产污水系统；（2）清净废水系统；（3）生活排水系统；（4）雨水系统。根据不同的排水水质和不同的处理要求，可适当合并或增设其他排水系统。

在工艺生产过程中，生产系统产生的污水中含有化学物质比较多，有时又叫化学污水。在工艺设计中，生产装置区、罐区、装卸油区都采用围堰或边沟将这些区域与其它地区加以区分，这些区域的初期雨水都含有化工物料或油品，应排入生产污水系统中或首先排入含油污水系统进行除油处理。工厂中未受到油品及化工物料污染地区的雨水、融化的雪水以及锅炉排污水、脱盐水站的酸碱中和水、清水池的放空和溢流水可认为是清净废水。将其排入雨水系统或排入清净废水系统，不需要进行处理即可排放。循环冷却水系统正常运行时的排污直接排入清净废水系统；当事故时或确定有污染时，应排入生产污水系统；当生产废水被用于生产污水的处理时，生产废水系统可与生产污水系统合并；为便于对生活排水进行生化处理，食堂、厕所的排水应排入生活排水系统；生活排水亦不宜与生产污水合并排放，但极个别的地方，如远离生活排水系统的门卫、油库等地方的厕所，使用人数不多，生活排水量很少，若排入生活排水系统很不经济，且附近有清净废水系统或生产污水系统，可经化粪池截留后排入就近的排水系统。在排入生产污水系统之前应设水封井。低洼地区及受潮汐影响地区的工厂雨水也可设置独立的雨水系统。

2. 排水系统的设计要求

各排水系统的水质应按工艺装置正常生产时的排水水质设计，同时应符合《石油化工给水排水水质标准》SH 3099—2000 的规定。各排水系统不得互相连通。如有个别少量生活污水需排入生产污水系统时，必须有防止生产污水中的有害气体串入生活设施的措施。排放含有易燃、易爆、易挥发物质的污水系统应有相应的防爆通风措施，并应符合《石油化工企业设计防火规范》GB 50160—2008 的有关规定。在工艺装置内进行预处理或局部处理的污水应按《石油化工污水处理设计规范》SH 3095—2000 的规定执行。酸（碱）性污水应首先利用厂内废碱（酸）液进行中和处理。循环冷却水排污宜在循环水场内进行，排污管上应设置计量仪表。工厂排水排入城镇排水系统时，应符合现行《室外排水设计规范》GB 50014—2006 的规定。

在设计工厂的排水系统和处理单元时，应把污水的回收利用以及污水中有用物质的回收利用与污水的处理排放结合起来进行考虑，经过处理后的生产污水和生活排水，可以回用的应尽量回收利用。在设计中，回用处理后的生产污水时，应当有这方面的试验数据或生产实践资料作依据。

（三）给排水设计的基础条件

给排水设计的基础条件包括可提供的地下水（井水、深井水等）、地表水（河水、江水、溪水、湖水、塘水、水库水以及城市市政供水管网等）以及它们的水质、水温和可提供的水量等。这些水源的上游或上风向有无污染源，下游或下风向对排污的要求。在经过调查实地勘察测量工作基础上，取得可靠材料以后进行取水方案的确定工作，这是一个综合比较和选择的过程。按照可供采用的水源具体情况，从工程生产和生活对水质、水温、水量的要求出发，比较各种水源从取水处到提供本工程用水处所需取水、水处理、水输送等基建投资总费用（包括设备、建筑物、管道、占地、仪表阀门等）和运行操作维修费用的关系，进行综合考虑各种取水方案的利弊，最终选择确定一种取水方案。

列出接收的给排水设计条件，采用的给排水设计标准规范，指出给排水设计范围以及相关部门单位同给排水的协作关系。建设单位提供的有关自然条件资料。阐明生产对给排水在水量与水质方面的要求，并确定给排水的基本原则，指出该工程在给排水设计上的主要特点。同时根据生产、生活对给排水的水量水质要求，以及根据以上条件，确定工程水量平衡方案，并且绘制生产用水排水表（表 7-1）、生活用水排水表（表 7-2）。

表 7-1　生产用水排水

序号	厂房代号	车间或工段名称	设备名称	水的用途	用 水 量 及 其 要 求						
					用水量/(m³/h)		水质要求			需水情况		
					经常	最大	水温/℃	悬浮物/(mg/L)	化学成分	进水口水压/Pa	连续及间断情况	给水系统
1	2	3	4	5	6	7	8	9	10	11	12	13

排 水 量 及 其 性 质								备注
排水量/(m³/h)		水温/℃	污水性质		排水情况		排水系统	
经常	最大		化学及物理成分		余压/Pa	连续及间断情况	排水系统	
			名称	含量/(mg/L)				
14	15	16	17	18	19	20	21	22

表 7-2 生活用水排水

序号	用水项目	用水人数或单位数		用 水 量							排 水 量				备注
		每昼夜	最大班	定额/(升/人)	每昼夜/m³	最大班/m³	最大班平均/(m³/h)	参差系数	最大流量		每昼夜/m³	最大流量		备注
									m³/h	L/s		m³/h	L/s	
1	2	3	4	5	6	7	8	9	10	11	12	13	14	15

（四）冷却水的用量

$$W = \frac{Q}{C(T_K - T_H)} \mathrm{kg}$$

式中，Q 为换热量，kJ；C 为冷却剂的比热容，kJ/(kg·K)，水的比热容可取 4.18kJ/(kg·K)；T_H、T_K 为冷却剂的进口和出口温度，K。

二、供电

化工企业的供电应按照《化工企业供电设计技术规定》HG/T 20664—1999、《石油化工企业工厂电力系统设计规范》SH 3060—1994、《石油化工企业生产装置电力设计技术规范》SH 3038—2000、《化工企业腐蚀环境电力设计规程》HG/T 20666—1999 和《化工企业电力设计施工图内容统一规定》HG/T 20517—1992 进行设计，工艺人员应依照上述规定提供供电设计条件。

（一）工厂电力负荷的划分

化工生产中常使用易燃、易爆物料，多数为连续化生产，中途不允许突然停电。为此，根据化工生产工艺特点及物料危险程度的不同，对供电的可靠性有不同的要求。按照电力设计规范，将电力负荷分成三级，按照用电要求从高到低分为一级、二级、三级。有特殊供电要求的负荷量应划入装置或企业的最高负荷等级。

1. 一级负荷

一级负荷指当企业正常工作电源突然中断时，企业的连续生产被打乱，使重大设备损坏，恢复供电后需长时间才能恢复生产，使重大产品报废，重要原料生产的产品大量报废，使重点企业造成重大经济损失的负荷。一级负荷要求最高，一级负荷应由两个电源供电；采用架空线路时，不宜共杆敷设。

2. 二级负荷

二级负荷是指当企业正常工作电源突然中断时，企业的连续生产过程被打乱，使主要设备损坏，恢复供电后需较长时间才能恢复生产，产品大量报废、大量减产，使重点企业造成较大经济损失的负荷。

通常大中型化工企业就是这种二级负荷的重点企业。二级负荷宜由双回电源线路供电，当负荷较小且获得双回电源困难很大时，也可采用单回电源线路供电。有条件时，宜再从外部引入一回小容量电源。

3. 三级负荷

三级负荷是指所有不属于一级和二级负荷的其它负荷。三级负荷可由单回电源线路供电。

4. 有特殊供电要求的负荷

当企业正常工作电源因故障突然中断或因火灾而人为切断正常工作电源时，为保证安全停产，避免发生爆炸及火灾蔓延、中毒及人身伤亡等事故，或一旦发生这类事故时，能及时处理事故，防止事故扩大，为抢救及撤离人员，而必须保证供电的负荷。

有特殊供电要求的负荷必须由应急电源系统供电。有特殊供电要求的直流负荷均由蓄电池装置供电。有特殊供电要求的交流负荷凡用快速起动的柴油发电机组能满足要求者，均以其供电；当其在时间上不能满足某些有特殊供电要求的负荷要求时，则需增设静止型交流不中断电源装置。严禁应急电源与正常工作电源并列运行。为此需设置有效的联锁；严禁将没有特殊供电要求的负荷接入应急电源系统。

化工工艺流程中，凡需要采取应急措施者，均应首先考虑在工艺和设备设计中采取非电气应急措施，仅当这些措施不能满足要求时，应由主导专业提条件列为有特殊供电要求的负荷。其负荷量应严格控制到最低限度。特别是用电设备为 $6\sim10kV$ 电压，或多台大容量用电设备时，应由有关主导专业采取非电气方法处理。对多台电压大容量 $6\sim10kV$ 电压的消防水泵，当应急电源供电困难时，宜将其中一部分改为柴油泵，余下的电泵由正常工作电源供电。由消防中心发出起动指令，起动顺序为先电泵后柴油泵。

大型化工企业一般均在各生产装置的变（配）电所内或附近设置应急电源系统。企业自备电站的有特殊供电要求的负荷，应单独设置应急电源。而生产装置内的自备发电机组的特殊供电要求的负荷，一般均由该装置的应急电源系统供电。如确有必要也可单独设置应急电源。在正常工作电源中断供电时，应急电源必须在工艺允许停电的时间内迅速向有特殊供电要求的负荷供电。当化工流程有缓冲设备时，其前后的生产装置，宜由不同的变（配）电所分别供电。当化工工艺流程有多条生产流水线时，宜按流水线设置变（配）电接线方案。

（二）供电方案的基本要求

（1）供电主结线力求简单可靠，运行安全，操作灵活和维修方便；

（2）经济合理，节约电能，力求减少投资（包括基建投资及贴费），降低运行费用（包括基本电费及电度电费），节约用地；

（3）满足近期（$5\sim10$ 年）发展规划的要求；

（4）合理选用技术先进、运行可靠的电工产品；

（5）满足企业建设进度要求。

一般宜提出二个供电方案，进行技术经济比较，择优推荐选择。

（三）供电方案设计阶段的主要工作内容

供电方案应根据企业的性质、规模，企业对供电可靠性的要求，企业供电电压等级、当地电力网的情况，当地的自然条件以及企业的总图布置，企业近期的发展规划等因素综合考虑确定。

（1）参加厂址选择；

（2）调查地区电力网情况及其向本企业供电的条件；

（3）全厂负荷分级及负荷计算；

（4）当企业有富余热能可供综合利用时，需会同有关专业研究是否设置自备电站及其具体方案。包括发电规模、机组选型、电气主结线等；

（5）与当地电业部门磋商电源供电方案，在争取上级电力主管部门的批文后，协助业主与当地电力部门签订供电协议或意向书；包括供电回路数、供电电压等级及供电质量、与电力系统的通讯方案、企业继电保护装置与电力系统的衔接以及电度计费设备的设置地点；

（6）确定全厂的供电主接线方案、总变电所及自备电站位置和企业供电配电的进出线走廊；

（7）绘制几个可供选择的供电方案单线图；

（8）对供电方案进行技术经济比较；

（9）编制设计文件。

（四）工艺对电气专业提供设计条件

（1）动力　包括①设备布置平面图，图上注明电机位置及进线方向，就地安装的控制按钮位置；②用电设备表（表7-3）；③电加热表（温度、控制精度、热量、工作时间）；④环境特性。

（2）照明　提出设备平面布置图，标出需照明位置。提出照明四周环境特性（介质、温度、相对湿度、对防爆防雷要求）。

（3）弱电　指电讯设备、仪表仪器用电位置以及生产联系的讯号。

表7-3　用电设备

序号	设备位号	设备名称	介质名称	环境介质	负荷等级	数量/台		正反转要求	控制联锁	防护要求	计算轴功率/kW	电动设备							操作		备注
						常用	备用					型号	防爆标志	容量/kW	相	电压	成套或单机	立卧式	年工作时	连续间断	
1	2	3	4	5	6	7	8	9	10	11	12	13	14	15	16	17	18	19	20	21	22

三、供热及冷冻工程

（一）供热

化工生产中的热源供热作为公用工程在化工生产中普遍应用，比如对吸热化学反应，为加快反应速度和进行蒸发、蒸馏、预热、干燥等各种工序，供热都是必不可少的。化工设计中必须正确选用热源和充分利用热源。作为化工热源可分为直接热源和间接热源。前者包括烟道气及电加热。烟道气加热的优点是温度高，可达1000℃，使用方便，经济简单，缺点是温度不易控制、加热不均匀和带有明火及烟尘。电加热的优点是加热均匀、温度高、易于调节控制、清洁卫生，缺点是成本高。后者包括高温载热体及水蒸气。高温载热体加热温度范围可达160～500℃，例如可用于加热温度在160～370℃的常用联苯与联苯醚的混合物，加热温度在350～500℃的常用熔盐混合物 HTS（即 $NaNO_2 40\%$、$KNO_3 53\%$、$NaNO_3 7\%$），熔点142℃。水蒸气是化工生产中使用最广的热源，其优点是使用方便、加热均匀、速度快及易控制，但温度高时压力过大，不安全，所以多用于200℃以下的场合。下面以蒸汽加热（用燃煤产生蒸汽）为例，说明工艺专业应提供的设计条件。

（1）供热系统与用热设备及设备布置设计按表7-4形式，以工艺专业为主填写"蒸汽、冷凝水条件表"。

（2）列出全厂热负荷平衡表（表7-5），必要时绘制各种工况下热负荷曲线。

（3）节能技术设计尽量采用高压蒸汽系统，因为高压蒸汽的能量利用率高，如条件具备应尽量将锅炉与废热锅炉均设计为高压，蒸汽使用过程可设计成逐级利用，如表7-6所示。其次是回收余热，包括回收蒸汽冷凝水余热，回收工艺物料流中余热，回收化工生产废料（通过焚烧）的热量。在设计中要减少热量消耗和提高传热效率，采用节能高效设备等是节能的重要手段。

表 7-4 蒸汽、冷凝水条件

工程名称					工程代号							蒸汽、冷凝水条件					审核		设计阶段
项目（或工段）名称																	校核		提交日期
																	编制		编号

序号	用汽设备名称	蒸汽用途	使用班次	用汽等级①	车间入口处		蒸汽用量/(t/h)							冷凝水回收					备注
					蒸汽压力（绝压）/MPa	蒸汽温度②/℃	Ⅰ期				Ⅱ期		回收量③/(t/h)	温度/℃	送出水压（绝压）/MPa	送出方式④	水质⑤	
							冬季		夏季									
							平均	最大	平均	最大	平均	最大						
1	2	3	4	5	6	7	8	9	10	11	12	13	14	15	16	17	18	19

① Ⅰ级不允许间断供汽，Ⅱ级允许短时间断供汽。
② 如系饱和蒸汽，可不填写温度，注明饱和蒸汽。
③ 只考虑除工艺加热过程可能损失的汽量。
④ 填写连续间断回收，间断时间，自流或加压回收。
⑤ 填明清净回收（指无任何物料污染，可直接回锅炉）和有污染回水，有污染回水水质应在备注栏中注明。

表 7-5 全厂热负荷平衡

序号	用途	热介质参数		用汽量/(t/h)						凝结水回水量②/(t/h)				备注
				Ⅰ期				Ⅰ+Ⅱ期		Ⅰ期		Ⅰ+Ⅱ期		
		压力（表压）/MPa	温度/℃	夏季③		冬季③		夏季	冬季	夏季	冬季	夏季	冬季	
				正常	最大	正常	最大	正常	最大	正常	最大	正常	最大	
1	2	3	4	5	6	7	8	9	10	11	12	13	14	15
1	生产①													注出间断、连续用汽量及不同时使用系数
2	采暖通风													
3	生活													
4	小计													
5	副产蒸汽量													
6	合计													
7	管道损失													
8	对外供汽量													
9	自用蒸汽量													
10	实际供汽量													

① 生产热负荷按车间或工段列出细目。
② 在备注中说明回收和处理方案。
③ 冬季指采暖；夏季指非采暖。

表 7-6 蒸汽能量的逐级利用

系统	蒸汽（表压）/MPa	排出	用途
高压	10	1.0 MPa	背压汽轮机发电或带动机泵
中压	4	0.17 MPa	
低压	1.0	冷凝水	动力、工艺加热、服务用
废气	0.178		暖气服务用
冷凝水	0.035~0.07		回锅炉房

（4）蒸汽的消耗量

间接蒸汽消耗量

$$D = \frac{Q}{[H - C(T_K - 273)]\eta} \quad \text{kg}$$

式中，Q 为加热量，kJ；H 为水蒸气热焓，kJ/kg；T_K 为冷凝水的温度，K；C 为冷凝水的比热容，可取 $C = 4.18$kJ/(kg·K)；η 为热利用率，保温设备为 $0.97 \sim 0.98$，不保温设备为 $0.93 \sim 0.95$。

（5）加热电能的消耗量

$$E = \frac{Q}{3600\eta_K} \quad \text{kW·h}$$

式中，η_K 为电热装置的效率，取 $0.85 \sim 0.95$；Q 为供热量，kJ。

（6）燃料的消耗量

$$B = \frac{Q}{q\eta_T} \quad \text{kg}$$

式中，Q 为供热量，kJ；q 为燃料的热值，煤为 $16000 \sim 25000$kJ/kg，液体燃料约为 40000kJ/kg，天然气约为 33000kJ/kg；η_T 为炉灶的热效率，取 $0.3 \sim 0.5$。

（二）冷冻系统

化工生产中的物料温度若需维持在周围环境（比如大气、水等）温度以下，则需要由冷冻系统提供低温冷却介质（称载冷体），也可直接将制冷剂（如液氨、液态乙烯）送入工艺设备，利用其蒸发吸热获取冷量。通过采用制冷剂蒸发来冷却载冷剂，然后由载冷剂提供生产所需冷量，这种冷冻系统的优点是能集中供应，远距离输送，使用方便，易于管理，比较经济。选用载冷剂的温度不宜过低，以避免动力消耗过多。选用载冷剂，其冰点要低于制冷剂的蒸发温度，而使用温度通常比冰点高 $2 \sim 10℃$，常用的载冷剂有水、盐水及有机物。当冷却物温度 $\geq 5℃$ 时选用水，当冷却温度在 $-45 \sim 0℃$ 范围内，可选用盐水，NaCl 水溶液适用于 $-15 \sim 0℃$，$CaCl_2$ 水溶液适用于 $-45 \sim 0℃$，盐浓度愈高，冰点愈低。当冷却温度更低时，则选用乙醇、乙二醇、丙醇及 F-11 等。

全工程各部分（即车间、工段、设备）用冷量、用冷方式、用冷温度等级（或范围）以及全年用冷量变化情况（冬季、夏季、过渡季、最大、最小、平均）按表 7-7 形式填写。

表 7-7　工程用冷负荷及参数设计

工程名称			工程代号								审核		设计阶段		
项目（或工段）名称						工程用冷负荷及参数设计条件					校核		提交日期		
											编制		编号		
序号	设备位号及名称	冷冻量（MJ/h）						用冷情况				冷冻介质				最大流量/(t/h) 或 (m³/h)	备注
		产品耗冷		Ⅰ期		Ⅱ期		连续	间断		操作时数/(h/年)	名称	温度/℃		压力/MPa		
		MJ/t	MJ/h	最大	平均	最小	平均	最大		操作周期	持续时间			进入	返回	进入	返回		
1	2	3	4	5	6	7	8	9	10	11	12	13	14	15	16	17	18	19	20

说明：冷冻介质名称栏，若采用制冷剂直接节流蒸发制冷，可把采用的制冷剂名称列入。

冷冻盐水的用量可按下式计算：

$$S = \frac{Q}{C(T_K - T_H)} \quad \text{kg}$$

式中，Q 为换热量，kJ；C 为冷却剂的比热容，kJ/(kg·K)；T_H，T_K 为冷却剂的进口和出口温度，K。

四、采暖通风及空气调节

在采暖通风及空气调节设计中，须按化工部门关于《化工企业安全卫生设计规定》HG 20571—1995 和《化工采暖通风与空气调节设计规定》HG/T 20698—2009 的规范进行设计，工艺人员应提供采暖通风及空气调节设计条件。

（一）采暖

采暖是指在冬季调节生产车间及生活场所的室内温度，从而达到生产工艺及人体生理的要求，实现化工生产的正常进行。

1. 温度

生产及辅助建筑采暖室内温度，应根据建筑物性质、生产特点及要求劳动强度等因素确定。

2. 热介质

采暖的热介质选择应根据厂区供热条件及安全、卫生要求，经综合技术经济比较确定。宜首先采用热水、蒸汽或其它热介质。条件允许时热介质的制备，可考虑利用余热。工业上采暖系统按蒸汽压力分为低压和高压两种，界线是 0.07MPa，通常采用 0.05～0.07MPa 的低压蒸汽采暖系统。

3. 采暖方式

（1）散热器采暖　散热器采暖的热介质温度应根据建筑物性质、生产特点及安全卫生要求等因素确定。

（2）辐射采暖　适宜于生产厂房局部工作地点的采暖。工厂辐射采暖的热介质一般蒸汽压力宜不低于 0.2MPa；热水平均温度宜高于 110℃；辐射板不应布置在热敏感的设备附近。

（3）热风采暖　是将空气加热至一定的温度（70℃）送入车间，它除采暖外还兼有通风作用。当散热器采暖不能满足安全、卫生要求时，生产车间需要设计机械排风。冬季需补风时，利用循环空气采暖；技术经济合理时，可采用热风采暖。

（4）采暖管道　热水和蒸汽采暖管道，一般采用明装。有燃烧和爆炸危险的生产车间，采暖管道不应设在地沟内，如必须设置在地沟内，地沟应填砂。采暖管道不得与输送可燃气体、腐蚀性气体或闪点低于或等于 120℃ 的可燃液体管道在同一管沟内敷设。采暖管道不应穿过放散与之接触能引起燃烧或爆炸危险物质的房间。如必须穿过，采暖管道应采用不燃烧材料保温。采暖管道的伸缩，应尽量利用系统的弯曲管段补偿，当不能满足要求时，应设置伸缩器。

（二）通风

车间为排除余热、余湿、有害气体及粉尘，需要通风。通风方式主要包括以下几种。

1. 自然通风

利用室内外空气温差引起的相对密度差和风压进行的自然换气。设计中指的是可以调节和管理的自然通风。放散余热的生产车间，宜采用自然通风。夏季自然通风应有利于降低室内温度，冬季自然通风应尽量利用室内产生的余热提高车间的温度。根据有害气体在空气中的相对密度效应，利用上部排风可将有害物质稀释到容许浓度时，应首先考虑采用自然通风。自然进风应不使脏空气吹向较清洁的地区，并应不影响空气的自然流动和排出。

2. 机械通风

自然通风不能满足工艺生产要求时，宜设计机械通风。设有集中采暖且有排风的生产厂房，应首先考虑自然补风，当自然补风不能满足要求或在技术经济上不合理时，宜设置机械送风。依靠机械通风排除有害气体时，由于空气中有害物质的比重效应不明显，应合理组织送、排风气流。

3. 局部通风

化工生产车间在下列部位应设计局部排风：

① 输送有毒液体的泵及压缩机的填函附近；

② 不连续的化工生产过程的设备进料、卸料及包装口；

③ 放散热、湿及有害气体的工艺设备上；

④ 固体物料加工运输设备的不严密处。

在可能散出有害气体、蒸气或粉尘的工艺设备上，宜设计与工艺设备连在一起的密闭式排风罩；由于操作原因不许可设置时，可考虑设计其它形式的排气罩。当放散有害物质敞露于生产过程，无法设计密闭罩或局部排风排除有害物质时，应设置可供给室外空气的局部送风。

4. 防爆通风

对于具有放散爆炸和火灾危险物质，并有防火、防爆要求的场所，要求通风良好时，通风量应能使放散的爆炸危险物质很快稀释到爆炸下限四分之一以下。敞开式或半敞开式厂房宜首先设计有组织的自然通风；对非敞开式厂房，自然通风不能满足要求时，应设计机械通风。属于爆炸和火灾危险的场所，其机械通风量不应低于每小时 6 次换气。对生产连续或周期释放易燃易爆气体和蒸气的工艺设备的局部地区，宜设计局部排风。凡空气中含有易燃或有爆炸危险物质的场所，应设置独立的通风系统。

5. 事故通风

可能突然大量放散有害气体或爆炸危险气体的生产车间应设计事故通风。事故通风系统的吸风口应设在有害气体或爆炸性物质散发量最大的或聚集最多的地点。事故排风量应按工艺提供的设计资料通过计算确定。当工艺不能提供有关设计资料时，风量可按由正常通风系统和事故通风系统共同保证每小时换气次数不低于 8 次计算。事故通风的排风口，不应布置在人员经常停留或通行的地点。并距机械送风进风口 20m 以上，当水平距离不足 20m 时，必须高出进风口 6m。如排放的空气中含有可燃气体和蒸气时，事故通风系统的排风口应距发火源 20m 以外。

6. 除尘与净化

放散粉尘的工艺设备应尽量采取密闭措施。其密闭型式应结合实际情况，分别采用局部密闭、整体密闭或大容积密闭。密闭罩吸风口风速不宜过大，以免将物料带走。粉尘净化系统宜优先选用干法除尘。如必须选用湿法除尘，含尘污水的排放应符合环保标准的规定。除尘净化设备应根据排除有害物性质、含尘浓度、粉尘的相对密度、颗粒度、温湿度、粉尘的特性（黏性、纤维性、腐蚀性、吸水性等）以及回收价值来选定。除尘系统应根据粉尘的性质及温、湿度等特性，采取保温和排水等防止结块、堵塞管道的措施，并在管道的适当位置设置清扫口。

（三）空气调节

对于生产及辅助建筑物，当采用一般采暖通风技术措施达不到室内温度、湿度及洁净度要求时，应设计空气调节。

空气调节用冷源应根据工厂具体条件，经技术经济比较确定。空调冷负荷较大，且用户比较集中的可设计集中制冷站供冷；空调冷负荷不大，且工艺生产装置中具有适合空调要求的冷介质时，可由工艺制冷系统供冷；空调冷负荷不大，且用户分散或使用时间和要求不同时，宜采用整体式空调机组。

产生有害物质的房间，应设单独的系统；室内温、湿度允许波动范围小的，空气洁净度要求高的房间，宜设单独的系统；对不允许采用循环风的空调系统，应尽量减少通风量，经技术经济比较合理时，可采用能量回收装置，回收排风中的能量。

根据具体情况填写采暖通风与空调、局部通风设计条件如表 7-8 所示。

表 7-8　采暖通风与空调、局部通风设计条件

工程名称							工程代号				采暖通风与空调、局部通风设计条件					审核		设计阶段	
项目（或工段）名称																校核		提交日期	
																编制		编号	
采暖通风与空调											局部通风								
序号	房间名称	防爆等级别	生产类别	室温/℃		湿度		有害气体或灰尘		事故排风设备位号	其他要求		备注	序号	设备位号及名称	有害物及粉尘		密闭设备		敞开设备		要求通风方式		特殊要求（风量、风压、温度、湿度等）	备注
				冬季	夏季	冬季	夏季	名称	数量/(mg/m³)		正压、负压/Pa	洁净级别				名称	数量	操作面积/m²	排气温度/℃	有害物源	温度/℃	通风或排风	间断或连续		

（四）项目的能量消耗

1. 风机的单位风量耗功率（W_s）应按下式计算：

$$W_s = P/(3600\eta_t)$$

式中，W_s 为单位风量耗功率，$W/(m^3/h)$；P 为风机全风压值，Pa；η_t 为包含风机、电机及传动效率在内的总效率，%。

2. 空气调节冷热水系统的输送能效比（ER）应按下式计算：

$$ER = 0.00468H/(\Delta T \cdot \eta)$$

式中，H 为水泵设计扬程，m；ΔT 为供水、回水温差，℃；η 为水泵在设计工作点的效率，%。

五、土建设计

土建设计包括全厂所有的建筑物、构筑物（框架、平台、设备基础、爬梯等）设计。在化工厂的土建设计中，结构功能比式样重要得多，建筑形式与需要的结构功能相比应是次要的。结构功能要适用于工艺要求，如设备安装要求，扩建要求和安全要求等。建筑物结构应按承载能力极限状态和正常使用极限状态进行设计。应根据工作条件分别满足防振、防火、防爆、防腐等要求。建筑物结构布置、选型和构造处理等应考虑工艺生产和安装、检修的要求。结构方案应具有受力明确、传力简捷及较好的整体性。结构设计宜按统一模数进行设计，在同一工程中选用构件力求统一，减少类型。对行之有效的新技术、新结构、新材料，应积极推广采用，并合理利用地方材料和工业废料。目前，构件预制化、施工机械化和工业建筑模数制已为设计标准化提供必要的条件。

（一）土建设计的确定因素

建筑物选型应根据下列条件综合分析确定。

（1）生产特点，如易燃、易爆、腐蚀、毒害、振动、高温、低温、粉尘、潮湿、管线穿墙多等；

(2) 工程地质条件、气象条件、抗震设防烈度；

(3) 房屋的跨度、高度、柱距、有无吊车及吊车吨位；

(4) 确定各生产厂房楼面、办公室、走道、平台、皮带栈桥、栏杆的荷载标准值，荷载的分类及楼面、屋面荷载均应符合现行国家标准《建筑结构荷载规范》GB 50009—2010 的规定。地震作用尚应符合现行国家标准《建筑抗震设计规范》GB 50011—2010 的规定。设置于楼面上的动力设备（如离心机、破碎机、振动筛、挤压机、反应器、蒸发器、纺丝机、大型通风机等）宜采取隔振措施。各类动力设备的动力荷载参数可由制造厂提供；

(5) 施工技术条件、材料供应情况；

(6) 技术经济指标。

(二) 土建设计的设计要求

(1) 主要生产厂房（如生产装置的压缩机、过滤机、成型机等厂房，全厂系统的动力站、锅炉房、空压站、空分站等，包装及成品仓库）、《石油化工企业建筑抗震设防等级分类标准》SH 3049—1993 中的乙类建筑及腐蚀性严重的厂房宜优先采用钢筋混凝土结构。

(2) 对高大的和有特殊要求的建筑物，当采用钢筋混凝土结构不合理或不经济时，可采用钢结构。

(3) 有高温的厂房，可采用钢结构或钢筋混凝土结构。当采用钢结构时，如果构件表面长期受辐射热达 100℃ 以上或在短时间内可能受到火焰作用时，则必须采取有效的隔热、降温措施。

(4) 当采用钢筋混凝土结构时，如果构件表面温度超过 60℃，必须考虑其受热影响，采取隔热措施；

(5) 对无防爆要求，跨度不大于 12m、柱距不大于 4m，柱高不大于 7m 的封闭式单层厂房，可采用砖混结构。

(6) 多层建筑物符合下列条件之一时宜选用砖混结构：

① 除顶层以外，各层主梁跨度不大于 6.6m，开间不大于 4.0m，楼面荷载不大于 $4kN/m^2$，承重横墙较密的五层和五层以下或承重横墙较疏的四层以下的试验楼、办公楼、生产辅助建筑等；

② 除顶层以外，各层主梁跨度不大于 9.0m，开间不大于 4.0m，楼面荷载不大于 $4kN/m^2$，承重横墙较密的四层和四层以下的试验楼、办公楼、生活辅助建筑等；

③ 除顶层以外，各层主梁跨度不大于 7.5m，楼面荷载不大于 $10kN/m^2$，楼层总高度不大于 15m 四层和四层以下的厂房和试验楼；

④ 侵蚀性不严重的非主要厂房。

建筑物承重结构的选型，应符合现行《建筑抗震设计规范》GB 50011—2010 中的有关规定。

(三) 向土建设计提供的条件

在车间设计过程中，化工工艺专业人员向土建专业设计人员提供设计所必需的条件，一般分两次集中提出。第一次在管道及仪表流程图和设备布置图基本完成和各专业布局布置方案基本落实后提出。第二次是在土建专业设计人员提供建筑及结构设计基本完成，化工工艺专业人员据此绘出管道布置图后提交。

1. 一次条件

一次条件中必须向土建介绍工艺生产过程、物料特性、物料运入、输出和管路关系情况，防火、防爆、防腐、防毒等要求，设备布置，厂房与工艺的关系和要求，厂房内设备吊装要求等。具体书面条件包括以下几项。

（1）提供工艺流程图及简述；

（2）提供设备布置平面、剖面布置图，并在图中加入对土建有要求的各项说明及附图，包括：车间或工段的区域划分，防火、防爆、防腐和卫生等级；门和楼梯的位置，安装孔、防爆孔的位置、尺寸；操作台的位置、尺寸及其上面的设备位号、位置；吊装梁、吊车梁、吊钩的位置，梁底标高及起重能力；各层楼板上各个区域的安装荷重、堆料位置及荷重，主要设备的安装方式及安装路线（楼板安装荷重：一般生活室为 $250kg/cm^2$，生产厂房为 $400kg/cm^2$、$600kg/cm^2$、$800kg/cm^2$、$1000kg/cm^2$）；设备位号、位置及其他建筑物的关系尺寸和设备的支承方式；有毒、有腐蚀性等物料的放空管路与建筑物的关系尺寸、标高等；楼板上所有设备基础的位置、尺寸和支承点；悬挂或放在楼板上超过 1t 的管道及阀门的重量及位置；悬挂在楼板上或穿过楼板的设备和楼板的开孔尺寸，楼板上孔径 $\geqslant500mm$ 的穿孔位置及尺寸；对影响建筑物结构的强振动设备应提出必要的设计条件；

（3）人员表。列出车间中各类人员的设计定员、各班人数、工作特点、生活福利要求、男女比例等，以此配置相应的生活行政设施；

（4）设备重量表。列出设备位号、规格、总量和分项重量（自重、物料重、保温层重、充水重）。

2. 二次条件

二次条件包括预埋件、开孔条件、设备基础、地脚螺栓条件图、全部管架基础和管沟等。

（1）提出所有设备（包括室外设备）的基础位置尺寸，基础螺栓孔位置和大小、预埋螺栓和预埋钢板的规格、位置及伸出地面长度等要求；

（2）在梁、柱和墙上的管架支承方式、荷重及所有预埋件的规格和位置；

（3）所有的管沟位置、尺寸、深度、坡度、预埋支架及对沟盖材料、下水等要求；

（4）管架、管沟及基础条件；

（5）各层楼板及地坪上的上下水的位置、尺寸；

（6）在楼板上管径 $<500mm$ 的穿孔位置及尺寸；

（7）在墙上管径 $>200mm$ 和长方孔大于 $200mm\times100mm$ 的穿管预留孔位置及尺寸。

六、自动控制

（一）自动控制设计的内容

我国新建的化工厂，采用计算机集中自动控制已比较普遍，可以方便实现对工艺变量的指示、记录和调节。设计中首先要确定达到何种自动控制水平，这要根据工厂规模、重要性、投资情况等各方面因素决定，以便制定具体的控制方案。化工厂的自动控制设计大致包括以下方面。

1. 自动检测系统设计

设计自动检测系统以实现对生产各参数（温度、压力、流量、液位等）的自动、连续测量，并将结果自动地指示或记录下来。

2. 自动信号联锁保护系统设计

对化工生产过程的某些关键参数设计信号自动联锁装置，即在事故即将发生前，信号系统就能自动发出声、光信号（例如合成氨厂的半水煤气气柜压力低于某值就发生声、光报警），当工况已接近危险状态时联锁系统立即采取紧急措施，打开安全阀或切断某些通路，必要时紧急停车以防事故的发生和扩大。

3. 自动操纵系统设计

自动操纵系统是根据预先规定的步骤，自动地对生产设备进行某种周期性操作。例如合成氨厂的煤气发生炉的周期性操作就是由自动操纵系统来完成的。

4. 自动调节系统设计

化工生产中采用自动调节装置对某些重要参数进行自动调节，当偏离正常操作状态时，能自动地恢复到规定的数值范围内。

对化工生产来说，常常同时包括上述各个方面，即对某一设备，往往既有测量，也有警报信号，还有自动调节装置。

（二）自动控制设计条件

化工厂连续化、自动化水平较高，生产中采用自动控制技术较多。因此，设计现代化的化工厂，工艺设计更需与自控专业密切配合。为使自控专业了解工艺设计的意图，以便开展工作，化工工艺设计人员应向仪表及自控专业人员提供如下设计条件。

（1）提出拟建项目的自控水平。

（2）提出各工段或操作岗位的控制点及温度、压力、数量等控制指标，控制方式（就地或集中控制）以及自控调节系统的种类（指示、记录、累积、报警），控制点数量与控制范围，作为自控专业选择仪表及确定控制室面积的依据。自控设计条件如表 7-9 所示。

表 7-9　自控设计条件

序号	仪表名称	物料名称及组成	物料或混合物密度/(kg/m³)	自动分析			温度/℃
				黏度	密度	pH 值	

序号	压力/MPa	流量/(m³/h)或液面/m			指标、遥控记录、调节或累计	控制情况			管道及设备规格	备注
		最大	正常	最小		就地集中	控制室	就地		

（3）提出调节阀计算数据表，包括受控介质的名称、化学成分、流量控制范围、有关物理性质和化学性质及所连接的管材、管径等。

（4）提供设备布置图及需自控仪表控制的具体位置和现场控制箱设置的位置。

（5）提供管道及仪表流程图，并作必要解释和说明，最后由自控专业根据工艺要求补充完善控制点，共同完成管道及仪表流程图。

（6）提出开、停车时对自控仪表的特殊要求。

（7）提供车间公用工程总耗量的计量条件，以便自控专业在进入车间的蒸汽、水、压缩空气、氮气等主管上考虑设置一定数量指示和累积控制仪表，便于车间投产后进行独立的经济核算。

（8）提供环境特性表。

第二节　安全与环境保护

一、燃烧爆炸及防火防爆

（一）化工生产中安全防火设计的重要性

任何生产活动中由于设计、施工建设、生产组织管理、生产操作忽视了安全防火都必然造成火灾、爆炸引发的安全事故，目前这方面的案例和教训是很多的。明确规定任何一种违背安全原则的设计方案都不能采用，无论其技术是多么先进、经济效益是多么诱人。火灾与爆炸所造成的损失不仅是事故工厂本身财产的损失和人员的伤亡损失，而且会引发带来原料供应工厂和产品加工企业的损失。我国一贯执行"生产必须安全、安全为了生产"的方针，对于设计人员应该清楚地认识各种可能引发火灾与爆炸危险的来源和后果。在设计的全过程中必须严格遵守各级政府与主管部门制订的法规、标准及规范，并在各个方面积极采取预防和减少损失的措施。

（二）燃烧与爆炸的起因及其危险程度

1. 燃烧

物质的燃烧必须具备三个条件，即物质本身具有可燃烧性、环境中气体含有助燃物（如氧气等）、明火（或火花）。而物质的可燃性，即燃烧危险性取决于其闪点、自燃点、爆炸（燃烧）极限及燃烧热四个因素。

闪点是液体是否容易着火的标志，它是物质在明火中能点燃的最低温度，液体的闪点如果等于或低于环境温度的则称为易燃液体。

自燃点是指物质在没有外界引燃的条件下，在空气中能自燃的温度，它标志该物质在空气中能加热的极限温度。

爆炸极限是指在常温常压的条件下，该物质在空气中能燃烧的最低至最高浓度范围，即在该浓度范围内，火焰能在空气混合物中传播。

燃烧热是可燃物质在氧气（或空气）中完全燃烧时所释放的全部热量。

在火灾危险环境中能引起火灾危险的可燃物质为下列四种：

可燃液体　　如柴油、润滑油、变压器油等。

可燃粉尘　　如铝粉、焦炭粉、煤矿粉、面粉、合成树脂粉等。

固体状可燃物质　　如煤、焦炭、木等。

可燃纤维　　如棉花纤维、麻纤维、丝纤维、毛纤维、木质纤维、合成纤维等。

2. 爆炸

爆炸是指由于巨大能量在瞬间的突然释放造成的一种冲击波。一般爆炸是和燃烧紧密相连的，当燃烧非常剧烈时燃烧物释放出大量能量，使周围体积剧烈膨胀而引起爆炸；而由于其他原因引起爆炸时，因为逸出的可燃性气体遇到火种就会燃烧。因此要减少爆炸和燃烧危险就应消除引起爆炸燃烧的直接原因与间接原因比如：明火、静电导致的火花、转动电气设备可能造成的火花、设备管道的操作压力超过允许值等都是引起爆炸燃烧的直接原因，而由于反应器加热器的温度上升失去控制使设备遭到破坏，或者由于放热反应速度急剧增加导致爆炸则是其间接原因。

下面列出部分液体的闪点、部分物质的自燃点和一些气体和粉尘的爆炸极限（见表7-10～表7-13）。

表 7-10　物质的闪点

物质名称	闪点/℃	物质名称	闪点/℃	物质名称	闪点/℃
甲醇	7	苯	−14	乙酸戊酯	25
乙醇	11	甲苯	1	二硫化碳	−45
乙二醇	112	氯苯	25	甘油	176.5
丁醇	35	石油	−21	二氯乙烯	8
戊醇	46	乙酸	40	二乙胺	26
乙醚	−45	乙酸乙酯	1		
丙酮	−20	乙酸丁酯	13		

表 7-11 液体与气体的自燃点

物质名称	自燃点/℃	物质名称	自燃点/℃	物质名称	自燃点/℃
甲烷	650	硝基苯	482	丁醇	337
乙烷	540	蒽	470	乙二醇	378
丙烷	530	石油醚	246	醋酸	500
丁烷	429	松节油	250	醋酐	185
乙炔	406	乙醚	180	乙酸乙酯	451
苯	625	丙酮	612	乙酸戊酯	563
甲苯	600	甘油	343	氨	651
乙苯	553	甲醇	430	一氧化碳	644
二甲苯	590	乙醇(96%)	421	二硫化碳	112
苯胺	620	丙醇	377	硫化氢	264

表 7-12 液体与气体的爆炸极限 (20℃及101.3kPa)

物质名称	爆炸极限(体积分数)/%		物质名称	爆炸极限(体积分数)/%	
	下限	上限		下限	上限
甲烷	5.00	15.00	丙酮	2.55	12.80
乙烷	3.22	12.45	氰酸	5.60	40.00
丙烷	2.37	9.50	乙酸	4.05	—
乙烯	2.75	28.60	乙酸甲酯	3.15	15.60
丙烯	2.00	11.10	乙酸乙酯	2.18	11.40
乙炔	2.50	80.00	乙酸戊酯	1.10	—
苯	1.41	6.75	氢	4.00	74.20
甲苯	1.27	7.75	一氧化碳	12.5	74.20
二甲苯	1.00	6.00	氨	15.5	27.00
甲醇	6.72	36.50	二硫化碳	1.25	50.00
乙醇	3.28	18.95	硫化氢	4.30	45.50
丙醇	2.55	13.50	乙醚	1.85	36.50
异丙醇	2.65	11.80	一氯甲烷	8.25	18.70
甲醛	3.97	57.00	溴甲烷	13.50	14.50
糖醛	2.10	—	苯胺	1.58	—

表 7-13 粉尘的爆炸下限

物质名称	爆炸下限/(g/m³)	物质名称	爆炸下限/(g/m³)
铝粉	58.0	甜菜糖粉	8.9
木粉	30.2	硫粉	2.3
松香粉	5.0	烟草粉尘	101.0
马铃薯淀粉	40.3	锌粉	800.0
小麦粉	35.3	硬橡皮粉	7.6

3. 燃烧与爆炸的危险程度

燃烧和爆炸的危险性可划分第一次危险和第二次危险两种，前者是指系统或设备内潜在的有发生火灾爆炸可能的危险，在正常状态下不会危及安全，但当误操作或外部偶然直接、间接原因会引起燃烧和爆炸。后者是指由第一次危险所引起后果，直接危害人身、设备以及建（构）筑物的危险。例如由第一次危险引起的火灾、爆炸、毒物泄漏以及由此造成人员的跌倒、坠落和碰撞等。美国 DOW 化学工业公司曾经提出一个计算燃烧及爆炸危险程度的指数，以下简称 F. E. 指数，用以研究一个生产过程的潜在危险程度，这个指数由物性和生产过程的性质计算得到的。根据 F. E. 指数可以估计生产的危险性。在化工设计中，评价工艺流程方案时，可以指出哪一个方案的危险程度较小，在设备布置图和管道及仪表流程图完成后，用以指导决定安全措施。

F. E. 指数等于物料因子乘以物料危险性因子，再乘以过程共性危险因子和过程特性危险因子。影响 F. E. 指数的基本因数是主要工艺物料的燃烧热，也就是物料因子占重要位置。表 7-14 列出了燃烧与爆炸指数计算因子建议值。

表 7-14　燃烧与爆炸指数计算因子建议值

(1) 物料因子 $MF = -\Delta Hc \times \dfrac{4.3 \times 10^{-4}}{M}$		(4) 过程的特性危险因子	因子(建议值)
(2) 物料危险性因子	因子(建议值)	a. 低压(0.1MPa 以下)	0～100%
		b. 在爆炸极限范围内或附近操作	0～150%
a. 氧化剂	0～20%	c. 低温, 对碳钢 10～−30℃	15%
b. 与水反应产生可燃性气体	0～30%	＜−30℃	25%
c. 自发加热	30%	d. 高温(只能用其中之一)	
d. 自发加速聚合	50%～75%	高于闪点	10%～20%
e. 有分解爆炸危险性	125%	高于沸点	25%
f. 爆炸性物质	150%	高于自燃点	35%
g. 其他	0～150%	e. 高压	
(3) 过程的共性危险因子	因子(建议值)	对于 1.5～20MPa	30%
		＞20MPa	60%
a. 仅有可燃性液体的物理变化过程	0～50%	f. 难以控制的反应过程	50%～100%
b. 连续反应	25%～50%	g. 粉尘或雾状危险物	30%～60%
c. 间歇反应	25%～60%	h. 大于平均爆炸危险性	60%～100%
d. 多种反应	0～50%	i. 大量(贮存或生产)可燃性液体(只能用其中之一)	
		10～25m³	40%～55%
		25～75m³	55%～75%
		75～200m³	75%～100%
		＞200m³	100%以上
		j. 其他	0～20%

(三) 安全防火防爆设计

化工设计中，须严格按照《石油化工企业设计防火规范》GB 50160—2008 和《建筑设计防火规范》GB 50016—2006 及《石油化工静电接地设计规范》SH 3097—2000 之规定进行设计。

1. 火灾和爆炸危险区域划分

火灾危险环境应根据火灾事故发生的可能性和后果，以及危险程度及物质状态的不同，按下列规定进行分区。具有闪点高于环境温度的可燃液体，在数量和配置上能引起火灾的环境定为 21 区；具有悬浮状、堆积状的可燃粉尘或可燃纤维，虽不可能形成爆炸混合物，但在数量和配置上能引起火灾危险的环境定为 22 区；具有固定状可燃物质，在数量和配置上能引起火灾危险的环境定为 23 区。

爆炸危险区域的划分是根据爆炸性气体混合物出现的频繁程度与持续时间进行分区。对于连续出现或长时期出现爆炸性气体混合物的环境定为 0 区；对于在正常运行时可能出现爆炸性气体混合物的环境定为 1 区，对于在正常运行时不可能出现爆炸性气体混合物的环境，或即使出现也仅是短时存在的情况定为 2 区。爆炸性粉尘环境应根据爆炸性粉尘混合物出现的频繁程度和持续时间进行分区：连续出现或长期出现爆炸性粉尘环境定为 10 区；有时会将积留下的粉尘扬起而偶然出现爆炸性粉尘混合物的环境定为 11 区。

2. 工艺设计中的防火防爆

在工艺设计中，考虑安全防火的因素较多，诸如在选择工艺操作条件时，对物料配比要避免可燃气体或蒸气同空气的混合物处于爆炸极限范围内；需要使用溶剂时，在工艺生产允许的前提下，设计上尽量选用火灾危险性小的溶剂；使用的热源尽量不用明火（可采用蒸汽或熔盐加热）；在易燃易爆车间设置氮气贮罐，用氮气作为事故发生时的安全用气；在工艺的设备管道布置和车间厂房布置设计中，严格遵守安全距离要求等。工艺人员应按表 7-15 的格式给安全防火设计人员提供原料、中间体、成品的火灾危险性特征、用量和贮存量等数据资料。

表 7-15　安全防火设计数据资料

项　目	闪点 /℃	燃点 /℃	爆炸极限 (体积分数)		相对密度		用量 /(t/d)	储量/t	沸点/℃	水溶液	备注
品　名			下限	上限	液体与水比	蒸气与空气比					

3. 供电中的防火

（1）火灾危险环境电力设计的条件确定

对于生产、加工、处理、转运和贮存过程中出现或可能出现下列火灾危险物质之一时，应进行火灾危险环境的电力设计。

① 闪点高于环境温度的可燃液体；在物料操作温度高于可燃液体闪点的情况下，有可能泄漏但不能形成爆炸性气体混合物的可燃液体。

② 不可能形成爆炸性粉尘混合物的悬浮状、堆积状可燃粉尘或可燃纤维以及其他固体状可燃物质。

（2）火灾危险环境对电气装置的要求

在火灾危险环境的电气设备和线路，应符合周围环境化学的、机械的、热的、霉菌及风沙等环境条件对电气设备的要求。

在火灾危险环境内，可采用非铠装电缆或钢管配线明敷设。在火灾危险环境 21 区或 23 区内，可采用硬塑料管配线。在火灾危险环境 23 区内，当远离可燃物质时，可采用绝缘导线在针式或鼓形次绝缘子上敷设。沿着没抹灰的木质吊顶和木质墙壁敷设的以及木质闷顶内的电气线路应穿钢管明设。在火灾危险环境内，电力、照明线路的绝缘导线和电缆的额定电压，不应低于线路的额定电压，且不低于 500V。在火灾危险环境内，当采用铝芯绝缘导线和电缆时，应有可靠的连接和封端。在火灾危险环境 21 区或 22 区内，电动起重机不应采用滑触线供电；在火灾危险环境 23 区内，电动起重机可采用滑触线供电，但在滑触线下方不应堆置可燃物质。移动式和携带式电气设备的线路，应采用移动电缆或橡套软线。10kV 及以下架空线路严禁跨越火灾危险区域。在火灾危险环境内的电气设备的金属外壳应可靠接地，接地干线应不少于两处与接地体连接。

在火灾危险环境内，当需采用裸铝、裸铜母线时，应符合下列要求：

① 不需拆卸检修的母线连接处，应采用熔焊或钎焊；

② 母线与电气设备的螺栓连接应可靠，并应防止自动松脱；

③ 在火灾危险 21 区和 23 区内，母线宜装设保护罩，当采用金属网保护罩时，应采用 IP2X 结构；在火灾危险环境 22 区内母线应有 IP5X 结构的外罩；

④ 当露天安装时，应有防雨、雪措施。

正常运行时有火花和和外壳表面温度较高的电气设备，应远离可燃物质；在火灾危险环境内，不宜使用电热器，当生产要求必须使用电热器时，应将其安装在非燃材料的底板上；具体的电气设备防护结构的选型见表 7-16。

表 7-16　不同火灾危险区域电气设备防护结构的选型

电气设备		防护结构		
		火灾危险 21 区	火灾危险 22 区	火灾危险 23 区
电机	固定安装	IP44	IP54	IP21
	移动式、携带式	IP54		IP54
电器和仪表	固定安装	充油型、IP54、IP44	IP54	IP44
	移动式、携带式	IP54		IP44
照明灯具	固定安装	IP2X		
	移动式、携带式		IP5X	IP2X
配电装置		IP5X		
接线盒				

注：1. 在火灾危险环境 21 区内固定安装的正常运行时有滑环等火花部件的电机，不宜采用 IP44 结构。

2. 在火灾危险环境 23 区内固定安装的正常运行有滑环等火花部件的电机，不应采用 IP21 型结构，而应采用 IP44 型。

3. 在火灾危险环境 21 区内固定安装的正常运行时有火花部件的电器和仪表，不宜采用 IP44 型。

4. 移动式和携带式照明灯具的玻璃罩，应有金属网保护。

5. 表中防护等级的标志应符合现行国家标准《外壳防护等级的分类》规定。

从化工生产用电电压等级而言，一般最高为 6000V，中小型电机通常为 380V，而输电网中都是高压电（有 10～330kV 范围内七个高压等级），所以从输电网引入电源必须经变压后方能使用。由工厂变电所供电时，小型或用电量小的车间，可直接引入低压线；用电量较大的车间，为减少输电损耗和节约电线，通常用较高的电压将电流送到车间变电室，经降压后再使用。一般车间高压电为 6000V 或 3000V，低压电为 380V。当高压为 6000V 时，对于 150kW 以上电机选用 6000V；对于 150kW 以下电机选用 380V。高压为 3000V 时，100kW 以上电机选用 3000V，100kW 以下电机选用 380V。电压为 10kV 及以下的变电所、配电所，不宜设在有火灾区域的正上面或正下面。若与火灾危险区域的建筑物毗连时，应符合下列要求：电压为 1～10kV 配电所可通过走廊或套间与火灾危险环境的建筑物相通，通向走廊或套间的门应为难燃烧体的；变电所与火灾危险环境建筑物共用的隔墙应是密实的非燃烧体，管道和沟道穿过墙和楼板处，应采用非燃烧性材料严密堵塞；变压器室的门窗应通向非火灾危险环境。

在易沉积可燃粉尘或可燃纤维的露天环境，设置变压器或配电装置时应采用密闭型的。露天安装的变压器或配电装置的外廓距火灾危险环境建筑物的外墙在 10m 以内时，应符合下列要求：火灾危险环境靠变压器或配电装置一侧的墙应为非燃烧体；在变压器或配电装置高度加 3m 的水平线上，其宽度为变压器或配电装置外廓两则各加 3m 的墙上，可安装非燃烧体的装有铁丝玻璃的固定窗。

4. 供电中的防爆

按照《爆炸和火灾危险环境电力装置设计规范》GB 50058—1992，对区域爆炸危险等级确定以后，根据不同情况选择相应防爆电器。属于 0 区和 1 区场所都应选用防爆电器，线路应按防爆要求敷设。电气设备的防爆标志是由类型、级别和组别构成。类型是指防爆电器的防爆结构，共分 6 类：防爆安全型（标志 A）、隔爆型（标志 B）、防爆充油型（标志 C）、防爆通风（或充气）型（标志 F）、防爆安全火花型（标志 H）、防爆特殊型（标志 T）。级别和组别是指爆炸及火灾危险物质的分类，按传爆能力分为四级，以 1、2、3、4 表示；按自然温度分为五组，以 a，b，c，d，e 表示。类别、级别和组别按主体和部件顺序标出。比如主体隔爆型 3 级 b 组，部件 Ⅱ 级，则标志为《B3Ⅱb》。关于防爆电器的选型，可参照表7-17。

表 7-17　防爆电器选型

	区域	0 区、1 区（Q-1）	2 区（Q-2）	2 区（Q-3）
	电机类型	隔爆、防爆通风（或充气）型	任何一种防爆型	防尘型、封闭式
电器和仪表	固定安装	隔爆、防爆充油、防爆通风（或充气）、防爆安全火花型	任何一种防爆型	防尘型
	移动式	隔爆、防爆充气、防爆安全火花型	隔爆、防爆充气、防爆安全火花型	除防爆充油型外任何一种防爆型或密封型
	携带式	隔爆、防爆安全火花型	隔爆、防爆安全火花型	隔爆乃至密封型
照明灯具	固定安装及移动式	隔爆、防爆充气型	防爆安全火花型	防尘型
	携带式	隔爆型	隔爆型	隔爆、防爆安全火花型乃至密封型
变压器		隔爆、防爆通风型	防爆安全火花、防爆充油型	防尘型
通讯电器配电装置		隔爆、防爆充油、防爆通风、安全火花型 隔爆、防爆通风充气型	防爆安全火花型 任何一种防爆型	密封型 密封型

工程上常用的防爆电机有 AJO₂ 和 BJO₂ 防爆隔爆电机，它们在中小功率范围内应用较广，是 JO₂ 电机的派生系列，其功率及安装尺寸与 JO₂ 基本系列完全相同，可以互换。AJO₂ 系列为防爆安全型，适用于在正常情况下没有爆炸性混合物的场所（2 区或 Q-2 级）。BJO₂ 系列为隔爆型，适用于正常情况下能周期形成或短期形成爆炸性混合物场所（0 区、1 区或 Q-1 级）。

在设计中如遇下列情况则危险区域等级要作相应变动，离开危险介质设备在 7.5m 之内的立体空间，对于通风良好的敞开式、半敞开式厂房或露天装置区可降低一级；封闭式厂房中爆炸和火灾危险场所范围由以上条件按建筑空间分隔划分，与其相邻的隔一道有门墙的场所，可降低一级；如果通过走廊或套间隔开两道有门的墙，则可作为无爆炸及火灾危险区。而对坑、地沟因通风不良及易积聚可燃介质区要比所在场所提高一级。

5. 建筑的防火防爆

化工生产有易燃、易爆、腐蚀性等特点，因此对化工建筑有某些特殊要求，可参照《建筑设计防火规范》GB 50016—2006。生产中火灾危险分成甲、乙、丙、丁、戊五类。其中甲、乙两类是有燃烧与爆炸危险的，甲类是生产和使用闪点＜28℃的易燃液体或爆炸下限＜10%的可燃性气体的生产；乙类是生产和使用闪点≥28℃至 60℃的易燃可燃液体或爆炸下限≥10%的可燃气体的生产。一般石油化工厂都属于甲、乙类生产，建筑设计应考虑相应的耐燃与防爆的措施。

建筑物的耐火等级分为一、二、三、四等 4 个等级。耐火等级是根据建筑物的重要性和在使用中火灾危险性确定的。各个建筑构件的耐火极限按其在建筑中的重要性有不同的要求，具体划分以楼板为基准，如钢筋混凝土楼板的耐火极限为 1.5 小时，称此 1.5 小时为该类楼板的一级耐火极限，依次定义，二级为 1.0 小时，三级为 0.5 小时，四级为 0.25 小时。

然后再配备楼板以外的构件，并按构件在安全上的重要性分级规定耐火极限，梁比楼板重要，定为 2.0 小时，柱比梁还重要，定为 2~3 小时，防火墙则需 4 小时。

甲、乙类生产采用一、二级的耐火建筑，它们由钢筋混凝土楼盖、屋盖和砌体墙等组成。为了减小火灾时的损失，厂房的层数、防火墙内的占地面积都有限制，依厂房的耐火等级和生产的火灾危险类别而不同。

为了减小爆炸事故对建筑物的破坏作用，建筑设计中的基本措施就是采用泄压和抗爆结构。

二、防雷设计

按《建筑物防雷设计规范》GB 50057—2010，工业建筑的防雷等级根据其重要性、使用性质、发生雷电事故的可能性及后果分为三类，针对不同情况采取相应的防雷措施。

第一类防雷等级：凡制造、使用或贮存火炸药及其制品的危险建筑物，因电火花而引起爆炸、爆轰，会造成巨大破坏和人身伤亡者；具有 0 区或 20 区爆炸危险场所的建筑物；具有 1 区或 21 区爆炸危险场所的建筑物，因电火花而引起爆炸，会造成巨大破坏和人身伤亡者。

第二类防雷等级：制造、使用或贮存火炸药及其制品的危险建筑物，且电火花不易引起爆炸或不致造成巨大破坏和人身伤亡者；具有 1 区或 21 区爆炸危险场所的建筑物，且电火花不易引起爆炸或不致造成巨大破坏和人身伤亡者；具有 2 区或 22 区爆炸危险场所的建筑物；有爆炸危险的露天钢质封闭气罐；预计雷击次数大于 0.25 次/a 的住宅、办公楼等一般性民用建筑物或一般性工业建筑物；预计雷击次数大于 0.05 次/a 的其他重要或人员密集的公共建筑物以及火灾危险场所；大型城市的重要给水水泵房等特别重要的建筑物；其他国家级重要建筑物。

第三类防雷等级：预计雷击次数大于或等于 0.05 次/a 且小于或等于 0.25 次/a 的住宅、办公楼等一般性民用建筑物或一般性工业建筑物；预计雷击次数大于或等于 0.01 次/a 且小于或等于 0.05 次/a 的人员密集的公共建筑物以及火灾危险场所；在平均雷暴日大于 15d/a 的地区，高度在 15m 及以上的烟囱、水塔等孤立的高耸建筑物；在平均雷暴日小于或等于 15d/a 的地区，高度在 20m 及以上的烟囱、水塔等孤立的高耸建筑物；需加保护的木材加工场所和省级重要建筑物。

三、环境污染及其治理

化工设计必须依照《化工建设项目环境保护设计规定》HG/T 20667—2005《和石油化工污水处理设计规范》SH 3095—2000、《石油化工噪声控制设计规范》SH/T 3146—2004 进行设计，使其排放物达到《污水综合排放标准》GB 8978—1996 和《大气污染物综合排放标准》GB 16297—1996 的规定要求。

众所周知，化学工业所涉及的原料、材料、中间产品及最终产品大多数是易燃易爆有毒，有臭味有酸碱性的物质，在它们的贮存运输、使用及生产过程中如不采用得当的防护措施都会造成环境污染。

一个化工生产装置从设计开始，就意味着有一个污染人们生存环境的实体即将诞生，那么在设计中同时考虑如何尽可能减少和控制生产过程所产生的污染物，并且设计对这些污染物加以工程治理的手段，使之减少或完全消除，则是完全必要的。因此，在设计过程应该注意以下几个方面：

（1）厂址选择必须全面考虑建设地区的自然环境和社会环境，对其地理位置、地形地貌、地质、水文气象、城乡规划、工农业布局、资源分布、自然保护区及其发展规划等进行调查研究；并在收集建设地区的大气、水体、土壤等环境要素背景资料的基础上，结合拟建项目的性质、规模和排污特征，根据地区环境容量充分进行综合分析论证，优选对环境影响最小的厂址方案。

（2）根据"以防为主，防治结合"的原则，污染应尽量消灭在源头。在设计时，就要考虑合理地选择转化率高、技术先进的工艺流程和设备，尽量做到少排或不排废物，把废渣污染物消灭在生产过程中是最理想的处理效果。

（3）化工建设项目的设计必须按国家规定的设计程序进行，严格执行环境影响报告书（表）编审制度和建设项目需要配套建设的环境保护设施与主体工程同时设计、同时施工、同时投产使用的"三同时"制度。

（4）对老厂进行新建、扩建、改建或技术改造的化工建设项目，应贯彻执行"以新带老"的原则，在严格控制新污染的同时，必须采取措施。治理与该项目有关的原有环境污染和生态破坏。

（5）化工建设项目的方案设计必须符合经济效益、社会效益和环境效益相统一的原则。对项目进行经济评价、方案比较等可行性研究时，要对环境效益进行充分论证。

（6）化工建设项目应当采用能耗物耗小、污染物产生量小的清洁生产工艺，在设计中做到：

① 采用无毒无害、低毒低害的原料和能源；

② 采用能够使资源最大限度地转化为产品，污染物排放量最少的新技术、新工艺；

③ 采用无污染或少污染、低噪声、节能降耗的新型设备；

④ 产品结构合理，发展对环境无污染、少污染的新产品；

⑤ 采用技术先进适用、效率高、经济合理的资源和能源回收利用及"三废"处理设施。

设计人员应按照项目建议书、可行性研究报告、结合工艺专业提出"三废"排放条件，根据环境影响报告书（表）及其批文编写环保设计的编制依据；按照国家（部门）环保设计标准规范，根据建设项目具体情况及厂址区域位置决定"三废"排放应达到的等级、决定经过治理后当地（厂边界或车间工作场所）应达到的环境质量等级；阐明本工程主要污染源及排放污染物详细情况，并根据这些条件采取相应的环保措施。

第八章　工程设计概算及技术经济

第一节　工程概算费用与概算项目

作为建设项目完整的设计文件，工程概算是其中一个重要组成部分。在报批设计时，必须同时上报工程的设计概算，只有合理、准确地做好工程设计概算，才能准确地确定建设投资。工程概算是编制固定资产投资计划、签订建设项目贷（筹）款合同，实行建设项目投资包干的依据；同时也是办理贷、付款及控制施工图预算以及考核设计经济合理性的依据。

根据原化学工业部颁发的《化工设计概算编制办法》[化基发(1993)599 号文件]、《化工引进项目工程建设概算编制规定》[化基发(1991)786 号文件]和《化工工程建设其他费用编制规定》[化基发(1994)890 号文件]以及《化工工程调整概算编制办法（试行）》[化建标发(1996)50 号文件]规定，结合我国近十年来市场经济运行具体情况变化，国家发改委和有关主管部委对工程设计概算具体做法作了适当修改，比如在化工工程建设其他费用编制中取消了"供电贴费"和"施工机构迁移费"等项费用；对"固定资产投资方向调节税"只是形式上保留项目，但规定当前属于暂停征收该税种时期；同时其他费用中增加了"环境影响评价费"等费用。下面将我国化工工程界现行的工程设计概算做法作一简单介绍。

一、工程概算费用分类和概算项目的划分

（一）工程概算费用的分类

1. 设备购置费

设备购置费应包括设备原价及运杂费用和设备成套供应业务费。设备购置费范围包括需要安装及不需要安装的所有设备、工（器）具及生产家具（用于生产的柜、台、架等）购置费；备品、备件（设备、机械中较易损坏的重要零部件材料）购置费；作为生产工具设备使用的化工原料和化学药品以及一次性填充物的购置费；贵重材料（如铂、金、银等）及其制品等购置费。

2. 安装工程费

安装工程费包括主要生产、辅助生产、公用工程项目中需要安装的工艺、电气、自控、机运、机修、电修、仪修、通风空调、供热等定型设备、非标准设备及现场制作的气柜、油罐的安装工程费；工艺、供热、给排水、通风空调、净化及除尘等各种管道的安装工程费；电气、自控及其他管线、电线、电缆等材料的安装工程费；现场进行的设备内部充填、内衬，设备及管道防腐、保温（冷）等工程费；为生产服务的室内供排水、煤气管道、照明及避雷、采暖通风等的安装工程费；工业炉、窑的安装及砌筑、衬里等安装工程费。

3. 建筑工程费

建筑工程费包括一般土建工程，即主要生产、辅助生产、公用工程等的厂房、库房、行政及生活福利设施等建筑工程费；构筑物工程，即各种设备基础、操作平台、栈桥、管架管廊、烟囱、地沟、冷却塔、水池、码头、铁路专用线、公路、道路、围墙、厂门及防洪设施等工程费；大型土石方、场地平整以及厂区绿化等工程费；与生活用建筑配套的室内供排水、煤气管道、照明及避雷、采暖通风等安装工程费。

4. 其他费用

其他费用是指工程费用以外的建设项目必须支出的费用。

（1）建设单位管理费。建设项目从立项、筹建、建设、联合试运转、竣工验收、交付使用及后评估等全过程管理所需费用。其中包括如下内容。

① 建设单位开办费。指新建项目为保证筹建和建设期间工程正常进行所需办公设备、生活家具、用具、交通工具等购置费用。

② 建设单位经费。系指建设单位管理人员的基本工资、工资性补贴、劳动保险费、职工福利费、劳动保护费、办公费、差旅交通费、工会经费、职工教育经费、固定资产使用费、工具用具使用费、标准定额使用费、技术图书资料费、生产工人招募费、工程招标费、工程质量监督检测费、合同契约公证费、咨询费、审计费、法律顾问费、业务招待费、排污费、绿化费、竣工交付使用清理及竣工验收费、后评估等费用。

（2）临时设施费。是指建设单位在建设期间所用临时设施的搭设、维修、摊销费用或租赁费用。

（3）研究实验费。是指为本建设项目提供或验证设计参数、数据资料等进行必要的研究实验及按设计规定在施工中必须进行实验、验证所需费用以及支付科技成果、先进技术等的一次性技术转让费。

（4）生产准备费。是指新建企业或新增生产能力的企业，为保证竣工交付使用进行必要生产准备所发生的费用。其费用内容包括以下部分。

① 生产人员培训费。指自行培训、委托其他单位培训的人员的工资、工资性补贴、职工福利费、差旅交通费、学习培训费、劳动保护费。

② 生产单位提前进厂费。指生产单位人员提前进厂参加施工、设备安装、调试等以及熟悉工艺流程和设备性能等人员的工资、工资性补贴、职工福利费、差旅交通费、劳动保护费等。

（5）土地使用费。是指建设项目取得土地使用权所需支付的土地征用及迁移补偿或土地使用权出让金。其费用内容包括以下部分。

① 土地征用及迁移补偿费。它包括土地补偿费，即征用耕地补偿费、被征用土地地上地下附着物及青苗补偿费；征用城市郊区菜地缴纳的菜地开发建设基金、耕地占用税金或城镇土地使用税、土地登记费及征地管理费；征用耕地安置补助费，即征用耕地需要安置农业人员的补助费；征地动迁费，即征用土地上房屋及附属构筑物、城市公用设施等拆除、迁建补偿费、搬迁运输费、企业单位因搬迁造成的减产停产损失补偿费、拆迁管理费等。

② 土地使用权出让金。建筑项目通过土地使用权出让方式，取得有限期的土地使用权，依照国家有关城镇国有土地使用权出让和转让规定支付的土地使用权出让金。

（6）勘察设计费。是指为本建设项目提供项目建议书、可行性研究报告及设计文件所需费用（含工程咨询、评价等）。

（7）生产用办公与生活家具购置费。是指新建项目为保证初期正常生产、生活和管理所必须购置的或改扩建项目需补充的办公、生活家具、用具等费用。

（8）化工装置联合试运转费。即新建企业或新增生产能力的扩建企业，按设计规定标准，对整个生产线或车间进行预试车和化工投料试车所发生的费用支出大于试运转产品等收入的差额部分费用。

（9）环境影响评价费。在项目前期为获得项目投产后对周边环境、社会产生的真实、长远的环境影响评价，而需支付的各种费用。

（10）工程保险费。为建设项目对在建设期间付出施工工程实施保险部分的费用。

（11）工程建设监理费。指建设单位委托工程监理单位，按规范要求，对设计及施工单位实施监理与管理所发生的费用。

（12）总承包管理费。总承包单位在项目立项开始直到工程试车竣工等全过程中的总承包组织管理所需费用。

（13）引进技术和进口设备所需的其他费用。

（14）固定资产投资方向调节税。国家为贯彻产业政策、控制投资规模、引导投资方向、调整投资结构、加强重点建设而收缴的税金。

（15）财务费用。指为筹集建设项目资金所发生的贷款利息、企业债券发行费、国外借款手续费与承诺、汇兑净损失及调整外汇手续费、金融机构手续费以及筹措建设资金发生的其他财务费用。

（16）预备费。包括基本预备费（指在初步设计及概算内难以预料的工程和费用）与工程造价调整预备费两部分。

（17）经营项目铺底流动资金。经营性建设项目为保证生产经营正常进行，按规定列入建设项目总资金的铺底流动资金。

（二）工程概算项目的划分

在工程设计中，对概算项目的划分是按工程性质的类别进行的，这样可便于考核工程建设投资的效果。我国设计概算项目的划分分以下四个部分。

（1）工程费用。工程费用系指直接构成固定资产项目的费用。它是由主要生产项目、辅助生产项目、公用工程（供排水、供电及电讯、供汽、总图运输、厂区之内的外管）、服务性工程项目、生活福利工程项目及厂外工程项目等六个项目组成。

（2）其他费用。系指工程费用以外的建设项目必须支付的费用。具体包括上述工程概算费用分类中第 4 部分其他费用中的(1)至（12）款以及城市基础设施配套费等项目。

（3）总预备费。包括基本预备费和涨价预备费两项。前者系指在初步设计及其设计概算中未可预见的工程和费用；后者系指在工程建设过程中由于价格上涨、汇率变动和税费调整而引起的投资增加需预留的费用。

（4）专项费用。包括以下几部分。

① 投资方向调节税。国家在当前期间是停征收此项税费。

② 建设期贷款利息。指银行利用信用手段筹措资金对建设项目发放的贷款，在建设期间根据贷款年利率计算的贷款利息金额。

③ 铺底流动资金。按规定以流动资金（年）的30％作为铺底流动资金，列入总概算表。注意该项目不构成建设项目总造价（即总概算价值），只是将该资金在工程竣工投产后，计入生产流动资产。

二、工程概算的编制

根据我国有关主管部委颁发文件规定进行工程设计概算的编制。

（一）概算文件的组成

概算文件由以下几部分组成：

工程项目总概算 包括封面与签署页、总概算表、编制说明；

单项工程综合概算 包括封面与签署页、编制说明、综合概算表、土建工程钢材木材与水泥用量汇总表；

单位工程概算 包括各设计专业的单位工程概算表、各专业用于土建方面的钢材木材及水泥用量表；

工程建设其他费用概算。

表 8-1 工程总概算表

建设项目名称：×××××××

序号	主项号	工程和费用名称	概算价值/万元				价值合计		占总值百分率/%
			设备购置费	安装工程费	建筑工程费	其他费用	人民币/万元	含外汇/万美元	
		第一部分　工程费用							
	一	主要生产项目							
1		××装置(车间)							
2		……							
		小计							
	二	辅助生产项目							
3		……							
		小计							
	三	公用工程项目							
4		给排水							
5		供电及电讯							
6		供汽							
7		总图运输							
8		厂区外管							
		小计							
	四	服务性工程项目							
9		……							
		小计							
	五	生活福利工程项目							
10		……							
		小计							
	六	厂外工程项目							
11		……							
		小计							
		合计							
	七	第二部分　其他费用							
1		……							
2		……							
		……							
		合计							
	八	第三部分　总预备费							
1		基本预备费							
2		涨价预备费							
		……							
		合计							
	九	第四部分　专项费用							
1		投资方向调节税							
2		建设期货款利息							
		……							
		合计							
	十	总概算价值							
	十一	铺底流动资金(不构成概算价值)							

（二）总概算说明的编制

（1）总概算编制依据 列出包括工程立项批文、可行性研究报告的批文；列出业主（建设单位）、监理、承包商三方与设计有关的合同书；列出主要设备、材料的价格论据；列出概算定额（或指标）的依据；列出工程建设其他费用的编制依据及建造安装企业的施工取费依据；列出其他专项费用的计取依据。

（2）工程概况 简要介绍建设项目的性质及特点，包括新建、扩建或技术改造或合资等，介绍工程的生产产品、规模、品种及生产方法和公用工程配套等；说明建设周期和地点及场地等有关情况。对引进项目，应说明引进内容以及国内配套工程等主要情况。

（3）资金来源与投资方式 根据工程立项批文及可行性研究阶段工作、说明工程投资资金是来自银行贷款、企业自筹、发行债券、外商投资或者其他融资渠道。

（4）投资分析 设计中要着重分析各项目投资所占比例、各专业投资的比重、单位产品分摊投资额等经济指标以及与国内、外同类工程的比较，并同时分析投资偏高（或低）的原因。

（5）其他说明 对有关上述未尽事宜及特殊需注明的问题加以说明。

（三）设计项目总概算编制办法

编制了总概算说明以后，按总概算编制办法，计算概算项目划分中各项的工程概算费用，并列出《工程总概算表》（见表 8-1）。

（四）单项工程综合概算编制办法

单项工程是指建成后可以独立发挥生产能力（或工程效益）并具有独立存在意义的工程。

综合概算编制是指计算一个单项工程投资额的文件。编制过程可按一个独立生产装置（车间）、一个独立建筑物（或特殊构筑物）进行。它是编制总概算第一部分工程费用的主要依据，综合概算是根据单项工程中各个单位工程概算表以表 8-2 形式进行编制。

表 8-2 单项综合概算表

装置（或车间）：

序号	主项编号	工程和费用名称	概算价值/万元				价值合计		占总值百分率/%
			设备购置费	安装工程费	建筑工程费	其他费用	人民币/万元	含外汇/万美元	
1		工艺							
2		外管							
3		自控							
4		电气							
5		热工							
6		电讯							
7		总图							
8		土建							
9		水道							
10		暖通							
11		电照							
12		……							

说明：单项工程综合概算表是以装置（车间）划分单项进行综合统计的；暖通专业的空调、除尘等设备应填入设备栏，散热器等材料应填入安装栏；给排水专业的冷却塔、水泵等设备及其安装应单独另列并分别填入设备和安装栏；为生产服务的（如厂房）室内给排水、

煤气管道、照明及避雷、暖通等工程费用应填入安装工程费栏；为生活服务的（如宿舍）室内给排水、煤气管道、照明及管道、照明及避雷、暖通等工程费用应填入建筑工程费栏。

（五）单位工程概算编制

单位工程是上述单项工程的组成部分，系指具有单独设计，可以独立组织施工，但不能独立发挥生产能力或作用的工程。

单位工程概算是计算单项工程中的各单位工程投资额的文件，它是编制单项工程综合概算的依据。单位工程概算分设备及其安装工程、材料及其安装工程和建筑工程三大类。单位工程概算的表格包括设备（材料）安装和建筑工程两种，参见表 8-3 和表 8-4。

表 8-3 设备（材料）安装工程概算表

概算价值：　　　元　（其中，设备费：　　　元；材料费：　　　元；安装费：　　　元）

工程名称：××××××

项目名称：××××××

序号	编制依据	设备(材料)名称及规格型号	单位	数量	重量/t		单价/元			总价/元		
					单重	总重	设备(材料)费	安装费合计	其中工资	设备(材料)费	安装费合计	其中工资
1												
2												
…												
…												

编制：　　　　　　　　审核：　　　　　　　　　　　　年　　月　　日

证号：　　　　　　　　证号：

表 8-4 建筑工程概算表

工程名称：××××××　　　　　　　　　　　　　　　概算价值：　　　元

项目名称：××××××　　　　　　　　　　　　　　　单位造价：　　　元

序号	编制依据（指标或定额号）	名称及规格	单位	数量	单价/元		总价/元		三材总用量					
					合计	其中工资	合计	其中工资	钢材/t		木材/m³		水泥/t	
									品种规格	数量	品种规格	数量	品种规格	数量
									……					
									……					
									总量		总量		总量	

（六）工程建设其他费用概算编制办法

根据我国有关主管部委颁发文件规定进行工程建设其他费用概算的编制，其编制包括以下组成部分。

（1）建设单位管理费　以项目"工程费用"为计算基础，按照建设项目不同规模分别制定相应的建设单位管理费率计算。其计算公式为：

建设单位管理费＝工程费用×建设单位管理费率

（2）临时设施费　以项目"工程费用"为计算基础，按照临时设施费率计算。即临时设施费＝工程费用×临时设施费率。对新建项目，费率 0.5％；对依托老厂的新建项目取 0.4％；对改、扩建项目取 0.3％。

（3）研究实验费　按设计提出的研究实验内容要求进行编制。

（4）生产准备费

① 核算人员培训费＝［400 元/人＋850 元/（人·月）×培训期（月）］×培训人（注：一般培训人员人数按设计定员的 60％计算）

② 生产单位提前进厂费＝［380 元/（人·月）×提前进厂期（月）］×设计定员（人数）（注：一般提前进厂期取 8～10 个月）

（5）土地使用费　按使用土地面积，按政府制定各项补偿费、补贴费、安置补助费、税金、土地使用权出让金标准计算。

（6）勘察设计费　按国家发改委颁发的收费标准和规定进行编制。

（7）生产用办公及生活家具购置费　因工程性质特点而异，对新建工程为 800 元/人×设计定员（人数）；对改、扩建工程为 550 元/人×新增设计定员（人数）。

（8）化工装置联合试运转费　如化工装置为新工艺、新产品时，联合试运转确实可能发生亏损的，可根据情况列入此项费用；一般情况，当联合试运转收入和支出大致可相抵消的，原则上不列此项费用。不发生试运转费用的工程，不列此项费用。

（9）环境影响评价费　此项费按国家物价局、国家环保总局、财政部发布的建设项目环境影响评价费标准与方法进行计算。

（10）工程保险费　此项费按国家及保险机构规定计算。

（11）工程建设监理费　此项费用按国家物价局、建设部［1992］价费字 479 号通知中所规定费率计算，此项费用不单独计列。发生时，从建设单位管理费及预备费中支付。

（12）总承包管理费　此项费用是以总承包项目的工程费用为计算基础，以工程建设总承包费率 2.5％计算。与工程建设监理费一样，总承包管理费不在工程概算中单独计列，而是从建设单位管理费及预备费中支付。

（13）引进技术和进口设备其他费　按《化工引进项目工程建设概算编制规定》计算。

（14）固定资产投资方向调节税　当前我国停止征收此项税种。

（15）财务费用　按国家有关规定及金融机构服务收费标准计算。

（16）预备费

① 基本预备费按如下公式计算：

$$基本预备费＝计算基础×基本预备费率$$

其中　计算基础＝（工程费用＋建设单位管理费＋临时设施费＋研究实验费＋生产准备费＋土地使用费＋勘察设计费＋生产用办公生活家具购置费＋化工装置联合试运转费＋环境影响评价费＋工程保险费＋引进技术和进口设备其他费）基本预备费率按 8％计算。

② 工程造价调整预备费，需根据工程的具体情况、国家物价涨跌情况科学地预测影响工程造价的诸因素的变化（如人工、设备、材料、利率、汇率等），综合取定此项预备费。

（17）经营项目铺底流动资金　是将流动资金的 30％作为铺底流动资金。

（七）工程概算编制示例

以下通过某技改工程项目概算对工程概算的编制过程作一简要说明，该工程项目总概算见表 8-5。

表 8-5　总概算

建设项目名称：某技改工程

序号	主项号	工程和费用名称	概算价值/万元				价值合计		占总值百分率/%
			设备购置费	安装工程费	建筑工程费	其他费用	人民币/万元	含外汇/万美元	
		第一部分　工程费用							
	一	主要生产项目							
1		××装置(生产车间)	408.26	160.7	96.12		665.08		49.36
2		冷冻装置	43.69	6.03	16.45		66.17		4.91
3		集中控制室	80.35	26.32			106.67		7.92
		小计	532.3	193.05	112.57		837.92		62.19
	二	辅助生产项目							
4		分析化验室	26.6	3.2			29.8		2.21
5		机修	18.45	2.0			20.45		1.52
		小计	45.05	5.2			50.25		3.73
	三	公用工程项目							
6		供排水		14.56			14.56		1.08
7		供电及电讯	89.65	28.12			117.77		8.74
8		供汽		16.25			16.25		1.2
9		总图运输			11.36		11.36		0.84
10		厂区外管		8.98			8.98		0.67
		小计	89.65	67.91	11.36		168.92		12.54
	四	服务性工程项目							
	五	生活福利工程项目							
	六	厂外工程项目							
		合计	667	266.16	123.93		1057.09		78.45
七		第二部分　其他费用							
1		建设单位管理费				21.14	21.14		1.57
2		生产准备费				8.46	8.46		0.63
3		土地使用费							
4		勘察设计费				31.7	31.7		2.35
5		办公与生活家具购置费				6.24	6.24		0.46
6		联合试运转费				32	32		2.37
		合计				99.54	99.54		7.39
八		第三部分　总预备费							
1		基本预备费				92.53	92.53		6.87
2		涨价预备费				52.05	52.05		3.86
		合计				144.58	144.58		10.73
九		第四部分　专项费用							
1		投资方向调节税							
2		建设期货款利息				46.23	46.23		3.43
		合计				46.23	46.23		3.43
	十	总概算价值	667	266.16	123.93	290.35	1347.44		100
	十一	铺底流动资金(不构成概算价值)							

概算编制过程说明：

（1）编制总概算之前，先要进行单位工程概算，如本项目中对主要生产车间、冷冻系统、集中控制室、各辅助生产项目和各公用工程项目等进行单项概算。

（2）各单位工程概算中的设备购置费根据设备单价和设备台（套）数及运杂费用等计算得出（通常以设备一览表为依据）。安装工程费包括安装材料及安装费用等。安装费用按设备安装工程定额等计算。建筑工程费根据建筑物、构筑物的设计工程量及建筑工程概算定额等计算。

（3）本工程集中控制室、分析化验室和机修等均设置于主生产车间厂房内，故建筑工程费未单列。

（4）本工程为某大型化工企业内的技改项目，服务性工程项目、生活福利工程项目和主要公用工程项目均利用企业内原有设施，建设用地为企业内原有闲置土地。所以，本概算均未列入。

（5）建设单位管理费按工程费用的2％计。生产准备费主要为生产人员培训费。

（6）勘察设计费为本建设项目提供项目建议书、可行性研究报告及设计文件所需费用（含工程咨询、评价等）。

（7）基本预备费率以8％计。

（8）投资方向调节税国家当前停征。建设期货款利息根据建设期间贷款年利率计算。

（9）铺底流动资金。按规定以流动资金（年）的30％作为铺底流动资金，列入总概算表。但该项目不构成建设项目总造价（即总概算价值）。

第二节　化工设计工程的综合技术经济指标

评价化工工程设计成果技术上的先进性与经济上的合理性是通过对该工程的综合技术经济指标的分析来进行的，这些技术经济指标提供给人们一个量化概念。通常作为化工设计说明书，有一章专门论述"技术经济"，并且列出设计工程综合技术经济指标（见表8-6）。

表8-6　设计工程综合技术经济指标

序　号	指　标　名　称	单　位	数　量	备　注
1	设计规模	t/年		
2	原料及动力消耗	（以单位产品计）		
3	产品设计能力及规格			
4	"三废"排放量			
5	定员	人		对改扩建只需列出增加定员
6	总投资	万元		
	其中，外汇	万美元		
7	基建投资指标			
	①按主要产品计	元/(年·t)		
	②按总产值计	元/万元		
8	全厂总产值	万元/年		
9	年操作日			
10	产品单位成本	元/t		
	产品工厂成本	万元/年		
11	贷款偿还期	年		自基础建设之日起
12	投资利税率			
13	投资利润率			
14	生产车间建筑面积	m²		如系扩建工程,填写扩建车间
15	能耗指标			

第三节 投资与产品成本估算

一、投资估算

投资估算是在对项目的建设规模、产品方案、工艺技术及设备方案、工程方案及项目实施进度等进行研究并基本确定的基础上，估算项目所需资金总额（包括建设投资和流动资金）并测算建设期分年资金使用计划。投资估算是拟建项目编制项目建议书、可行性研究报告的重要组成部分，是技术经济分析和评价的基础资料之一，也是项目投资决策的重要依据。

（一）投资估算的作用

（1）项目建议书阶段的投资估算是多方案比选，优化设计，合理确定项目投资的基础，是项目主管部门审批项目建议书的依据之一，并对项目的规划、规模起参考作用，从经济上判断项目是否应列入投资计划。该阶段工作比较粗略，投资额的估计一般是通过与已建类似项目的对比得来的，因而投资估算的误差率在30%左右。

（2）项目可行性研究阶段的投资估算是项目投资决策的重要依据，是正确评价建设项目投资合理性，分析投资效益，为项目决策提供依据的基础。初步可行性研究阶段投资估算误差率一般要求控制在20%左右。详细可行性研究阶段投资估算的误差率应控制在10%以内。

（3）项目投资估算对工程设计概算起控制作用，它为设计提供了经济依据和投资限额，设计概算不得突破批准的投资估算额。投资估算一经确定，即成为限额设计的依据，用以对各设计专业实行投资切块分配，作为控制和指导设计的尺度或标准。

（4）项目投资估算是进行工程设计招标、优选设计方案的依据。

（5）项目投资估算可作为项目资金筹措及制订建设贷款计划的依据，建设单位可根据批准的投资估算额进行资金筹措向银行申请贷款。

（二）投资估算原则

投资估算是拟建项目前期可行性研究的重要内容，是经济效益评价的基础，是项目决策的重要依据。估算质量如何，将决定着项目能否纳入投资建设计划。因此，在编制投资估算时应符合下列原则。

（1）实事求是原则 从实际出发，深入开展调查研究，掌握第一手资料，不能弄虚作假。

（2）合理利用资源、效益最高原则 市场经济环境中，利用有限经费，有限的资源，尽可能满足需要。

（3）尽量做到快、准的原则 一般投资估算误差都比较大。通过艰苦细致的工作，加强研究，积累的资料，尽量做到又快，又准拿出项目的投资估算。

（4）适应高科技发展的原则 从编制投资估算角度出发，在资料收集、信息储存、处理使用以及编制方法选择和编制过程应逐步实现计算机化，网络化。

（三）项目投资的构成

建设项目的总投资是指项目建成及投入生产并连续运行所需的全部资金，它主要由固定资产投资、建设期贷款利息、固定资产投资方向调节税（暂停征收）和流动资金等构成，如表8-7所示。

表 8-7　建设项目投资构成

建设项目总投资	（一）固定资产投资	1. 工程费用	①设备、工器具购置费
			②建筑安装工程费
		2. 工程建设其他费用	
		3. 总预备费	①基本预备费
			②价差预备费
	（二）建设期贷款利息		
	（三）投资方向调节税	（暂停征收）	
	（四）流动资金		

二、产品成本

（一）有关成本概念

1. 产品成本

产品成本是生产和销售产品所消耗的活劳动和物化劳动的总和，即企业所支出的生产资料费用、工资费用和其他费用的总和。

2. 生产成本

生产成本是按制造成本法核算的产品成本，亦称为制造成本，是企业在生产单位（车间、分厂）内为生产和管理而支出的各种耗费，主要有原材料、燃料和动力、生产工人工资和各项制造费用。

3. 经营成本

经营成本是项目运营期间的生产经营费用，指项目总成本中扣除固定资产折旧费、无形资产及递延资产摊销费和贷款利息支出以后的全部费用。

4. 固定成本

固定成本是指在一定生产规模限度内不随产品产量增减而变化的费用，如固定资产折旧费、修理费、管理人员工资及福利费、办公费、差旅费等。这些费用的特点是产品产量发生变化时，费用总额保持不变，但将该部分成本分摊到单位产品中，则单位产品的固定成本是可变的，并与产品产量呈反比变化。

5. 可变成本

可变成本亦称为变动成本，是指随产量增减而变化的费用，如直接材料费、直接燃料和动力费等。这些费用的特点是当产品产量变动时，费用总额成比例地变化，反映在单位产品成本中的费用是固定不变的。

此外，产品成本按管理环节和计算范围之不同，可分为车间成本、工厂成本和销售成本等。

（二）产品成本的构成

在项目经济评价中，为便于计算，通常按照各费用要素的经济性质和表现形态将总费用分成以下几部分。

（1）外购材料费　包括预计消耗的原材料、辅助材料、备品配件、外购半成品、包装物、低值易耗品的费用以及其他材料费用。

（2）外购燃料及动力费　包括直接材料费中预计消耗的外购燃料及动力费、制造费、管理费以及销售费用中的外购水电费等。

（3）工资及福利费　包括企业或项目所有人员的工资及福利费。

$$工资及福利费＝职工总人数×人均年工资指标（含福利费）$$

（4）折旧费　是固定资产在使用过程中逐渐损耗的那部分价值。影响折旧额大小的因素主要有折旧基数、固定资产净残值、使用年限。折旧费的计算方法通常有直线折旧法（又称平均分摊法）、年数总和法和双倍余额递减法等。

（5）摊销费　指无形资产和递延资产的摊销费用。

（6）修理费　是指为恢复固定资产原有生产能力，保持其原有使用效率，对固定资产进行修理或更换零部件而发生的费用。它包括制造费用、管理费用和销售费用中的修理费。固定资产修理费一般按固定资产原值的百分比计提，提取比例可根据经验数据、行业规定或参考同类企业的实际数据加以确定。其计算公式为：

$$修理费＝固定资产原值×计提比率$$

（7）利息支出　生产经营期间发生的利息净支出、汇兑损失以及相关的金融机构手续费。包括长期借款和短期借款利息。

（8）其他费用　是制造费用、管理费用和销售费用之和中扣除上述计入各科目的费用后其他所有费用的统称。

（三）产品成本的估算

某产品成本估算见表 8-8。

表 8-8　某单位产品成本估算

序号	费用名称	费用/元		备注
		生产负荷 80%	生产负荷 100%	
1	外购原材料	6594	6594	
2	外购燃料、动力	2180	2180	
3	工资及福利费	3830.4	3064.32	
4	折旧费	1031.78	825.42	
5	修理费	412.71	330.17	
6	摊销费	133.38	106.7	
7	财务费用	1647	1317.6	
8	其他费用	2282.16	1825.73	
9	总成本费用	18111.43	16243.94	
	其中:固定成本	9337.43	7469.94	
	可变成本	8774	8774	
	经营成本（9－4－6－7）	15299.27	13994.22	

产品成本估算说明：

① 外购原材料及燃料、动力费用根据外购材料消耗定额、单价等计算，其计算公式为：

$$外购材料费＝主要外购材料消耗定额×单价＋辅料及其他材料费$$

② 外购燃料、动力费用根据外购燃料及动力消耗定额、单价等计算，其计算公式为：

$$外购燃料及动力费＝主要外购燃料及动力消耗定额×单价＋其他外购燃料及动力费$$

③ 工资及福利费按车间定员和人平均工资计算，职工福利基金按人平均工资 14%

提取。

④ 折旧按平均年限法计算，固定资产原值为 260.66 万元，折旧年限为 10 年，残值率为 5%。

⑤ 修理费按年折旧额的 40% 提取。

⑥ 无形资产为 32 万元，按 10 年摊销。

⑦ 财务费用按流动资金额及其利息计算。

⑧ 其他费用中销售费用按产品售价的 1.5% 提取，其余费用按人均工资及福利费的 35% 提取。

（四）产品成本与企业利润、税金和销售收入之间的关系

利润是反映项目经济效益状况的最直接、最重要的一项综合指标。产品成本与利润、税金和销售收入之间的关系见表 8-9。

表 8-9 产品成本与企业利润、税金和销售收入之间的关系

项　目	计 算 分 项	项　目	计 算 分 项
1. 总成本费用	①原材料及燃料、动力费用；②工资及福利费；③折旧费；④修理费；⑤摊销费；⑥利息支出；⑦其他费用	3. 其他税及附加	①资源税；②教育附加；③调节税
		4. 利润总额	①所得税；②税后利润
2. 销售税金	①增值税；②城市维护建设税	销售收入（＝1＋2＋3＋4）	商品单价×销售量

第四节　工程投资经济评价

工程设计概算完成以后要结合项目生产规模、生产成本及产品价格和这些因素在工程项目寿命期内的变化情况，进行综观分析，进而根据分析得到的经济指标，决策该项目在经济方面是否可行，这样的决策过程称为经济分析评价。项目经济分析评价是以时间、金钱和利润三种指标为基准，通常采用静态评价和动态评价两类评价方法。

一、静态评价方法

在评价项目经济效益的指标中，一类不考虑资金时间价值的指标，称之为静态评价指标。而利用静态评价指标对技术方案进行评价的方法，则称为静态评价方法。静态评价指标主要包括投资收益率、静态还本期和累计现金价值等。

（一）投资收益率（简称 ROI）

投资收益率的定义是年平均利润总数与项目投资之比。由于利润可以是指净利、净利与折旧之和、净利与各种税金之和，因而得到的投资收益率有投资利润率、投资利税率及资本金利润率之区别。

1. 投资利润率

投资利润率是指项目达到正常设计生产能力的年利润总额或项目生产期内年平均利润总额与项目总投资额的比率。计算公式为：

$$投资利润率 = \frac{年利润总额或年平均利润总额}{总投资} \times 100\%$$

年利润总额＝年产品销售收入－年总成本费用－年销售税金及附加

总投资＝固定资产投资＋建设期利息＋流动资金＋固定资产投资方向调节税

　　计算出的投资利润率应与部门或行业的平均投资利润率进行比较，若项目的投资利润率高于或等于部门或行业的平均投资利润率，则认为项目在经济上是可以接受的。

2. 投资利税率

投资利税率是指项目达到设计正常生产能力的年利税总额或项目生产期内的年平均利税总额与总投资的比率。其计算公式为：

$$投资利税率=\frac{年利税总额或年平均利税总额}{总投资}\times100\%$$

$$年利税总额=年利润总额+年销售税金及附加$$
$$=年产品销售收入-年总成本费用$$

投资利税率高于或等于行业基准投资利税率时，说明项目可以采纳。

3. 资本金利润率

资本金利润率是利润总额占资本金总额的百分比，它反映了投资者每百元（或千元、元）投资所取得的利润。资本金利润率越高，说明企业资本金的利用效果越好，企业资本金盈利能力越强；反之，则说明资本金的利用效果不佳，企业资本金盈利能力越弱。

$$资本金利润率=\frac{年利润总额或年平均利润总额}{资本金总额}\times100\%$$

式中资本金总额指的是项目的全部注册资金。

（二）静态还本期

　　这是经济分析评价的时间指标。静态还本期定义是全部投资靠该项目收益加以回收所需要的时间。我国所指全部投资，包括固定投资资金和流动投资资金。对回收期规定从项目投资开始时算起，即包含了项目建设期，评价时还应注明自投产开始时算起的投资回收期。

（三）累计现金价值

　　这里需要引进现金流通图这一概念。它是指在工程设计时预见该项目在寿命期间内任何时刻的现金流通情况，可以用现金流通图来表示，从该图可以直接读出任一时刻项目预计的现金位值。图 8-1 是一个新建化工企业的典型累计现金流通图。在曲线图中，把支出看作负现金流通，把收入看作正现金流通。显然，工程项目从时刻 0 开始，此时现金位值为 0，随工程项目开始进行，资金用于勘察设计、土建工程、设备材料采购、安装工程等建设工作展开时，负现金流通愈来愈多。当建设完成时，投入流动资金并开始投产运行，到达 B 点开始产出销售，随着销售收入超过生产经营

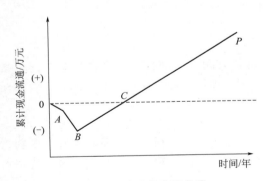

图 8-1　累计现金流通曲线

成本，曲线开始上升，曲线通过累计现金流通值为 0 处，即所得收入刚好与以前用于该项目的支出相平衡、这一点称为盈亏平衡点。随着项目继续运行，累计正现金流通位值持续增加。到项目寿命终止时，由于回收流动资金和工厂残值，还可以收入最后一笔现金流通。

　　作出现金流通图给人以形象、直观的累计现金流通运行轨迹，从图 8-1 可知该项目在任一时刻的累计现金位值以及盈亏平衡点是何一时刻。

二、动态评价方法

静态评价方法简单、明了、形象，但由于它只考虑了资金的当前价值，没有考虑到资金随着时间推移而产生时间价值的变化。通常主要用于项目可行性研究初始阶段的粗略分析和评价以及技术方案的初选阶段。要对投资决策进行更精确更进一步的经济分析，必须把在不同时间发生的现金流通，按照同一时间基准进行换算，然后在相同的基准上进行比较与评价，这种考虑到资金时间价值的分析评价称为动态评价方法，其主要评价指标有净现值、净现值比、折现现金流通收益率和动态还本期等。

（一）净现值

净现值法是将现金流通的每个分量根据它发生的时刻计算其折现因子和现值，并将项目在寿命期内的每个分量现值加和，得到该项目的净现值（简称 NPV）。若 $NPV>0$，表示在规定的折现率下，项目有盈利；若 $NPV<0$，则表示在规定的折现率下，项目是亏损的，该方案不可取。对多个设计方案，计算的 NPV 均大于 0，则应取其中较大者。

（二）净现值比

因为净现值不能反映所得净现值是多少投资所产生的，为了得出单位投资可得到多少净现值，所以引入了净现值比（简称 $NPVR$）这个概念。$NPVR$ 是用净现值除以投资总额现值的比值，可以理解为它是考虑了金钱的时间价值的投资收益率。

（三）折现现金流通收益率

折现现金流通收益率（简称 $DCFRR$）又名内部收益率，其定义是使该项目的净现值为 0 时的折现率，也即当贷款利率为 $DCFRR$ 时，该项目在整个寿命期内的全部收益刚够偿还本息。因此 $DCFRR$ 是表示工程项目的借贷资金所能负担的最高利率。当一个工程项目有多个方案，且用 $DCFRR$ 作为评价准则时，得到最大 $DCFRR$ 的方案就是这些方案中最佳的方案，显然可行的方案是其 $DCFRR$ 必须等于或大于贷款利率。

以上三种动态评价准则，NPV 着眼于投资的总经济效益，而 $NPVR$ 与 $DCFRR$ 是考虑了单位投资的效益，因此当投资目标是为了获取最大利润时，应以 NPV 作为投资的决策准则，如果资金有限，为了把它分配给最有效使用资金的项目时，用 $NPVR$ 或 $DCFRR$ 准则是合适的。

（四）动态还本期

动态评价方法中还有第四种基准，即动态还本期。当投资者特别关注投资的回收速度时，且要考虑金钱的时间价值，就需采用动态还本期法。根据静态还本期的定义，以投资开始的年份为基准，我们将静态评价方法中的各现金流通考虑资金的时间价值而乘以折现因子，得到折现现金流通量。然后按还本期的定义，从所算得各个时间的累计折现现金流通量列表中的数字，可以找到该项目的累计折现现金流通量从负值转变为正值的那一时刻，即对应累计折现现金流通为零的那一时刻就是动态还本期。显然动态还本期要比静态还本期时间长，因为前者考虑了金钱的时间价值。

第五节　计算机在化工经济评价中的应用

工程设计概算完成以后，从财务管理的范畴来讲，就要进行投资决策，换句话说，就是要进行经济分析、评价，为要快速、准确、全面、科学地对项目投资进行决策，必须采用计算机辅助管理手段。Excel 具有强大的数据处理与分析功能，用户可以通过多种途径获取各种数据库信息，极大地方便了数据的获取，扩大了管理中的应用范围，它提供了大量的函数，用户可以利用这些函数功能进行计算和分析，大大提高了工作效率，增加了运算的准确性。将基本数据输入到工作表，创建公式并设置好格式后，应用 Excel 丰富的计算、分析工具和灵活多样的表达方式，建立起各种分析和决策模型，它能提供的这些分析工具及决策模型能有效地帮助用户进行预测和决策。

一、净现值（NPV）

项目投入生产后各年的净现金流量，按企业要求的贴现率折算为现值，减去投资现值后的余额，即为净现值。

1. 计算公式

$$NPV = \sum_{j=1}^{n} \frac{value_j}{(1+rate)^j} - C$$

式中，$value_j$ 为项目第 j 年的收入或支出，$j=1 \sim n$ 年；$rate$ 为贴现率；C 为项目的投资现值。

2. 语法

$$NPV(rate, value_1, value_2, value_3, \cdots, values_j)$$

3. 参数

$value_1, value_2, value_3, \cdots, value_j$ 为项目 $1, 2, 3, \cdots, j$ 笔收入或支出的参数值；
$rate$ 为贴现率。

【**例 8-1**】 某公司投资一精细化工产品，共有三种固定资产投资方案。A、B 两种方案一次性投资均为 40 万元，经济寿命为 4 年。但 A 方案在期末有残值 2 万元，B 方案期末有残值 40000 元。C 方案的一次投资为 30 万元，经济寿命为 3 年，期末无残值。假定贴现率为 15%，各方案的现金流量数据如图 8-2 所示。试确定各方案的优劣。

B8		▼	f_x	=NPV(15%, 195000, 195000, 195000, 195000+20000)					

例8-1.xls									
	B	C	D	E	F	G	H	I	J
1		A投资方案			B投资方案			C投资方案	
2	净利	折旧	合计	净利	折旧	合计	净利	折旧	合计
3	100000	95000	195000	70000	90000	160000	90000	100000	190000
4	100000	95000	195000	80000	90000	170000	70000	100000	170000
5	100000	95000	195000	90000	90000	180000	60000	100000	160000
6	100000	95000	195000	100000	90000	190000			
7									
8	¥568,155.85			¥517,531.03			¥398,964.41		
9	¥68,155.85		NPV=	¥17,531.03		NPV=	¥98,964.41		
10									

图 8-2 计算三种方案的 NPV 值

在 B8 单元格中输入：$=NPV$（15%，195000，195000，195000，195000＋20000），回车得到 A 方案的现值＝568155.85；在 B9 单元格中输入：$\$B\$8-500000$，回车得到 A 方案的净现值＝68155.85。

用同样的方法可求得 B 方案和 C 方案的净现值分别为 17513.03 和 98964.41。显然，C 方案最优，B 方案其次，A 方案最差。

二、内部收益率（IRR）

内部收益率又称内部报酬率，它是项目的净现值为 0 时的贴现率。当一个项目的内部收益率大于或等于企业要求的报酬率（或银行利率）时，则项目可取；否则不可取。

1. 计算公式

$$NPV = \sum_{j=1}^{n} \frac{value_j}{(1+IRR)^j} - C = 0$$

2. 语法

$$IRR(value_j, guess)$$

3. 参数

$value_j$ 为第 j 年的现金流量（收入或支出）；

$guess$ 为内部收益率计算结果的估计值。

【例 8-2】　某石油化工项目需要投资 70000 万元，投产后预计五年的净收益分别为 12000 万元、15000 万元、18000 万元、21000 万元和 21000 万元。假设内部收益率必须高于银行利率 6.8%。试计算内部收益率。

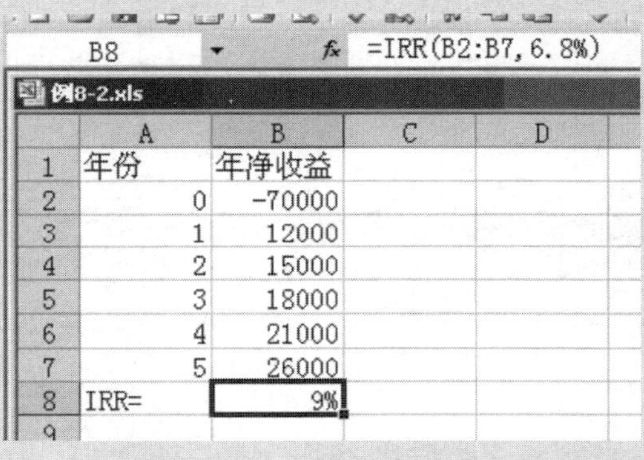

		B8	▼	ƒx	=IRR(B2:B7,6.8%)

例8-2.xls

	A	B	C	D
1	年份	年净收益		
2	0	-70000		
3	1	12000		
4	2	15000		
5	3	18000		
6	4	21000		
7	5	26000		
8	IRR=	9%		

图 8-3　计算内部收益率

在 B8 单元格内输入：＝IRR（B2：B7，6.8%），回车，见图 8-3，即得内部收益率 IRR＝9%。

计算结果表明，项目的内部收益率(9%)略高于银行利率(6.8%)，项目经济效益尚可。

三、盈亏平衡分析

盈亏平衡分析是指以特定的投资项目为对象，通过计算盈亏平衡点来判断投资项目的风险大小。根据是否考虑资金的时间价值，投资项目的盈亏平衡分析又分为静态盈亏平衡分析和动态盈亏平衡分析。

（一）静态盈亏平衡分析

静态盈亏平衡分析是指不考虑资金时间价值的情况下，计算投资项目的盈亏平衡点，并在此基础上对投资项目的风险作出判断。静态盈亏平衡点又称保本点，有下列三种不同的表示方法：

盈亏平衡点销售量＝固定成本÷（单价－单位变动成本）

盈亏平衡点销售额＝固定成本÷（单价－变动成本率）

盈亏平衡点作业率＝盈亏平衡点销售量÷投资项目的计划产销量

（二）动态盈亏平衡分析

动态盈亏平衡分析是指考虑资金时间价值和所得税等因素的情况下，通过计算项目净现值为零时的销售量或销售额对投资项目的风险作出判断。

当各年的产品销售量、单价、单位变动成本、付现固定成本及折旧（按平均年限法计提折旧）相同且不考虑残值回收时盈亏平衡点销售量可按下式计算：

$$Q^{*}=\frac{F_C+\left(\frac{n}{PVIFA_{i,n}}-T\right)\frac{D}{1-T}}{p-v}$$

式中，$PVIFA_{i,n}$为年金现值系数，$PVIFA_{i,n}=\frac{(1+i)^n-1}{i(1+i)^n}$；$F_C$ 为各年的付现固定成本；n 为项目的寿命期；T 为所得税率；D 为各年的折旧额；p 为各年的产品单价；v 为单位变动成本。

【例 8-3】 某企业投资生产一种新的塑料制品，项目总投资 500 万元，项目寿命 10 年，期末无残值，采用平均年限法折旧。预计项目投产后每年可销售 95000 件制品，产品单价 45 元/件，单位变动成本 25 元/件，年付固定成本 60 万元，企业的基准收益率为 15%，所得税率为 33%。

试计算项目的静态保本点销售量和动态保本点的销售量。

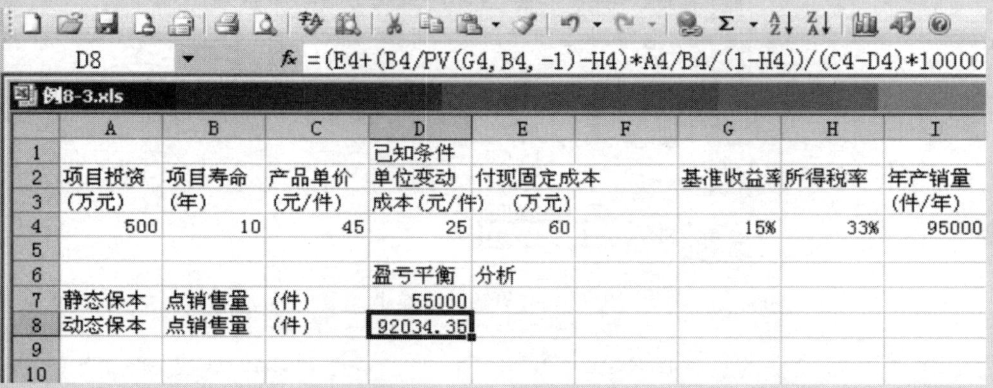
D8 =(E4+(B4/PV(G4,B4,-1)-H4)*A4/B4/(1-H4))/(C4-D4)*10000

例8-3.xls

	A	B	C	D	E	F	G	H	I
1				已知条件					
2	项目投资	项目寿命	产品单价	单位变动	付现固定成本		基准收益率	所得税率	年产销量
3	(万元)	(年)	(元/件)	成本(元/件)	(万元)				(件/年)
4	500	10	45	25	60		15%	33%	95000
5									
6				盈亏平衡	分析				
7	静态保本	点销售量	(件)	55000					
8	动态保本	点销售量	(件)	92034.35					
9									
10									

图 8-4　盈亏平衡点计算

在 D7 单元格输入：=E4/(C4−D4) * 10000，回车，得静态保本点销售量=55000（件）；

在 D8 单元格输入：=E4+(B4/PV(G4,B4,−1)−H4) * A4/B4/(1−H4))/(C4−D4) * 10000，见图 8-4，回车，得动态保本点销售量=92034.35（件）。

由于考虑了资金的时间价值，动态盈亏平衡点销售量远大于静态盈亏点平衡销售量。

四、敏感性分析

评价投资项目的净现值、内部收益率等指标是根据产品销售量、产品单价、单位变动成本、付现固定成本、项目寿命、基准收益率等有关参数的预测值计算得到的。由于各种原因，这些参数很可能预测不准，导致项目实施过程中某些参数值的实际值远远偏离预测值，必然会对项目的净现值、内部收益率等指标产生影响，甚至可能导致投资失败。为此，必须分析某些因素预计不准时对投资项目的经济效益的影响进行分析，即对投资项目进行敏感性分析。

下面举例说明单因素敏感性分析的方法。

【例8-4】 某化工项目的预测数据见图8-5。先按各因素的预测值计算出基础方案的净现值；然后分别对每年销售收入、每年付现成本、固定资产投资、折现率变化时对项目净现值的影响，变化范围为-40%～+40%，间距为10%。

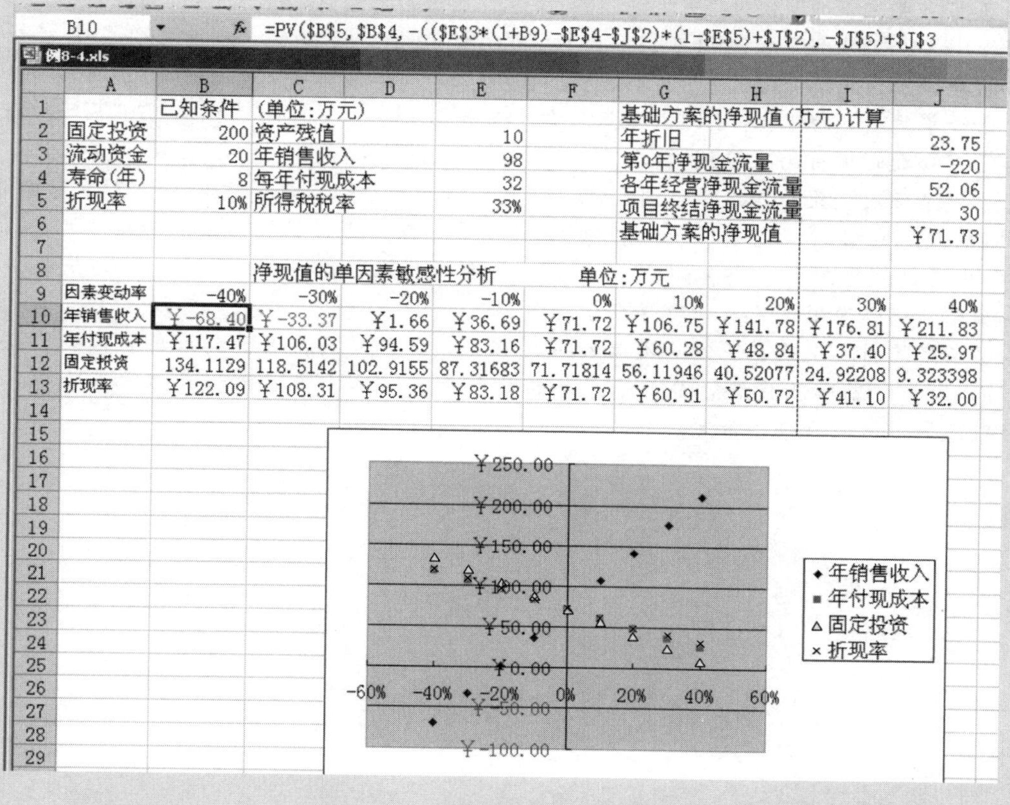

B10 　 fx =PV($B$5,$B$4,-(($E$3*(1+B9)-$E$4-$J$2)*(1-$E$5)+$J$2), -$J$5)+$J$3

例8-4.xls

	A	B	C	D	E	F	G	H	I	J
1		已知条件	(单位:万元)				基础方案的净现值(万元)计算			
2	固定投资	200	资产残值		10		年折旧			23.75
3	流动资金	20	年销售收入		98		第0年净现金流量			-220
4	寿命(年)	8	每年付现成本		32		各年经营净现金流量			52.06
5	折现率	10%	所得税率		33%		项目终结净现金流量			30
6							基础方案的净现值			¥71.73
7										
8			净现值的单因素敏感性分析				单位:万元			
9	因素变动率	-40%	-30%	-20%	-10%	0%	10%	20%	30%	40%
10	年销售收入	¥-68.40	¥-33.37	¥1.66	¥36.69	¥71.72	¥106.75	¥141.78	¥176.81	¥211.83
11	年付现成本	¥117.47	¥106.03	¥94.59	¥83.16	¥71.72	¥60.28	¥48.84	¥37.40	¥25.97
12	固定投资	134.1129	118.5142	102.9155	87.31683	71.71814	56.11946	40.52077	24.92208	9.323398
13	折现率	¥122.09	¥108.31	¥95.36	¥83.18	¥71.72	¥60.91	¥50.72	¥41.10	¥32.00

图例：◆年销售收入　■年付现成本　△固定投资　×折现率

图 8-5　净现值的单因素敏感性分析

首先计算基础方案的净现值。

计算年折旧：在J2单元格中输入"=(B2-E2)/B4"，回车，得23.75。

计算第0年的净现金流量：在J3单元格中输入"=-(B2+B3)"，回车，得-220。

计算各年经营净现金流量：在J4单元格中输入"=(E3-E4-J2)*(1-E5)+J3"，回车，得52.06。

计算项目终结时净现金流量：在J5单元格中输入"=B3+E2"，回车，得30。

计算基础方案的净现值：在J6单元格中输入"=PV(B5，B4，-J4，-J5)+J3"，回车，得71.73。

计算各因素减少40%（即-40%）时项目的净现值。

在B10单元格中输入"=PV($B$5，$B$4，-(($E$3*(1+B9)-$E$4-$J$2)*(1-$E$5)+$J$2)，-$J$5)+$J$3"，回车，得每年销售收入减少40%时项目的净现值为-68.40。

在B11单元格中输入"=PV($B$5，$B$4，-(($E$3-E4*(1+B9)-$J$2)*(1-$E$5)+$J$2)，-$J$5)+$J$3"，回车，得年付现成本减少40%时项目的净现值为117.47。

在 B12 单元格中输入 "=PV($B$5，$B$4，−(($E$3−$E4)*(1−$E$5)+$E$5*($B$2*(1+B9)−$E$2)/$B$4)，−$J$5)−$B$2)*(1+B9)−$B$3"，回车，得固定投资减少 40% 时项目的净现值为 134.1129。

在 B13 单元格中输入 "=PV($B$5*(1+B9)，$B$4，−(($E$3−$E4−$J$2)*(1−$E$5)+$J$2)，−$J$5)+$J$3"，回车，得折现率减少 40% 时项目的净现值为 122.09。

选择单元格区域 B10：B13，将其向右复制一直至单元格 J10：J13，则可得到各因素为其他百分数时项目的净现值。

单击"插入"菜单，选择"图表（H）"选项，打开"图表向导之图表类型"选项框，选"XY 散点图"，点"下一步"，打开"图表向导之图表源数据"选项框，在"数据区域（D）"中选择"$A$9：$J$13"，点中"系列产生在：⊙行（R）"，点"下一步"，点"完成"，即得到净现值单因素敏感性分析图 8-5。

每条线的斜率反映了所对应因素的敏感程度，斜率越大，因素的敏感性越强。从图 8-5 可以看出，敏感性最强的因素是每年的销售收入，其次为固定投资额，再次为折现率，敏感性最弱的为每年付现成本。

第九章　毕业设计

第一节　毕业设计的目的和要求

工程设计是工程师工作实践中最富创造性的内容。设计能力不同于理论分析能力、表达能力和动手能力，它是一种如何将思维形式的知识转化为客观上尚未存在而可以实现的物质实体的创造能力，即不仅是认识客观而且是创造客观的能力。因此，毕业设计是高等教育实现培养目标的重要教学环节。

一、毕业设计的目的

本科毕业设计的基本教学目标是培养学生综合运用所学的基础理论、专业知识和基本技能，提高分析问题、解决问题的能力和初步进行工程设计的能力，培养优良的思想品质和探求真理的科学精神，提高综合素质。即应达到如下具体目的。

（1）通过毕业设计的训练，使学生进一步巩固加深所学的基础理论、基本技能和专业知识，使之系统化、综合化。

（2）在毕业设计中着重培养学生独立工作、独立思考并运用已学的知识解决实际工程技术问题的能力，结合课题的需要更注意培养学生独立获取新知识的能力。

（3）通过毕业设计加强对学生计算、绘图、编辑设计文件、使用规范化手册等最基本的工作实际能力的培养。

（4）通过毕业设计的训练，使学生树立起具有符合国情和生产实际的正确设计思想和观点，树立起严谨、负责、实事求是、刻苦钻研、勇于探索并具有创新意识及与他人合作的工作作风。

二、对毕业设计的要求

为了使化工类本科毕业设计既达到教学的基本训练的目的，又能使学生对工程实际问题有初步的认识和了解，毕业设计应达到如下基本要求。

（1）掌握化工车间（装置）生产过程设计的基本要求及主要内容，掌握设计原则，了解车间（装置）布置内容、布置设计方法和布置应遵循的原则。

（2）论证设计方案，确定设计流程及方法，掌握化工过程的物料衡算、热量衡算以及主要工艺设备（如反应器、分离设备、换热器等）的设计原则和方法。

（3）基本掌握过程和设备的物料参数（如温度、压力、流量、液位等）控制指标的确定方法和控制方案。

（4）掌握绘制物料流程图、带控制点的工艺流程图、设备布置图及主要设备图的方法、要求和标准。

（5）初步掌握投资与成本估算及经济评价的基本内容和主要方法，了解经济分析与评价在工程设计决策中的意义。

（6）对水、电、汽（气）等公用工程有所了解，并能使所设计的工程项目与公用工程相互匹配。

（7）提出所设计工程项目对环境保护、安全卫生方面的要求，并能与有关部门（或专业）共同商讨解决办法和实施方案。

（8）初步掌握撰写设计说明书的基本内容和方法。

（9）应尽量运用有关计算机软件进行工程计算、绘图及文字输入编辑。

第二节　毕业设计的指导

一、毕业设计的选题

毕业设计的选题应符合培养目标，确保达到该专业毕业设计的基本要求。

（1）毕业设计课题的范围应符合学生在校所学理论知识和实践技能的实际情况，尽可能反映现代科学技术发展水平。毕业设计选题要注重课题的实用性与科学性，课题应尽可能结合生产和科研实际任务，促进教学、科研、生产的有机结合。

（2）题目难易要适当，题量要合理，过程要完整，使学生经过努力能够完成。对于学习较好的学生，可适当加大题量与难度。

（3）选题不一定一人一题，每个题目都必须有充分的文献、资料，数据规范等依据。同一设计课题多人合作完成的，参加的学生应有合理而明确的分工，又要有合作的结合点，培养学生的团队精神。

（4）鼓励各专业互相结合，不同专业的教师学生协同完成学科交叉领域的毕业设计工作，开阔学生眼界，促进学科间的相互渗透。

下列课题不宜安排学生做毕业设计。

① 课题偏离专业培养目标。

② 课题范围过专、过窄或课题内容简单，达不到综合训练的目的。

③ 课题范围过宽泛或过难，在规定时间内难以完成或取得阶段成果。

毕业设计备选课题应在四年第一学期（秋季）由指导教师提出，院（系）对备选课题审查通过后向学生公布，由学生自主选择，便于学生在四年第一学期完成文献调研和设计方案论证。

毕业设计题目最好不要太具体而是开放式的，只给定大概的设计内容（例如设计一套氯乙烯生产装置），至于生产规模、生产工艺（乙烯法还是乙炔法）、厂址及设备等均由学生通过调查研究和分析论证后自己确定。

提倡学生根据自己的兴趣特长和就业意向自选毕业设计题目，经指导教师（或院系）同意后实施。对自选毕业设计题目，可以采用"导师负责，联合指导"的方式，即校内导师对设计方案、设计进程和设计成果负责指导和审核，校外导师负责毕业设计的具体实施。这样能充分调动学生的主观能动性和自主创新的积极性。

二、毕业设计的指导书

课题确定后，指导教师应认真填写毕业设计任务书，并提前落实到学生，同时报院（系）备案。课题一经落实不得随意更改，如因特殊情况确需变更，需提出书面报告说明原因，经院（系）主管教学院长（系主任）批准。

指导教师还应根据毕业设计教学大纲和课题性质、任务、要求等，编写出内容详实，要求具体、明确，能起到指导作用的毕业设计指导书。指导书是指导学生进行毕业设计的辅助教材和指导性资料，应包括以下主要内容。

① 毕业设计的目的和作用。

② 毕业设计的任务与要求。

③ 毕业设计的进程与安排。

④ 主要技术数据和参考资料。

指导书应根据课题对学生应完成的文献检索与翻译外文资料、设计的主要技术方案和工艺流程的要求，对经济分析、环保和安全评价及完成工程设计的计算内容和设计图纸及撰写的设计说明书等有明确的要求。

应鼓励学生在毕业设计中提出新的见解，有一定创新意识，对前人的工作有改进或突破。

三、毕业设计的评阅

毕业设计答辩前应由答辩小组一名或一名以上教师对学生的毕业设计进行详细评阅，重点审查学生对基础理论、基本技能和专业知识等综合运用的情况，同时还应审查毕业设计的文字表达、绘图质量、计算与结果分析及计算机运用等方面的情况，特别要考查学生完成课题过程中创造性工作能力与表现。据此写出评审意见并给出成绩。

指导教师应对学生的毕业设计进行全面考核，并给出评语。指导教师考核的主要内容如下。

（1）学生是否较好地掌握课题所涉及的基本理论、基本技能和专业知识。

（2）学生是否具有从事设计或担负专门技术工作的初步能力。

（3）学生是否按指导书或任务书中所提出的要求内容及时间，独立完成了毕业设计各环节所规定的任务。

（4）毕业设计完成的质量及在完成过程中所表现的创造性工作情况。

（5）外文翻译与写作水平及计算机运用能力。

（6）学习态度，毕业设计中所表现出来的工作、学习纪律情况。

（7）答辩情况和口头表达能力及独立工作，独立思考，组织管理能力及与他人合作交往能力。

四、毕业设计的答辩

毕业设计完成后要在规定时间内组织答辩，以检查学生是否达到毕业设计的基本要求和目的。毕业设计答辩的组织工作由院（系）整体负责。专业成立答辩委员会，下设若干答辩小组。答辩小组以 3～7 名具有指导教师资格的成员组成。

答辩前评阅人应根据课题涉及的内容和要求以及有关基本概念、基本理论，准备好不同难度的问题，拟在答辩中提问选用。毕业设计答辩时间安排一般为：学生本人讲解 15～20min，教师提问 10～20min。

各院（系）、各专业在答辩前应制定出统一的答辩程序和关于答辩场地、人员、纪律等方面的规定。

为了避免答辩小组的局限性，保证成绩评定的公平、公正性，建议拟评优和拟评中等以下成绩的学生在全专业范围内进行公开答辩，由全体指导教师评定毕业设计成绩。

五、毕业设计成绩的评定

（1）各专业根据指导教师对学生的评价，结合答辩小组给学生的答辩成绩，参考毕业设计评分标准，初步确定学生的成绩。

（2）学生的毕业设计成绩单应注明设计题目，评分按优、良、中、及格和不及格五级评分。

（3）各院（系）根据各专业上报材料，组织各专业负责人协调平衡学生成绩。成绩的评定必须坚持标准，从严要求。每个自然班成绩优秀学生比例一般在15％左右，不超过20％；优秀和良好的比例控制在50％以下；及格和不及格的学生比例一般不得低于15％。凡工作态度差或未完成规定任务的学生，应从严评分，确实未达到毕业设计的基本目标的，应建议补做或评定为不及格。

评分标准如下。

（1）优秀：凡同时符合以下条件者，给予优秀成绩。

① 根据毕业设计任务书的要求，按计划完成了毕业设计，符合题目要求，并能正确运用所学知识分析和解决实际问题。对方案的制订、设计计算正确，无原则性错误，在某些方面表现出有独立见解和创造性。

② 在设计中，能结合题目查阅和利用有关中外文资料（外文文献译文内容正确），设计的外文摘要规范正确，在上机操作过程中基本技术表现突出。

③ 设计说明书内容符合要求，文字、图表规范，语句通顺，能全面而有重点地说明问题。设计图纸齐全，制图符合规范，图纸质量好。

④ 答辩时，表现出对设计内容掌握得比较深透，对所提问题的回答正确。

（2）良好：凡同时符合以下条件者，给予良好成绩。

① 按计划完成了毕业设计任务书所规定的任务，能综合运用所学知识解决主要问题。对主要方案的制订、设计计算比较正确，但探讨的深度和广度不够，在个别次要问题上有错误。

② 在设计中，能结合题目查阅和利用有关中外文资料（外文文献译文内容正确），设计的外文摘要基本正确，在上机操作过程中基本技术表现尚好。

③ 设计说明书内容基本符合要求，文字、图表规范，语句通顺。设计图纸齐全，制图符合规范，图纸质量较好。

④ 答辩时，表现出对设计内容比较熟悉，对所提问题的回答无原则性错误。

（3）中等：符合下列条件，给予中等成绩。

① 完成了毕业设计任务书所规定的基本内容，符合基本教学要求，对主要方案的制订、设计计算及结果分析基本正确。

② 在设计中，能结合题目查阅中外文资料（外文文献译文内容正确），在上机操作过程中表现出一定的基本技能。

③ 设计说明书文字、图面清楚，语句通顺，但对主要问题理解不深，基本内容论述不当，或有错误。

④ 答辩时，表现出对设计内容尚能掌握，但理解不深，回答问题时表现对基本知识掌握不牢固，在回答一些基本问题上没有重大错误。

（4）及格：符合下列条件，给予及格成绩。

① 基本完成了毕业设计任务书所给定的内容，对主要方案的制订、设计及结果分析无原则性错误，但有个别较大错误。

② 译文内容和语法在非主要问题上有错误，上机操作的基本技能有些欠缺。

③ 设计说明书文字工整，但语句欠通顺，图面质量一般。

④ 答辩时，表现出初步掌握了自己所从事的设计内容，但理解肤浅，有一些原则性错误。

（5）不及格：凡有以下条件之一者，不能参加答辩或给予不及格成绩。

① 不能如期完成毕业设计任务书规定的最低教学要求。

② 在毕业设计中，反映出对设计、计算有重大原则性错误，设计说明书语句不通，图纸不全，图面质量差，不能满足毕业设计最基本的教学要求。

③ 外文翻译能力、上机操作能力明显欠缺。

④ 答辩时，反映出对自己进行的设计中最基本的内容基本不掌握，对有关设计中的基本知识、基本概念模糊不清，没有达到毕业设计教学的最基本要求。

⑤ 设计被确认为抄袭或弄虚作假。

毕业设计成绩在答辩全部结束后，经各专业组审定，院（系）教学院长（系主任）批准，评定成绩报教务处备案。

由于一些院校教师没有工程设计实践经验，教师水平差别较大，建议适当聘请校外化工设计经验丰富的工程技术人员担任毕业设计指导教师，并请他们为学生开设有针对性的化工设计讲座。成立毕业设计指导小组，充分发挥集体智慧，以老带新，取长补短，提高毕业设计水平。

第三节　毕业设计说明书

学生在毕业设计完成后，要编制毕业说明书和绘制工程图纸。说明书和图纸是衡量学生的毕业设计完成与否的主要依据，也是考核毕业设计成绩的根据。因此，在进行毕业设计工作之前，就应先明确说明书所包括的内容，同时也是指导教师对学生的毕业设计要求，便于学生按照设计说明书的要求，安排设计工作计划和进程。

毕业设计说明书应包括以下内容。

一、总论

1. 概述

说明所设计的产品性能、用途和在国民经济中或对人民生活的重要性；该产品的市场需求；简述该产品的生产方法及特点。

2. 文献综述

毕业设计中，首先要查阅文献（国、内外期刊和有关图书），通过从文献中所了解的内容，简述有关该产品的生产试验概况，国内外生产现状和发展趋势等。并附一篇外文资料译文。

3. 设计任务书的依据或项目来源

说明选题情况，是由指导教师指定的课题，还是从生产实际中承接的项目。

4. 材料来源、动力及区域环境等情况说明

设计产品所需的主要原材料规格、来源以及水、电、汽（气）等的供应情况，结合设计地区供应情况说明之。

5. 其他

如交通运输、节能和环保等措施。简要说明原料、产品及废渣的储运方式。简述能量综合利用情况，设计中所采取的节能措施。说明生产过程中可能产生的有害物质排放和处理措施。

二、生产流程或生产方案确定

根据查阅文献和毕业实习或实际调查所掌握的情况确定，有时是依据科学试验报告和小

试结果进行放大设计，分析各种生产方法及其特点。简要叙述自己设计所选定的生产方法的依据和特点。画出一个简单流程图。

三、生产流程简述

按生产顺序，从原料到成品依次叙述各种物料所经过的设备及其在该设备中所发生的变化；写出可能的化学反应方程式，说明其工艺条件，如温度、压力、流量及物料配比等；并说明原料、产品的储存方式及特殊要求，如涉及安全、环保的注意事项等。

四、工艺计算书

工艺计算是毕业设计中的主要工作，在实际工程设计中，也是必不可少的。它是设计过程中的重要内容，是设计最终结果的主要依据。它应包括：物料衡算、热量衡算，必要时加上有效能衡算。其要求如下。

（1）写出计算基准。

（2）计算步骤清晰。

（3）计算已知条件要符合设计任务要求。

（4）数据来源要可靠。

（5）列出计算公式，并对公式中的符号加以必要说明。

（6）应尽量利用计算机进行计算。利用计算机进行计算时要列出数学模型及所用变量的含义，计算程序清单和程序使用说明。

（7）计算结果汇总于物料衡算表和热量衡算表中，并将计算基准转换为生产能力的基准，包括时间基准和单位产品基准。

五、主要设备的工艺计算和设备选型

根据设计任务工作量的大小，要选定 1～2 个主要设备（非定型设备）进行工艺计算。例如主要反应器的工艺尺寸，催化剂的装填量；塔设备的直径、高度和填料的装填量或塔板数目和结构尺寸以及流体流动阻力等。

其他设备都作为辅助设备要根据生产能力，按前边的物料衡算结果进行选型。如泵、压缩机、换热器和槽罐等。对所选设备结果列出设备一览表，见表 9-1。

表 9-1　设备一览表

序　号	位　号	设备名称及规格	型　号	单　位	数　量	质量/kg		备　注
						单重	总重	

六、原材料、动力消耗定额及消耗量

根据物料衡算和热量衡算结果，换算为单位产品（吨）的消耗量（及消耗定额）和单位时间（小时和年）的消耗量，并列入表 9-2 和表 9-3 中。

表 9-2　原材料消耗定额及消耗量

序　号	位　号	规　格	单　位	消耗定额	消耗量/t		备　注
					小　时	年	

表 9-3 动力（水、电、汽、气）消耗定额及消耗量

序 号	位 号	规 格	单 位	消耗定额	消耗量/t		备 注
					正常	最大	

七、车间成本估算

通过毕业设计，使学生建立经济核算观点。产品车间成本或工厂成本可以体现设计的经济合理性。产品的成本估算可按表 9-4 填写。

表 9-4 成本估算

序号	名 称	单 位	消耗定额	单 价	单位成本	备 注
1	原材料费					
	……					
	……					
	合计					
2	动力费					
	水					
	电					
	……					
	合计					
3	工资及福利					
	合计					
4	车间经费					
	折旧费					
	维修费					
	管理费					
	合计					
5	副产品回收费					
	……					
	合计					
6	产品车间成本					
7	企业管理费					
8	工厂成本					

八、环境保护与安全措施

（略）

九、设计体会和收获

通过毕业设计，自己有何体会和收获，特别是如何综合运用所学的理论知识方面的体

会。对自己的设计哪些特点值得肯定，还有哪些不足或不当之处，如有可能提出今后改进意见和措施。另外，对毕业环节从教学上也可以提出一些意见和建议。

十、参考文献

本次设计中参考的文献资料，特别是一些重要的参数、公式的来源，都要在说明书最后一一列出。按作者、文献名称、出版单位和出版日期的顺序列出。

示例：

[1] 陈声宗主编. 化工设计·第二版 [M]. 北京：化学工业出版社，2008.

[2] 陈声宗，陈蕊. 二（二甲苯基）甲烷合成工艺条件优化研究 [J]. 化学反应工程与工艺，14(4)：423，1998.

[3] Harry M，Van Tessell，Arlington Heights. Process for producing para-diethylbenzene [P]. US：3 849 508，1974-11-19.

十一、附工程图纸

除文字说明书外，毕业设计应包括下列图纸。

（1）带控制点的工艺流程图。

（2）主要设备装配图。

（3）设备平面布置图与剖面布置图。

（4）车间主要管道布置图。

要求：

（1）与（2）项是必须完成的；（3）与（4）项可根据课题内容、任务要求及学时，由指导教师决定是否全部或部分绘制。

第十章 毕业设计实例

500kt/a苯酚丙酮项目异丙苯合成车间工艺设计及项目评价

1. 总论

1.1 设计任务

设计任务是镇海炼化500kt/a苯酚丙酮项目195kt/a异丙苯合成车间工艺设计以及对整个苯酚丙酮项目进行经济分析、环境评价与安全性预评价。以苯和粗丙烯（69.25%的质量分数）为原料，采用催化精馏的方法，最终产品纯度异丙苯要求大于99.9%，满足苯酚合成车间的原料纯度需求。同时，副产物纯度大于99.9%的丙烷。

1.2 设计依据

（1）设计任务书。

（2）宁波市税收、建设等有关法令、法规、政策、规定。

1.3 建设规模及产品方案

1.3.1 产品的技术规格及理化性质（略）

1.3.2 产品用途（略）

1.4 主要原料的技术规格及来源

本项目中所涉及的主要原料为粗丙烯和苯，辅助原料为液氨和FX-01催化剂、蒙脱土固体酸催化剂。苯和丙烯来源于镇海炼化总厂，FX-01沸石催化剂来源于北京服装学院东大化工实验厂，FTH-2烷基转移催化剂和蒙脱土固体酸催化剂来源于燕山石化公司。

1.5 厂址概况

本项目所在厂址位于宁波市镇海化学工业园区，其具备以下良好条件：（1）苯、丙烯原料供应充足，可由镇海炼化总厂自供，节约原料运输成本；（2）水资源丰富；（3）交通运输的基础设施条件好，需要建设的连接厂区与规划区道路很短；（4）水文地质条件较好，项目所需的工业用水和生活用水可以得到保证；（5）厂区内电力供应充足，足以保障工业生产的需要；（6）厂址距目标市场相对较近，可有效地控制产品运输成本；劳动力资源丰富，节约成本；（7）政策条件优越，可提供投资服务。

2. 生产方法与工艺流程

2.1 生产工艺综述及选择

苯与丙烯在催化剂作用下生成异丙苯，根据催化剂不同，生产工艺主要包括传统的三氯化铝法、UOP的固体磷酸法；新型的Q-MAX工艺、Mobil/Badger工艺、Dow/Kellogg工艺、Enichem工艺、CD-Tech工艺、北京服装学院催化精馏工艺、中国石化石油科学研究院悬浮床催化精馏工艺。其中三氯化铝法由于高污染、强腐蚀，后处理困难等问题，基本已经淘汰；固体磷酸法仍存在腐蚀问题，与沸石催化剂相比已失去竞争力；后几种工艺均采用沸石分子筛催化剂，污染、腐蚀性问题大大减小，目前研究热点在于如何减小苯烯比，进一步提高选择性及转化率。各分子筛工艺所用催化剂性能差别不大，其中Q-MAX工艺、Mobil/

Badger 工艺、Dow/Kellogg 工艺、Enichem 工艺、CD-Tech 工艺均为固定床工艺，CD-Tech 工艺、北京服装学院催化精馏工艺、中国石化石油科学研究院悬浮床催化精馏工艺均采用催化精馏。由于异丙苯合成过程为连串反应，异丙苯为中间产物，故催化精馏工艺更利于减小苯烯比，提高选择性和转化率。在三种催化精馏工艺中，CD-Tech 工艺、北京服装学院催化精馏工艺均为固定床，需特定的催化剂装填结构，拆卸较麻烦；悬浮床工艺催化剂处于流化态，不需特定的催化剂装填结构，但对催化剂强度要求较高，需考虑催化剂循环回收问题。本设计选择使用 FX-01 作为催化剂的催化精馏技术生产异丙苯。

2.2　工艺流程简述

苯与丙烯进入催化精馏塔 T101，反应生成异丙苯及副产物二异丙苯、三异丙苯和少量焦油。塔顶为苯和丙烷，塔釜为异丙苯及其它重组分。塔顶轻组分进入脱丙烷塔 T102，T102 塔顶得到纯丙烷，塔釜得到苯，苯循环进入催化精馏塔。C9 及重组分进入异丙苯精制塔 T103，T103 塔顶得到纯异丙苯，塔釜重组分再进入脱重塔 T104。T104 塔釜焦油作为锅炉燃料，塔顶二异丙苯、三异丙苯混合物与苯（摩尔比 1∶12）混合后，进入烷基转移反应器 R101，部分二异丙苯、三异丙苯与苯反应生成异丙苯，反应产物进入苯回收塔 T105，塔顶馏出物苯循环进入烷基转移反应器，塔釜异丙苯、二异丙苯、三异丙苯混合物循环回异丙苯精制塔 T104。

本车间全流程模拟流程如图 1 所示。

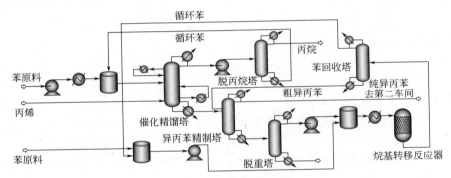

图 1　全车间模拟流程

2.3　工艺流程优化

对工艺流程优化设计中，选用 Aspen Plus 软件进行模拟计算，需完整定义体系所包含的所有组分，组分及编号如表 1 所示。

表 1　各流股组分

流股	组分	流股	组分
1	苯原料——自苯原料储罐	12	二异丙苯、三异丙苯混合液
2	苯	13	二异丙苯、三异丙苯混合液
3	苯	14	焦油
4	丙烯原料——自丙烯储罐	15	苯原料——自苯储罐
5	苯与丙烷混合液	16	循环苯——自 V109
6	苯与丙烷混合液	17	苯
7	粗异丙苯	18	苯与二异丙苯、三异丙苯混合液（烷基转移反应器进料）
8	副产品丙烷	19	苯与二异丙苯、三异丙苯混合液（烷基转移反应器进料）
9	回收苯	20	异丙苯回收液（烷基转移反应器出料）
10	异丙苯	21	回收苯
11	多异丙苯混合液	22	粗异丙苯

2.3.1 异丙苯精制塔 T101 的优化

该塔为典型的精馏塔，仅以此例作为精馏塔优化过程的代表。该塔的作用是除去粗异丙苯中的二异丙苯、三异丙苯等重组分，塔顶得到纯异丙苯送往第二车间。图2为异丙苯精制塔模拟图。

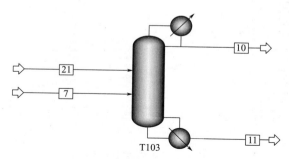

图2　异丙苯精制塔模拟图

其初始设置参数如表2。

表2　T103 初始参数

塔压/bar[①]	总板数 N	7进料板	21进料板	回流比(mol)	D/F(mol)
1	23	13	13	0.426	0.935

① 1bar=10^5Pa，全书同。

塔顶异丙苯产品纯度 0.9993，塔釜二异丙苯回收率 0.9995，再沸器负荷 4739.1kW/h，冷凝器负荷 8012.1kW/h。以下，在保持异丙苯产品纯度和二异丙苯回收率一定的情况下，以总能耗（热负荷＋冷负荷）为评价指标，优化流股7和21进料板位置和总塔板数。

（1）进料板位置的优化　进料板位置是最简单有效的优化参数。使用 Aspen Plus 的灵敏度分析工具，同时考察流股7进料位置从 8～20 块板和流股21进料位置从 9～20 块板时，T103 总能耗（再沸器热负荷＋冷凝器冷负荷）的变化情况。由模拟结果（略）得到，总能耗最小的位置大概是21流股在第18块板进料，流股7在第17块板进料。比较数据，可进一步验证该结论。

（2）总塔板数的优化　异丙苯精制塔的初始塔板数是根据 Aspen Plus 里的简捷塔模块 DSTWU 得到的 R-N 曲线（回流比-总板数曲线），取曲线由快速下降到缓慢下降的转折点所对应的塔板数。而 DSTWU 结果是不够准确的，因此所给出的最佳总板数也不一定是最优的。考虑使用严格模拟模块 RADFRAC 进行更准确的优化。

最佳进料板位置确定以后，可以进一步优化总板数。在分离目标一定的情况下，使进料板位置相对于总板数的比值不变，考察总板数从 15 变为 40 时，总热负荷的变化情况，如图3所示。

由图3可以看出，当总塔板数增大到 27 时，若再增加板数，对能耗的减小已不明显，因此最优塔板数为 27 块板。此时流股10进料塔板位置为：

$$27 \times \frac{17}{23} = 20$$

则流股7从第20块板进料。

流股21进料位置为：

$$27 \times \frac{18}{23} = 21.1$$

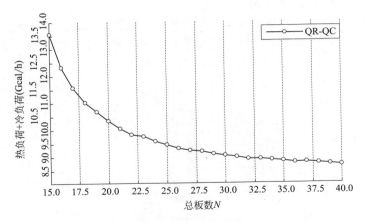

图 3　能耗-总板数曲线

1cal＝4.18J

则流股 21 从第 21 块板进料。

（3）优化结果　将以上参数填入塔模拟中，在达到分离要求时，再沸器热负荷 3725.3kW/h，冷凝器热负荷 7006.5kW/h。优化前后结果对比如表 3 所示。由表中结果可知，优化后仅增加了 4 块塔板，使热负荷和冷负荷均减少 1000kW/h，优化效果显著。

表 3　优化前后结果对比

	塔板数 N	再沸器热负荷/kW	冷凝器热负荷/kW
优化前	23	4739.1	8012.1
优化后	27	3725.3	7006.5
优化前−优化后	−4	1013.8	1005.6

2.3.2　压缩制冷循环的优化

本厂选取副产品丙烷作为制冷剂，丙烷规格如表 4，要求制冷剂温度达到−10℃。

表 4　丙烷规格

组分	丙烷	丙烯	苯	异丙苯	甲苯	二甲苯
质量分数	0.9991	5.2201E-05	0.00085	trace	trace	trace

（1）单级压缩制冷循环　单级压缩制冷循环流程如图 4，流程中各流股信息如表 5。本流程图为示意图，图中的蒸发器在实际流程中为 3 个。

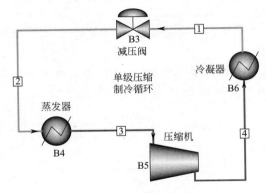

图 4　单级压缩制冷循环流程示意

表 5　流股信息

流股	1	2	3	4
温度/℃	40.0	−10.0	−9.9	60.3
压力/bar	13.72	3.45	3.38	14.08
气相分率	0	0.346	1	1
质量流量/(kg/h)	30525.1	30525.1	30525.1	30525.1

高温液相流股 1（温度 40℃，气相分率为 0）经减压阀减压至 3.45bar，得到流股 2（温度−10℃，气液混合物），流股 2 进入蒸发器（蒸发器内压降 7kPa），自身被蒸发汽化，同时将工艺物流冷凝，饱和汽相流股 3 经压缩机加压至 14.08bar，出压缩机的流股 4 温度升为60.3℃，该流股在冷凝器中被冷却水（20~25℃）冷凝恢复饱和液相 1，循环完成。

采用该制冷流程时，压缩机功耗 W 为 789.77kW，产生冷量 Q 为 2165.37kW，制冷效率为：

$$\eta = \frac{Q}{W} = \frac{2165.37}{789.77} = 2.7418$$

（2）两级压缩制冷循环　单级压缩循环流程中，高温液体流股 1 减至最低压力后，产生较多气体（34.6%，摩尔分数），而气体对于制冷基本没有效果，反而在后面增大了压缩机负荷。采用多级压缩流程，可以降低压缩机功耗。对于本流程来说，两级压缩已足够，更多级数优化效果已不明显，反而增加设备投资。两级压缩制冷循环如图 5，其中各流股信息如表 6。

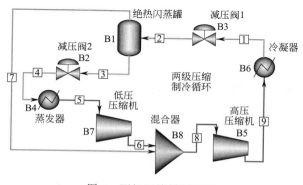

图 5　两级压缩循环流程

表 6　流股信息

流股	1	2	3	4	5	6	7	8	9
温度/℃	40.0	9.4	9.4	−10.0	−8.8	20.4	9.4	17.8	59.7
压力/bar	13.72	6.25	6.25	3.45	3.38	6.25	6.25	6.25	14.07
蒸汽分率	0	0.236	0	0.125	1	1	1	1	1
质量流量/(kg/h)	29757	29757	22729	22729	22729	22729	7028	29757	29757

高温饱和液体流股 1 经减压阀 1 减压至 6.25bar，流股 2 进入绝热闪蒸罐进行汽液分离，液相流股 3 继续经减压阀 2 继续减压至 3.45bar，对应温度为−10℃，进入蒸发器（压降0.07bar）冷凝工艺物流，同时该流股完全汽化，汽化流股经低压压缩机压缩至 6.25bar 后，与自闪蒸罐来的汽相混合，混合气体进入高压压缩机升压至 14.07bar，从高压压缩机出来的流股9 温度为 59.7℃，在冷凝器中被冷却水（20~25℃）冷凝后恢复为饱和液体流股 1，循环完成。

采用该制冷流程时，低压压缩机功耗 W_1 为 251.34kW，高压压缩机功耗 W_2 为452.87kW，产生冷量 Q 为 2165.37kW，则制冷效率为：

$$\eta = \frac{Q}{W_1 + W_2} = \frac{2165.37}{251.34 + 452.87} = 3.0749$$

$$制冷效率提高率 = \frac{3.0749 - 2.7418}{2.7418} \times 100\% = 12.15\%$$

考虑到减压阀 1 出口压力（即中间压力）对制冷效率可能有影响，故对制冷效率与中间压力做灵敏度分析，结果如图 6 所示。由图可得，中间压力为 6.25bar 时，制冷效率最高。故所给中间压力即为最优压力。

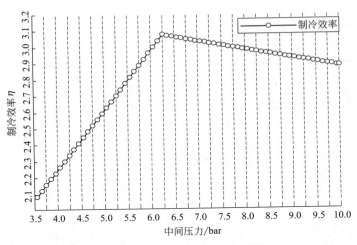

图 6　制冷效率-中间压力关系图

3. 物料衡算与能量衡算

3.1　物料衡算

　　本设计选用 Aspen Plus 软件进行模拟计算。此处物料衡算分别选取催化精馏塔 T101、异丙苯精制塔 T103、烷基转移反应器 R101 以及全车间作为系统，物料衡算结果见表 7～表 10。

　　（1）催化精馏塔 T101

表 7　T101 物料衡算

项目		输入		输出	
流股		3	4	5	7
温度/℃		129.63	30	24.38	249.33
压力/bar		7.1	7.1	7	7.11
蒸汽分率		0	1	0	0
摩尔流量/(kmol/h)		504.01	642.86	270.35	425
质量流量/(kg/h)		39372	27438	14604	52205
体积流量/(m³/h)		52.36	2046	23.40	85.78
组分质量流量/(kg/h)	丙烯	2.7445e−04	19000	0.4411	4.6407e−17
	苯	39333	0	6161	0.8286
	异丙苯	1.2202e−06	0	1.2202e−06	48063
	二异丙苯	0	0	2.4063e−16	3701
	丙烷	6.130	8437	8443	8.0551e−17
	甲苯	16.64	0	0.02982	16.60
	二甲苯	16.61	0	5.19e−05	16.61
	三异丙苯	0	0	5.4601e−29	379.57
	四异丙苯	0	0	3.4206e−34	28.03
总计/(kg/h)		66810		66810	
误差		0.0005			

进出物流总质量差 0.0005kg/h，误差在工程允许范围之内，可认为进出物料守恒。误差主要是因为计算过程采用迭代法，就必然存在一点误差。

（2）异丙苯精制塔 T103

表 8　T103 物料衡算

项目		输入		输出	
流股		7	21	10	11
温度/℃		249.33	157.56	152.02	214.76
压力/bar		7.11	1.072	1	1.088
蒸汽分率		0	0	0	0
摩尔流量/(kmol/h)		425	56.10	451.31	29.80
质量流量/(kg/h)		52206	6971	54235	4942
体积流量/(m³/h)		85.78	9.416	72.82	7.031
组分 质量 流量 /(kg/h)	丙烯	4.0234e−17	0	0	0
	苯	0.6669	2.569	3.236	2.2883e−12
	异丙苯	48051	6137	54187	0.2349
	二异丙苯	3709	735.97	4.501	4441
	丙烷	5.8594e−17	0	0	0
	甲苯	19.14	0.8593	19.99	2.5949e−09
	二甲苯	19.14	0.8594	20.00	1.9608e−06
	三异丙苯	379.37	91.90	2.7957e−05	471.27
	四异丙苯	27.97	2.106	2.7861e−09	30.08
总计/(kg/hr)		59177		59177	
误差		0.00002			

进出物流总质量差 0.00002kg/h，误差在工程允许范围之内，可认为进出物料守恒。

（3）烷基化转移反应器 R101

表 9　R101 物料衡算

项目		输入	输出
流股		19	20
温度/℃		130	130.45
压力/bar		19	19
蒸汽分率		0	0
摩尔流量/(kmol/h)		384.60	384.60
质量流量/(kg/h)		32633	32633
体积流量/(m³/h)		43.27	43.18
组分质量 流量/(kg/h)	丙烯	0	0
	苯	27721	25659
	异丙苯	10.91	6139
	二异丙苯	4434	735.44

项目		输入	输出
组分质量 流量/(kg/h)	丙烷	0	0
	甲苯	4.001	4.001
	二甲苯	0.8721	0.8721
	三异丙苯	459.72	91.94
	四异丙苯	2.110	2.110
总计/(kg/h)		32633	32633
误差		0	

对于 Rostic 反应器的计算完全不存在误差，主要是因为该计算过程不存在迭代收敛问题，仅是简单的加减乘除运算。

（4）第一车间总的物料衡算

表 10　全车间物料衡算

项目		输入			输出		
流股		1	15	4	10	8	14
温度/℃		120	25	30	152.02	26.59	232.94
压力/bar		7.1	1	7.1	1	10	0.656
蒸汽分率		0	0	1	0	0	0
摩尔流量/(kmol/h)		425.09	26.48	642.86	451.31	191.43	0.1718
质量流量/(kg/h)		33213	2069	27438	54235	8445	39.86
体积流量/(m³/h)		43.33	2.348	2046	72.82	17.81	0.05623
组分 质量 流量 /(kg/h)	丙烯	0	0	19000	0	0.4408	0
	苯	33179	2064	0	3.395	7.159	1.113e−26
	异丙苯	0	0	0	54190	1.5864e−20	1.13e−09
	二异丙苯	0	0	0	2.346	0	0.1048
	丙烷	0	0	8437	0	8437	0
	甲苯	16.61	0.8594	0	17.46	2.3705e−08	2.9175e−21
	二甲苯	16.61	0.8594	0	17.47	7.986e−17	4.369e−16
	三异丙苯	0	0	0	2.1717e−05	0	11.79
	四异丙苯	0	0	0	2.2461e−09	0	28.03
总计/（kg/h）		62720			62720		
误差		0.017					

全车间进出料总质量误差为 0.017kg/h，在工程允许范围之内，故可认为全车间物料守恒。

3.2　能量衡算

3.2.1　能量衡算的基本条件及基准

能量衡算的主要依据是能量平衡方程，即

$$\sum Q_{in} = \sum Q_{out} + \sum Q_i$$

式中，$\sum Q_{in}$ 为输入设备能量的总和；$\sum Q_{out}$ 为输出设备能量的总和；$\sum Q_i$ 为损失能量的总和。

不考虑热量损失时，能量衡算方程化为：

$$\sum H_{in} + \sum Q + \sum W = \sum H_{out}$$

式中，$\sum Q$ 为输入系统的总热量，加热为正，冷却为负；W 为输入系统的总功，外界对系统做功为正，系统对外界做功为负；$\sum H_{out}$ 表示离开设备的各物料焓值之和；$\sum H_{in}$ 为进入设备的各物料焓值之和。

3.2.2 能量衡算结果

此处能量衡算仍选取催化精馏塔 T101、异丙苯精制塔 T103、烷基转移反应器 R101 以及全车间作为系统。衡算结果见表 11～表 13。

（1）催化精馏塔 T101

表 11　T101 能量衡算

项目	输入			输出			
符号	项目名称	热量/(kJ/h)		符号	项目名称	热量/(kJ/h)	
$\sum H_{in}$	流股 3	32376752.5	21213667.5	$\sum H_{out}$	流股 5	−19258390.2	−13656000
	流股 4	−11163085			流股 7	5602390.11	
Q_1 加热量	再沸器	24454014.1	74856245.3	Q_2 移走热量	冷凝器	7366912.1	109725882
	中间再沸器	50402231.2			中间冷凝器	102358970	
W_1	输入功	0		W_2	输出功	0	
Q_{in}	总输入	96069912.8		Q_{out}	总输出	96069882	
误差（kJ/h）	30.8						
误差率	0.00003%						

进出 T101 的能量误差率只有 0.00003%，可认为进出能量守恒。

（2）异丙苯精制塔 T103

表 12　T103 能量衡算

项目	输入			输出			
符号	项目名称	热量/(kJ/h)		符号	项目名称	热量/(kJ/h)	
$\sum H_{in}$	流股 7	5602390.11	4640425.9	$\sum H_{out}$	流股 10	−4990858.26	
	流股 21	−961964.206			流股 11	−2151404.38	
Q_1 加热量	再沸器	17060719.5		Q_2 移走热量	冷凝器	28843404	
W_1	输入功	0		W_2	输出功	0	
$\sum Q_{in}$	总输入	21701145.4		$\sum Q_{out}$	总输出	21701141.4	
误差（kJ/h）	4.0						
误差率	0.00002%						

进出 T101 的能量误差率只有 0.00002%，可认为进出能量守恒。

（3）烷基转移反应器 R101

由于是简单的转化率反应器计算，所以软件计算结果没有误差，进出物流能量守恒。

表 13　R101 能量衡算

项目	输入		项目	输出	
	项目名称	热量/(kJ/h)		输入	输出
ΣH_{in}原料输入焓值	流股 19	19859185.8	ΣH_{out}出料带走焓值	流股 20	19859185.8
Q_1 加热量	加热量	0	Q_2 移走热量	冷却量	0
W_1	输入功	0	W_2	输出功	0
ΣQ_{in}	总输入	19859185.8	ΣQ_{out}	总输出	19859185.8
误差(kJ/h)	0.0				
误差率	0				

4. 全厂换热网络设计

4.1　换热网络设计总述

　　换热是化工生产过程中不可缺少的一部分。在所有的工艺流程中，都有一些物流被加热，一些物流被冷却。所以可以进行冷热流股之间的匹配，让需要加热的冷流股去冷却需要冷却的热流股，这样进行冷热流股的匹配就可以节约公用工程的用量。这种全厂换热方案称为换热网络。本设计是对全厂（异丙苯合成车间、CHP 合成及分解车间、精制车间）进行换热网络设计，又考虑到一、三车间距离太远，故不允许一、三车间换热。

4.2　换热网络设计

4.2.1　能量信息汇总

　　通过 Aspen Energy Analyzer 的自动导入功能对换热物流信息进行提取，手动检查物流信息，将提取有差异的信息输入至换热网络中，并补加部分物流，选择公用工程的类型及温度。对本工段涉及的冷热流股汇总，共有热流股 32 股，冷流股 24 股。工艺中采用的公用工程流股如表 14 所示。

表 14　公用工程流股汇总

物流	丙烷制冷剂	冷却水	低压蒸汽发生器	热导油	高压蒸汽	中压蒸汽
初温(℃)	−10	20	124	280	250	175
末温(℃)	−9	25	125	260	249	174

4.2.2　热量目标

　　根据物流信息，取定最小传热温差（夹点）为 10℃，通过软件绘出温焓图和总组合曲线图（略）。从组合曲线得到，系统在较大的焓值区间有很好的换热潜力。

4.2.3　初始换热网络结果

　　初始换热网络完全采用公用工程对流股进行换热，其耗能情况如表 15 所示。表中冷公用工程采用了低压蒸汽发生器，故最终不仅不需冷却费，而且还能得到更多的低压蒸汽。

表 15　初始换热网络模拟结果

夹点温度＝10℃					
花费值		相对目标值的百分比	性能值		相对目标值的百分比
加热费($/year)	8.08E+06	190	热量(kJ/year)	4.497E+8	217.7
冷却费($/year)	−7.06E+05	95.08	冷量(kJ/year)	7.298E+8	149.7
操作费($/year)	7.37E+06	206.0	单元数	52	83.87
设备费($)	1.29E+07	337.3	壳程数	142	72.45
总花费($/year)	1.12E+07	237.4	总面积	5.173E+4	356.1

4.2.4 优化换热网络

由于低压蒸汽发生器产生的低压蒸汽实际上在本厂应用价值不大,且使设备增加,因此在优化时,不采用低压蒸汽发生器作为冷公用工程。在初始换热网络的基础上,使用 Aspen Energy Analyzer V7.2 软件,对冷热流股进行重新匹配,得到几种不同的换热网络,在综合考虑换热面积和操作费用后,对软件推荐的换热网络进行修改后,得到了优化换热网络图(略)。最终得到的优化换热网络结果如表 16 所示。

表 16　优化换热网络结果

夹点温度=10℃				
花费值		相对目标值的百分比	性能值		相对目标值的百分比
加热费($/year)	4.27E+06	100.5	热量(kJ/year)	2.066E+8	100
冷却费($/year)	8.60E+05	93.46	冷量(kJ/year)	4.485E+8	100
操作费($/year)	5.13E+06	99.26	单元数	58	98.31
设备费($)	3.52E+06	113.5	壳程数	72	46.75
总花费($/year)	6.17E+06	101.4	总面积/m²	1.091E+4	91.50

优化换热网络流股间换热说明:T101(催化精馏塔)中间采出汽体分成四股,分别与氧化液一次闪蒸液相出料、T201(丙酮回收塔)塔顶出料、T201 塔釜液、R201(第一氧化反应器)进料换热后,再汇合与氧化液出料换热;T103 塔顶汽相分成两股分别用来预热催化精馏塔苯进料、加热 T201 塔釜液后汇合,再来预热 R101(烷基转移反应器)进料;T104(脱重塔)塔顶汽相用来加热 T105(苯回收塔)塔釜液,同时被冷凝;T201 塔釜液分三股分别与上面的两股流股以及 T305(脱苯乙酮塔 A)塔顶汽相换热后汇合,一次作为第一氧化反应器、第二氧化反应器(R202)和第三氧化反应器(R203)的冷却介质,自身被部分汽化;T309(苯乙酮回收塔)塔顶汽相用来加热 T202(除甲醛塔)塔釜液和 T201 塔顶出料,自身被冷凝;压缩机 C202 出口高温气体用来加热氧化液和 T302(丙酮精制塔)塔釜液;T303(脱烃塔)顶部汽相加热 T201 塔顶出料;T306(脱苯乙酮塔 B)塔顶汽相作为 T305 塔釜热源,自身被完全冷凝;T308(苯酚回收塔)塔顶汽相作为 T307(脱焦塔)中间再沸器热源;T305 塔顶汽相作为 T309 再沸器热源。

4.2.5 优化换热网络与初始换热网络对比

通过换热网络与初始换热网络对比可发现,优化后节约资金 44.75 %,详细结果如表 17 所示。

表 17　异丙苯合成工段优化换热网络与初始换热网络对比

项目	初始换热网络	优化换热网络	优化效果/%
加热费($/year)	8.08E+06	4.27E+06	47.08
冷却费($/year)	−7.06E+05	8.60E+05	−221.79
操作费($/year)	7.37E+06	5.13E+06	43.60
设备费($)	1.29E+07	3.52E+06	72.71
总花费($/year)	1.12E+07	6.17E+06	44.75

4.3　其他节能措施 (略)

5. 主要设备的工艺计算、设计与设备选型

5.1　R101 转移反应器

5.1.1　反应器形式的确定

本车间反应器为 R101(烷基转移反应器),采用燕山石化公司和北京化工大学联合开发

的 FTH-2 催化剂。反应器中的两个烷基转移反应放热量均不大，模拟结果显示：采取绝热方式时，进出口温差仅 0.5℃。故该反应采用绝热式固定床反应器。

5.1.2 反应器体积设计

反应器进料情况如表 18 所示。

表 18 反应器进料流股信息

原料	温度/℃	压力/bar	摩尔流量/(kmol/h)	质量流量/(kg/h)	体积流量/(m³/h)
苯与多异丙苯混合物	130	19	384.604	32632.551	43.237

根据文献，物料的空速为 $4 \sim 10h^{-1}$，取空速为 $5h^{-1}$，则反应体积为

$$V = \frac{43.237}{5} = 8.6474 m^3$$

取长径比为 6∶1，由 $V = \frac{3.14}{4} \times D^2 \times 6D$，解得 $D = 1.2245m$，圆整为 1.2m，重新核算反应器高度，$H = \frac{4 \times 8.6474}{3.14 \times 1.2^2} = 7.65m$。

5.1.3 反应器强度设计（略）

5.2 T101 催化精馏塔

对本车间的塔类设备进行设计，此处以催化精馏塔为例进行设计过程说明。对该塔精馏段和提馏段的填料都采用鲍尔环，反应段采用特殊的催化精馏构件，进行塔径、塔压降、持液量的计算以及塔内件的选择。

5.2.1 设计参数

根据文献报道，选取 RK-S 方程，由 Aspen Plus V7.2 计算得到催化精馏塔的塔板数为 40 块，苯和丙烯分别从第 8 块和第 22 块板进料，反应段为第 8～22 块板。

5.2.2 塔径计算

（1）精馏段塔径

精馏段的填料采用鲍尔环散堆填料。采用 Bain-Hougen 关联式计算泛点气速：

$$\lg\left(\frac{u_F^2}{g} \times \frac{a}{\varepsilon^3} \times \frac{\rho_G}{\rho_L} \times \mu_L^{0.2}\right) = A - 1.75 \times \left(\frac{L}{G}\right)^{\frac{1}{4}} \times \left(\frac{\rho_G}{\rho_L}\right)^{\frac{1}{8}}$$

式中，u_F 为泛点气速，m/s；g 为重力加速度，m/s²；a 为填料比表面积，m³/m²；ε 为填料孔隙率，m³/m³；ρ 为汽相密度，kg/m³；ρ_L 为液相密度，kg/m³；μ_L 为液相黏度，cP；A 为常数（略）；L 为液相质量流量，kg/h；G 为汽相质量流量，kg/h。

由化工工艺设计手册查得，$\frac{a}{\varepsilon^2} = 131$，由模拟结果得 $\rho_G = 17kg/m^3$，$\rho_L = 706kg/m^3$，$\mu_L = 0.16 cP$，$L = 302522kg/h$，$G = 316072kg/h$，$A = 0.10$。

$$\lg\left(\frac{u_F^2}{9.81} \times 131 \times \frac{17}{706} \times 0.16^{0.2}\right) = 0.1 - 1.75 \times \left(\frac{302522}{316072}\right)^{\frac{1}{4}} \times \left(\frac{17}{706}\right)^{\frac{1}{8}}$$

解得 $u_F = 0.6805m/s$。

取空塔气速为泛点气速的 70%，则

$$u = 0.7 \times u_F = 0.7 \times 0.6805 = 0.4763m/s$$

塔径 $D = \sqrt{\frac{4 \times V_s}{\pi \times u \times 3600}} = \sqrt{\frac{4 \times 18076.7}{3.14 \times 0.4763 \times 3600}} = 3.7044m$，圆整为 3.8m

填料直径小于 75mm，则最小润湿速率 $(L_W)_{min}$ 取 0.08m³/(m·h)，比表面积 $\alpha = 109m^2/m^3$，则最小喷淋密度 $U_{min} = 0.08 \times 109 = 8.72m^3/(m^2 \cdot h)$。

操作条件下的喷淋密度为：

$$U = \frac{4 \times V_s}{\pi \times D^2} = \frac{4 \times 18076.7}{3.14 \times 3.8^2} = 1629.5 \, \text{m}^3/(\text{m}^2 \cdot \text{h}) \, [>8.72 \, \text{m}^3/(\text{m}^2 \cdot \text{h})]$$

故塔径 3.8m 符合要求。

（2）反应段塔径

对于反应段，根据 CD-Tech 公司公布的专利，使用特殊的装填构型。将催化剂颗粒用布包裹卷成捆状，用折叠的布缝成口袋，然后将口袋缝合，最后用另一层波纹丝网或钢丝网将装有催化剂的袋子卷起来形成圆柱形的捆扎包。根据文献所述，反应段的催化剂捆扎包有直径 200mm 和 70mm 两种类型，高度为 150mm。相邻两层中捆束成 30°角排列，以确保塔中的汽液流体分布均匀。床层空隙率为 0.7。根据该文献中测得的泛点-液流速度图（略）。根据文献中的实验数据，并根据 Eckert 压降通用关联图（略），反推反应段填料层的填料因子。计算结果如表 19 所示。

根据计算结果可知 $\varphi = 408.47$，由 Aspen Plus 计算得到，$\rho_G = 17.0 \, \text{kg/m}^3$，$\rho_L = 705.5 \, \text{kg/m}^3$，$\mu_L = 0.158 \, \text{cP}$，$L = 348000.62 \, \text{kg/h}$，$G = 323231.8 \, \text{kg/h}$。

$$\text{流动参数} \frac{L}{G}\left(\frac{\rho_G}{\rho_L}\right)^{0.5} = \frac{348000.62}{323231.8}\left(\frac{17.0}{705.5}\right)^{0.5} = 0.1673$$

当塔压降为 490.5Pa/m 时，由 Eckert 通用关联图查得：$\frac{u_F^2 \Phi \varphi}{g}\left(\frac{\rho_G}{\rho_L}\right)\mu_L^{0.2} = 0.048$，$\phi = \frac{1000}{705.5} = 1.4174$，则 $u_F^2 = \frac{0.048 \times 9.81 \times 705.5}{408.47 \times 1.4174 \times 17 \times 0.158^{0.2}} = 0.0488$，解得 $u_F = 0.2209 \, \text{m/s}$。

空塔气速取泛点气速的 0.7 倍，则 $u = 0.2209 \times 0.7 = 0.1546 \, \text{m/s}$。

表 19　填料因子计算

水流速 /(m/h)	泛点气速 u_F/(m/s)	压降 /Pa	空气质量流量 G /(kg/m²·h)	水质量流量 L /(kg/m²·h)	$\frac{L}{G}\left(\frac{\rho_G}{\rho_L}\right)^{0.5}$	$\frac{u_F^2 \Phi \varphi}{g}\left(\frac{\rho_G}{\rho_L}\right)\mu_L^{0.2}$	$\frac{u_F^2 \varphi}{g}\left(\frac{\rho_G}{\rho_L}\right)\mu_L^{0.2}$	Φ
5	1.6	1100	6940.8	5000	0.025	0.126	0.0003148	400.25
10	1.42	1150	6160	10000	0.0564	0.102	0.0002479	411.46
15	1.3	1175	5639.4	15000	0.0923	0.084	0.0002078	404.23
20	1.2	1200	5205.6	20000	0.1334	0.074	0.0001771	417.84
25	1.12	1250	4858.6	25000	0.1786	0.063	0.0001542	408.56
							Φ 平均值	408.47

则塔径为：

$$D = \sqrt{\frac{4 \times V_s}{\pi \times u \times 3600}} = \sqrt{\frac{4 \times 18929.06}{3.14 \times 0.1546 \times 3600}} = 6.591 \, \text{m}$$

圆整为 6.6m。

对于该段填料，最小润湿速率 $(L_W)_{min}$ 取 0.12 m³/(m·h)，比表面积 $a = \Phi \times \varepsilon^3 = 408.47 \times 0.7^3 = 140.11 \, \text{m}^2/\text{m}^3$，则最小喷淋密度 $U_{min} = 0.12 \times 140.11 = 16.81 \, \text{m}^3/(\text{m}^2 \cdot \text{h})$。

操作条件下的喷淋密度为：

$$U = \frac{4 \times V_s}{\pi \times D^2} = \frac{4 \times 18929.06}{3.14 \times 6.6^2} = 555.0 \, \text{m}^3/(\text{m}^2 \cdot \text{h}) \, [>16.81 \, \text{m}^3/(\text{m}^2 \cdot \text{h})]$$

故塔径 6.6m 符合要求。

（3）提馏段塔径

由化工工艺设计手册查得，$\frac{a}{\varepsilon^2}=131$，由 Aspen Plus 模拟得到，$\rho_G=22.23\text{kg/m}^3$，$\rho_L=627.53\text{kg/m}^3$，$\mu_L=0.16\text{cP}$，$L=177047.4\text{kg/h}$，$G=134301.2\text{kg/h}$，$A=0.10$，则

$$\lg\left(\frac{u_F^2}{9.81}\times131\times\frac{17}{706}\times0.16^{0.2}\right)=0.1-1.75\times\left(\frac{302522}{316072}\right)^{\frac14}\times\left(\frac{17}{706}\right)^{\frac18}$$

解得 $u_F=0.4729\text{m/s}$。

取空塔气速为泛点气速的 70%，则

$$u=0.7\times u_F=0.7\times0.4729=0.3310\text{m/s}$$

塔径

$$D=\sqrt{\frac{4\times V_s}{\pi\times u\times3600}}=\sqrt{\frac{4\times6188.32}{3.14\times0.3310\times3600}}=2.6657\text{m}$$

圆整为 2.8m。

填料直径小于 75mm，则最小润湿速率 $(L_W)_{\min}$ 取 $0.08\text{m}^3/(\text{m}\cdot\text{h})$，比表面积 $a=109\text{m}^2/\text{m}^3$，则最小喷淋密度 $U_{\min}=0.08\times109=8.72\text{m}^3/(\text{m}^2\cdot\text{h})$。

操作条件下的喷淋密度为

$$U=\frac{4\times V_s}{\pi\times D^2}=\frac{4\times6188.32}{3.14\times2.8^2}=1080\text{m}^3/(\text{m}^2\cdot\text{h})\left[>8.72\text{m}^3/(\text{m}^2\cdot\text{h})\right]$$

故塔径 2.8m 符合要求。最终塔径确定为：第 1 至第 7 级塔径 3.8m，第 8 至第 22 级塔径为 6.6m。第 23 至第 39 级塔径 2.8m。

5.2.3 填料层高度

采用 Norton 关联式计算鲍尔环的等板高度，Norton 关联式如下：

$$In(HETP/ft)=n-0.187In(\delta)+0.213In(\mu)$$

式中，δ 为液体表面张力 dyne/cm，μ 为液体黏度 cP[1]，1ft=0.3048m。

Norton 关联式的适用条件为：4 dyne/cm$<\delta<$36dyne/cm，0.08cP$<\mu<$0.83cP。由 Aspen Plus 模拟计算得到，提馏段液体表面张力 δ 为 9.4063dyne[2]/cm，液体黏度为 0.1604cP，符合公式计算条件。所选鲍尔环为直径 50mm（2in），根据 Norton 公司的等板高度计算关联式常数表（见表 20）得，$n=1.65840$。

表 20 等板高度计算关联式常数

Tower Pcaking	value of n	Tower Pcaking	value of n	Tower Pcaking	value of n
#25 IMTP * Packing	1.1308	1in. Pall Ring	1.1308	1in. Intalox * Saddle	1.1308
#40 IMTP * Packing	1.3185	1.5in. Pall Ring	1.3582	1.5in. Intalox * Saddle	1.3902
#50 IMTP * Packing	1.5686	2in. Pall Ring	1.6584	2in. Intalox * Saddle	1.7233

则 $In(HETP/ft)=1.13080-0.187\times In9.4063+0.213\times In0.1604=0.8495$

$HETP=2.3385\text{ft}=0.7128\text{m}$。

对于精馏段，小于 15 个理论级的填料层，取安全因数 20%，则最终 $HETP=0.7128\times1.2=0.8554\text{m}$。则精馏段塔高 $H_1=0.8554\times(7-1)=5.1324\text{m}$，取 5.14m。

对于提馏段，大于 15 个理论级小于 25 个理论级的填料层，取安全因数 15%，则最终 $HETP=0.7128\times1.15=0.8197\text{m}$。则提馏段填料层高度 $H_3=0.8197\times(39-22)=13.9349\text{m}$，取 13.94m。

---

[1] 1cP=10^{-3}Pa·s，全书同。

[2] 1dyne=10^{-5}N，全书同。

根据文献中的叙述可知，在直径 30mm 塔中，相当于 15 个理论级的反应段高度为 1.54m，考虑到本塔反应段塔径为 6.6m，可能会有很大的放大效应，故反应段高度取 4.5m，即 30 层催化剂捆束。故填料层总高度＝5.14＋4.5＋13.94＝23.58m。

5.2.4　压降

采用 Eckert 通用关联图计算压降。

（1）精馏段压降计算

精馏段参数：$\rho_G=16.9\text{kg/m}^3$，$\rho_L=715.4\text{kg/m}^3$，$\mu_L=0.168\text{cP}$，$L=288710.2\text{kg/h}$，$G=265917.9\text{kg/h}$，体积流量 $V_s=13590.21\text{m}^3/\text{h}$，压降填料因子 $\varphi_P=98$，液相密度矫正系数 $\varphi=\rho_W/\rho_L=1000/715.4=1.3978$。

$$u=\frac{4\times V_s}{3600\times\pi\times D^2}=\frac{4\times13590.21}{3600\times3.14\times3.8^2}=0.1542\text{m/s}$$

$$\frac{L}{G}\times\left(\frac{\rho_G}{\rho_L}\right)^{0.5}=\frac{288710.2}{265917.9}\times\left(\frac{16.9}{715.4}\right)^{0.5}=0.1669$$

流动参数介于 0.05～0.3 之间，故用 Eckert 通用关联图法计算准确性较高。

$$\frac{u^2\Phi_P\varphi}{g}\left(\frac{\rho_G}{\rho_L}\right)\mu_L^{0.2}=\frac{0.3839^2\times98\times1.3978}{9.81}\left(\frac{16.9}{715.4}\right)\times0.168^{0.2}=0.0340$$

由 Eckert 通用关联图查得，$P/Z=34\times9.81\text{Pa/m}=333.54\text{Pa/m}(<637\text{Pa/m})$，故该压力值满足要求。

（2）反应段压降计算

根据计算结果可知反应段 $\varphi=408.47$。由模拟结果得，对于反应段：$\rho_G=16.9\text{kg/m}^3$，$\rho_L=703.6\text{kg/m}^3$，$\mu_L=0.158\text{cP}$，$L=323343.46\text{kg/h}$，$G=296745.50\text{kg/h}$，$\varphi=\rho_W/\rho_L=1000/703.6=1.4213$。

$$u=\frac{4\times V_s}{3600\times\pi\times D^2}=\frac{4\times13590.21}{3600\times3.14\times3.8^2}=0.1542\text{m/s}$$

$$\frac{L}{G}\times\left(\frac{\rho_G}{\rho_L}\right)^{0.5}=\frac{323343.46}{296745.50}\times\left(\frac{16.9}{703.6}\right)^{0.5}=0.1689$$

$$\frac{u^2\Phi\varphi}{g}\left(\frac{\rho_G}{\rho_L}\right)\mu_L^{0.2}=\frac{0.1542^2\times408.47\times1.4213}{9.81}\left(\frac{16.9}{703.6}\right)\times0.158^{0.2}=0.0234$$

由 Eckert 通用关联图查得，此时压降 $P/Z=21\times9.81=206.01\text{Pa/m}(<637\text{Pa/m})$，压降符合要求。

（3）提馏段压降计算

提馏段参数：$\rho_G=16.9\text{kg/m}^3$，$\rho_L=628.7\text{kg/m}^3$，$\mu_L=0.160\text{cP}$，$L=184391.0\text{kg/h}$，$G=142201.3\text{kg/h}$，压降填料因子 $\varphi_P=98$，气体平均体积流量 $V_s=6188.32\text{m}^3/\text{h}$，液相密度矫正系数 $\varphi=\rho_W/\rho_L=1000/628.7=1.5906$

$$u=\frac{4\times V_s}{3600\times\pi\times D^2}=\frac{4\times6188.32}{3600\times3.14\times2.8^2}=0.3000\text{m/s}$$

$$\frac{L}{G}\times\left(\frac{\rho_G}{\rho_L}\right)^{0.5}=\frac{184391.0}{142201.3}\times\left(\frac{16.9}{628.7}\right)^{0.5}=0.2437$$

流动参数介于 0.05～0.3 之间，故用 Eckert 通用关联图法计算准确性较高。

$$\frac{u^2\Phi_P\varphi}{g}\left(\frac{\rho_G}{\rho_L}\right)\mu_L^{0.2}=\frac{0.3000^2\times98\times1.5906}{9.81}\left(\frac{16.9}{628.7}\right)\times0.160^{0.2}=0.0350$$

由 Eckert 通用关联图查得，$P/Z=40\times9.81\text{Pa/m}=329.4\text{Pa/m}(<637\text{Pa/m})$，故该压力值满足要求。

全塔压降＝333.54×5.14＋206.01×4.5＋392.4×13.94＝8111.5Pa。

5.2.5 持液量

（1）精馏段持液量

对于精馏段的持液量，按照大竹、冈田关联式计算：

$$H_0=1.295\times\left(\frac{du_L\rho_L}{\mu_L}\right)^{0.676}\left(\frac{d^3g\rho_L^2}{\mu_L^2}\right)^{-0.44}$$

式中，H_0 为动持液量，m^3 液体/m^3 填料；d 为填料公称直径，m；ρ_L 为液体密度，kg/m^3；u_L 为液体空塔线速度，m/s；μ_L 为液体黏度，Pa·s；g 为重力加速度，$9.81m/s^2$。

精馏段参数：$d=50mm$，$\rho_L=715.4kg/m^3$，$\mu_L=0.168\times10^{-3}Pa·s$，液体平均体积流量 V_L 为 $349.38m^3/h$，则液体平均流速

$$u_L=\frac{4\times V_L}{3600\times\pi\times D^2}=\frac{4\times349.38}{3600\times3.14\times3.8^2}=0.0099m/s$$

$$H_0=1.295\times\left(\frac{0.05\times0.0099\times715.4}{0.168\times10^{-3}}\right)^{0.676}\left(\frac{0.05^3\times9.81\times715.4^2}{(0.168\times10^{-3})^2}\right)^{-0.44}$$

$$=0.0064m^3\text{ 液体}/m^3\text{ 填料}$$

（2）反应段持液量

引用文献中的持液量计算关联式：

$$h_d=0.0336u^{0.0109}u_L^{0.429}$$

式中，u 为气体空塔线速度，m/s；u_L 为液体空塔线速度，m/h。

反应段气体平均体积流量 V_s 为 $17518.44m^3/h$，液体平均体积流量 V_L 为 $459.34m^3/h$，则气体平均空塔线速度

$$u=\frac{4\times V_s}{3600\times\pi\times D^2}=\frac{4\times17518.44}{3600\times3.14\times6.6^2}=0.1422m/s$$

液体平均空塔线速度

$$u_L=\frac{4\times V_L}{\pi\times D^2}=\frac{4\times459.34}{3.14\times6.6^2}=13.4263m/h$$

$$h_d=0.0336\times0.1422^{0.0109}\times13.4263^{0.429}=0.0984m^3\text{ 水}/m^3\text{ 填料}$$

上述计算是以水和空气为介质时的结果，需进行修正为工作介质。

若按大竹、冈田关联式对介质种类进行修正，则该塔中的持液量

$$H_0=0.0984\times\left(\frac{\rho_L}{\rho_水}\times\frac{\mu_水}{\mu_L}\right)^{(0.676-2\times0.44)}=0.0984\times\left(\frac{703.6}{1000}\times\frac{1.005}{0.168}\right)^{(0.676-2\times0.44)}$$

$$=0.0734m^3\text{ 液体}/m^3\text{ 填料}$$

（3）提馏段持液量

提馏段参数：$d=50mm$，$\rho_L=628.7kg/m^3$，$\mu_L=0.160\times10^{-3}Pa·s$，液体平均体积流量为 $290.85m^3/h$，则液体平均流速

$$u_L=\frac{4\times V_L}{3600\times\pi\times D^2}=\frac{4\times290.85}{3600\times3.14\times2.8^2}=0.0131m/s$$

$$H_0=1.295\times\left(\frac{0.05\times0.0131\times628.7}{0.168\times10^{-3}}\right)^{0.676}\left(\frac{0.05^3\times9.81\times628.7^2}{(0.168\times10^{-3})^2}\right)^{-0.44}$$

$$=0.0076m^3\text{ 液体}/m^3\text{ 填料}$$

5.2.6 填料压板与填料限位圈

根据《化工工艺设计手册》，填料层设置压板的必要条件为

$$\frac{\rho_G}{2g}\times u_m^2>\frac{\rho_D}{(Nd_p^2)}$$

式中，ρ_G 为气相密度，kg/m^3；ρ_D 为填料堆积密度，kg/m^3；g 为重力加速度，$g=9.81m^2/s$；u_m 为最大气速，m/s；N 为填料个数，个$/m^3$；d_p 为填料直径，m。

对于精馏段，$\rho_G=16.9kg/m^3$，$\rho_D=395kg/m^3$，$N=6500$ 个$/m^3$，$d_p=0.05m$。则

$$u_m=\frac{4\times V_s}{3600\times \pi\times D^2}=\frac{4\times 18597.93}{3600\times 3.14\times 3.8^2}=0.4555m/s$$

$$\frac{\rho_G}{2g}\times u_m^2=\frac{16.9}{2\times 9.81}\times 0.4555^2=0.1787$$

$$\frac{\rho_D}{(Nd_p^2)}=\frac{395}{(6500\times 0.05^2)}=24.3077$$

故本塔精馏段 $\dfrac{\rho_G}{2g}\times u_m^2<\dfrac{\rho_D}{(Nd_p^2)}$，精馏段顶部不需设置压板。

对于提馏段，$\rho_G=22.2kg/m^3$，$\rho_D=395kg/m^3$，$N=6500$ 个$/m^3$，$d_p=0.05m$。则

$$u_m=\frac{4\times V_s}{3600\times \pi\times D^2}=\frac{4\times 11566.36}{3600\times 3.14\times 2.8^2}=0.5218m/s$$

$$\frac{\rho_G}{2g}\times u_m^2=\frac{22.2}{2\times 9.81}\times 0.5218^2=0.5904$$

$$\frac{\rho_D}{(Nd_p^2)}=\frac{395}{(6500\times 0.05^2)}=24.3077$$

故本塔提馏段 $\dfrac{\rho_G}{2g}\times u_m^2<\dfrac{\rho_D}{(Nd_p^2)}$。

提馏段顶部不需设置压板。由于反应段的填料参数不易确定，为保险起见，可以在其顶部设置压板。

5.2.7 支承板

在本塔中，采用气体喷射式支承板，具有气、液两相分流而行和开孔面积大的特点。气体由波形的侧面开孔射入填料层。再配以良好的液体分布器和再分布器，汽液两相传质良好，塔的工作效率高。本塔中共需要三个填料支承板，分别位于精馏段底部、反应段底部和提馏段底部。

5.2.8 液体分布装置

液体分布装置有莲蓬式、盘式、齿槽式和多孔环管式。其中齿槽式分布器适用于直径较大的塔中，且分布效果好，自由截面积大，不易堵塞，故选用齿槽式液体分布器。分别在精馏段顶部、反应段顶部和提馏段顶部设置液体分布器。

5.2.9 液体再分布器

液体在乱堆填料层内向下流动时，有偏向塔壁流动的现象，偏流往往使塔中心填料不被润湿，降低表面利用率。为将流到塔壁处的液体重新汇集并引向塔中央区域，可在填料层内每隔一定高度设置液体再分布装置。对于鲍尔环，要求不需设置再分布器的最高高度为 6m，故本设计需要在提馏段设置两个再分布器，分别在由上至下的第 5m 和第 10m 处。液体再分布器有盘式、槽式和截锥式，其中截锥式只适用于直径 800mm 以下的小塔，常用的为盘式，此处选择盘式。

5.2.10 液体收集器

液体进入分布器和再分布器之前，需要先进入液体收集器混合均匀，以消除塔径向质与量的偏差。本塔中，需在精馏段底部、反应段底部和两个再分布器顶部设置液体收集器。

5.3 换热器

5.3.1 换热器选型依据

换热器选型根据 JB/T 4715—92 及 TEMA（美国管式换热器制造商协会标准），使用

Exchanger Design and Rating 软件进行设计和校核。对于一些内构件的选择参考了《换热器》一书。

5.3.2 T105 塔釜再沸器

E112A 为 T105 塔釜再沸器，根据换热网络结果，采用中压蒸汽（175℃）作为加热介质，T105 塔釜液从 155.1℃ 变化为 157.6℃，汽化分率为 0.8299，蒸汽温度降为 174℃。采用 Kettle 釜式再沸器，蒸汽走管程，物料走壳程。采用 25×2.5mm 的 U 形换热管，管心距 32mm，正方形排列。在 Exchanger Design And Rating 软件里输入以上参数，采用设计模式进行初步设计，输入界面如图 7 和图 8。

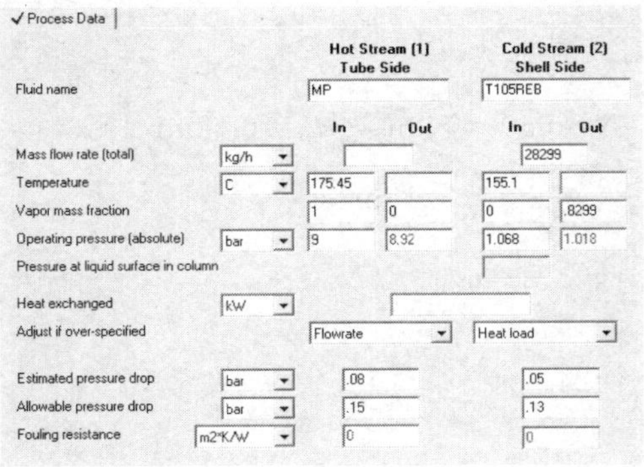

图 7　换热流股信息定义

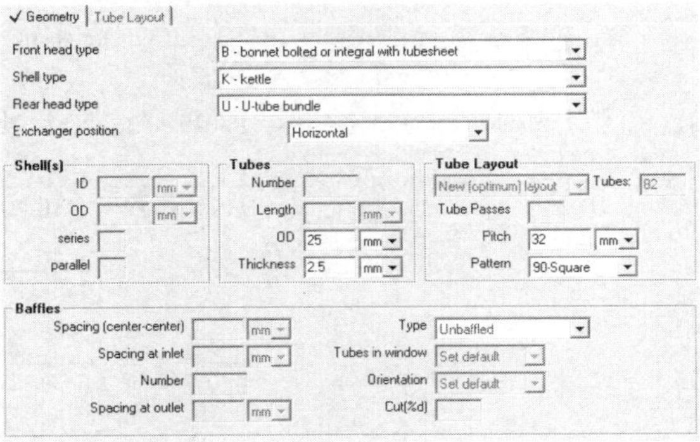

图 8　换热器结构定义

当采用光滑管时，模拟结果表明，壳侧传热膜系数 $[1687 \text{ W}/(\text{m}^2 \cdot \text{K})]$ 远小于管侧膜系数 $[17285 \text{W}/(\text{m}^2 \cdot \text{K})]$，故考虑采用低翅片管强化壳侧传热。使用翅片管后，设备造价由原来的 31030 美元变为 16222 美元，节省费用 47.7%，可见采用翅片管后，节资效果显著。将结果圆整后，再使用 Exchanger Design and Rating 的校核功能进行校核，最终结果为：公称直径 400mm，Kettle 壳 776.25mm，管长 4500mm。该换热器的详细设计数据如表 21 所示。

表 21　E112A 设计清单

1	Company:湖南大学化工学院						
2	Location:湖南省长沙市湖南大学						
3	Service of Unit:			Our Reference:			
4	Item No:			Your Reference:			
5	Date:	Rev No:			Job No:		
6	Size: 400/776 4500		mm	Type BKU Hot Connected in	1 parallel	1	series
7	Surf/unit(eff.) 97.1 m²		Shells/unit 1		Surf/shell (eff.) 97.1	m²	
8	PERFORMANCE OF ONE UNIT						
9	Fluid allocation			Shell Side		Tube Side	
10	Fluid name			T105REB		MP	
11	Fluid quantity,Total		kg/s	7.8608		1.0302	
12	Vapor (In/Out)		kg/s	0	6.4932	1.0302	0
13	Liquid		kg/s	7.8608	1.3677	0	1.0302
14	Noncondensable		kg/s	0	0	0	0
15							
16	Temperature (In/Out)		℃	155.1	162.03	175.45	175.06
17	Dew/Bubble point		℃		162.92	175.42	175.19

续表

18	Density	Vapor/Liquid	kg/m³	/743.26	3.66/739.86	4.53/833.26	/833.73
19	Viscosity		mPa·s	/.2443	.009/.2352	.0156/.1526	/.1529
20	Molecular wt,Vap				123.21	18.02	
21	Molecular wt,NC						
22	Specific heat		kJ/(kg·K)	/2.228	1.81/2.264	2.01/5.045	/5.041
23	Thermal conductivity		W/(m·K)	/.0941	.0193/.0923	.0315/.6788	/.679
24	Latent heat		kJ/kg		302.4	2035.1	
25	Pressure (abs)		bar	1.068	1.03376	9	8.93761
26	Velocity		m/s	4.55		18.35	
27	Pressure drop,allow./calc.		bar	.13	.0324	.15	.06239
28	Fouling resist. (min)		m²·K/W	0		0	0 Ao based

29	Heat exchanged	2098.5	kW	MTD corrected	12.57 ℃
30	Transfer rate,Service	1719.9	Dirty 1768.9	Clean 1768.9	W/(m²·K)

31	CONSTRUCTION OF ONE SHELL			Sketch
32		Shell Side	Tube Side	
33	Design/vac/test pressure: bar	3/ /	10/ /	
34	Design temperature ℃	195	215	
35	Number passes per shell	1	2	
36	Corrosion allowance mm	3.18	3.18	
37	Connections In mm	1 152.4/ -	1 152.4/-	
38	Size/rating Out	5 152.4/ -	1 25.4/ -	
39	Nominal Intermediate	/ -	/ -	

40	Tube No. 44 OD 25 Tks:Avg 1.5 mm Length 4500 mm Pitch 32 mm
41	Tube type Lowfin tube 748 #/m Material Carbon Steel · Tube pattern 90
42	Shell Carbon Steel ID 400 OD 420 mm · Shell cover Carbon Steel
43	Channel or bonnet Carbon Steel · Channel cover -
44	Tubesheet-stationary Carbon Steel - · Tubesheet-floating
45	Floating head cover - · Impingement protection None
46	Baffle-crossin Carbon Steel Type Unbaffled Cut(%d) · Spacing:c/c mm
47	Baffle-long - Seal type · Inlet mm
48	Supports-tube U-bend 1 Type
49	Bypass seal Tube-tubesheet joint Exp.
50	Expansion joint - Type None
51	RhoV2-Inlet nozzle 239 Bundle entrance 1 Bundle exit 83 kg/(m²·s)
52	Gaskets-Shell side Flat Metal Jacket Fibe Tube Side Flat Metal Jacket Fibe
53	Floating head
54	Code requirements ASME Code Sec Ⅷ Div 1 TEMA class R-refinerv service
55	Weight/Shell 2037.3 Filled with water 4671.1 Bundle 665.4 kg
56	Remarks
57	
58	

该换热器设计条件图和 E122A 换热管排布图略。本车间部分换热器选型结果如表 22 所示。

表22 换热器选型一览表

编号	型号	类型	内径/mm	列管			管数/根	管程数	换热面积/m²	材料		重量/kg	价格
				管长/mm	列管规格/mm	排列方式				管程	壳程		
E101	BKU700-0.8/0.3-130-4.5/25-2- I	釜式	700	4500	Φ25×2.5	正三角形	354	2	50.8	碳钢	碳钢	5388.9	39278
E102	BEM500-1.0/0.4-235-3/25-2- I	固定管板式	500	3000	Φ25×2.5	正三角形	212	1	235	碳钢	碳钢	4128.7	28726
E103	BEU600-0.8/0.3-239.1-6/20-2- II	U形管式	600	6000	Φ19×2.0	正三角形	334	2	239.1	C-1/2 Mo	碳钢	3639.1	28846
E104	BKU900-0.4/0.8-785.7-6/25-2- I	釜式	900	6000	Φ25×2.5	正方形	530	2	785.7	碳钢	碳钢	12564.9	85414
E105	BKU1300-0.3/0.8—331.4-3/25-2- I	釜式	1300	3000	Φ25×2.5	正三角形	1338	2	331.4	碳钢	碳钢	13354.5	103875
E106	BEP400-1.2/0.3-32.4-3/20-1- I	浮头式	400	3000	Φ19×2.0	正三角形	185	1	32.4	SA-240 S32750	SA-240 S32750	965.9	38544
E107	BKU700-0.3/0.3-105.6-2/2-2- II	釜式	700	2000	Φ20×2.0	正方形	308	2	105.6	碳钢	碳钢	3200.2	30505
E108	BKU600-4.4/0.34-48.4-6/25-2- II	釜式	600	6000	Φ25×2.5	正方形	104	2	48.4	碳钢	碳钢	5535.5	37626
E109	BKU400-4.4/0.3-24.1-3/25-2- I	釜式	400	3000	Φ25×2.5	正三角形	100	2	24.1	碳钢	碳钢	1636.8	15987
E110	BEM300-2.3/1.2-215-2/19-1- I	固定管板式	300	2000	Φ19×2.0	正三角形	94	1	215	碳钢	碳钢	1225	29073
E112A	BKU400-1/0.12-31.7-4.5/25-2- I	釜式	400	4500	Φ25×2.5	正方形	88	2	31.7	碳钢	碳钢	2037.3	16614
E112B	BKU600-1.2/0.12-124-4.5/25-2- I	釜式	600	4500	Φ25×2.5	正方形	146	2	124	碳钢	碳钢	3125.4	23516

5.4　泵选型

以 P103 为例详细介绍泵选型。根据模拟结果，进料性质：反应精馏塔塔顶液，主要含有苯、丙烷等物料，腐蚀性不大，故选择离心泵。进料状态：温度为 22.9℃，压力 0.7MPa；流量 $V=22.23\text{m}^3/\text{h}=6.18\text{L/s}$；物性参数：密度 $\rho=609.55\text{kg/m}^3$。为确定进料泵所需扬程 H，对储罐出口与精馏塔的进料口截面建立机械能衡算式：

$$H=\Delta Z+\frac{\Delta p}{\rho g}+\frac{\Delta u^2}{2g}+\sum h_1+\sum h_2+\sum h_3$$

式中，ΔZ 为两截面处位头差，$\Delta Z=-30.25\text{m}$；$\frac{\Delta p}{\rho g}$ 为两截面处静压头之差，$\frac{\Delta p}{\rho g}=310000/609.55\times9.8=51.9\text{m}$；$\frac{\Delta u^2}{2g}$ 为两截面处动压头之差，$\frac{\Delta u^2}{2g}=0$；$\sum h_1$ 为直管阻力，取直管长度为 100m，则直管阻力为 $\sum h_1=h_{f1}+\sum h_{\zeta1}=(\lambda l_1/d_1+\sum\zeta)u_1^2/2=3.23\text{m}$；$\sum h_2$ 为管件、阀门局部阻力；$\sum h_3$ 为流体流经设备的阻力。

将上述结果相加，得 $H=24.88\text{m}$。考虑到一定的汽蚀余量，取 $H'=1.1H=1.1\times24.88=27.36\text{m}$。

实际流量：$V'=1.1V=1.1\times6.18=6.80\text{L/s}$

此泵所需要求：①密封性能好；②流量稳定；③对介质具有抗腐蚀性能。综合考虑以上几点，利用智能选泵软件对此要求的泵进行选型，经过对比之后，选择 IX165-50-160A 离心泵，具体参数见表 23。

表 23　泵的具体参数

型号	转速 r/min	流量 L/s	扬程 m	电动机功率/kW	效率	汽蚀余量/m
IX165-50-160A	2900	6.8	28.8	4.0	68.29%	2

本车间泵的选型结果如表 24 所示。

表 24　泵选型结果一览表

序号	型号	转速/(r/min)	流量/(L/s)	扬程/m	轴功率/kW	电动机功率/kW	效率/%	汽蚀余量	备注
P101	IS80-50-315C	2900	10.47	92.45	19.73	22	48.06	2	1 台
P102	IX132-25-160A	2900	0.95	27.14	0.95	1.1	26.28	2	1 台
P103	IX165-50-160A	2900	6.80	28.8	2.81	4	68.29	2	1 台
P104	IX150-32-160B	2900	1.91	23.1	0.91	1.5	47.37	2	1 台
P105	IX150-32-100	2900	2.62	14.04	0.59	0.75	59.88	2	1 台
P106	IX180-65-160A	2900	14.16	26.39	4.83	5.5	75.69	2	1 台
P107	25ZD	940	1.96	4.86	0.36	1.5	31.8	2	1 台
P108	IX140-32-125A	2900	1.88	16.17	0.7	0.75	41.92	2	1 台
P109	IS50-32-250A	2900	2.10	71.64	5.16	7.5	28.49	2	4 台串联
P110	IS80-50-250B	2900	10.30	61.88	11.8	15	56.35	2	4 台串联
P111	IX50-32-125A	2900	2.36	19.95	0.82	1.5	55.24	2	1 台
P112	CK32/16L	1450	2.62	8.87	0.41	0.55	53.55	2	1 台

5.5　储罐

5.5.1　物料储罐选型及计算

罐体积计算公式为：
$$V=Q_v\times t/\eta$$

式中，V 为储罐体积，m^3/h；Q_v 为体积流量，m^3/h；t 对于储罐为储存时间，对于缓冲罐和回流罐为停留时间，h；η 为安全系数。

(1) 丙烯储罐设计

丙烯属于低碳烃，沸点很低，因此采用球罐。由于是大型球罐，因此考虑采用混合式球壳，此种结构取橘瓣式和足球瓣式两种结构形式的优点。其材料利用率高，焊缝长度缩短，球壳板数量减少，适合大型球罐。且国内已经基本掌握了这种结构形式的设计、制造、组装和焊接技术。丙烯储罐设计条件如表 25 所示。

表 25　丙烯储罐设计条件

工作温度/℃	设计温度/℃	工作压力/MPa	设计压力/MPa	储存时间/天	体积流量/(m³/h)
30	50	1.7	2.16	7	63.59

进料体积流量 $Q_v = 63.59 \text{m}^3/\text{h}$，设安全系数为 $\Phi = 0.8$。所需体积为：

$$V = 24 \times 7 \times 63.59/0.8 = 13354 \text{m}^3$$

根据 GB/T 17261—1998 球罐的混合式球壳参数，选用公称体积为 1500m³ 的混合壳式球罐 9 个。球壳参数如表 26 所示。

表 26　球壳罐参数

公称容积/m³	球壳内直径或球罐中心圆直径/mm	几何容积/m³	支柱底板底面至球壳中心的距离/mm	球壳分带数	支柱根数	各带球心角(°)/各带分块数				
						上极	上温带	赤道带	下温带	下极
1500	14200	1499	8800	4	10	90/7	40/20	50/20	—	90/7

(2) 苯储罐选型

苯储罐设计条件如表 27。

表 27　苯储罐设计参数

工作温度/℃	设计温度/℃	工作压力/MPa	设计压力/MPa	储存时间/天	体积流量/(m³/h)
30	50	0.10	0.12	7	40.04

物料储存时间为 7 天。进料体积流量 $Q_v = 40.04 \text{m}^3/\text{h}$。设安全系数为 $\Phi = 0.8$。所需体积为：$V = 40.03 \times 24 \times 7/0.8 = 8408.4 \text{m}^3$

由于苯有很大毒性，因此选用钢制立式圆筒形内浮顶储罐。内浮顶储罐与浮顶储罐和固定顶储罐比较有以下优点：①大量减少蒸发损耗；②储液与空气隔绝，减少空气污染和着火爆炸危险，易于保证储液质量。特别适用于储存高级汽油和喷气燃料以及有毒易污染的液体化学品；③在各种气候条件下保证储液质量，有"全天候储罐"之称。

根据 HG 21502.2—1992 选用公称容积 1500m³ 的立式圆筒形内浮顶储罐 5 个和 1000m³ 的立式圆筒形内浮顶储罐 1 个。具体参数如表 28。

表 28　立式圆筒形内浮顶储罐设计参数

标准序号	公称容积/m³	计算容积/m³	储罐内径/mm	总高/mm	罐体材料	设计温度/℃	设计压力/MPa	储罐总重/kg
HG 21502.1—1992-119	1500	1650	13000	14905	Q235-A	50	0.12	51425
HG 21502.1—1992-117	1000	1140	11500	13254	Q235-A	50	0.12	39430

5.5.2　缓冲罐与回流罐的选型及计算

缓冲罐主要选择立式椭圆形封头容器（$p \leqslant 4.0$MPa），回流罐主要选择卧式椭圆形封头容器（$p \leqslant 4.0$MPa）。下面以 V101 缓冲罐选型作为设计示例。V101 缓冲罐设计条件如表 29 所示。

表 29　缓冲罐设计参数

工作温度/℃	设计温度/℃	工作压力/MPa	设计压力/MPa	停留时间/min	体积流量/(m³/h)
120	150	0.71	1.1	10	50.82

设安全系数为 $\Phi=0.8$。所需体积为：

$$V=50.82\times(10/60)/0.8=10.59\mathrm{m}^3$$

根据该容器系列标准，选取容器规格为：公称容积为 $12\mathrm{m}^3$，公称直径 1800mm，高度 4200mm。

缓冲罐与回流罐选型如表 30 所示。

表 30　缓冲罐与回流罐选型

	类型	公称体积/m³	规格/mm	设计温度/℃	设计压力/MPa	材料	保温	防腐
V101	立式	12	$\Phi1800\times4200$	150	1.1	Q235-B	无	外涂防腐层
V102	卧式	5	$\Phi1400\times2800$	50	1.1	Q235-B	无	外涂防腐层
V103	卧式	4	$\Phi1200\times3200$	50	1.2	Q235-B	无	外涂防腐层
V104	卧式	25	$\Phi2400\times4800$	180	0.12	Q235-B	无	外涂防腐层
V105	立式	1.5	$\Phi800\times2800$	250	0.12	Q235-B	无	外涂防腐层
V106	卧式	3	$\Phi1000\times3400$	210	0.1	Q235-B	无	外涂防腐层
V107	卧式	8	$\Phi1600\times3600$	100	0.12	Q235-B	无	外涂防腐层
V108	卧式	10	$\Phi1800\times3400$	130	2.3	Q235-B	无	外涂防腐层
V109	卧式	8	$\Phi1600\times3600$	110	0.12	Q235-B	无	外涂防腐层

6. 控制（摘要）

6.1　概况（略）

6.2　设备控制方案

6.2.1　泵的基本控制方案（略）

6.2.2　压缩机的基本控制方案（略）

6.2.3　换热器的基本控制方案（略）

6.2.4　反应器的基本控制方案

本项目的反应器为固定床反应器，并且为绝热固定床，不需要与外界交换热量，反应压力接近常压，反应温度较高，对于这样一个反应器，温度的控制至关重要。反应器具体控制单元系统如图 9 所示，通过反应器温度控制进料和出料的流量，而在反应器上，床层不同的高度处都设置了温度检测以及报警仪表。

6.2.5　精馏塔的基本控制方案

蒸馏塔 T105 为例，塔的进料管道上设置了温度和压力检测仪表，一般进料管有坡度，不坡向蒸馏塔。再沸器至塔釜连接管道应尽量短，不允许有袋形，用 8 字盲板切断，并且通过塔釜液位来实现塔底流量的控制。塔顶设置放空阀，塔顶馏出管温度检测仪表和压力检测仪表，塔顶馏出管至冷凝器不设置阀门，直接与冷凝器连接，馏出管道没有袋形。回流管道上设置液封，以免汽相倒流，液封底部设置能返回蒸馏塔的排净液管道。塔釜上设置温度和压力检测点。在塔的中部合适位置处设置温度和压力的检测点。精馏塔的控制系统如图 10 所示。

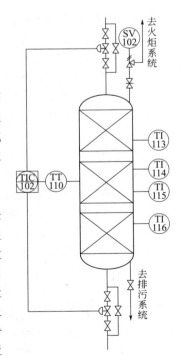

图 9　反应器的控制单元系统

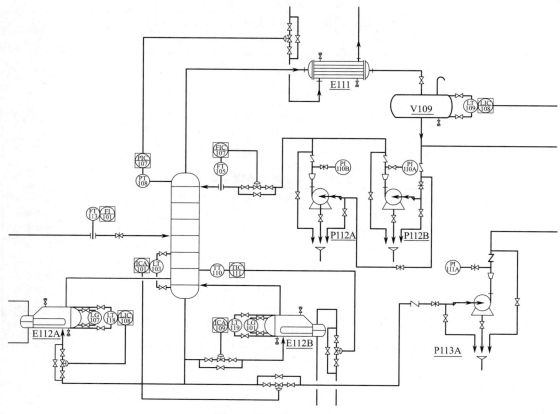

图 10 精馏塔的控制系统

6.3 通过动态模拟对控制系统进行优化

通过动态模拟,评价装置干扰因素下其控制系统的控制能力,进而对控制系统进行优化,具有比稳态模拟更重要的实际意义。此外,动态模拟还可以用于开停车方案制订与验证、事故处理方案制订与验证、复杂控制方案制订与验证。可以说,动态模拟是化工模拟最有价值和前景的方向。目前,用于动态模拟的软件有 Aspen Plus Dynamics、Aspen HYSYS、UNISIM、Dynsim、gPROMS 等。

本设计采用 Aspen Plus Dynamics 软件,以进料量突变、进料组成突变这两种干扰因素对脱丙烷塔 T102 进行各种控制方案的评价,进而确定该塔的最优控制方案。

6.3.1 T102 稳态模拟结果

脱丙烷塔 T102 在 13 块板时温度急剧升高,则第 13 块板为灵敏板。对该塔进行设计后,得到其塔径为 0.8m,等板高度为 0.5m,回流罐直径 1.2m,高 2.6m;塔釜直径 1.4m,高 2.8m。将设备设计结果填入 Aspen Plus 的塔模拟文件,并在进料和出料流股添加阀门,检查压力后就可以由稳态模拟进入动态模拟。

模拟结果见表 31。

表 31　T102 稳态模拟结果

塔压 /bar	回流比 /(mol/mol)	塔板数	再沸器热负荷 /kW	进料			塔顶产品		塔釜产品	
				流量 /(kg/h)	苯质量分数	丙烷质量分数	流量 /(kg/h)	丙烷质量分数	流量 /(kg/h)	苯质量分数
10	0.108	16	1331.9	13550.3	0.3769	0.6230	8444.6	0.9991	5105.6	0.9990

6.3.2 添加控制方案

采取最传统的控制方案作为示例。分别设置塔进料流量控制 FC、塔压控制 PC、回流罐液位控制 LC1、塔釜液位控制 LC2、灵敏板（第 13 块板）温度控制 TC，其控制方案流程如图 11 所示。

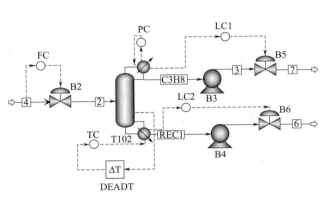

图 11 T102 控制方案流程

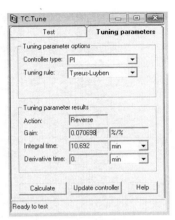

图 12 控制器参数整定结果

6.3.3 PID 控制器参数的工程整定

添加完控制方案后，各个控制器的控制参数可以通过控制器的初始化得到，但是得到的控制参数可能不是最优的。因此需通过整定才能得到优化的控制参数。施加干扰为 5%，通过软件进行测试得到整定曲线（略）。测试结束后，选择 Tyreus-luyben 整定规则，计算得到如图 12 的控制器参数整定结果。增益为 7.0698%，积分时间 10.692min，微分时间为 0。

6.3.4 控制方案评价

当进料流量从 13550.3kg/h 突变为 16260kg/h（0.1h）时，塔顶馏出物中丙烷质量分数、塔釜液中苯质量分数、再沸器热负荷、再沸器温度、灵敏板温度、塔压在 2h 内的变化情况如图 13 所示。由图可知，当进料流量突变时，丙烷质量分数由 99.9% 急剧下降至

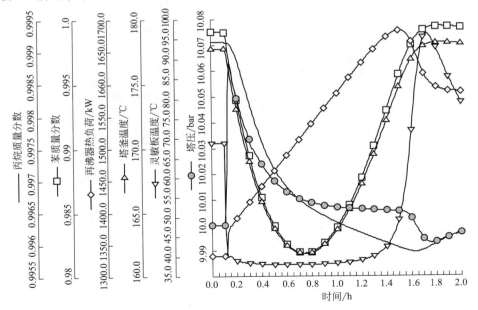

图 13 进料流量变化时各参数变化曲线

99.6%，塔压也有微小程度的下降，其它参数先下降后上升，在 1.6h 时，基本回到稳态。

当进料组成在 0.1h 时突变（由苯 0.3769、丙烷 0.6230 变为苯 0.500，丙烷 0.500）时，各参数变化情况如图 14。

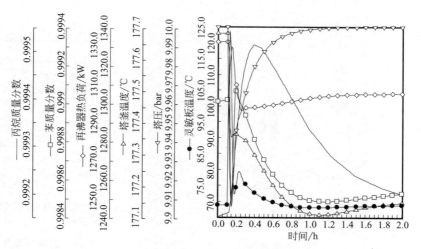

图 14　进料组成变化时各参数变化曲线

最终产品中苯质量分数有所降低，塔釜温度和再沸器热负荷也降低，其它参数都能重新回到原值。

6.3.5　改进 T102 控制方案比较

（1）有 R/F 温度控制方案

在以上控制的基础上添加回流/进料控制（R/F 控制），即保持回流量与进料量比值一定，此处简称之为有 R/F 温度控制方案，上节所述方案简称为无 R/F 温度控制方案。控制方案流程如图 15。

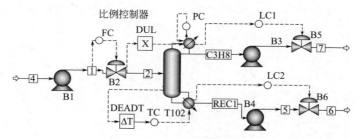

图 15　有 R/F 温度控制方案

采取该方案时，在与上节相同的两种干扰下，流量突变后，丙烷产品质量分数有微小的波动（大约在 0.9991～0.9988 之间），且在 2h 后应该能回到原值，进料组成变化时各参数变化情况如图 16 所示。

当进料组成变化时各参数变化情况如图 17 所示。由图可看出，丙烷产品组成只有微小的变化，苯产品组成变化较大。

（2）在上述（1）的基础上去掉灵敏板温度控制器，而在丙烷产品流股上设置组分控制器，通过控制塔釜再沸器热负荷控制丙烷产品组成，此处简称之为有 R/F 的组分控制方案，如图 18；在（2）的基础上，设置灵敏板温度控制器为副控制器，丙烷产品流股组成为主控制器，组成串级控制系统，简称为有 R/F 的串级控制方案，如图 19。

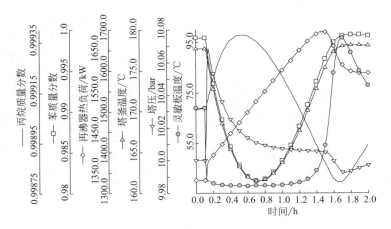

图 16　流量突变时各参数变化曲线

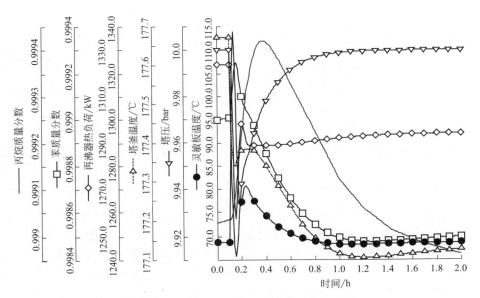

图 17　进料组成变化时各参数变化曲线

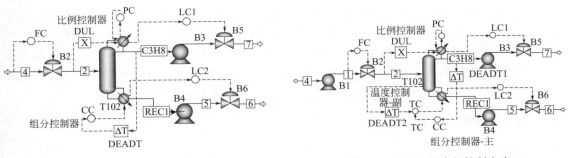

图 18　有 R/F 的组分控制方案　　　　图 19　有 R/F 的串级控制方案

　　为便于比较，将四种方案在扰动下的苯和丙烷产品组成变化绘制在同一图中，如图 20 至图 23 所示。

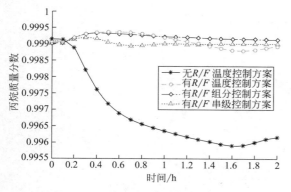

图 20　进料量变化时丙烷产品组成变化

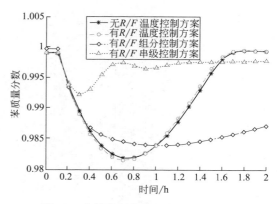

图 21　进料量变化时苯产品组分变化

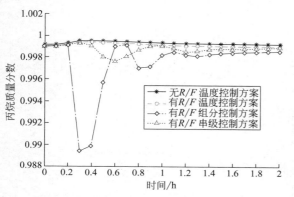

图 22　进料组成变化时丙烷产品组成变化

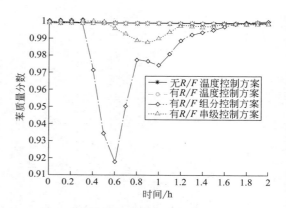

图 23　进料组成变化时苯产品组成变化

　　由四图比较可得，当进料流量变化时，无 R/F 比例控制时，丙烷产品纯度降低，且难以回到原值，有 R/F 比例控制的其它方案丙烷纯度变化不大；对于苯产品纯度的控制，除了直接组分控制方案外，其它三种方案都可以使苯纯度回到稳态值，其中串级控制的波动最小，调节速度最快。当进料组成变化时，各方案基本都能使产品纯度返回稳态值，只是采取组分控制方案时，组分经一个大的波动后才能返回稳态，效果均差于其它方案。

　　由此可见，R/F 比例控制的普通控制方案，当进料流量变化时，塔顶产品纯度降低较多，故控制方案中应加上比例控制器；对于组分控制方案，因为组分控制存在很大的滞后时间，因此其控制效果最差、参数波动大、调节速度慢甚至可能难以回到稳态，故工业生产中基本不采用组分控制器；串级控制无论从控制速度、波动性还是从控制能力来说，确实都是最优秀的，对于产品纯度要求严格控制的精馏塔应该采取该方案。而本塔并非是流程中的关键塔，综合考虑经济性和稳定性来说，选择有 R/F 的温度控制方案就足够了。

7　项目经济分析（摘要）

7.1　设计依据（略）

7.2　投资估算

　　项目总投资由固定资产投资、流动资金以及建设期间贷款利息组成。其中，固定资产投资又分为工程费用、无形资产、递延资产及预备费用。

7.2.1 固定资产投资估算

设备费用的计算说明：选型设备费用采用厂家报价；非标设备费用的计算根据 Aspen 经济分析器模拟得到用钢量，再由设计说明书给出的设备材质调研价格，根据以下公式计算：

$$设备重量×材质价格×加工系数＝设备价格$$

其中 304 不锈钢设备价格为 36000 元/t，中低压（$\leqslant$4MPa）碳钢设备价格为 11000 元/t，高压碳钢设备价格为 15000 元/t。

（1）设备基本费用投资 主要设备的投资费用表略。其中塔设备费用为 3885.7 万元，换热器根据 Aspen Energy Analyzer 模拟结果，可得换热器总价格为 2153.02 万元，储罐费用为 3680.1 万元，泵费用为 38.96 万元，压缩机费用为 1269.2 万元。

（2）无形资产 主要由土地使用费和技术转让费构成。

① 土地使用费。占地面积为 50343m²，按 2007 年实施的《全国工业用地出让最低价标准》，镇海区土地等级为七级，土地出让费为 238 元/m²，土地转让费 3000 万元，即无形资产总计 3963 万元。

② 技术转让费。未查到准确的数据，在本项目中按 20000 万元估计。

（3）递延资产费用 主要由建筑单位管理费、生产准备费和装置联合启动调试费构成。

① 建筑单位管理费。$\geqslant$8000 万元的建设项目规模，以工程费用为基础，费用率为 3.2%～3.4%，本项目取 3.2%；

② 生产准备费。其中包括人员入厂费、人员培训费、公司注册费、工程手续费和其他准备费构成。分别为人员入厂费 5000 元/人，人员培训费 4000 元/人，公司注册费和工程手续费 5 万元，其他准备费按 18 万元估计。

③ 装置联合启动调试费用。以工程费用为基础按 0.3%～2.0% 计，本厂采用新技术费用会偏高，取 1.5%。

（4）预备费用 由基本预备费和涨价预备费用组成。其中基本预备费取其他固定资产的 15% 计算；对于涨价预备费，由于 2014 年的国家固定资产投资的变化不大，总体来看走势平稳。同时建设期较短因此可以忽略涨价而带来的影响。

7.2.2 建设期借款利息

以现有银行利率 6.40% 为准，贷款 50000 万元，项目建设期为 2 年。则建设期借款利息为 6400 万元。

7.2.3 流动资金

按照类比估算法中的建设投资进行估算，即

$$流动资金额＝固定资产投资流动资金率×固定资产投资$$

其中国内外大多数化工项目的固定资产投资流动资金率为 12%～20%。保险起见，本项目取 20%。

7.2.4 项目总投资估算

建设投资估算的原则：以设备及其备品备件的采购费用设为 100%，以此费用作为各项费用的基准。建设总投资包括三部分，即固定资产、建设期借款利息与流动资金三部分费用，满足以下条件：建设总投资＝固定资产＋建设期借款利息＋流动资金。

（1）第一部分为固定资产费，包括工程费用、无形资产费、递延资产费和预备费用。

其中工程费用包括设备费用、备品备件采购费；工、器具及生产家具购置费；控制仪表、附属及管道、电气工程、土建工程、场地建设、公用工程、服务工程、场外管道及路线、其他固定资产等费用。以上各种费用具体计算如下。

① 工程费用

a）设备费用 11456.68 万元，其中反应器为 429.7 万元，塔设备为 3885.7 万元，换热器为 2153.02 万元，罐为 3680.1 万元，泵为 38.96 万元，压缩机为 1269.2 万元。

b）设备的安装费为以上各设备的 45%，为 5155.51 万元。

c）备品备件采购费用工程规定取设备的 0.5%～0.8%，本项目中采用 0.5%，为 83.1 万元。

d）工、器具及生产家具购置费对于本项目作为一个新建项目可以设备费用为基数取 0.12%～0.25%，本项目取 0.15%，为 25.04 万元。

② 控制仪表费为设备安装后费用的 15%，为 2504.3 万元。

③ 管道工程：包括管道、管架、保温和阀门，为 30%，为 5008.6 万元。

④ 电气工程：包括电动机、开关、电源线、配电盘、照明和接地等，为 16%，为 2671.2 万元。

⑤ 土建工程：包括生产车间、生活行政区建筑、消防、通讯设备及维修费用，为 25%，为 4173.8 万元。

⑥ 场地建设：包括场地清理和平整、道路、铁路、码头、围墙、停车场和绿化等，为 15%，为 2504.3 万元。

⑦ 公用工程设施费用：包括所有生产、分配和贮存设施，为 60%，为 10017.2 万元。

⑧ 服务工程、场外管道及路线，为 10%，为 1669.5 万元。

⑨ 其他固定资产费用包括锅炉和压力容器检验费、土地征用及拆迁补偿费、超限设备运输特殊措施费、工程保险费、施工机构拆迁费等。按照化工行业标准，可取工程费用的 2% 计算，为 333.9 万元。

以上 9 项之和为固定资产费用，计算得到固定资产费用为 45603.12 万元。

无形资产费包括土地使用费和技术转让费，其中土地使用费为 3963 万元，技术转让费为 20000 万元，经计算得到无形资产费为 23963.0 万元。

递延资产费包括建筑单位管理费用、生产准备费和装置联合启动调试费用。其中建筑单位管理费用为 1459.3 万元，生产准备费为 18.0 万元，装置联合启动调试费用为 684.0 万元，经计算得到递延资产费为 2161.3 万元。

预备费用包括基本预备费和涨价预备费。其中基本预备费为 6840.5 万元，而涨价预备费为 0，经计算得到预备费用为 6840.5 万元。

（2）第二部分为建设期借款利息，为 6400.0 万元。

（3）第三部分为流动资金，为 15713.6 万元。

所以建设总投资为 100681.5 万元。

7.3 资金筹措

7.3.1 资金来源

工厂总投资额为 100681.5 万元，从中国建设银行贷款 50000 万元。其余由自有资金注入。

7.3.2 贷款及偿付方式

采用长期贷款，贷款年限为五年。偿付方式为每年偿还相同数额的利息，待贷款期限满后，将贷款金额一次还清。企业未还清贷款以前所有利润均用作还款。

7.4 产品成本和费用估算

7.4.1 生产成本和费用估算依据及说明

原材料按现行市场价格计算到工厂价，不含增值税；按照现行市场价格，以下为各公用工程计算价格参数。低压蒸汽（0.8MPa）为 180 元/t，中压蒸汽（4MPa）为 300 元/t，电价格为 0.7 元/kW·h，工艺软水价格为 10 元/t，冷却水价格为 0.2 元/t，污水处理费价格为 5 元/t。

7.4.2　生产成本和费用估算

生产成本包括可变成本和固定成本两部分。可变成本指随产量变化而明显变化的费用，主要包括原料、辅料的消耗，公用工程的消耗，维修费用，开发或者引进技术等。固定成本是各项基本上不随产量变化而变化的费用，主要包括工资，固定资产折旧率，车间管理费，销售费用，企业管理费，各种附加费，固定资产的贷款利息和保险费。因此，该厂的生产成本可以逐项计算。

（1）产品生产成本估算

包括直接原材料、燃料和动力、直接工资及制造费用，详见表 32。

表 32　原料及动力费用估算

序号	物质	年消耗量 wt/a 主辅材料	价格元/t	年度成本/万元
1	苯	31.25	8900	278125
2	丙烯	17.50	6700	117250
3	FX01 沸石催化剂	0.00308	28000	86.24
4	FTH-2 烷基转移催化剂	0.0013	28000	36.4
5	蒙脱土固体酸催化剂	0.000125	9000	1.125
6	氨水	0.03475	2800（液氨）	19.75
7	己二胺	0.34	20000	6800
8	硫酸	0.41	330	135.3
9	氢氧化钠	0.325	1050	341.25
10	合计			402795.065
	燃料、动力及冷却剂			
1	低压蒸汽	37.5	200	7500
2	中压蒸汽	32.5	230	7475
3	高压蒸汽	71.25	450	32062.5
4	冷却水	1992.5	0.5	996.25
5	电	4750	0.7	3325
6	废水处理	2.11	1.8	3.8
7	废渣处理	0.90	1.8	1.6
8	废气处理	0.1	1.8	0.18
	合计			454159.4

（2）厂内职工工资估算

该厂职工按所在部门可分为管理层、办公室、财务部、市场部、人力资源部、生产区、辅助生产区、保卫处、技术部、后勤部等，总人数为 169 人。具体计算如下：

① 管理层包括总经理 1 人，年基本工资为 30 万元/人；副总经理 2 人，年基本工资为 25 万元/人；总工程师一人，年基本工资为 23 万元/人。该部门年基本工资总计为 103 万元。

② 办公室 3 人，年基本工资为 6 万元/人，该部门职工年基本工资总计为 18 万元。

③ 财务部 4 人，年基本工资为 8 万元/人，该部门职工年基本工资总计为 32 万元。

④ 市场部包括采购部和销售部两个部门，其中采购部 7 人，年基本工资为 6 万元/人，而销售部 3 人，年基本工资为 8 万元/人，市场部职工年基本工资为 66 万元。

⑤ 人力资源部 2 人，年基本工资为 8 万元/人，该部门职工年基本工资总计为 16 万元。

⑥ 生产区 73 人，其中部门主管 1 人，年基本工资为 10 万元/人；异丙苯、CHP 生产车间、CHP 分解车间、精制车间、控制室、储罐区等各 12 人，年基本工资为 6 万元/人。该部门职工年基本工资总计为 442 万元。

⑦ 辅助生产区 54 人，其中部门主管 1 人，年基本工资为 10 万元/人；水净化站 4 人，年基本工资为 6 万元/人；循环水站 4 人，年基本工资为 6 万元/人；变电所 4 人，年基本工资为 6 万元/人；机修室 9 人，年基本工资为 6 万元/人；中心化验室 9 人，年基本工资为 6 万元/人；污水处理站 4 人，年基本工资为 6 万元/人；冷冻站 4 人，年基本工资为 6 万元/人；锅炉房 7 人，年基本工资为 6 万元/人；空分站 4 人，年基本工资为 6 万元/人；消防站 4 人，年基本工资为 6 万元/人；该部门职工年基本工资总计为 328 万元。

⑧ 保卫处 12 人，年基本工资为 4 万元/人，该部门职工年基本工资总计为 48 万元。

⑨ 技术部 4 人，年基本工资为 8 万元/人，该部门职工年基本工资总计为 32 万元。

⑩ 后勤部 3 人，年基本工资为 4 万元/人，该部门职工年基本工资总计为 12 万元。

计算得到本厂每年用于支付员工工资的成本为 1097 万元作为本厂工资的基本工资，另外，计提 20% 为年终奖金，15% 为员工福利，10% 为工会活动经费。因此，总的工资成本为 1590.65 万元。

（3）折旧及摊销费用

化工厂折旧率一般为 6.3%，不计残值。工程费用为 45603.12 万元，则年折旧及摊费用为 2873.0 万元。摊销费指无形资产和递延资产在一定期限内分期摊销的费用。本项目中无形资产和递延资产在生产期的 10 年中摊销，总资产为 26124.3 万元，则年摊销费为 2612.43 万元。

（4）其他费用

其他费用包括管理费用，财务费用，销售费用，化工行业财务费通常取制造费用的 6%～9%。本项目以 7% 计取，其中制造费用为 5485.43 万元，故管理费用为 384.0 万元。本项目贷款额为 50,000 万元，贷款利息为 6.4%，故每年利息为 3200 万元，其他财务支持估为 500 万元，故总财务费为每年 3700 万元。销售费用按销售收入的 1%～3% 计取。本项目以 3% 计取，销售收入为 598208.2 万元，故销售费用为 1794.63 万元。

（5）年总成本和费用估算

总成本费用由制造成本、管理费用、财务费用、销售费用等构成，即等于成本加上费用。经营成本等于总成本费用减去折旧费、去摊销费和贷款利息。本厂年总成本为 467114.1 万元。

7.4.3　销售收入及税金

（1）主要产品估算如表 33。

表 33　主要产品估算

产品名称	产品规格（质量分数）	年产量/万吨	报价/（万元/吨）	总价/（万元/年）
苯酚	＞0.999	32.07	12000	384840
丙酮	＞0.997	19.07	8720	166290.4
苯乙酮	＞0.999	0.22	9500	2090
丙烷	＞0.999	6.76	6655	44987.8
合计/万元				598208.2

（2）销售税金及附加

销售税金一般包括增值税、城市维护建设税、资源税、营业税和教育费附加。在本项目中采用统一的收税方式，根据工厂所在地的相关规定，销售税取 27%，计算为 72879.4×0.27＝19677.44 万元。

（3）现金流量表

本项目中投资建厂的第一、二年为建设期，在这期间工厂的生产负荷为 0。在生产期内，预计目标位第一年达到生产能力的 60%，第二年达到 80%，第三年后达到生产能力的 100%。企业所得税为 25%。

$$经营成本＝工厂成本＋销售费-厂区折旧费$$

现金流量见表 34。

表 34　现金流量表

项目	建设期	投产期		达产期			
	1、2	3	4	5	6	7	8~22
生产负荷	0	60%	80%	100%	100%	100%	100%
1. 现金流入							
产品销售收入/万元	0	358924.9	478566.6	598208.2	598208.2	598208.2	598208.2
2. 现金流出							
固定资产投资/万元	78567.9	0	0	0	0	0	0
流动资金/万元	15713.6	0	0	0	0	0	0
经营成本/万元	0	311906.0	415874.7	519843.4	519843.4	519843.4	519843.4
偿还本息/万元	0	11280	11280	11280	11280	11280	0
销售税金及附加/万元	0	11806.5	15742.0	19677.44	19677.44	19677.44	19677.44
所得税/万元	0	5983.1	8917.5	11851.9	11851.9	11851.9	11851.9
小计/万元	94281.5	340975.6	451814.2	562652.7	562652.7	562652.7	562652.7
3. 净现金流量/万元	−94281.5	17949.3	26752.4	35555.5	35555.5	35555.5	35555.5
4. 累计现金流量/万元	−94281.5	−76332.2	−49579.8	−14024.3	21531.2	57086.7	

以年份为横坐标，累计净现流量为纵坐标，绘得净现金流量如图 24 所示。

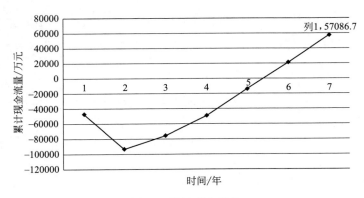

图 24　累计现金流量

（4）资产损益表　见表 35。

表 35 资产损益表

序号	项目	投产期		达产期	
		3	4	5	6
	生产负荷	60%	80%	100%	100%
一	产品销售收入/万元	358924.9	478566.6	598208.2	598208.2
二	总成本费用/万元	315197.28	420263.04	525328.8	525328.8
三	销售税金及附加/万元	11806.5	15742.0	19677.44	19677.44
四	利润总额/万元	31921.2	42561.57	53201.96	53201.96
五	所得税/万元	5983.1	8917.5	11851.9	11851.9
六	税后利润/万元	25938.1	33644.07	41350.06	41350.06

7.5 财务评价

7.5.1 盈利能力分析

(1) 投资利润率 按照化工行业标准投资利润率，可行的项目投资利润率应大于 26%。

$$投资利润率 = 年利润总额/总投资额 \times 100\% = 53201.96/100681.5 \times 100\%$$
$$= 52.84\% (>26\%)$$

符合要求。

(2) 投资利税率 按照化工行业标准投资利税率，可行的项目投资利税率应大于 38%。其中：

$$年利税总额 = 年销售收入 - 年总成本费用$$
$$投资利税率 = 年利税总额/总投资额 \times 100\% = 72879.4/100681.5 \times 100\%$$
$$= 72.4\% (>38\%)$$

符合要求。

(3) 资本金利润率 按照化工行业标准资本金利润率，可行的项目资本金利润率应大于 25%。其计算方法可按下列公式进行计算：

$$资金利润率 = 年利润总额/资本金 \times 100\% = 53201.96/50681.5 \times 100\%$$
$$= 104.97\% (>25\%)$$

符合要求。

(4) 静态回收期 静态投资回收期

$$从建设开始年算起 = (累计净现金流量开始出现正值的年份数) - 1 + \left(\frac{上年累计净现金流量绝对值}{当年净现金流量}\right)$$
$$= 6 - 1 + 14024.3/35555.5 = 5.4 年 (<14 年)(化工行业标准投资利润率)$$

7.5.2 不确定性分析

7.5.2.1 盈亏平衡分析

本项目的主产品为苯酚和丙酮，在销售价格不变的情况下，产品产量与销售价格的关系可采用如下关系式表述：

$$S = P \times Q$$

式中，P 表示销售价格；Q 表示销售量。

而产品的产量与总成本的关系可采用如下关系式表述：

$$C = C_f + C_v Q$$

式中，C 表示总成本；C_f 表示固定成本；C_v 表示单位产品可变成本；Q 表示产品产量（销售量）。本项目的盈亏平衡如图 25 所示。

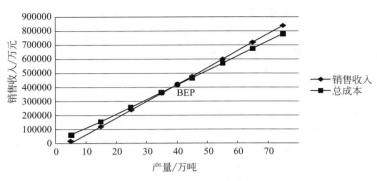

图 25　项目盈亏平衡曲线

由项目盈亏平衡曲线 25 可得，交点为（34.5，412763.7），故可得总成本曲线与销售收入曲线的交点 BEP 为盈亏平衡点，即产量为 34.5 万吨、销售收入为 412763.7 万元时销售收入等于总成本。设计生产能力为 51.14 万吨，则生产能力利用率为 67.46%。当产量低于BEP 时，销售收入低于总成本，出现亏损；当产量大于 BEP 时，销售收入高于总成本，获得盈利。

7.5.2.2　敏感性分析

分别以经营成本、产量（苯酚、丙酮）和产品价格（苯酚、丙酮）为变动因素，考虑它们对净现金流量的影响，如表 36 所示。

表 36　敏感性分析因素变动

变动因素		变动幅度						
		20%	10%	5%	0	−5%	−10%	−20%
经营成本/万元		623812.1	571827.7	545835.6	519843.4	493851.2	467859.1	415874.7
产量/万吨	苯酚	38.4	35.2	33.6	32	30.4	28.8	25.6
	丙酮	22.8	20.9	19.95	19	18.05	17.1	15.2
主产品价格/万元		14400	13200	12600	12000	11400	10800	9600
变动因素		净现金流量						
经营成本/万元		−68413.2	−16428.8	9563.3	35555.5	61547.7	87539.8	139524.2
产量/吨		135193.1	95372.3	65461.9	35555.5	5641.1	−24269.3	−54090.1
主产品价格/万元		112355.5	73955.5	54755.5	35555.5	16355.5	−2844.5	−41244.5

以变化幅度为横坐标，净现值为纵坐标，可得敏感性分析曲线（见图 26）。由图可知，

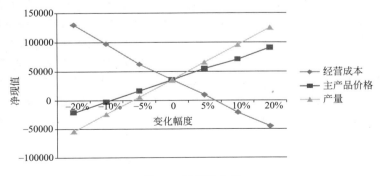

图 26　敏感性分析

产量对净现值的影响最为敏感，其次是经营成本。就目前的市场来看，项目产品的需求量在长期来说是处于增长状态，且其价格和需求量极有可能呈现增长状态，价格水平和需求在未来较长一段时间内不会出现跌落的情况，故本项目整体抗风险能力比较好。

8. 环境评价

8.1 执行的环境质量标准及排放标准（略）

8.2 主要污染源及主要污染物

8.2.1 生产工艺及污染源分析

本项目选择以丙烯和苯为原料，用比较成熟的异丙苯法生产苯酚和丙酮。丙烯和苯为原料，均来自于宁波镇海石化。异丙苯合成采用北京燕山石化的催化精馏技术，异丙苯氧化的是 ILLA 氨氧化工艺。在整个流程中废气主要来源于第二车间用空气氧化产生的大量废气，废气成分有氮气、氧气、甲醛等，以及开停工阶段产生的气体和不正常状态下紧急泄压来的气体。在本项目的工艺中废渣，主要是来自催化精馏，烷基转移化反应和过氧化氢异丙苯分解所用的催化剂失活的废催化剂，和锅炉燃烧产生的废渣、废水。由于本项目对副产品进行了回收利用，因此废水量是比较少的，且污染物也是比较少的。生产过程中的废水主要来自于产品精制车间粗苯酚塔和异丙叉丙酮❶分离塔产生的废水，主要污染物为异丙叉丙酮以及少量的丙酮和 ppm 级的苯酚和异丙苯。

8.2.2 主要污染物

（1）废渣 异丙苯合成车间脱重塔塔底出的烃焦油。精制车间苯酚精制塔塔底，苯乙酮精制塔侧线采出的酚焦油，以及失效的催化剂，生活垃圾等。生产车间产生的焦油类废渣约 9000t/a，生活垃圾约 3.7t/a。

（2）废气 合成异丙苯车间回收苯时排出的含丙烯丙烷的废气、异丙苯氧化时排出的含异丙苯和苯的废气、过氧化氢异丙苯氧化时副反应产生的甲醛废气以及催化剂仓库粉尘性气体。生产车间产生量约 1000t/a。

（3）废水 异丙苯氧化车间异丙苯氧化反应器产生的含环六亚甲基四胺、氨水等废水。精制工段产生的含微量苯酚的废液、含异丙叉丙酮的废液以及生活污水、地面洗水、罐区雨水。生产车间产生的废水量为 21100t/a，生活污水约 1460t/a。

（4）噪声 机泵、加热炉、压缩机、风机产生噪声。

8.3 综合利用和处理措施

本次环评根据"达标排放"的原则，对本项目的污染源采取如下污染防治措施（含工艺流程），其处理净化效率和可行性是根据实际工程或设备厂家提供的资料确定。

（1）废渣处理 在苯酚、丙酮生产中，通过采用沸石催化剂对异丙苯法生产苯酚、丙酮装置进行技术改造，可以消除含铝废渣，使装置固体废弃物排放量得以大幅度降低，从源头上减少固体废弃物。酚焦油废渣主要组分是苯乙酮、枯基苯酚、二甲基苯甲醇、AMS 二聚物等，还有少量苯酚。对于酚焦油处理，采用催化热裂解方法进行裂解回收。有研究表明，以 $MgSO_4$ 作为催化剂，反应温度 250～280℃，停留时间 4h，裂解回收率可达 75%。裂解产物苯酚，AMS、异丙叉丙酮等均可回收。烃焦油沸点相对较低，可在装置内部的蒸汽发生单元进行处理，这样既做到了无害化，也做到了资源化，可谓一举两得。员工日常生活垃圾由专门的环卫部门处理。其他固体垃圾、失活的催化剂进行回收利用，煤渣等固体废弃物可用以填坑铺路。

---

❶ 即 4-甲基-3-戊烯-2-酮，全书余同。

（2）废气处理 本工厂废气最主要的是氧化车间产生的氧化尾气。氧化尾气处理主要有直接燃烧法、活性炭吸附法和催化氧化法。相比于前两种方法，催化氧化法具有以下特点：起燃温度低，能耗低；允许在进料氧含量变化大的工况下运行；运转费用低且净化效率高，反应后气体中有机物含量低，故选择催化氧化法进行处理。氧化尾气先经水冷、深冷处理，脱除异丙苯等物料，经换热器与尾气焚烧器出来的尾气进行换热后进入加热器，加热到焚烧温度后，进入尾气焚烧器，在催化剂 HPA-3 催化作用下，与尾气中残留的氧气进行低温焚烧，焚烧后的尾气在换热器内将进料尾气加热，同时自身得到冷却，排放至大气中。

（3）废水处理 本工厂废水主要有异丙苯氧化车间异丙苯氧化反应器产生的含环六亚甲基四胺、氨水的废水。精制工段产生的含微量苯酚的废液、含异丙叉丙酮的废液以及生活污水、地面洗水、罐区雨水。污水处理先将产生的废水集中汇集于本厂蓄水池，送往镇海炼化污水处理站进行处理，然后进行回收或达标排放。

9. 安全性预评价（摘要）

9.1 评价范围

评价范围包括宁波市镇海化学工业园区"40 万吨/年苯酚、丙酮"项目涉及的物料、工艺生产过程、主要生产装置、储存设施、公用工程和安全生产条件等。

9.2 建设内容

镇海炼化 50 万吨/年苯酚、丙酮装置主要单项工程如表所示（略）。

9.3 主要危险及有害因素分析

9.3.1 项目涉及的危险化学品

本项目属于危险化学品的有苯、粗丙烯、稀硫酸、氢氧化钠溶液、液氨、过氧化氢异丙苯、苯酚、丙酮、丙烷、甲醛、氮气、氢气、α-甲基苯乙烯（AMS）。根据《首批重点监管的危险化学品名录》，本项目列入首批重点监管的危险化学品名录的有丙烯、液氨、苯、苯酚。根据《剧毒化学品名录》（2012 版），本项目中无剧毒化学品。根据《易制毒化学品的分类和品种目录》，本项目使用的硫酸和产品丙酮属于易制毒化学品。根据《易制爆危险化学品名录》（2011 版），本项目无易制爆化学品。根据《监控化学品管理条例》，本项目无监控化学品。本项目的主要原料、中间产物、产品，绝大部分是易燃、易爆、有毒的危险有害物质。其主要危险有害特性见表所示（略）。

9.3.2 重大危险源辨识

本装置占地 169.3m×96.6m，长宽均在 500m 范围以内，可作为一个单元进行辨识，详细辨识结果见表 37。辨识结果为本项目危险化学品已构成了重大危险源。

表 37 危险化学品重大危险源辨识

序号	危险化学品名称	危险物质类别	GB 18218—2009 临界量 t	实际量/t	是否构成重大危险源	生产、储存情况
1	苯	易燃液体	50	8000	是	催化精馏塔约 230m³，压力 0.7MPa；烷基转移反应器约 20m³，压力 1.9MPa；苯回收塔约 52m³，压力 0.1MPa；脱丙烷塔 40m³，压力 1MPa。
2	氢气	易燃气体	5	6.53	是	加氢反应器 2 个，分别为压力 1MPa
3	丙烯	易燃气体	10	79713	是	催化精馏塔约 230m³，压力 0.7MPa；
4	丙酮	易燃液体	500	2856	是	分解反应器约 300m³，压力 2.07MPa；丙酮精制塔约 233m³，压力 0.1MPa

续表

序号	危险化学品名称	危险物质类别	GB 18218—2009 临界量 t	实际量/t	是否构成重大危险源	生产、储存情况
5	甲醛	毒性气体	5	1.3	否	脱甲醛塔约 $9.4m^3$，压力 0.4MPa
6	过氧化氢异丙苯	有机过氧化物	10	17832	是	3 个异丙苯氧化反应器每个都约为 $137m^3$，压力 0.3MPa；CHP 分解反应器约为 $300m^3$，压力 2.07MPa
6	丙烷	易燃气体	50	2026	是	丙烷储罐体积约 $5000m^3$
7	氨	有毒气体	10	12.2	是	
$q_1/Q_1 + q_2/Q_2 + \cdots + q_n/Q_n = 9963.5 > 1$						是

　　根据《危险化学品重大危险源监督管理暂行规定》附件一的规定，重大危险源一、二、三、四级的划分方法如下：

　　采用单元内各种危险化学品实际存在量与其在《危险化学品重大危险源辨识》（GB 18218）中规定的临界量比值，经校正系数校正后的比值之和 R 作为分级指标。

　　R 值根据下列公式进行计算：

$$R = \alpha\left(\beta_1 \frac{q_1}{Q_1} + \beta_2 \frac{q_2}{Q_2} + \cdots + \beta_n \frac{q_n}{Q_n}\right)$$

$$= 2 \times \left(1 \times \frac{8000}{50} + 1.5 \times \frac{6.53}{5} + 1.5 \times \frac{79713}{10} + 1 \times \frac{2856}{500} + 2 \times \frac{1.3}{5} + 2 \times \frac{17832}{10} + 1.5 \times \frac{2026}{50} + 2 \times \frac{12.2}{10}\right)$$

$$= 31510 \, (> 100)$$

式中，q_1、q_2、$\cdots$、q_n 为各种危险化学品实际存在（在线）量，吨；Q_1、Q_2、$\cdots$、Q_n 为与各危险化学品相对应的临界量，吨；β_1、β_2、$\cdots$、β_n 为与各危险化学品相对应的校正系数，本项目有易燃气体氢气、丙烯、丙烷、校正系数 β 均取 1.5，有毒气体液氨、甲醛，其校正系数 β 为 2，过氧化氢异丙苯校正系数 β 取 2，易燃液体苯、丙酮校正系数 β 取 1；α 为该危险化学品重大危险源厂区外暴露人员的校正系数，本项目厂区位于宁波市镇海工业园园内，员工约 1227 人，因此，厂区边界向外扩展 500m 范围内常住人口数量为大于 100 人，校正系数 α 取值 2。

　　根据危险化学品重大危险源级别和 R 值的对应关系（略），判定本项目的重大危险源级别为一级。辨识结果为本项目的危险化学品已构成一级重大危险源。

　　本项目压力容器重大危险源辨识如表 38 所示，辨识结果为本项目的压力容器群已构成重大危险源。

表 38　压力容器重大危险源辨识

构成重大危险源条件	(1)介质毒性程度为极度、高度或中度危害的三类压力容器；(2)易燃介质，最高工作压力≥0.1MPa，且 $pV \geq 100MPa \cdot m^3$ 的压力容器（群）				
项目设备实际情况					是否构成重大危险源
设备名称	规格：$DN/mm, V/m^3$	介质	压力/MPa	$pV/MPa \cdot m^3$	
催化精馏塔	$DN4600 \times 34000, V=565$	丙烯、苯、异丙苯	0.7	395.5	是
脱丙烷塔	$DN800 \times 14000, V=7$	苯、丙烷	1	7	是
异丙苯精制塔	$DN2800 \times 20000, V=123$	异丙苯、二异丙苯	0.1	12.3	否
脱重塔	$DN1000 \times 11500, V=9$	二异丙苯、三异丙苯	0.06	0.54	否

续表

项目设备实际情况					是否构成重大危险源
设备名称	规格：DN/mm，V/m³	介质	压力/MPa	pV/MPa·m³	
苯回收塔	$DN1800 \times 14000，V=36$	苯、异丙苯、二异丙苯	0.1	3.6	否
异丙苯氧化反应器	$DN5000 \times 30000，V=589，3$ 台	异丙苯、空气、过氧化氢异丙苯	0.3	176.7	是
氧化液一级闪蒸罐	$DN12000 \times 16600，V=1877$	异丙苯、过氧化氢异丙苯	0.0004	0.7508	否
氧化液二级闪蒸罐	$DN7000 \times 10100，V=389$	异丙苯、过氧化氢异丙苯	0.0004	0.1556	否
氧化废气一级冷凝器	$DN4000 \times 6200，V=78$	氮气、氧气、异丙苯	0.1	7.8	否
氧化废液二级冷凝器	$DN4000 \times 6200，V=78$	氮气、氧气、异丙苯	0.1	7.8	否
过氧化氢异丙苯分解反应器	$DN5000 \times 25000，V=491$	过氧化氢异丙苯、苯酚、丙酮	0.21	103.1	是
丙酮回收塔	$DN5600 \times 65000，V=1600$	苯酚、丙酮、异丙苯	0.1	160	是
丙酮闪蒸罐	$DN1000 \times 2300，V=1.8$	苯酚、丙酮、异丙苯	0.41	0.74	否
脱甲醛塔	$DN1400 \times 14000，V=22$	丙酮、甲醛	0.4	8.8	否
丙酮粗分塔	$DN2600 \times 32000，V=170$	苯酚、丙酮、异丙苯	0.1	17	否
丙酮精制塔	$DN3000 \times 33000，V=233$	丙酮、水	0.1	23.3	否
脱烃塔	$DN2200 \times 35000，V=133$	苯酚、异丙苯、AMS、苯乙酮	0.1	13.3	否
脱苯乙酮塔 A	$DN2000 \times 26500，V=83$	苯酚、苯乙酮、异丙叉丙酮	0.05	4.15	否
脱苯乙酮塔 B	$DN1800 \times 27000，V=69$	苯酚、丙酮	0.1	6.9	否
苯酚回收塔	$DN1200 \times 22500，V=25.4$	苯酚、苯乙酮	0.1	2.54	否
苯乙酮回收塔	$DN2600 \times 21000，V=111.4$	苯酚、苯乙酮	0.008	0.89	否
脱焦塔	$DN2600 \times 32700，V=174$	苯酚、焦油	0.04	6.96	否
脱异丙叉丙酮塔	$DN2000 \times 33000，V=103.7$	异丙叉丙酮、异丙苯、AMS、水	0.1	10.37	否
AMS 加氢反应器					
装置压力容器群	$p_1V_1 + p_2V_2 + \cdots + p_nV_n > 100\text{MPa·m}^3$				

9.4　项目危险工艺辨识与分析

本项目中涉及的危险工艺有烷基化工艺、异丙苯氧化工艺、AMS 加氢工艺，三种工艺均属于国家首批重点监管的危险化工工艺。

烷基化工艺　虽然本身比较危险，不过由于本工艺采用催化精馏工艺，塔内催化剂不易飞温，反应热及时用来蒸发塔内液体，因此具有一定安全性。但由于反应物丙烯为易燃气体、苯为剧毒低闪点液体，因此仍需采取严格的控制方案。宜采用的控制方式为：设置塔温异常时，自动停止加料并紧急停车的联锁装置。安全设施包括安全阀、爆破片、紧急放空阀、单向阀及紧急切断装置等。

异丙苯氧化工艺　重点监控工艺参数为氧化反应器内温度和压力；氧化剂流量；反应物料的配比；过氧化物含量等。宜采用的控制方式为：将氧化反应器内温度和压力与反应物的配比和流量、氧化反应器夹套冷却水进水阀、紧急冷却系统形成联锁关系，在氧化反应器处设立紧急停车系统，当氧化反应器内温度超标时自动停止加料并紧急停车。配备安全阀、爆破片等安全设施。

AMS加氢工艺　需调控的工艺参数为加氢反应釜或催化剂床层温度、压力；加氢反应釜内搅拌速率；氢气流量；反应物质的配料比；系统氧含量；冷却水流量；氢气压缩机运行参数、加氢反应尾气组成等。宜采取的控制方式为：将加氢反应釜内温度、压力与釜内搅拌电流、氢气流量、加氢反应釜夹套冷却水进水阀形成联锁关系，设立紧急停车系统。加入急冷氮气或氢气的系统。当加氢反应釜内温度或压力超标自动停止加氢，泄压，并进入紧急状态。安全泄放系统。

9.5　安全对策措施与建议

该项目的主要危险有害因素有：火灾爆炸、中毒、灼伤、触电、车辆伤害、机械伤害、高处坠落。该建设项目应重点防范的重大危险有害因素：火灾爆炸、中毒、触电。生产工艺过程中防止丙烯、过氧化氢异丙苯，丙酮等泄漏引起火灾爆炸、中毒措施，以及发生事故后防止泄漏造成污染的措施。压力容器、压力管道等特种设备的安全防护装置、承压元件或密封件等安全措施。对于储存区重大危险源，按照安全生产监管部门的要求做好重大危险源管理和防范措施的落实工作。并做好重大危险源监控系统的建立和日常运行管理工作。

9.6　评价结论

通过对本建设项目的危险有害因素辨识与分析，可以看出：本建设项目在建成投产后，存在火灾爆炸、中毒窒息、高温烫伤、淹溺、粉尘危害、电气伤害、噪声伤害、高处坠落、机械伤害、物体打击、车辆伤害等危险有害因素。

根据《危险化学品重大危险源辨识》（GB 18218—2009）进行辨识，本项目构成危险化学品重大危险源。本项目主要存在火灾爆炸、高温烫伤、触电、噪声危害、高处坠落、机械伤害、物体打击和车辆伤害等危险、有害因素。其中，火灾爆炸、中毒窒息危险等级为"Ⅳ级"（灾难级）；触电、高处坠落和物体打击危险等级为"Ⅲ级"（危险级）；高温烫伤、低温冻伤、噪声危害、机械伤害、车辆伤害危险等级为"Ⅱ级"（临界级）。对于上述可能产生的各种危险和危害在分析表（略）中均一一对应地提出了初步的防范措施。本项目生产单元中属于"比较危险"的有2项，即过氧化氢异丙苯合成工段及分解工段；属于"稍有危险"的有4项，即生成异丙苯工段、苯回收塔、苯酚精制工段、丙酮精制工段。本项目储存单元主要作业中属于"比较危险"的有5项，即：储罐装卸作业、储罐巡检作业、仓库搬运作业、仓库巡检作业、管道输送作业。本项目公用工程单元中属于"比较危险"的有6项，即供配电作业、供热作业、供气作业、设备维护作业、低压电气设备维护、操作、保养（含带电作业）和厂内车辆运输作业；属于"稍有危险"的有2项，即给排水作业、设备、管道检修作业。通过火灾爆炸危险指数（DOW）评价可知：根据上述单元评价过程可知，生产单元中的氧化反应单元的火灾爆炸的危险等级为Ⅴ级（非常大），在采取补偿措施后，危险等级降为Ⅲ级（中等）；储存单元中苯酚储罐的火灾爆炸危险等级为Ⅴ级（非常大），在采取补偿措施后，危险等级降为Ⅱ级（低度），符合安全生产的要求。通过DOW法补偿前后评价结果可知，企业应当特别注意。

10　总结

10.1　完成的主要设计内容

首先经对比各种异丙苯生产工艺后，选择国产 FX-01 为催化剂的催化精馏工艺。以苯和粗丙烯为原料，经催化精馏塔反应生成粗异丙苯，粗异丙苯经精制后得到产品异丙苯，剩余的重组分脱焦后，通过烷基转移反应得到异丙苯再返回精制塔。采用文献中推荐的 SRK 方程，使用 Aspen Plus 软件对全车间进行流程模拟及优化。由于反应动力学方程复杂，采用 Fortran 语言编写动力学方程，并嵌套进入催化精馏塔模拟过程中。为了减少催化精馏塔顶冷凝器制冷剂用量和塔釜再沸器热导油用量，对该塔增加中间冷凝器和中间再沸器，节能效果显著。由于本流程副产大量丙烷，同时考虑到安全、环保，使用副产物丙烷取代液氨为制冷剂，并采用两级压缩制冷循环提高制冷效率。

模拟完成后，对关键设备催化精馏塔 T101、异丙苯精制塔 T103、烷基转移反应器 R101 及全车间进行了物料衡算，并对 T101、T103、R101 进行了能量衡算，编写了相应衡算表。使用 Aspen Energy Analyzer 软件，在一、二车间和二、三车间之间进行全厂换热网络设计，使每年花费减少 44.75%。同时进行了本车间反应器、塔、换热器、泵等设备的设计与选型，并确定流程中各设备的控制方案，采用 Aspen Plus Dynamics 软件对控制方案进行评价、对比及优化。在设计完成后，使用 AutoCAD 软件绘制车间物料流程图及管道仪表流程图。最后，对整个苯酚丙酮项目进行了经济分析、安全性预评价、环境评价。

10.2　主要创新点

（1）原料创新　使用粗丙烯（丙烯 69.25% 质量分数，丙烷 30.75% 质量分数）作为反应原料，降低了能耗。而反应后，苯与丙烷的混合物很容易分离，因此本车间副产大量高纯丙烷。

（2）工艺创新　采用催化精馏技术，使反应与分离相耦合，及时分离产物促进反应的转化率和选择性提高，并利用反应放热降低塔的能耗；充分利用精馏段和提馏段温差较大的特点，采用中间冷凝器和中间再沸器方案，节省高价值的制冷剂和热导油，且中间冷凝器回收热量可用作加热介质，节省能源；以丙烷作为制冷剂，相比液氨，具有安全、环保的优点，且充分利用副产物；制冷循环采用两级压缩流程，使制冷效率提高 12.15%；通过动态模拟，对不同控制方案进行评价和优选。

（3）设备设计的创新　对部分换热器采用折流杆替代折流板，不仅解决共振、压降大等问题，而且降低了设备费；对于管程、壳程传热系数相差很大的再沸器，使用翅片管，强化传热系数低的一侧的传热效果，设备费显著减少。

（4）设计工具的创新　设计过程中，综合运用所学理论知识，结合经验，充分利用 Aspen Plus、Aspen Energy Analyzer、Aspen Plus Dynamics、Exchanger Design and Rating 等化工模拟软件，并自行编写 Fortran 程序嵌入催化精馏塔模拟过程，弥补 Aspen Plus 的不足，这些都体现了现代化工设计的要求和方向。

11　主要参考文献

[1] Schmidt R J. Industrial catalytic processes-phenol production [J]. Applied Catalysis A：General，2005，280：89-103.

[2] Hoelderich W F. 'One-pot' reactions：a contribution to environmental protection [J]. Applied Catalysis A：General，2000，194-195：487-496.

[3] 任永利，王莅，张香文. 苯直接羟基化制苯酚研究进展 [J]. 化学进展，2003，15

（5）：420-426.

[4] 兰忠，王立秋，张守臣等．N₂O 直接催化氧化苯制苯酚研究进展 [J]．化工进展，2002，21（9）：621-625.

[5] 任永利，米镇涛．过氧化氢氧化苯制苯酚的催化剂研究进展 [J]．化工进展，2002，21（11）：827-830.

[6] 刘艳丽，赵淑惠，刘寿长．苯选择加氢生产环己酮和苯酚 [J]．河南化工，2007，23（12）：1-3.

[7] 邱俊，小村贞一，室田好浩等．Pd/HI₃ 双功能催化剂上苯加氢烷基化合成环己基苯 [J]．催化学报，2007，28（3）：246-250.

[8] 先雪峰，周刚．苯基环己烷的制备方法 [P]．中国专利：l 982264，2007-06-20.

[9] C. Perego，S. Amarilli，R. Millini，et al. Terzoni Experimental and computational study of beta，ZSM-12，Y，mordenite and ERB-1 in cumene synthesis [J]．Microporous Materials，1996，6（15）：395-404.

[10] 王永健．异丙苯法苯酚丙酮清洁生产 [M]．北京：中国石化出版社，2009.

[11] 姚平经．过程系统工程 [M]．上海：华东理工大学出版社，2009.

[12] 孙兰义．化工流程模拟实训—Aspen Plus 教程 [M]．北京：化学工业出版社，2012.

[13] 陆恩锡，李小玲，吴震．蒸馏过程中间再沸器与中间冷凝器 [J]．化学工程，2008，36（11）：74-78.

[14] 孙寅茹．冷热公用工程系统与换热网络的集成优化 [D]．广东：广东工业大学，2013.

[15] Robin Smith. Chemical Process Design and Integration [M]．Hoboken：John Wiley & Sons Ltd，2005.

[16] 喻健良，王立业，刁玉玮．化工设备机械基础 [M]．大连：大连理工大学出版社，2009.

[17] 骞伟中，汪展文，魏飞等．用模式搜索法模拟催化精馏合成异丙苯过程 [J]．石油化工，2000，29（4）：279-282.

[18] 中国石化集团上海工程有限公司．化工工艺设计手册 [M]．北京：化学工业出版社，2009.

[19] Smith，L. A.，Jr.．Catalytic Distillation Structure [P]．United Stases Patent：4242530，1980.

[20] Xu X，Zhao Z，Tian S. Study on catalytic distillation processes：Part Ⅲ：Prediction of pressure drop and holdup in catalyst bed [J]．Chemical Engineering Research and Design，1997，75（6）：625-629.

[21] XU X，Zhao Z，Tian S. Study on catalytic distillation process：Part Ⅳ：Axial Dispersion of Liquid in Catalyst Bed of Catalytic Distillation Column [J]．Trans IchemE，1999，77（3）：16-20.

[22] 骞伟中，汪展文，魏飞等．催化精馏合成异丙苯过程模拟 [J]．清华大学学报（自然科学版），2001，41（12）：41-43.

[23] 夏清，陈常贵．化工原理．下册 [M]．天津：天津大学出版社，2005.

[24] 秦书经，叶文邦等．换热器 [M]．北京：化学工业出版社，2003.

[25] 全国化工设备设计技术中心机泵技术委员会．工业泵选用手册 [M]．北京：化学

工业出版社，2003.

　　［26］徐英，杨一凡，朱萍. 球罐和大型储罐［M］. 北京：化学工业出版社，2005.

　　［27］厉玉鸣. 化工仪表及自动化［M］. 北京：化学工业出版社，2011.

　　［28］William L. Luyben. Distillation Design and Control Using Aspen Simulation［M］. Hoboken：John Wiley & Sons Inc，2013.

　　［29］王德堂，孙玉叶. 化工安全生产技术［M］. 天津：天津大学出版社，2009.

12　附录

12.1　烷基化反应动力学方程的 Fortran 程序（略）

12.2　工程图纸

　　12.2.1　物料流程图（PFD）（略）

　　12.2.2　管道仪表流程图（PID）（略）

　　12.2.3　设备布置图（略）

　　12.2.4　换热器 E106 装配图（略）

　　12.2.5　苯回收塔 T105 装配图（略）

　　说明：本章毕业设计实例省略部分请详见化工设计课程资源网站 http：//kczx. hnu. cn/G2S/Template/View. aspx？action＝view&courseType＝0&courseId＝1623。

第十一章　大学生化工设计竞赛与实例

第一节　大学生化工设计竞赛简介

为贯彻实施教育部"高等学校本科教学质量与教学改革工程"，全面推动本科生素质教育，培养学生的创新思维和工程能力，激发化工类专业学生科技创业、实践成才的热情，鼓励化工学子成长为牢固掌握核心专业知识、熟悉交叉新兴学科知识、善于将科技成果转化为生产力及开拓广阔市场的复合型人才，近几年许多学校和省份直至全国都举办了大学生化工设计竞赛。

《教育部关于实施卓越工程师教育培养计划的若干意见》（以下简称《意见》）提出了"高等工程教育要面向工业界、面向世界、面向未来，培养造就一大批创新能力强、适应经济社会发展需要的高质量各类工程技术人才，为建设创新型国家、实现工业化和现代化奠定坚实的人力资源优势，增强我国的核心竞争力和综合国力。"《意见》是大学生化工设计竞赛的强大推动力，激发了广大学生和教师参加化工设计竞赛的积极性，参加全国大学生化工设计竞赛的院校和学生人数逐年增加，2011年参赛院校已达百所以上。

为了适应全国性大学生化工设计竞赛的需要，本教材特增设了相关化工设计竞赛的内容与实例，以起到抛砖引玉的作用。

一、化工设计竞赛的目的意义

全国大学生化工设计竞赛由中国化工学会化学工程专业委员会主办，是目前国内规模最大、影响最广的大学生专业性顶级赛事，该赛事是对学生的化工知识综合运用能力、化工设计软件的应用能力和创新意识的全方位考查，其宗旨是通过大学生化工设计竞赛，激发学生科技创业、实践成才的热情，提高化工类学生的现代工程设计、工程实践和创新能力，培养学生的团队协作精神，丰富校园科研与学术氛围，促进专业之间、学校之间的交流与合作。

二、参赛对象和竞赛形式

全国大学生化工设计竞赛的参赛者为全日制在校本科生。以团队形式参赛，每队5人，设队长1人。每位学生只允许参加一支代表队，鼓励多学科学生组队参赛。

竞赛分为预赛和决赛两个阶段。预赛分华东、华南、华西、华北、华中、东北和西南七个赛区进行，首先进行预赛，参赛作品经赛区初赛评审委员会评分，并遴选出本赛区的优秀作品参加赛区决赛。赛区决赛时先由参赛队进行口头报告和现场答辩，由赛区决赛评审委员会与参赛学生代表共同评定成绩，各参赛团队的最终成绩由决赛和预赛成绩共同决定（其中预赛占40%，决赛占60%）获奖作品的等级，并从赛区决赛队中甄选出参加全国总决赛的参赛队。

全国总决赛时先进行分组决赛，各参赛队必须在规定时间内提交参赛作品，并在指定的时间和地点参加口头报告和现场答辩，由决赛评委和学生代表评分，并甄选出参加第二轮决赛的团队；第二轮决赛时，先由团队的1人或多人对参赛作品进行陈述和展示，然后接受决赛评委与参赛学生的提问，并即时答辩。评委和学生代表进行评议，由总决赛评审委员会与参赛学生代表共同评选获奖队伍和获奖等级。

三、竞赛设计任务书及重点辅导

（一）设计题目

参赛队以准赛通知中的账号和密码登录竞赛网（http：//iche.zju.edu.cn）获取设计题目。

（二）设计基础条件

1. 原料

对原料的组成要求由竞赛任务书给定或参赛队根据本队采用的技术方案自行拟订。

2. 产品

产品方案及各种产品的规格由竞赛任务书给定或参赛队根据本队的市场规划自行拟订。

3. 生产规模

生产规模由参赛队根据本队的资源规划和市场规划以及国家的有关政策自行确定。

4. 环境要求

尽量采取可行的措施减少系统对环境的不利影响，并对排出的污染物提出合理的治理方案。

（三）工作内容及要求

1. 项目可行性论证

（1）建设意义；

（2）建设规模；

（3）生产技术；

（4）用文字说明副产物的综合利用方案；

（5）与企业的系统集成方案；

（6）厂址选择；

（7）社会及经济效益分析。

2. 工艺流程设计

（1）工艺方案选择及论证；

（2）能量集成与节能技术；

（3）工艺流程计算机仿真设计；

（4）绘制物料流程图和带控制点工艺流程图；

（5）编制物料平衡及热量平衡计算书。

3. 设备选型及典型设备设计

（1）典型非标设备——精馏塔/吸收塔的工艺设计，编制计算说明书；

（2）典型标准设备——换热器的选型设计，编制计算说明书；

（3）其他重要设备的设计及选型说明；

（4）编制设备一览表。

4. 车间设备布置设计

选择至少一个主要工艺车间，进行车间布置设计：

（1）车间布置的三维建模设计；

（2）主要工艺管道的三维配管设计；

（3）绘制车间平面布置图；

（4）绘制车间立面布置图。

5. 布置设计

（1）总图布置　总图设计内容分为平面布置和竖向布置两大部分。平面布置是合理地对用地范围内所有建筑物、构筑物、工程设备及生活辅助设施在水平方向进行布置。竖向布置是依据用地范围内地形标高的变化进行与水平方向竖直的布置，如果整个地区地形比较平坦，允许只做平面布置。

化工设计竞赛主要对工厂的平面布置进行规划设计，即对生产车间、罐区（原料罐、中间储罐、产品罐）、辅助生产区（包括控制室、化验室、气体站、维修站、配电站、消防站、污水处理站以及循环水冷却装置、锅炉房等公用工程）、生活行政区（包括办公区、食堂、医院、休闲、停车场等生活区）、人流物流道路进行统筹规划，根据选址的地理位置和生产特点进行平立面合理设计。

① 总图布置的原则要求。在满足工艺流程、安全防火、卫生防护等要求的前提下，充分体现装置露天化、联合集中布置的原则，节约用地，节省投资，力求平面布置紧凑合理，流程短、占地小，物料输送短捷顺畅，达到操作、检修、管理、安全方便，节约用地的目的。

总图设计应符合下列标准规范：

《石油化工企业设计防火规范》GB 50160—2008

《建筑设计防火规范》GB 50016—2006

《石油化工企业总体布置设计规范》SH/T 3032—2002

《石油化工企业厂内道路设计规范》SH/T 3023—2005

《石油化工企业厂区总平面布置设计规范》SH/T 3053—2002

《石油化工厂区竖向布置设计规范》SH/T 3013—2000

《石油化工厂区绿化设计规范》SH 3008—2000

《工业企业设计卫生标准》GBZ 1—2010

② 工厂总平面布置图　图的画法可参考《石油化工总图运输设计图例》SH 3084—1997。

化工设计竞赛要求用一张 2 号图纸绘制工厂平面布置图，并提倡用三维建模软件绘制工厂模型。

③ 总图布置图中应列出建筑物设计技术经济指标表（包括：占地面积、建筑占地面积、建筑系数、厂区绿化系数及场地利用系数等）。

（2）车间设备布置

① 初步设计阶段的车间布置设计。详见本书第五章车间布置设计。

② 车间设备平剖面布置图。车间设备布置图为一组平面布置和一组剖面布置图，图幅均为 3 号图纸。具体画法见本书第五章车间布置设计。

提倡用三维工厂设计软件对设备进行布置设计。

③ 详细说明设备布置设计的原则及其特点。

（3）工艺管道布置设计

化工设计竞赛要求对主要工艺管道进行布置设计。

① 管道布置设计。管道布置设计的任务、要求，以及典型设备的管道布置方案见本书第六章管道布置设计。

② 管道布置图。管道布置图的内容和表达方法详见本书第六章管道布置设计第四节管道布置图。

③ 采用三维工厂设计软件进行管道布置设计。化工设计竞赛鼓励采用三维工厂设计软

件进行管道布置设计，软件的具体操作方法和步骤可参考本书的第六章第六节计算机在管道布置设计中的应用。长沙思为软件公司自主研发的 Pdmax 是中文界面，且其公司网站上有软件的教学视频，便于自学。

④ 详细说明管道布置设计的原则及其特点。

6. 经济分析与评价

根据调研获得的经济数据（可以参考以下价格数据）对设计方案进行经济分析与评价：

① 304 不锈钢设备：36000 元/t；

② 中低压（≤4MPa）碳钢设备：11000 元/t；

③ 高压碳钢设备价格：15000 元/t；

④ 低压蒸汽（0.8MPa）：150 元/t；

⑤ 中压蒸汽（4MPa）：250 元/t；

⑥ 电：0.6 元/(kW·h)；

⑦ 工艺软水：8 元/t；

⑧ 冷却水：0.2 元/t；

⑨ 污水处理费：0.5 元/t。

鼓励采用专业软件进行过程成本的估算和经济分析评价。

项目经济评价应遵循效益与费用计算口径对应一致的原则，同时应遵循产业政策导向原则、目标最优化原则、指标统一原则、价格合理原则。

项目经济评价一般分为财务评价和国民经济评价两个层次。财务评价是从企业微观经济角度，按国家现行财税制度和现行价格，分析测算项目的投资支出、生产费用和效益，考察项目投资建设后给企业带来的经济效益，用以判断投资行为在企业财务上的可行性。国民经济评价是从国民经济宏观角度，用经济净现值、社会折现率等经济参数，分析测算在建生产经营过程中所投入的全部物质资源、人力资源等经济代价和对国民经济所作的贡献，项目引起最终产品的增减，对生态、环境的影响以及对产业和国家安定等方面的贡献都属于国民经济评价的范畴。

在我国，凡是涉及国民经济许多部门的重大工业投资项目和影响国计民生的重要投资项目、有关稀缺资源开发和利用的投资项目、涉及产品或原料、燃料进出口或代替进口的投资项目，除进行财务评价外，还应进行国民经济评价。如果项目财务评价认为不可行，而国民经济评价认为在宏观经济上是合理的，国家应采取政策性补贴或减免税收等必要的保护措施，使项目的财务评价也成为可行；反之，如果项目的财务评价认为可行，而国民经济评价认为在宏观经济上是不合理的，则应在重新考虑方案后进行设计。

一般的化工项目主要进行财务评价，评价指标的计算方法和财务评价方法参见本书第八章工程设计概算与技术经济。

7. 设计说明书编制

(1) 设计说明书的内容　对设计内容汇总，按正规格式（HG/T 20688—2000）编写《初步设计说明书》（见本书第一章第四节设计文件）；项目可行性论证内容（见本书第一章第二节化工厂设计的工作程序）可以直接在该说明书中体现。做了具体设计的内容可详细一些，未做具体设计的内容可简略，但要保持格式正确完整。

(2) 设计说明书的格式要求

① 打印及装订。设计说明书打印采用 A4 纸，纵向双面打印，左侧装订。页面设置为左2.5、右2.0、上2.5、下2.0，不分栏，页码在外侧，页眉奇数页为设计题目，偶数页为所在章节及章节题目。

② 字体。英文及阿拉伯数字采用"Times New Roman"字体，中文字体采用宋体。

③ 目录。"目录"二字之间应有两个空格的间隔，三号字号，居中，上下各空一行。目录下的各章节标题最多有三个层次：第一层次顶格，第二三层次依次空两格，采用小四号宋体。

④ 正文字体。标题1采用三号字号，居中；标题2采用小四字体加黑，顶格；标题5采用小四字体加黑，顶格，行间距1.5倍。正文采用小四字号，行间距为1.5倍。

⑤ 表格。表格一律用三线表，表中内容一律用五号字号，中文字体为宋体，英文和数字字体为"Times New Roman"。表头在表格上方，居中，表头应标出章节号、序号及表格名称，表头为五号字号加黑。表格格式全文统一，表格左右尺寸设置应为左2.5右2.0，表格应尽量不跨页。

⑥ 插图。插图尺寸应调节至适合大小，以可分为两栏大小为宜，图题在图下方，居中，图题应标出章节号、序号及图名称，图题为五号字加黑。

⑦ 设计说明书均要求用MS-Word编辑，保存为DOC格式；图纸用AutoCAD绘制，保存为2004格式。

⑧ 参考文献。"参考文献"标题用三号黑体，居中，上下各空一行。参考文献内容用宋体五号，每段前面空两格。

参考文献的引文格式（请注意标点格式）如下：

a) 著作：作者.书名.第几版.出版地：出版社，出版年，页码

b) 文章：作者.文章名.刊物名称，出版年号卷号（期号）

c) 网上文献：作者.文章名.网址，年月日

d) 公开发表的资料：作者.文章（资料）名.出处.年份

注：参考文献与论文参考内容要一一对应。

（3）设计图纸

① 带控制点工艺流程图为1号图纸，1张；

② 总图布置为3号图纸，1张；

③ 设备布置图为3号图纸，一套平面布置图和1张立面布置图；

④ 管道布置图为2号图纸，一套平面布置图和1张立面布置图；

⑤ 设备装配示意图为3号图纸，1张换热设备图，1张塔器设备图；

⑥ 图纸中文字样式：字体为Standard，大小：6号字号；

⑦ 图纸中箭头样式：文字高度：2.5；箭头大小：2.5；比例因子：1。

四、竞赛进程

1. 报名组队

全国大学生化工设计竞赛报名应登录全国大学生化工设计竞赛网站（http：//iche.zju.edu.cn），在线填写报名表。获准参赛的团队名单将陆续在竞赛网站上公布，并通过E-mail通知参赛团队。

2. 发放竞赛题目及参赛指导书

竞赛题目公布在大学生化工设计竞赛网站上，获准参赛的团队可以通过准赛通知中的账号和密码登录竞赛网站，下载竞赛题目和参赛指导书。

3. 实施设计

团队应在规定的时间内完成全部设计工作。

4. 提交作品

在规定的时间内，各团队应将仿真设计模型的计算机文件（注明所用软件的版本号）、设计说明书、表格、图纸等设计文档汇总编目（如有必要，请提供阅读相关文件的软件）上载到竞赛网站的作品提交目录中。

各进入决赛的参赛队应根据赛区组委会在大学生化工设计竞赛网站上公布的初赛结果和反馈的评阅意见，对竞赛作品进行修改，并于规定时间内完成修改并提交最终决赛文本。

5. 预赛评审

赛区初赛评审委员会将对参赛作品进行评阅，根据各队提交的电子文档质量评选出全国三等奖获奖队，同时遴选出赛区决赛团队，竞赛网站通知栏目发布通知，公布各赛区决赛团队名单，并通过 E-mail 通知相关参赛队伍。

6. 赛区决赛

赛区决赛时间由各赛区竞赛组织委员会确定后另行通知。赛区决赛采用答辩会的形式，各参赛队依次报告本队的作品，接受赛区决赛评审委员会的质询，即时答辩。赛区决赛评审委员会与参赛学生代表根据参赛队的口头报告质量和答辩表现进行评议，评定各参赛队的获奖级别，并甄选出参加全国总决赛的参赛队。各赛区参加全国总决赛的名额，将由竞赛委员会根据各赛区参赛学校和提交作品的参赛队数量分配，并在竞赛网站的通知栏目中公布。

7. 全国总决赛

参加全国总决赛的通知和参赛队名单在通知栏目中公布，并通过 E-mail 通知相关参赛队伍。全国总决赛时各参赛队应提交电子文档和书面设计文档，并参加总决赛答辩会。书面设计文档在总决赛报到注册时提交，内容应与提交的电子文档一致。2011 年总决赛不再提交任何纸质打印文档，改为提交电子文档，包括仿真设计模型的计算机文件、设计说明书、表格、图纸等设计文档等。决赛报告的 PowerPoint 电子文档，要求所有图表中的文字同时用中英文表达。

各队在总决赛答辩会上的出场顺序通过抽签决定，各参赛队依次报告本队的作品，接受总决赛评审委员会的质询，即时答辩。

总决赛评审委员会与参赛学生代表根据各队提交的电子文档质量、书面文档质量、口头报告和答辩表现进行评议，随后公布评奖结果并举行颁奖仪式。获奖名单将在大学生化工设计竞赛网站上公布。

五、化工设计竞赛作品自评

根据历年化工设计竞赛的情况，各参赛队伍完成设计任务以后，可以根据下面的评分细则对自己的作品进行初步判断，并在薄弱的环节进行改进。

1. 技术创新性（25 分）

（1）资源利用（原料）方案创新（4 分）；

（2）产品结构方案创新（3 分）；

（3）化学反应技术创新（4 分）；

（4）分离技术创新（4 分）；

（5）过程节能降耗技术创新（3 分）；

（6）环境保护技术创新（2 分）；

（7）新型过程设备的应用（3 分）；

（8）控制策略和方案创新（2 分）。

2. 现代设计方法及工具应用（25 分）

（1）应用计算机过程模拟方法进行工艺流程设计及优化（10 分）；

（2）应用 Pinch 分析方法进行过程能量集成（2分）；

（3）应用计算机辅助设计软件进行过程设备的计算设计（4分）；

（4）应用计算机辅助设计软件绘制设计图纸（5分）；

（5）应用三维建模方法进行设备布置或工厂外观的设计（2分）；

（6）应用三维工厂设计软件进行工厂整体模型（含设备布置和配管）设计（2分）。

3. 设计内容的正确、完整和规范程度（30分）

（1）工艺流程的完整性与正确性（10分）；

（2）设计标准及规范的正确应用（5分）；

（3）过程设备选型的合理性及和计算正确性（5分）；

（4）控制策略与方案的合理性及与正确性（3分）；

（5）车间设备布置及工厂总体布局的合理性及规范性（7分）。

4. 设计文档的编制质量（20分）

（1）设计说明书格式规范、内容完整性（7分）；

（2）设计说明书表述清楚、语言文字正确性（4分）；

（3）设计图纸内容完整、绘图表达的正确性（7分）；

（4）设计图纸格式规范、布局合理性（2分）。

第二节　大学生化工设计竞赛实例

一、竞赛作品内容介绍

××学院C计划团队竞赛作品主要包括设计文档、设计图册、设计源文件、项目摘要、设计电子图册、三维厂区漫游和项目小结视频等文件夹。其中设计文档主要包括可行性研究报告、初步设计说明书和附录；设计图册有工艺 PFD 流程图、带控制点工艺流程图（PID）、设备设计图、厂区平面布置图、车间布置图、厂区三维图、车间三维图、管道轴测图等；设计源文件有 ASPEN 模拟源文件、CAD 源文件、反应再生车间三维——SP3D 源文件、分离车间三维布置——PDMAX 源文件、封面设计源文件、三维厂区源文件和经济核算源数据等；项目摘要包括项目小结的中英文摘要，设计电子图册主要展示工艺流程图、带控制点工艺流程图、厂区布置平面图、厂区布置 3D 图、车间布置图、车间 SP3D 及 PDMAX 图和车间管道轴测图；厂区三维漫游和项目小结视频等都是 MP4 视频文件。

二、年产 60 万吨 MTO 项目设计概述

下面以 2011 年全国化工设计竞赛一等奖获得代表队××学院 C 计划团队的作品为例，说明化工设计竞赛作品要求。

随着石油资源的短缺，原油价格的不断上涨。发展非石油资源制取低碳烯烃的技术日益引起人们的重视。本项目采用煤制烯烃工艺路线的核心技术——甲醇制烯烃（Methanol To Olefin，MTO），设计年产 60 万吨 MTO 项目。厂址选择在基础设施完善、原料充足、交通便利、自然资源丰富的甘肃省庆阳市长庆桥工业区。

（一）工艺介绍

1. 设计工艺简述

本项目以 90%含量的粗甲醇为原料，利用甲醇制烯烃技术将甲醇转化为乙烯、丙烯。

设计了新型的甲醇制烯烃工艺方案，运用自主设计的反应装置及工艺流程，实现乙烯和丙烯产量比例灵活调节，充分利用了副产物进行循环反应。

2．工艺创新

（1）三个反应器工艺实现产品比例调节

增加了一套流化床反应装置。脱乙烷塔塔顶出来的 C_2 及以下组分部分回流进入该反应器中与甲醇反应生成丙烯，达到调整产品（乙烯/丙烯）比例的目的，通过调节三个反应器的进料比例和各个反应器的反应条件，得到所需烯烃产品分布。这样可提高项目的抗风险能力，且能够较强的适应乙烯和丙烯市场供求波动，增加了生产过程的灵活性。

（2）碱洗工艺新颖

选择有机胺（乙醇胺）吸收二氧化碳工艺。塔釜富液进入解吸塔解吸，分离出乙醇胺和二氧化碳，分离出的乙醇胺再次进入吸收塔进行循环吸收。此方法具有吸收速率快、溶液的酸气负荷大、净化度高、再生能耗低、溶液稳定及对装置腐蚀性低等优点。采用化学吸附法干燥气体，通过吸附柱交替吸附水蒸气。吸附柱通过一套自动检测装置可实现交替吸附，实现化工生产的自动化。

（3）产品分离工艺高效节能

选用乙烷作为吸收剂，通过双塔吸收乙烯，塔顶出甲烷等轻组分气体，吸收液进入乙烯分离塔分离出乙烯产品和吸收剂乙烷。该工艺与传统的技术相比，没有深冷和脱甲烷塔，降低了能耗，经济效益高。并且吸收塔采用的吸收剂是乙烯分离塔塔釜产品，吸收剂的循环路线短，在乙烯分离塔中通过精馏得到乙烯产品并同时实现吸收剂的再生。

（4）采用复合废水处理技术

采用 MBFB 膜生物流化床工艺处理废水，以生物流化床为基础，以粉末活性炭（Powdered activated carbon，简称 PAC）为载体，结合膜生物反应器工艺（Membrane bioreactor，简称 MBR）的固液分离技术，使污水处理装置集活性炭的物理吸附、微生物降解和膜的高效分离作用为一体。

（二）工艺流程说明

工艺流程分三个工段：反应再生工段、分离预处理工段、产品分离工段。下面分别对各工段进行介绍。总工艺流程见图 11-1。

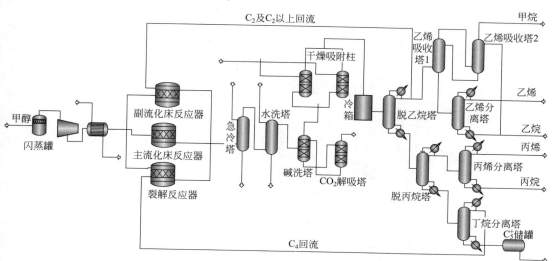

图 11-1　总工艺流程

1. 反应再生工段

反应再生工艺流程见图 11-2。原料甲醇经泵进入闪蒸罐，在操作压力为 0.1MPa、操作温度为 70℃下闪蒸。闪蒸出的蒸气再进入换热器，经中压蒸汽（3MPa，400℃）换热，再经压缩机压缩，得到温度 450℃、压力为 0.12MPa 的甲醇蒸气。甲醇蒸气进入三个并联的流化床反应器。MTO 主流化床反应器在温度为 450℃、压力为 0.12MPa 下反应；副流化床反应器中甲醇与 C_2 及 C_2 以下组分在温度为 450℃、反应压力为 0.12MPa 下反应；裂解反应器中甲醇与 C_4 催化裂解，反应温度为 500～600℃、反应压力为 0.1～0.3MPa。反应产物经混合后进入后续降温分离。反应器催化剂进入再生器再生，再生后的催化剂再进入反应器中反应，再生产生的烟道气（600～700℃）用于加热锅炉产生中压蒸汽。

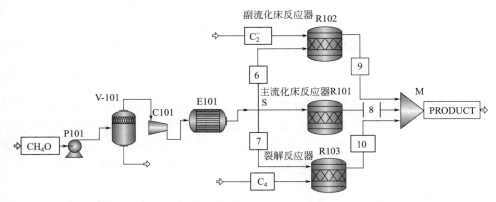

图 11-2 反应再生工段 Aspen 流程

2. 分离预处理工段

分离预处理工段流程见图 11-3。反应产物混合后经过离心式压缩机压缩后，进入急冷

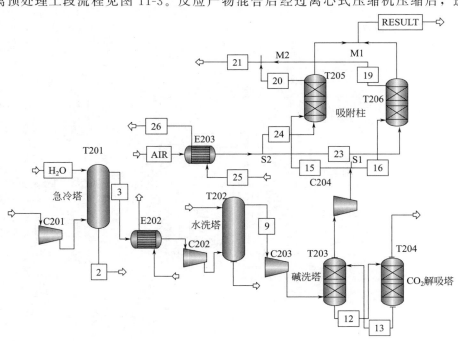

图 11-3 分离预处理工段 Aspen 流程

塔、水洗塔，进行冷却、取热，以及含氧有机杂质的分离，经多段取热后温度可降到50～70℃。降温后的气体进入碱洗塔中，用乙醇胺吸收CO_2，碱洗塔操作压力为0.1MPa，塔釜吸收液进入解吸塔，在105℃、0.24MPa下进行解吸，分离出乙醇胺和CO_2，乙醇胺再进入碱洗塔吸收CO_2循环使用；碱洗塔塔顶出来的气体进入干燥吸附柱，交替吸附产品气中的水蒸气；吸附饱和后的吸附装置通入热空气吹扫再生，重复使用。经降温、除杂、干燥后的气体进入后续分离装置。

3. 产品分离工段

产品分离工段流程见图11-4。干燥后的产物经过压缩、冷却达到−15℃、3MPa进入脱乙烷塔，操作压力为2.8MPa，塔顶分出C_2馏分，塔釜液为C_3以上馏分。

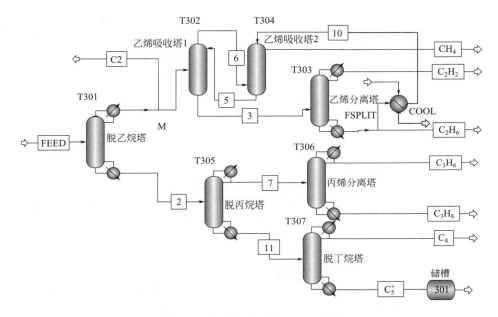

图11-4　产品分离工段 Aspen 流程

C_2及C_2以下组分一部分回流到副流化床反应器进行反应，一部分进入乙烯吸收塔1，操作压力为2.68MPa，采用来自乙烯吸收塔2的富吸收剂吸收，将乙烯吸收塔1塔顶轻质气体送入乙烯吸收塔2，用乙烷作为贫吸收剂，吸收轻质气体中的乙烯，其余轻质气体（甲烷、氢气）从塔顶排出，塔釜液作为富吸收剂进入乙烯吸收塔1，乙烯吸收塔1的塔釜液再进入乙烯分离塔，压力0.8MPa，温度−37℃下采集产品。塔顶出料得到纯度为99.9%的乙烯，塔釜分离出乙烷，分离出的乙烷一部分作为吸收剂，通过冷却降温到−70℃再进入乙烯吸收塔2。

脱乙烷塔塔釜液进入脱丙烷塔，塔顶分离出C_3组分，塔釜分离出C_4以上组分；C_3组分进入丙烯分离塔，压力1MPa，温度−18℃下收集产品，塔顶出料得到纯度为99.9%的丙烯，塔釜液为丙烷，C_4及以上组分进入脱丁烷塔，塔顶分离出C_4，分离出的C_4全部回流到裂解反应器中进行裂解、歧化反应，塔釜分离出C_5^+组分。

(三) 热集成

1. 组合曲线

利用 ASPEN ENERGY ANALYZER V7.0 进行系统能量消耗分析，得出的组合曲线、总组合曲线和平衡组合曲线如图11-5～图11-7所示。

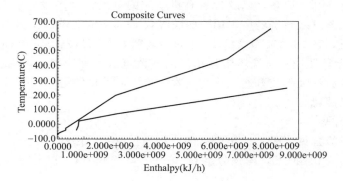

图 11-5　组合曲线

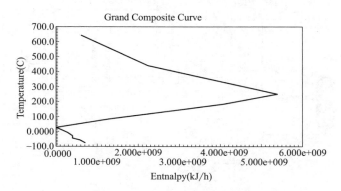

图 11-6　总组合曲线

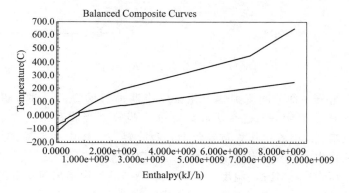

图 11-7　平衡组合曲线

2. 总费用最少换热网络

利用 Aspen energy analyzer V7.0，采用内嵌的美国化工界公用工程消耗费用经验公式以及换热器购置费用与换热面积的经验公式（其中换热器为 10％的回报率，设备寿命 5 年），得到换热网络进行理论上的平均年换热成本最优化设计的网络（图 11-8）。

(四) 主要设备设计

根据本项目的工艺特点，设计了主、副反应的流化床反应器和催化剂再生器，分离过程的精馏塔、吸收塔，对换热器、泵和压缩机进行选型，计算了各主要设备工艺参数。

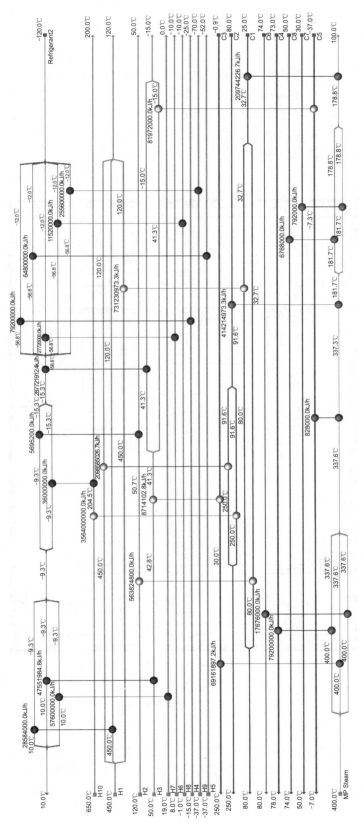

图11-8　总费用最少换热网络

（五）工厂及车间布置设计

本厂拟建项目位于甘肃庆阳市长庆桥工业集中区。厂区布置为矩形，东西方向长为240m，南北方向宽为180m，总面积为43200m²。厂内可划分为行政生活区，辅助生产区，生产区以及储运区。生产区分反应车间和分离车间，根据建筑物的朝向，主导风向的影响（夏季主导风向以东南为主，冬季主导风向以西北为主），设置行政区位于分厂厂区的东北角，辅助生产区于中部，生产区设在西面，储罐区于最南部。根据相应的国家标准，考虑安全、运输等因素基础上，采用 AutoCAD 进行了厂区及车间平面绘制，再用 3ds Max 和 Pd-max 等分别对厂区和车间进行三维制作。见图 11-9～图 11-11。

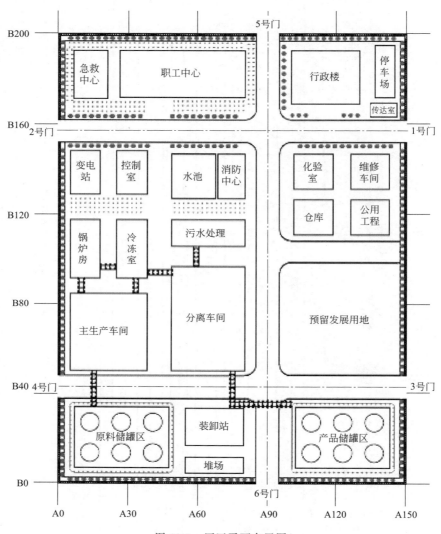

图 11-9　厂区平面布置图

（六）总结

主要完成了 Aspen Plus 流程设计与模拟、物料热量衡算、Aspen Pinch 热集成、设备选型、工艺流程图、带控制点工艺流程图、车间布置图（平面和三维图）、总厂布置图（平面和三维图）、职业安全及环保、营销、投资及经济分析。另外，还完成了储运、供电、公用工程、消防、给排水、电信等内容。

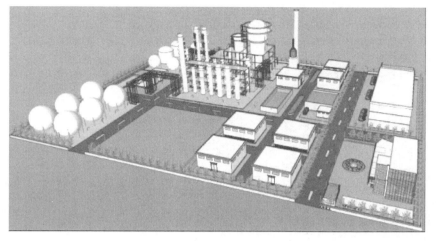

图 11-10　全厂三维效果图

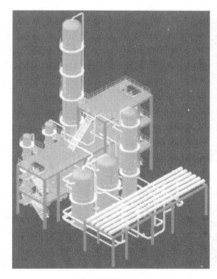

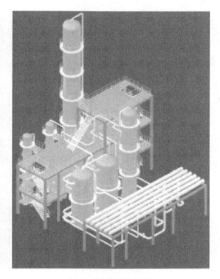

(a) 产品车间　　　　　　　　　　　　　　　(b) 分离预处理车间

图 11-11　车间三维效果图

参 考 文 献

[1] 国家医药管理局上海医药设计院编．化工工艺设计手册．第一版（修订）．北京：化学工业出版社，1989．
[2] 郑津洋等．过程设备设计．第三版．北京：化学工业出版社，2010．
[3] 黄璐等．化工设计．北京：化学工业出版社，2000．
[4] 徐英等．球罐和大型储罐．北京：化学工业出版社，2004．
[5] 李国庭等．化工设计概论．第2版．北京：化学工业出版社，2015．
[6] 韩冬冰等．化工开发与工程设计概论．第1版．北京：中国石化出版社，2010．
[7] 罗先金．化工设计．北京：中国纺织出版社，2007．
[8] 石油化工设备设计选用手册——《机泵选用》，《反应器》．北京：化学工业出版社，2009．
[9] 翟建华等．塔设备的应用与今后的发展．第16卷，第4期．河北轻化工学院学报．1995．
[10] R.Billet，胡南玲．蒸馏设备的选择［J］．化学工程，1973．
[11] 余晓梅，袁孝竞等．塔器．北京：化学工业出版社，2010．
[12] 陈敏恒等．化工原理．第3版．北京：化学工业出版社，2000．
[13] 夏清等．化工原理（修订版）．天津大学出版社．2005．
[14] 包宗宏，武文良．化工计算与软件应用［M］．北京：化学工业出版社，2013．
[15] 陈甘棠．化学反应工程．第3版．北京：化学工业出版社，2012．
[16] 吴元欣等．化学反应工程．北京：化学工业出版社，2010．
[17] 陈声宗．化工过程开发与设计．北京：化学工业出版社，2009．
[18] 孙兰义．化工流程模拟实训—Aspen Plus教程．北京：化学工业出版社2012．
[19] 中国石化集团上海工程有限公司．化工工艺设计手册（上下册）．第4版．北京：化学工业出版社，2009．
[20] 熊洁羽．化工制图．北京：化学工业出版社，2007．
[21] 方利国，陈砺．计算机在化学化工中的应用．北京：化学工业出版社，2006．
[22] 张桂军，薛雪．化工计算．北京：化学工业出版社，2007．
[23] 徐匡时．药厂反应设备及车间工艺设计．北京：化学工业出版社，2004．
[24] 李应鳞，尹其光．化工过程的物料衡算和能量衡算．北京：高等教育出版社，1987．
[25] 吴志泉等．化工工艺计算．物料、能量和衡算．上海：华东理工大学出版社，1992．
[26] 郁浩然，鲍浪．化工计算．北京：中国石化出版社，1990．
[27] 吴指南．基本有机化工工艺学．北京：化学工业出版社，1990．
[28] 左识之．精细化工反应器及车间工艺设计．上海：华东理工大学出版社，1996．
[29] 韩良智．Excel在财务管理与分析中的应用．北京：中国水利水电出版社，2004．
[30] 教育部高等教育司，北京市教育委员会．高等学校毕业设计（论文）指导手册：化工卷．修订版．北京：高等教育出版社，2007．